전기전자통신 공학도를 위한

공업수학 제4판

장경욱 저

도서출판
학산미디어

머 리 말

최근에 자연과학뿐만 아니라 전기·전자·통신 공학의 기술이 급진적으로 발전해가고 있다. 이러한 이공학 기술 분야에 있어서 그 주축을 이루는 것은 수학이 바탕이 되어야 한다. 이러한 현실에도 불구하고 수학의 분야는 광범위하고 난해하기 때문에 수학을 가까이 하기에 두려움을 갖는 사림이 많다.

저자는 이러한 어려움을 다소 덜어주고자 전기·전자·통신 공학을 전공하는 학생들이 빠른 시일 안에 수학의 어려움을 해소하여 전공 분야에 대해서 원리적으로 이해하고 친근해질 수 있도록 내용을 구성하였다.

따라서 이 책은 수학의 깊은 이론에 치우치지 않고 전공과 밀접한 예제 및 연습문제를 다룸으로써 응용력을 기를 수 있도록 하였으며, 전기전자통신공학을 공부하는 대학1, 2학년 학생들이 주 3시간씩 1년에 마칠 수 있도록 집필하였다.

이 책을 출간함에 있어서 전공에서 쓰이는 수학 전체를 담으려고 노력하였으나, 잔학비재한 탓에 미비한 점이 많으리라 생각하며, 내용의 불비점과 오류는 독자제현께서 교시하여 주시고 더욱 편달하여 주시기 바랍니다.

제4판인 이 책은 전기·전자·통신 공학을 공부하는 독자들이 전공서적과 함께 평생 반려가 되어 도움이 되기를 기대한다.

아울러 출판되도록 도움을 준 김현수 박사와 손주형 선생에게도 깊은 감사의 말을 전하며, 또한 도서출판 학산미디어 관계자 여러분에게도 심심한 감사의 말씀을 드립니다.

끝으로 그 동안 학교생활과 집필 활동하는데 묵묵히 곁에서 지원해 주고 지켜봐준 가족에게 감사와 사랑하는 마음을 전합니다.

저자 씀

차 례

1장 공업수학을 위한 기초수학

2장 1계 상미분방정식

3장 2계 상미분방정식

4장 고계 선형미분방정식

5장 연립미분방정식

6장 미분방정식의 급수해법

7장 라플라스변환

8장 행렬과 행렬식

9장 벡터미분법

10장 벡터적분법

11장 푸리에 급수

12장 푸리에 적분과 푸리에 변환

13장 편미분방정식

14장 복소수와 복소함수

15장 복소적분법

16장 이산신호 및 차분방정식과 z-변환

부록1 연습문제 해답 • 435-451

부록2 수학 기초 공식 • 453-479

1장 공업수학을 위한 기초수학

공과대학에서 일반적으로 공업 수학은 2학년 교과과정으로 편성되어 있기 때문에 본 장에서는 공업수학을 공부하기 위해서 필요한 기초 수학의 지식을 복습하는 차원에서 공업수학에서 자주 사용되는 대수방정식, 미분, 적분, 삼각함수, 쌍곡선 함수, 지수, 로그함수 등을 간단하게 소개하고자 한다.

1.1 대수방정식

방정식이란 주어진 수식에서 등호와 정의역 및 치역에서 변수의 상관관계를 나타내는 것으로 등식이 성립하도록 나타낼 수 있다.
대수 방정식이란 숫자를 대변하는 문자를 포함하는 방정식을 말하며, 대수 방정식의 일반적인 형태는 다음과 같다.

$$a_n x^n + a_{n-1} x^{n-1} + \dots + a_1 x^1 + a_0 x^0 = 0 \tag{1-1}$$

이를 n차 대수방정식이라고 한다.
n차 대수 방정식의 특징은 다음과 같다.
- n차 대수 방정식은 n개의 근을 갖는다.
- 중복되는 근을 중근이라고 한다.
- 복소근인 경우 공액복소근을 갖는다. $\alpha \pm i\beta$ (여기서 i는 허수로서, 전기공학에서 전류를 i로 표시하기 때문에 본 책에서는 허수를 j로 표기한다.)

1차방정식(선형방정식)은 일반적으로 $a_1 x + a_0 = 0$로 나타낸다. 또한 1차방정식의 다른 표현으로는 다음과 같이 여러 가지 방법이 있다.

기울기가 m이고, y절편이 b인 1차방정식은 다음과 같은 형태로 표현된다.

$$y = mx + b \tag{1-2}$$

기울기가 m이고, 점(x_1, y_1)을 지나는 1차방정식은 다음과 같은 형태로 표현된다.

$$y - y_1 = m(x - x_1) \qquad (1\text{-}3)$$

두 점 (x_1, y_1), (x_2, y_2)을 지나는 1차방정식은 다음과 같은 형태로 표현된다.

$$y - y_1 = \frac{y_2 - y_1}{x_2 - x_1}(x - x_1),\ (x_1 \neq x_2) \qquad (1\text{-}4)$$

x절편이 a이고, y절편이 b인 1차 방정식은 다음과 같다.

$$\frac{x}{a} + \frac{y}{b} = 1 \qquad (1\text{-}5)$$

2차방정식은 포물선 방정식으로서 일반적으로 $ax^2 + bx + c = 0$으로 표현되며, 근의 공식을 이용하여 근을 구한다.

$$x = \frac{-b \pm \sqrt{b^2 - 4ac}}{2a} \qquad (1\text{-}6)$$

여기서 $D = b^2 - 4ac$를 판별식이라고 하고, $D > 0$인 경우 두 개의 실근, $D = 0$인 경우 중근, $D < 0$인 경우 두 개의 허근을 갖는다고 한다.

고차 방정식은 일반적으로 $a_n x^n + a_{n-1} x^{n-1} + \ldots + a_1 x + a_0 = 0$으로 나타내며, 최대 $n-1$개의 굴곡을 갖는 곡선이 된다.

예제1) $ax^2 + bx + c = 0$에서 근의 공식을 유도하라. (단, a, b, c는 실수)

풀이)

$a = 0, b \neq 0$이면 $bx + c = 0$이므로 $x = -\dfrac{c}{b}$

$a = 0, b = 0$이고 $c = 0$이면 부정, $c \neq 0$이면 불능

$a \neq 0, b \neq 0, c \neq 0$이면 원식은 $x^2 + \dfrac{b}{a}x + \dfrac{c}{a} = 0$ 이 되고,

$$x^2+\frac{b}{a}x+\left(\frac{b}{2a}\right)^2=-\frac{c}{a}+\left(\frac{b}{2a}\right)^2$$

$$\left(x+\frac{b}{2a}\right)^2=\frac{b^2-4ac}{4a^2}$$

$$x+\frac{b}{2a}=\pm\sqrt{\frac{b^2-4ac}{4a^2}}=\pm\frac{\sqrt{b^2-4ac}}{2a}$$

$$\therefore\ x=\frac{-b\pm\sqrt{b^2-4ac}}{2a}$$

1.2 미분법

미분법은 고등학교부터 오래 동안 배워 온 수학분야로서 공학에서는 필수 불가결한 부분이다.

함수 $y=f(x)$의 도함수(derivative)는 $\frac{dy}{dx}$, $\frac{df(x)}{dx}$, y', $f'(x)$로 나타내며, 물리적인 의미는 다음식으로 표현된다.

$$y'=f'(x)=\lim_{\Delta x\to 0}\frac{f(x+\Delta x)-f(x)}{\Delta x} \tag{1-7}$$

$\frac{dy}{dx}$의 의미는 함수 $y=f(x)$를 x로 미분한다는 것을 나타낸다.

예제2) $f(x)=(3x^2-x-1)^4$에 대해서 미분하라.

풀이)

$f(x)=y$, $3x^2-x-1=t$라고 두면, $y=t^4$

$$y'=\frac{dy}{dt}\frac{dt}{dx}=\frac{dt^4}{dt}\frac{d(3x^2-x-1)}{dx}=4t^3(6x-1)$$

$$\therefore\ \ f(x)'=4(3x^2-x-1)^3(6x-1)$$

예제3) $f(x)=(x^2-1)(x^3+2)$에 대해서 미분하라.

풀이)

$$f'(x)=(x^2-1)'(x^3+2)+(x^2-1)(x^3+2)'$$

$$=2x(x^3+2)+(x^2-1)3x^2$$

$$\therefore\ f'(x)=5x^4-3x^2+4x$$

예제4) $f(t)=\dfrac{t-2}{t^2+t+2}$에 대해서 미분하라.

풀이)

$$f'(t)=\frac{(t-2)'(t^2+t+2)-(t-2)(t^2+t+2)'}{(t^2+t+2)^2}$$

$$=\frac{(t^2+t+2)-(t-2)(2t+1)}{(t^2+t+2)^2}$$

$$\therefore\ f'(t)=\frac{-t^2+4t+4}{(t^2+t+2)^2}$$

예제5) $f(x)=\sin^3\omega x$에 대해서 미분하라.

풀이)

$f(x)=y$, $\sin\omega x=t$라고 두면, $y=t^3$

$$y'=\frac{dy}{dt}\frac{dt}{dx}=\frac{dt^3}{dt}\frac{d(\sin\omega x)}{dx}=3t^2(\omega\cos\omega x)=3\sin^2\omega x(\omega\cos\omega x)$$

$$\therefore\ f'(x)=3\omega\sin^2\omega x\cos\omega x$$

예제6) $f(x) = e^{-2x}\cos 3x$에 대해서 미분하라.

풀이)

$$f'(x) = (e^{-2x})'\cos 3x + e^{-2x}(\cos 3x)'$$

$$= -2e^{-2x}\cos 3x + e^{-2x}(-3\sin 3x)$$

$$\therefore \; f'(x) = -e^{-2x}(2\cos 3x + 3\sin 3x)$$

예제7) $f(x) = \ln(3x^2 + 5x + 7)$에 대해서 미분하라.

풀이)

$y = f(x)$, $t = 3x^2 + 5x + 7$ 이라고 두면, $y = \ln t$

$$\frac{dy}{dt} = \frac{1}{t}, \quad \frac{dt}{dx} = \frac{d}{dx}(3x^2 + 5x + 7) = 6x + 5$$

$$y' = f'(x) = \frac{dy}{dt}\frac{dt}{dx} = \frac{1}{t}(6x + 5)$$

$$\therefore \; f'(x) = \frac{6x + 5}{3x^2 + 5x + 7}$$

1.3 적분법

적분의 의미는 합한다는 의미로서 $\int$(integral)의 기호를 사용한다. 미분과 적분의 관계를 나타내면 다음과 같다.

$$F'(x) = f(x) \tag{1-8}$$

$$F(x) = \int f(x)dx + c \tag{1-9}$$

여기서, $F(x)$는 원시함수, $f(x)$는 피적분함수, x를 적분변수, c를 적분상수라고 한다.
적분의 특성은 다음과 같다.

$$\int \{f(x)+g(x)\}dx = \int f(x)dx + \int g(x)dx \tag{1-10}$$

$$\int af(x)dx = a\int f(x)dx, \ (a\text{는 상수}) \tag{1-11}$$

$$\int \{af(x)+bg(x)\}dx = a\int f(x)dx + b\int g(x)dx, \ (a, b\text{는 상수}) \tag{1-12}$$

$$\int \frac{f'(x)}{f(x)}dx = \ln|f(x)|+c \tag{1-13}$$

$$\int \frac{1}{x}dx = \ln|x|+c \tag{1-14}$$

$$\int f(x)g'(x)dx = f(x)g(x) - \int f'(x)g(x)dx \quad \left\{\because \int uv' = uv - \int u'v\right\} \tag{1-15}$$

$$\int f(x)dx = \int f\{g(t)\}\frac{dx}{dt}dt = \int f\{g(t)\}g'(t)dt \tag{1-16}$$

$$\int f\{g(x)\}g'(x)dx = \int f(t)dt \tag{1-17}$$

예제8) $f(x) = x\sqrt{1+x}$에 대해서 적분하라.

풀이)

치환 적분법을 이용하여

$\sqrt{1+x} = t$라고 두면, $x = t^2 - 1$, $\dfrac{dx}{dt} = 2t$

$$\int x\sqrt{1+x}\,dx = \int (t^2-1)t\cdot 2tdt = 2\int (t^4 - t^2)dt$$

$$= 2\left(\frac{1}{5}t^5 - \frac{1}{3}t^3\right) + c = \frac{2}{5}(\sqrt{1+x})^5 - \frac{2}{3}(\sqrt{1+x})^3 + c$$

$$\therefore \int f(x)dx = \frac{2}{5}(1+x)^2\sqrt{1+x} - \frac{2}{3}(1+x)\sqrt{1+x} + c$$

예제9) $f(t) = t\cos t$에 대해서 적분하라.

풀이)

부분적분법에서, $u = t$, $v' = \cos t$로 두면,

$$\int t\cos t dt = t\sin t - \int \sin t dt$$

$$\therefore \int f(t)dt = t\sin t + \cos t + c$$

예제10) $f(x) = x\ln x$에 대해서 적분하라.

풀이)

부분적분법에서, $u = \ln x$, $v' = x$로 두면,

$$\int x\ln x dx = \frac{x^2}{2}\ln x - \int \frac{x^2}{2}\frac{1}{x}dx = \frac{x^2}{2}\ln x - \frac{1}{2}\int x dx$$

$$\therefore \int f(x)dx = \frac{1}{2}x^2\ln x - \frac{1}{4}x^2 + c$$

1.4 삼각함수

공학에서 교류 및 진동 등의 주기함수를 표현하는데 유용하게 사용되는 함수이다. sin, cos, tan와 같이 삼각함수 사이에는 다음과 같은 관계가 있다.

$$\sin\theta = \cos\left(\frac{\pi}{2}-\theta\right)$$

$$\cos\theta = \sin\left(\frac{\pi}{2}-\theta\right)$$

$$\tan\theta = \frac{\sin\theta}{\cos\theta} \tag{1-18}$$

$$\frac{1}{\sin\theta} = \mathrm{cosec}\,\theta$$

$$\frac{1}{\cos\theta} = \sec\theta$$

$$\frac{1}{\tan\theta} = \cot\theta \tag{1-19}$$

삼각함수의 역함수는 다음과 같다.

$$y = \sin x,\ \ x = \sin^{-1}(y) \tag{1-20}$$

삼각함수의 부호의 관계는 다음과 같이 정리할 수 있다.

$\sin(-\theta) = -\sin\theta$ - 기함수

$\cos(-\theta) = \cos\theta$ - 우함수

$\tan(-\theta) = -\tan\theta$ - 기함수 (1-21)

주기성을 갖는 삼각함수의 부호

$$\begin{cases} \sin n\pi = 0, \sin 2n\pi = 0 \\ \cos n\pi = (-1)^n, \cos 2n\pi = 1 \\ -\cos n\pi = -(-1)^n = (-1)^{n+1} \end{cases} \quad (n = \text{양수}) \tag{1-22}$$

이외의 상세한 삼각함수의 공식은 부록에서 확인하기 바랍니다.

예제11) $\sin\left(\frac{\pi}{2}+\alpha\right)=\cos\alpha$가 됨을 보여라.

풀이)

삼각함수의 덧셈공식에 의하여

$$\sin\left(\frac{\pi}{2}+\alpha\right)=\sin\frac{\pi}{2}\cos\alpha+\sin\alpha\cos\frac{\pi}{2}$$

$$=1\cdot\cos\alpha+\sin\alpha\cdot 0$$

$$=\cos\alpha$$

예제12) $\frac{\sqrt{3}}{2}\sin\alpha+\frac{1}{2}\cos\alpha$을 사인파로 표현하라.

풀이)

삼각함수의 합성 공식을 사용하여

$A\sin\alpha+B\cos\alpha=\sqrt{A^2+B^2}\sin(\alpha+\omega)$를 이용하면,

$$\frac{\sqrt{3}}{2}\sin\alpha+\frac{1}{2}\cos\alpha=\sqrt{\frac{3}{4}+\frac{1}{4}}\sin(\alpha+\omega)=\sin(\alpha+\omega)$$

$$\cos\omega=\frac{\sqrt{3}}{2},\quad \sin\omega=\frac{1}{2},\qquad \therefore\ \omega=\frac{\pi}{6}$$

$$\therefore\quad \frac{\sqrt{3}}{2}\sin\alpha+\frac{1}{2}\cos\alpha=\sin\left(\alpha+\frac{\pi}{6}\right)$$

예제13) $\sin x+\sin y=2\sin\left(\frac{x+y}{2}\right)\cos\left(\frac{x-y}{2}\right)$가 됨을 보여라.

풀이)

$\sin(A+B)=\sin A\cos B+\sin B\cos A$

$\sin(A-B) = \sin A\cos B - \sin B\cos A$

위의 삼각함수의 덧셈과 뺄셈 공식을 더하면,

$\sin(A+B) + \sin(A-B) = 2\sin A\cos B$가 된다.

$A+B = x$, $A-B = y$로 두면,

$A = \frac{x+y}{2}$, $B = \frac{x-y}{2}$가 되므로,

$$\begin{aligned}\sin(A+B) + \sin(A-B) &= \sin x + \sin y \\ &= 2\sin A\cos B \\ &= 2\sin\left(\frac{x+y}{2}\right)\cos\left(\frac{x-y}{2}\right)\end{aligned}$$

$$\therefore\ \sin x + \sin y = 2\sin\left(\frac{x+y}{2}\right)\cos\left(\frac{x-y}{2}\right)$$

1.5 오일러공식과 초월함수

쌍곡선함수, 삼각함수와 지수함수 및 허수로 표현되는 오일러 공식은 공학에서 가장 많이 사용되는 공식이다. 오일러 공식은 다음과 같다.

$$e^{\pm j\theta} = \cos\theta \pm j\sin\theta$$

$$e^{\pm j\pi} = \cos\pi \pm j\sin\pi = -1$$

$$e^{\pm j2\pi} = \cos 2\pi \pm j\sin 2\pi = 1$$

$$e^{\pm j\frac{\pi}{2}} = \cos\frac{\pi}{2} \pm j\sin\frac{\pi}{2} = \pm j \qquad \textbf{(1-23)}$$

$$\cos\theta = \frac{1}{2}\left(e^{j\theta} + e^{-j\theta}\right),\ \sin\theta = \frac{1}{2j}\left(e^{j\theta} - e^{-j\theta}\right) \qquad \textbf{(1-24)}$$

쌍곡선함수의 표시법은 다음과 같다.

$$\cos h\theta = \frac{1}{2}(e^{\theta} + e^{-\theta}),\ \sinh\theta = \frac{1}{2}(e^{\theta} - e^{-\theta}) \tag{1-25}$$

$$e^{\pm\theta} = \cosh\theta \pm \sinh\theta \tag{1-26}$$

$$\cosh j\theta = \cos\theta,\quad \sinh j\theta = j\sin\theta$$

$$\cos j\theta = \cosh\theta,\quad \sin j\theta = jsinh\theta \tag{1-27}$$

삼각함수에서 위의 식과 $\cos^2\theta + \sin^2\theta = 1$의 성질을 이용하여 쌍곡선함수에서도 다음의 관계가 유도된다.

$$\cosh^2\theta - \sinh^2\theta = 1 \tag{1-28}$$

$$e^{\pm\theta} = \cosh\theta \pm \sinh\theta \tag{1-29}$$

이상과 같은 오일러 유도 공식을 잘 활용하기 바란다.

예제14) 쌍곡선함수 $\cosh(x+y)$를 전개하라.

풀이)

$\cos(x+y) = \cos x\cos y - \sin x\sin y$의 변수에 허수 j를 곱하면

$$\cos(jx+jy) = \cos j(x+y) = \cos jx\cos jy - \sin jx\sin jy$$

$\sin j\theta = j\sinh\theta$, $\cos j\theta = \cosh\theta$ 를 사용하여 양변을 변환하면,

$\cos j(x+y) = \cosh(x+y) = \cosh x\cosh y - j\sinh x \cdot j\sinh y$ 가 된다.

$$\therefore\ \cosh(x+y) = \cosh x\cosh y + \sinh x\sinh y$$

연 습 문 제

1. 다음 방정식에서 근을 구하시오.

① $x^2-5x+4=0$

② $x^2-6x+9=0$

③ $3x^2-7x+2=0$

④ $ax^2+bx+c=0$의 근을 유도하시오. (단, a, b, c는 실수)

2. 다음 방정식의 근을 구하라.

① $3x^2+7x=8$

② $\lambda^2-3\lambda+2=0$

③ $3x^2-6x+8=0$

3. 다음 두 값을 근으로 하는 2차 방정식을 구하라.

① $2-\sqrt{5}$, $2+\sqrt{5}$

② $\alpha+j\sqrt{\beta}$, $\alpha-j\sqrt{\beta}$

4. 다음 방정식을 풀어라.

① $1+x^3=0$

② $2x^3+2x^2+x+1=0$

③ $y^4-y^2-1=0$

④ $(x-1)(x-2)(x-3)(x-6)=3x^2$

5. 다음 함수를 미분하라.

① $f(x)=(x^3-1)(x^2+2)$

② $f(x)=\dfrac{x-1}{x+2}$

③ $f(x)=e^{-2x}\sin 2x$

④ $f(x)=(3x^2-x-1)^2$

⑤ $f(x)=\sin^4\omega x$

⑥ $f(x)=\ln(2x^2+6x+4)$

⑦ $f(t) = ae^{\cos bt}$

⑧ $f(x) = \dfrac{\cos x}{x}$

6. 다음 함수를 적분하라.

① $f(x) = x\sqrt{2+x}$

② $f(x) = x\sin x$

③ $f(x) = x^2 \ln x$

④ $f(x) = x^2 \sin\dfrac{x}{2}$

⑤ $f(y) = y^3(y^2+2)^4$

⑥ $f(x) = x\sqrt{1-2x}$

⑦ $f(x) = 4xe^{x^2}$

⑧ $f(y) = \cos y \sin^2 y$

7. 함수 f가 다음 조건을 만족할 때 f를 구하라.

① $f'(x) = 2x+3$, $f(0) = 3$

② $f'(x) = \sqrt{x} + 3x^2$, $f(1) = 7$

③ $f'(x) = \cos x + \sin x$, $f(0) = 1$

④ $f'(x) = 4e^{2x} + 1$, $f(1) = 3$

8. 다음 함수의 역삼각함수를 계산하라.

① $\sin y = -1$

② $\tan y = -1$

9. 삼각함수의 덧셈 및 뺄셈 공식을 이용하여 다음을 증명하라.

① $\sin x + \sin y = 2\sin\left(\dfrac{x+y}{2}\right)\cos\left(\dfrac{x-y}{2}\right)$

② $\sin\left(\alpha + \dfrac{\pi}{2}\right) = \cos\alpha$

10. 다음의 두 신호를 합성하여 사인파로 표현하라.

① $\dfrac{1}{2}\sin\alpha + \dfrac{\sqrt{3}}{2}\cos\alpha$

② $3\sin\alpha - 3\sqrt{3}\cos\alpha$

11. 다음 식의 값을 구하라.

① $\log_6 12 + \log_6 3$ ② $\log_3 18 - \log_3 2$ ③ $\log_9 \frac{9}{5} + 2\log_9 \sqrt{15}$

④ $\log_9 27\sqrt{3}$

12. 다음 식의 값을 구하라.

① $2^{\log_2 5}$ ② $3^{\log_9 2}$

③ $3^{2\log_3 4}$ ④ $4^{-\log_2 3}$

2장 1계 상미분방정식

자연계에서 일어나는 모든 현상은 미분방정식으로 모델링 가능하며, 모델링된 미분방정식의 형태에 따라서 해를 구하는 방법을 다르게 적용할 수 있다.

2.1 미분방정식의 기본 개념

미분 방정식은 형태에 따라서 해를 구하는 방법이 다르기 때문에, 미분방정식의 용어에 대한 정확한 이해가 필요하며, 계수, 차수, 상미분, 편미분, 제차, 비제차식에 대한 명칭을 이해해야 한다.

$\frac{dy}{dx}=5x$	1계 1차 비제차 상미분 방정식
$(y+z)dx+(z+x)dy+(x+y)dz=0$	제차 완전 미분방정식
$\frac{d^2y}{dx^2}+3\frac{dy}{dx}+4y=0$	2계 1차 제차 상미분 방정식
$(\frac{d^2y}{dx^2})^3+3(\frac{dy}{dx})^4+4y=0$	2계 3차 제차 상미분 방정식
$\frac{\partial^2 z(x,y)}{\partial x^2}+\frac{\partial^2 z(x,y)}{\partial y^2}=0$	2계 1차 편미분 방정식

미분 방정식의 표현 형태는 다음과 같이 표현할 수도 있다.

$$\frac{dy}{dx}=y,\ y'=y \tag{2-1}$$

$$\frac{d^2y}{dx^2}-3\frac{dy}{dx}+2y=e^x,\quad y''-3y'+2y=e^x \tag{2-2}$$

$$\frac{d^3y}{dx^3}+13y=220\cos\omega t,\quad y'''+13y=220\cos\omega t \tag{2-3}$$

다음은 선형 미분방정식의 형태를 나타낸다.

$$a_n(x)y^{(n)} + a_{n-1}(x)y^{(n-1)} + \dots + a_1(x)y^{(1)} + a_0(x)y^{(0)} = r(x) \quad \textbf{(2-4)}$$

위 방정식은 미분된 변수 y에 대해서 1차 함수인 y로만 이루어져 있다. 즉 종속 변수 y가 1차로만 표현되는 미분방정식을 선형 미분방정식이라고 부른다.
미분 방정식의 다른 표현법은 다음과 같다.

$$F(x, y, y') = 0$$

$$y' = F(x, y) \quad \textbf{(2-5)}$$

이 식의 물리적 의미는 독립변수 x값에 따라서 y'의 변화율로 y를 표현하는 것을 의미한다.
위 미분 방정식의 해는 다음과 같은 형태로 정의된다.

$$y = f(x) \quad \textbf{(2-6)}$$

여기서 $f(x)$가 나타내는 궤적을 해곡선이라고 표현한다.
$y' = \cos x$의 해는 $y = \int \cos x\, dx = \sin x + c$로서 c는 적분상수 이다. c를 포함하는 해를 일반해라고 한다. 만일 초기 조건을 $y(0) = 0$라고 하면, $y = \sin x$가 된다. c를 포함하지 않고 c 대신에 특정한 값을 갖는 고정해를 특수해라고 한다.

예제1) $\dfrac{dy}{dx} - y = 0$ 또는 $y' - y = 0$의 해 $y = Ce^x$ 에 대해서 설명하라.

풀이)

주어진 방정식의 해가 $y = Ce^x$이고, $y' = Ce^x$이므로 이를 주어진 미분 방정식에 대입하면 등식이 성립 한다. 따라서 $y = Ce^x$가 주어진 미분 방정식의 일반해이고. C는 상수이므로 e^x의 함수에 대해서 무수히 많은 해가 존재할 수 있다. 여기서 $y = e^x$를 기저라고 정의한다. 또한 초기조건을 대입하여 특정한 값이 정해진 C를 갖는 해를 특수해라고 정의한다. C를 포함한 해를 일반해라고 정의한다.

예제2) 다음의 초기조건 $y(0)=3$을 대입하여 미분 방정식의 해를 구하라.

$$\frac{dy}{dx}=e^{2x}, \quad y(0)=3$$

풀이)

주어진 미분 방정식 $y'=e^{2x}$의 일반해는 양변을 적분하면 구할 수 있다.

$$\int y'dx=\int e^{2x}dx$$

로 되어,

$$y=\frac{1}{2}e^{2x}+c$$

되고, 여기서 초기값 $x=0$일 때, $y(x=0)=y(0)=3$이 된다.
따라서 다음과 같이 정리된다.

$$y(0)=\frac{1}{2}e^{2\cdot 0}+c=\frac{1}{2}\cdot 1+c=3, \quad \because c=2.5$$

그러므로 초기조건을 만족하는 특수해는

$$\therefore y=\frac{1}{2}e^{2x}+2.5$$

2.2 변수분리형과 동차형 미분방정식

(1) 변수분리형 미분방정식

1계 미분 방정식의 형태가 다음과 같은 경우에

$$g(y)\frac{dy}{dx}=f(x) \tag{2-7}$$

같은 변수항끼리 변수 분리하면 다음과 같다.

$$g(y)dy = f(x)dx \tag{2-8}$$

양변을 적분하면 다음과 같다. 적분상수는 적분과정에서 생기는 상수를 상징한다.

$$\int g(y)dy = \int f(x)dx + c \tag{2-9}$$

예제3) $y' - y = 0$ 미분방정식의 일반해를 구하라.

풀이)

원식 $\frac{dy}{dx} = y$의 변수를 분리하면, $\frac{dy}{y} = dx$

양변을 적분하면, $\ln|y| = x + c^*$

$y = \exp(x + c^*) = e^x \cdot e^{c^*} = ce^x$

$\therefore\ y(x) = ce^x$

예제4) $9yy' = -4x$ 미분방정식의 일반해를 구하라.

풀이)

원식 $9y\frac{dy}{dx} = -4x$ 의 양변을 분리하면,

$9ydy = -4xdx$이고, 양변을 적분하면,

$\frac{9}{2}y^2 = -2x^2 + c^*$

$9y^2 + 4x^2 = 2c^*$ 을 정리하면, $\frac{x^2}{9} + \frac{y^2}{4} = \frac{c^*}{18} = c$

$\therefore\ \frac{x^2}{9} + \frac{y^2}{4} = c$

(2) 동차형 미분방정식

다음 식에서 $(M, N)x, y$의 각 항이 동차일 때, 이를 동차형 미분 방정식이라고 부른다.

$$M(x, y)dx + N(x, y)dy = 0 \quad (2\text{-}10)$$

다음과 같은 동차형 1계 미분방정식에서 변수분리 미분 방정식의 치환 해법을 이용할 수 있다.

$$y' = f\left(\frac{y}{x}\right) \quad (2\text{-}11)$$

$y/x = u$로 치환하여 해를 구할 수 있다. $y = ux$에서 $y' = u'x + u = f(u)$로 된다. $u'x + u = f(u)$에서 변수분리하면, $u'x = f(u) - u$로 되고, $u' = 1/x\{f(u) - u\}$로 된다. 이를 정리하면 $u' = \dfrac{du}{dx} = 1/x\{f(u) - u\}$에서 $\dfrac{1}{\{f(u) - u\}}du = \dfrac{1}{x}dx$로 되어 양변을 적분하면 다음과 같다.

$$\int \frac{1}{x}dx = \int \frac{1}{\{f(u) - u\}}du$$

$$\ln x = \int \frac{1}{\{f(u) - u\}}du + c \quad (2\text{-}12)$$

여기서 $y/x = u$를 치환하면 변수 x, y에 대한 일반해를 얻을 수 있다.

예제5) $(x^2 + y^2)dx - 2xy\,dy = 0$ 의 미분방정식의 해를 동차형 해법으로 구하라.

풀이)

각 항이 동차형이므로 준식을 $\dfrac{dy}{dx} = f\left(\dfrac{y}{x}\right)$형태로 변형된다.

$$(x^2 + y^2)dx = 2xy\,dy$$

$$\frac{dy}{dx} = \frac{x^2 + y^2}{2xy} \quad (\text{동차형})$$

$$\left(\because\ y = vx,\quad \frac{dy}{dx} = v + x\frac{dv}{dx}\right)$$

동차형 변형식은

$$v + x\frac{dv}{dx} = \frac{x^2 + (vx)^2}{2x \cdot vx} = \frac{x^2 + v^2x^2}{2vx^2} = \frac{1+v^2}{2v}$$

$$x\frac{dv}{dx} = \frac{1+v^2}{2v} - v = \frac{1+v^2-2v^2}{2v} = \frac{1-v^2}{2v}$$

$$\because \frac{2v}{1-v^2}dv = \frac{1}{x}dx$$

$$\int \frac{2v}{1-v^2}dv = \int \frac{1}{x}dx + C$$

$$\left(\begin{array}{l}\because \\ \displaystyle\int \frac{2v}{1-v^2}dv,\ 1-v^2 = t,\ \frac{dt}{dv} = -2v,\ dv = \frac{1}{-2v}dt \\ \displaystyle\quad = \int \frac{2v}{t}\cdot\frac{1}{-2v}dt \\ \displaystyle\quad = -\int \frac{1}{t}dt = -\ln|t| + C^* = -\ln(1-v^2) + C^* \end{array}\right)$$

정리하면

$$-\ln(1-v^2) = \ln(x) + C$$

$$\ln(x) + \ln(1-v^2) = C$$

$$\ln(x)\cdot(1-v^2) = C$$

$v = \dfrac{y}{x}$를 대입하여 일반해를 구하면

$$\ln(x)\cdot\left[1-\left(\frac{y}{x}\right)^2\right] = C$$

$$\ln\left(x - \frac{y^2}{x}\right) = C$$

양변에 exp을 취하면

$$\left(x-\frac{y^2}{x}\right)=e^c$$

$$\left(x^2-y^2\right)=xe^c$$

$$\therefore\ x^2-y^2=xC$$

예제6) $(y^2-xy)dx+x^2dy=0$ 의 미분방정식의 해를 구하라.

풀이)

$$x^2dy=-(y^2-xy)dx$$

$$\frac{dy}{dx}=-\frac{y^2-xy}{x^2}\quad (\text{동차형})$$

$$\left(\because\ v=\frac{y}{x},\ y=vx,\ \frac{dy}{dx}=v+x\frac{dv}{dx}\right)$$

정리하면

$$v+x\frac{dv}{dx}=-\frac{(vx)^2-x(vx)}{x^2}=-\frac{v^2x^2-vx^2}{x^2}=-v^2+v$$

$$x\frac{dv}{dx}=-v^2$$

$$\frac{1}{-v^2}dv=\frac{1}{x}dx$$

$$\int-\frac{1}{v^2}dv=\int\frac{1}{x}dx+C$$

$$\frac{1}{v}=\ln x+C$$

$$\ln x=\frac{1}{v}+C$$

$$\ln x=\frac{x}{y}+C,\ \ln x-C=\frac{x}{y}$$

$$\therefore y = \frac{x}{\ln x - C}$$

2.3 완전 미분방정식

1계 미분방정식의 형식이 다음과 같이 동차형이고,

$$M(x, y)dx + N(x, y)dy = 0 \tag{2-13}$$

함수 M, N이 다음과 같이 임의의 함수 $u(x, y)$의 1계 편도함수일 때,

$$M = \frac{\partial u}{\partial x}, \quad N = \frac{\partial u}{\partial y} \tag{2-14}$$

$M(x, y)dx + N(x, y)dy = 0$의 미분 방정식은 함수 $u(x, y)$의 완전미분(전미분)꼴이 된다.

$$du(x, y) = \frac{\partial u}{\partial x}dx + \frac{\partial u}{\partial y}dy = Mdx + Ndy \tag{2-15}$$

$$du(x, y) = Mdx + Ndy = 0 \tag{2-16}$$

$$\therefore du(x, y) = 0$$

$$\int du(x, y) = 0$$

$$u(x, y) + c' = 0$$

$$\therefore u(x, y) = c$$

또한 1계 편도함수의 $M = \frac{\partial u}{\partial x}$, $N = \frac{\partial u}{\partial y}$ 식은 다음과 같이 2계 편도함수를 취했을 때 같게 된다.

$$\frac{\partial M}{\partial y} = \frac{\partial^2 u}{\partial x \partial y}, \quad \frac{\partial N}{\partial x} = \frac{\partial^2 u}{\partial x \partial y} \tag{2-17}$$

$$\therefore \frac{\partial M}{\partial y} = \frac{\partial N}{\partial x} = \frac{\partial^2 u}{\partial x \, \partial y} \tag{2-18}$$

이 조건이 미분방정식이 완전미분방정식 꼴이 되기 위한 필요충분조건이다. 이 조건을 만족해야 완전미분방정식 해법으로 해를 구할 수 있다.

$M(x, y)dx + N(x, y)dy = 0$ 방정식에서 일반해를 구하면 다음과 같다.

$$M = \frac{\partial u}{\partial x}, \quad \partial u = M \partial x, \quad \int du = \int M dx + f(y)$$

$$u = \int M dx + f(y) \tag{2-19}$$

$f(y)$는 적분상수로서 $f(y)$를 구하기 위해서는 이를 $N = \partial u / \partial y$식에 대입하면 다음과 같다.

$$N = \frac{\partial u}{\partial y} = \frac{\partial}{\partial y}\left\{\int M dx + f(y)\right\} = \frac{\partial}{\partial y}\int M dx + f'(y)$$

$$\therefore f'(y) = N - \frac{\partial}{\partial y}\int M dx$$

$$f(y) = \int \left\{N - \frac{\partial}{\partial y}\int M dx\right\} dy + c$$

따라서 완전 미분방정식의 일반해는 다음과 같다.

$$\therefore u = \int M dx + \int \left\{N - \frac{\partial}{\partial y}\int M dx\right\} dy + c$$

이는 다음과 같은 형태로도 표현할 수 있다.

$$\therefore c = \int M dx + \int \left\{N - \frac{\partial}{\partial y}\int M dx\right\} dy \tag{2-20}$$

또한 필요충분조건을 만족하는 완전미분방정식의 해는 다음과 같이 표현할 수 있다.

$$u = \int M dx + \int N dy = c \quad (\therefore \text{공통항은 한번만 써줌}) \tag{2-21}$$

예제7) $e^x \sin y dx + e^x \cos y dy = 0$ 미분방정식의 일반해를 구하라.

풀이)

$M = e^x \sin y, \quad N = e^x \cos y$

$\dfrac{\partial M}{\partial y} = \dfrac{\partial (e^x \sin y)}{\partial y} = e^x \cos y, \quad \dfrac{\partial N}{\partial x} = \dfrac{\partial (e^x \cos y)}{\partial x} = e^x \cos y \quad \therefore$ 완전미분형

$u = \int e^x \sin y dx + k(y) = e^x \sin y + k(y)$

$\dfrac{\partial u}{\partial y} = \dfrac{\partial}{\partial y}\left\{\int e^x \sin y\, dx + k(y)\right\} = e^x \cos y + k'(y) = N = e^x \cos y \qquad \therefore\ k'(y) = 0$

적분하면 $k(y) = c^*$이 되므로, $u = e^x \sin y + c^*$ 이다.

$u = e^x \sin y + c^* = const.$(상수)이므로 $e^x \sin y = c$와 같이 쓸 수 있다.

$\therefore\ e^x \sin y = c$

예제8) $(2xy+1)dx + (x^2 - 6y)dy = 0$ 미분방정식의 일반해를 구하라.

풀이)

$M = 2xy + 1, \quad N = x^2 - 6y$

$\dfrac{\partial M}{\partial y} = \dfrac{\partial (2xy+1)}{\partial y} = 2x, \quad \dfrac{\partial N}{\partial x} = \dfrac{\partial (x^2 - 6y)}{\partial x} = 2x \quad \therefore$ 완전미분형

$u = \int (2xy+1)dx + k(y) = x^2 y + x + k(y)$

$\dfrac{\partial u}{\partial y} = \dfrac{\partial}{\partial y}\{x^2 y + x + k(y)\} = x^2 + k'(y) = N = x^2 - 6y$

$k'(y) = -6y \quad \therefore\ k(y) = -3y^2 + \tilde{c}$

$u = x^2y + k(y) = x^2y - 3y^2 + \tilde{c} = const.$

$\therefore\quad x^2y + x - 3y^2 = c$

2.4 1계 선형 미분방정식

다음과 같이 미지함수 y 및 그 도함수 $y', y'', \ldots$등에 관하여 1차인 미분방정식을 선형 미분방정식이라 한다.

$$\frac{dy}{dx} + P(x)y = Q(x) \tag{2-22}$$

여기서 $Q(x) = 0$인 경우를 1계 제차 선형 미분방정식, $Q(x) \neq 0$인 경우를 1계 비제차 미분방정식이라 하며, 다음과 같이 일반해를 구한다.

(1) $Q(x) = 0$ 인 1계 제차 선형 미분방정식의 경우 일반해

$Q(x) = 0$ 이면, $\frac{dy}{dx} + P(x)y = 0$, 변수분리형으로서

$$\frac{dy}{y} = -P(x)dx$$

$$\int \frac{dy}{y} = -\int P(x)dx + A'$$

$$\ln y = -\int P(x)dx + A'$$

$$y = e^{-\int P(x)dx + A'} = e^{A'} \cdot e^{-\int P(x)dx}$$

$$\therefore\ y = Ae^{-\int P(x)dx} \quad (A\text{는 임의의 상수}) \tag{2-23}$$

여기서 $y = Ae^{-\int P(x)dx}$를 모든 적분상수 A에 대해서 만족하는 해 형태로 나타내

면 $y=Ay_1$ 으로 나타낼 수 있으며, $y_1=e^{-\int P(x)dx}$ 를 기저라고 부른다.

예제9) $\dfrac{dy}{dx}-2y=0$ 미분방정식의 일반해를 구하라.

풀이)

원식 $\dfrac{dy}{dx}=2y$의 변수를 분리하면, $\dfrac{dy}{2y}=dx$

양변을 적분하면, $\dfrac{1}{2}\ln|y| = x+c*$

$\sqrt{y}=\exp(x+c*)=e^x \cdot e^{c^*}=ce^x$

$\therefore\ y(x)=ce^{2x}$

(2) $Q(x)\neq 0$인 1계 비제차 선형 미분방정식의 일반해

앞에서 1계 제차 선형 미분방정식에 대해서 구한 $y=Ae^{-\int P(x)dx}$의 일반해는 A를 상수로 하므로 비제차에서는 일반해가 되지 않는다.

따라서 상수 A를 x의 함수로 간주하여 $y=Ae^{-\int P(x)dx}$를 x에 대해서 미분하면

$$\frac{dy}{dx}=\frac{dA}{dx}e^{-\int P(x)dx}+A\left[-P(x)\cdot e^{-\int P(x)dx}\right]$$

$$\left(\because \left[e^{-\int P(x)dx}\right]'=-P(x)\cdot e^{-\int P(x)dx}\right)$$

$$=\frac{dA}{dx}e^{-\int P(x)dx}-P(x)\cdot y$$

$$\therefore \frac{dA}{dx}e^{-\int P(x)dx}=\frac{dy}{dx}+P(x)\cdot y=Q(x)$$

위 식을 적분하기 위해서 정리하면

$$dA = Q(x)e^{\int P(x)dx}dx$$

$$A = \int Q(x)\cdot e^{\int P(x)dx}dx + C$$

이를 제차 선형 미분방정식의 일반해인 아래 y식에 대입하면 다음과 같다.

$$y = Ae^{-\int P(x)dx} \quad (A\text{는 임의의 상수})\ \text{이므로}$$

$$\therefore\ y = Ae^{-\int P(x)dx}dx = e^{-\int P(x)dx}\left\{\int Q(x)\cdot e^{\int P(x)dx}dx + C\right\} \tag{2-24}$$

이 된다. 이를 1계 비제차 선형 미분방정식의 일반해라고 한다.

예제10) $\dfrac{dy}{dx} - y = e^{2x}$의 일반해를 구하라.

풀이)

완전미분 방정식 해법을 이용하면

$P(x) = -1,\quad Q(x) = e^{2x},\quad \int P(x)dx = \int (-1)dx = -x$

$y = e^{x}\left(\int e^{-x}e^{2x}dx + c\right) = e^{x}\left(\int e^{x}dx + c\right)$

$\therefore\ y(x) = e^{2x} + ce^{x}$

예제11) $y' + y\tan x = 2x\cos x$ 미분방정식에서 $y(0) = -1$ 초기조건을 만족하는 특수해를 구하라.

풀이)

$P(x) = \tan x\ ,\quad Q(x) = 2x\cos x\ ,\quad \int P(x)dx = \int \tan x dx = -\ln\cos x$

$$y = e^{\ln\cos x}\left[\int e^{-\ln\cos x}\cdot 2x\cos x dx + c\right]$$
$$= \cos x\left[\int 2x dx + c\right] = \cos x(x^2 + c)$$

따라서 $y(0) = -1$ 초기조건을 만족하는 특수해는 다음과 같다.

$\therefore\ y = \cos x(x^2 - 1)$

예제12) $x\dfrac{dy}{dx} + y = 2x$의 미분방정식에 대해서 $y(1) = 2$의 경계조건을 만족하는 특수해를 구하라.

풀이)

준식에서 양변을 x로 나누면

$$y' + \frac{1}{x}y = 2$$

$$P(x) = 1/x\ ,\quad Q(x) = 2\ ,\quad \int 1/x dx = \ln x$$

$$y = e^{-\ln x}\left[\int e^{\ln x}\cdot 2dx + c\right] = x + \frac{c}{x}$$

$$y(1) = 1 + c = 2,\quad c = 1$$

$$\therefore\ y(x) = x + \frac{1}{x}$$

2.5 베르누이 미분방정식(비선형 1계 미분방정식)

1계 미분 방정식은 다음과 같은 형태로 표시할 수 있다.

$$\frac{dy}{dx} + P(x)y = Q(x)y^n \quad (n = 0, 1) \tag{2-25}$$

↓ ↓

비제차형 제차형

위 식에서 베르누이 미분 방정식은 $n \neq 0, 1$인 경우를 말한다.

$$\frac{dy}{dx}+P(x)y=Q(x)y^n \quad (n\text{은 임의의 실수}) \tag{2-26}$$

베르누이 비선형 미분 방정식은 비선형이므로 먼저 선형 미분방정식으로 변환해야 한다. 선형으로 변환하는 방법은 치환함수를 사용하여 선형으로 변형한다. 선형화 과정은 다음과 같다.

먼저 주어진 위의 식에 대해서 양변을 y^n으로 나누면

$$y^{-n}\cdot\frac{dy}{dx}+P(x)\cdot y^{1-n}=Q(x) \tag{2-27}$$

로 된다. 여기서 $Z=y^{1-n}$라 하고 이를 x로 미분하면

$$\frac{dZ}{dx}=(1-n)y^{-n}\frac{dy}{dx}, \left(\because y^{-n}\frac{dy}{dx}=\frac{1}{(1-n)}\frac{dZ}{dx}\right)$$

이를 변형식에 대입하면 다음과 같다.

$$\frac{1}{(1-n)}\frac{dZ}{dx}+P(x)\cdot Z=Q(x) \tag{2-28}$$

정리하면 다음과 같이 된다.

$$\frac{dZ}{dx}+(1-n)P(x)\cdot Z=(1-n)Q(x) \tag{2-29}$$

이 식은 x, Z로만 구성된 1계 선형 미분방정식이 얻어진다. 이렇게 구한 Z함수로 표현되는 일반해에 $Z=y^{1-n}$식을 대입하여 정리하면 x, y로 표현되는 일반해를 구할 수 있다.

예제13) 다음의 $x\frac{dy}{dx}-y=y^2\ln x$ 비선형 미분 방정식의 일반해를 구하라.

풀이)

준식을 변형하면

$$\frac{dy}{dx}-\frac{1}{x}y=\frac{1}{x}y^2\ln x$$

여기서, 양변을 y^2으로 나누면

$$y^{-2}\frac{dy}{dx}-\frac{1}{x}y^{-1}=\frac{1}{x}\ln x$$

여기서 $z=y^{-1}$로 놓고, x로 미분하면

$\frac{dz}{dx}=-y^{-2}\frac{dy}{dx},\ y^{-2}\frac{dy}{dx}=-\frac{dz}{dx}$ 이를 원식에 대입하면

$-\frac{dz}{dx}-\frac{1}{x}z=\frac{1}{x}\ln x,\quad \frac{dz}{dx}+\frac{1}{x}z=-\frac{1}{x}\ln x$ 된다.

$$x\frac{dz}{dx}+z=-\ln x$$

$$(xz)'=-\ln x$$

$$\int(xz)'dx=-\int\ln x\,dx$$

$$xz=-\int\ln x dx+C=-(x\ln x-x+C)$$

$$\left(\begin{array}{l}\because \int\ln x dx=x\ln x-\int x\frac{1}{x}dx=x\ln x-x+C\\ \quad f'(x)=1,\ g(x)=\ln x\\ \quad f(x)=x,\ g'(x)=\frac{1}{x}\end{array}\right)$$

$$\because z=-\frac{1}{x}(x\ln x-x+C)=-\ln x+1+\frac{C}{x}$$

$$y^{-1}=-\ln x+1+\frac{C}{x}$$

$$\therefore y=\frac{1}{-\ln x+1+\frac{C}{x}}$$

연 습 문 제

1. 다음 미분방정식의 종류를 말하고, 주어진 함수가 그 미분방정식의 해임을 보여라.

① $y' + 5y = 0,\ y = ce^{-5x}$　② $y' + 4y = 0,\ y = A\cos 2x + B\sin 2x$

③ $y' - y = 0,\ y = c_1 e^{x} + c_2 e^{-x}$　④ $y' + y\tan x = 0,\ y = A\cos x$

2. 다음 미분방정식의 해를 구하라.

① $y' = \cos x$　② $\dfrac{di}{dt} = e^{2t}$　③ $y' = x\cos x,\ y(0) = \pi$

3. 다음 미분방정식의 해를 구하라.

① $y' - 2y = 0$　② $9yy' = -3x$

③ $2ydx - 2xdy = 0$　④ $xy' = my,\ y(1) = 2m$

⑤ $yy' + 2x = 0,\ y(0) = 4$　⑥ $Ai'(t) + Bi(t) = 0,\ i(0) = c$

⑦ $yy' = \cos^2 x,\ y(0) = \sqrt{2}$

4. 다음 완전 미분방정식의 해를 구하라.

① $e^{x}\sin y dx + e^{x}\cos y dy = 0$　② $2xydx + x^2 dy = 0$

③ $(2xy+1)dx + (x^2 - 6y)dy = 0$　④ $(xdy - ydx)/x^2 = 0,\quad y(1) = 1$

⑤ $\{(x+1)e^{x} - e^{y}\}dx - xe^{y}dy = 0,\qquad y(1) = 0$

⑥ $3x^2(y-1)^2 dx + 2x^3(y-1)dy = 0,\qquad y(-2) = 5$

5. 다음 1계 미분방정식의 해를 구하라.

① $y' - 2y = e^{2x}$　② $y' + 2y = e^{2x}$

③ $y' + 4y = -2$　④ $y' + 2y = e^{x}(3\sin 2x + 2\cos 2x)$

⑤ $xy' + y = 2x,\ y(1) = 2$　⑥ $y' + y\tan x = 2x\cos x,\ y(0) = 1$

6. 다음 베르누이 방정식의 해를 구하라.

① $y' + xy = \dfrac{x}{y}$　② $y' + \dfrac{y}{x} = xy^2$

③ $3y' + y = (1-2x)y^4$ 을 풀어서 y^3의 값을 구하라.

3장 2계 상미분방정식

1계 미분방정식에서 해를 구할 수 있는 방법은 주어진 미분방정식의 형태에 따라서 여러 가지 방법을 소개하였지만, 비교적 쉽게 해를 구할 수 있었다. 여기서는 2계 미분 방정식의 해를 구하는 방법을 소개하겠지만 2계미분방정식 해를 구할 수 있으면 고계 미분 방정식의 해도 같은 방법으로 구할 수 있다. 즉 2계 이상의 미분 방정식의 해법은 동일하다는 반증이다.

3.1 2계 제차 미분방정식

2계 미분 방정식은 다음 식과 같이 차수가 1차로 주어진 미분방정식을 의미한다.

$$\frac{d^2y}{dx^2}+P\frac{dy}{dx}+Qy=R \quad \begin{pmatrix} \because P, Q=\text{상수이면, 상계수 2계 1차 미방} \\ R=0\text{이면, 제차 상계수 2계 1차 미방} \\ R\neq 0\text{이면, 비제차 상계수 2계 1차 미방} \end{pmatrix} \tag{3-1}$$

미분연산자 $D=\dfrac{d}{dx}$ 를 사용하여 표현하면 다음과 같다.

$$(D^2+PD+Q)y=R \tag{3-2}$$

전기계를 Modeling하면 다음과 같다.

$$Ri+L\frac{di}{dt}+\frac{1}{c}\int idt=e \tag{3-3}$$

$$R\frac{dq}{dt}+L\frac{d^2q}{dt^2}+\frac{1}{c}\int\frac{dq}{dt}dt=e \tag{3-4}$$

$$L\frac{d^2q}{dt^2}+R\frac{dq}{dt}+\frac{1}{c}q=e\ (\because e=\text{전압}) \tag{3-5}$$

역학계를 Modeling하면 다음과 같다.

$$M\frac{d^2y}{dt^2}+B\frac{dy}{dt}+ky=f(\text{힘}) \tag{3-6}$$

$$Ma+Bv+ky=f \tag{3-7}$$

제차 2계 미분 방정식의 일반 표현은 다음과 같다.

$$\frac{d^2y}{dx^2}+P\frac{dy}{dx}+Qy=0 \tag{3-8}$$

미분방정식의 해의 특징은 1계 미분방정식에서는 해가 1개 존재하고, 2계 미분방정식에서는 해가 2개가 존재한다.
따라서 위의 미분방정식에서 일반해 형태는 $y=c_1y_1+c_2y_2$로 표현된다. 여기서 c_1, c_2는 상수이고, 앞에서 언급했듯이 위 식에서 각각의 해를 나타내는 y_1, y_2를 일반해인 y의 기저라고 한다.
임의의 상수인 c_1, c_2에 대해서 주어진 초기조건 또는 경계 조건을 대입하여 특정한 값을 구하여 $y=c_1y_1+c_2y_2$에 대입하면 특수해가 구해진다.
다음의 예제에서 2계 미분 방정식에서 해의 종류 및 해의 시스템을 이해하도록 한다.

예제1) 다음 미분방정식의 일반해를 구하고, 기저를 정의하고,

초기 조건 $y(0)=3,\ y'(0)=1$를 적용하여 특수해를 구하라.

$$\frac{d^2y}{dx^2}=y$$

풀이)

일반적으로 2계 미분방정식의 해는 다음과 같은 방법으로 구한다.
주어진 식은 $y''-y=0$으로 쓸 수 있다.
여기서 등식이 성립하기 위한 특성방정식을 세우면

$$\lambda^2 - 1 = (\lambda - 1)(\lambda + 1) = 0$$

로 되고, 특성근 $\lambda_1 = 1$, $\lambda_2 = -1$이 되므로, 주어진 방정식의 일반해는

$$\therefore \ y = Ae^{\lambda_1 x} + Be^{\lambda_2 x} = Ae^{x} + Be^{-x}$$

이렇게 구한 일반해에 $y(0) = 3$, $y'(0) = 1$를 대입하면

$$y = Ae^{x} + Be^{-x}$$
$$y' = Ae^{x} - Be^{-x}$$

되고, 여기에 초기 조건을 대입하면 다음과 같다.

$$y(0) = Ae^{0} + Be^{-0} = A + B = 3$$
$$y'(0) = Ae^{0} - Be^{-0} = A - B = 1$$

연립 미분방정식을 행렬식으로 풀면 다음과 같다.

$$\begin{pmatrix} 1 & 1 \\ 1 & -1 \end{pmatrix} \begin{pmatrix} A \\ B \end{pmatrix} = \begin{pmatrix} 3 \\ 1 \end{pmatrix}$$

미지수 A, B는 다음과 같다.

$$A = \frac{\begin{pmatrix} 3 & 1 \\ 1 & -1 \end{pmatrix}}{\begin{pmatrix} 1 & 1 \\ 1 & -1 \end{pmatrix}} = \frac{-3-1}{-1-1} = 2$$

$$B = \frac{\begin{pmatrix} 1 & 3 \\ 1 & 1 \end{pmatrix}}{\begin{pmatrix} 1 & 1 \\ 1 & -1 \end{pmatrix}} = \frac{1-3}{-1-1} = 1$$

따라서 초기조건을 만족하는 특수해는 다음과 같다.

$$\therefore \ y = 2e^{x} + e^{-x}$$

3.2 상수계수를 갖는 제차 미분방정식

상계수 제차 미분 방정식의 형태는 다음과 같다.

$$\frac{d^2y}{dx^2}+a\frac{dy}{dx}+by=0 \text{ (단, } a,b \text{는 상수)} \tag{3-9}$$

위의 식에서 해를 구하기 위해서는 우선 2계 도함수를 0으로 한 1계 제차 선형 미분방정식의 해를 먼저 구하고 난 다음에 이를 이용하여 2계 미분방정식의 해를 구할 수 있다.

$$a\frac{dy}{dx}+by=0,\ a\frac{dy}{dx}=-by,\ \frac{1}{y}dy=-\frac{b}{a}dx$$

$$\int\frac{1}{y}dy=\int-\frac{b}{a}dx+C,\ \ln y=-\frac{b}{a}x+C$$

$$y=e^{-\frac{b}{a}x+C}=e^{-\frac{b}{a}x}\cdot e^{C}=Ae^{\lambda x}\ (\because \lambda=\frac{-b}{a})$$

$$\therefore y=Ae^{\lambda x} \tag{3-10}$$

위의 해는 1계 미분방정식의 일반해이다. 이를 1계 및 2계 미분하면 다음과 같다.

$$y=Ae^{\lambda x},\ \frac{dy}{dx}=A\lambda e^{\lambda x},\ \frac{d^2y}{dx^2}=A\lambda^2e^{\lambda x}$$

이를 원식에 대입하면

$$A\lambda^2e^{\lambda x}+aA\lambda e^{\lambda x}+bAe^{\lambda x}=0 \tag{3-11}$$

로 되고, 정리하면

$$Ae^{\lambda x}(\lambda^2+a\lambda+b)=0 \tag{3-12}$$

된다. 여기서 $A \neq 0, e^{\lambda x} \neq 0$ 이므로 위의 등식이 성립하려면, λ는 항상 $\lambda^2 + a\lambda + b = 0$이 되어야 한다. $\lambda^2 + a\lambda + b = 0$를 특성방정식이라 하고, 특성방정식의 근을 특성근이라고 한다. 특성근을 구하기 위해서 근의 공식을 쓰면

$$\therefore \lambda = \frac{-a \pm \sqrt{a^2 - 4b}}{2} \tag{3-13}$$

$$\left(\begin{array}{l} \because ax^2 + bx + c = 0 \\ x = \dfrac{-b \pm \sqrt{b^2 - 4ac}}{2a} \end{array} \right)$$

$\because$ 판별식을 $D = a^2 - 4b$ 라면

특성근의 형태는 3가지로 나눌 수 있다.

①두개의 서로 다른 실근 $D = a^2 - 4b > 0$
②중근(실수) $D = a^2 - 4b = 0$
③두개의 서로 다른 허근(허수 $D = a^2 - 4b < 0$

(1) 두 개의 서로 다른 실근인 경우

$$\frac{d^2y}{dx^2} + a\frac{dy}{dx} + by = 0 \tag{3-15}$$

의 미분 방정식에서 두 개의 서로 다른 실근 λ_1, λ_2을 갖는 경우 일반해는

$$\therefore y = A_1 e^{\lambda_1 x} + A_2 e^{\lambda_2 x} \tag{3-16}$$

로 된다.

예제2) 다음의 $\dfrac{d^2y}{dx^2} + \dfrac{dy}{dx} - 6y = 0$ 2계 제차 미분방정식의 일반해를 구하라.

풀이)

특성방정식은 $\lambda^2+\lambda-6=(\lambda-2)(\lambda+3)=0$ 이고,

$\lambda_1=2$, $\lambda_2=-3$ 이므로, 기저는 $y_1=e^{2x}$, $y_2=e^{-3x}$ 가 된다.

$\therefore\ y=A_1e^{2x}+A_2e^{-3x}$

예제3) $\dfrac{d^2y}{dx^2}+\dfrac{dy}{dx}-2y=0$의 미분방정식에서 $y(0)=4,\ y'(0)=-5$의 초기조건을 만족하는 미분방정식의 특수해를 구하라.

풀이)

특성방정식 $\lambda^2+\lambda-2=(\lambda-1)(\lambda+2)=0$, $\lambda_1=1$, $\lambda_2=-2$

기저는 $y_1=e^x$, $y_2=e^{-2x}$ 이므로, 일반해 $y=A_1e^x+A_2e^{-2x}$

초기조건을 대입하면, $y(0)=A_1+A_2=4$,

$y'=A_1e^x-2A_2e^{-2x}$ 이므로 $y'(0)=A_1-2A_2=-5$

연립방정식 $A_1+A_2=4$, $A_1-2A_2=-5$ 을 풀면, $A_1=1$, $A_2=3$.

$\therefore\ y=e^x+3e^{-2x}$

---

2) 특성근이 중근인 경우

2계 1차 상계수 선형 제차 미분방정식의 일반해는 특성방정식으로부터 $\lambda=\lambda_1=\lambda_2$ 이므로, 일반해는

$$\therefore y=A_1e^{\lambda_1x}+A_2e^{\lambda_2x}=(A_1+A_2)e^{\lambda x}=Ae^{\lambda x} \qquad \text{(3-17)}$$

가 되어 임의의 상수 A인 하나의 근만 존재한다.

그러나 2계 미분방정식은 임의의 상수가 두 개인 항을 포함해야하기 때문에 나머지 하나의 근도 생각해야 한다.

이 경우 나머지의 근은 차수축소법에 의하여 $y=Bxe^{\lambda x}$해가 얻어진다.

따라서 특성근이 중근인 경우의 일반해는

$$y = Ae^{\lambda x} + Bxe^{\lambda x} \tag{3-18}$$

가 된다. 여기서, 임의의 상수를 바꾸어 생각하면 다음과 같다.

$$y = A_1 e^{\lambda x} + A_2 x e^{\lambda x}$$
$$\therefore y = (A_1 + A_2 x)e^{\lambda x} \tag{3-19}$$

예제4) 다음의 $\dfrac{d^2y}{dx^2} + 2\dfrac{dy}{dx} + y = 0$ 2계 제차 미분방정식의 일반해를 구하라.

풀이)

특성방정식은 $\lambda^2 + 2\lambda + 1 = (\lambda + 1)^2 = 0$ 이고,

$\lambda_1 = \lambda_2 = -1$ 인 중근을 가지므로, 기저는 $y_1 = e^{-x}$, $y_2 = xy_1 = xe^{-x}$ 이다.

$\therefore \ y = (A_1 + A_2 x)e^{-x}$

예제5) 다음의 $y'' - 4y' + 4y = 0$ 2계 제차 미분방정식에서 $y(0) = 3$, $y'(0) = 1$의 초기조건을 만족하는 특수해를 구하라.

풀이)

특성방정식 $\lambda^2 - 4\lambda + 4 = (\lambda - 2)^2 = 0$, $\lambda_1 = \lambda_2 = 2$

기저는 $y_1 = e^{2x}$, $y_2 = xe^{2x}$ 이므로,

일반해는 $y = (A_1 + A_2 x)e^{2x}$ 이고, $y' = A_2 e^{2x} + 2(A_1 + A_2 x)e^{2x}$

초기조건을 대입하면, $y(0) = A_1 = 3$, $y'(0) = A_2 + 2A_1 = 1$ 이므로 $A_2 = -5$

$\therefore \ y = (3 - 5x)e^{2x}$

---

3) 특성근이 공액복소근(허근)을 갖는 경우

특성 방정식의 특성근이 공액복소근 $\lambda = \alpha \pm j\beta$를 가지면, 주어진 미분방정식의 일반해는

$$y_1 = B_1 e^{\lambda_1 x} = B_1 e^{(\alpha + j\beta)x}$$
$$y_2 = B_2 e^{\lambda_2 x} = B_2 e^{(\alpha - j\beta)x} \qquad (\because \beta \neq 0) \tag{3-20}$$

로 된다. 따라서 일반해는

$$\begin{aligned} y &= y_1 + y_2 = B_1 e^{(\alpha + j\beta)x} + B_2 e^{(\alpha - j\beta)x} \\ &= e^{\alpha x}(B_1 e^{j\beta x} + B_2 e^{-j\beta x}) \end{aligned} \tag{3-21}$$

가 되어, 여기서 오일러공식 $e^{\pm j\theta} = \cos\theta \pm j\sin\theta$ 을 적용하면,

$$\begin{aligned} y &= e^{\alpha x}\{B_1(\cos\beta x + j\sin\beta x) + B_2(\cos\beta x - j\sin\beta x)\} \\ &= e^{\alpha x}\{(B_1 + B_2)\cos\beta x + (B_1 - B_2)j\sin\beta x\} \end{aligned} \tag{3-22}$$

가 되고, 다음과 같이 정리하면

$$B_1 = \frac{1}{2}(A_1 - jA_2), \quad B_2 = \frac{1}{2}(A_1 + jA_2)$$

$$\therefore y = e^{\alpha x}(A_1\cos\beta x + A_2\sin\beta x) \tag{3-23}$$

가 된다.

예제6) 다음의 $\dfrac{d^2y}{dx^2} + 6\dfrac{dy}{dx} + 13y = 0$ 2계 제차 미분방정식의 일반해를 구하라.

풀이)

특성방정식은 $\lambda^2 + 6\lambda + 13 = 0$ 이므로,

근의 공식을 이용하면, $\lambda = -3 \pm \sqrt{9-13} = -3 \pm j2$.

근이 복소수 형태이므로, 일반해 $y=e^{\alpha x}(A_1\cos\beta x+A_2\sin\beta x)$를 가진다.

$\alpha=-3$, $\beta=2$ 을 대입하면,

$\therefore\ y=e^{-3x}(A_1\cos 2x+A_2\sin 2x)$

예제7) 다음의 $\dfrac{d^2y}{dx^2}+2\dfrac{dy}{dx}+(\omega^2+1)y=0$ 2계 제차 미분방정식에서 $y(0)=1$, $y'(0)=0$의 초기조건을 만족하는 특수해를 구하라.

풀이)

특성방정식 $\lambda^2+2\lambda+\omega^2+1=0$, $\lambda_{1,2}=-1\pm j\omega$

$\alpha=-1$, $\beta=\omega$ 인 경우이므로, 일반해 $y=e^{-x}(A_1\cos\omega x+A_2\sin\omega x)$

$y(0)=A_1=1$, $y'=-e^{-x}(\cos\omega x+A_2\sin\omega x)+e^{-x}(-\omega\sin\omega x+\omega A_2\cos\omega x)$

그러므로 $y'(0)=-1+\omega A_2=0$ 이고, $A_2=\dfrac{1}{\omega}$가 된다.

$\therefore\ y=e^{-x}\left(\cos\omega x+\dfrac{1}{\omega}\sin\omega x\right)$

3.3 2계 비제차 미분방정식

지금까지 상수를 계수로 하는 미분방정식에 대해서 $Q(x)=0$인 제차 미분 방정식을 살펴봤지만, 이 절에서는 $Q(x)\neq 0$ 비제차 미분방정식을 다룬다.
2계 비제차 미분방정식을 입력과 공정 및 출력으로 이루어진 하나의 시스템이라고 생각하면 입력은 비제차 항의 값에 해당하고 공정은 미분방정식, 해를 시스템에서 출력에 해당한다고 생각할 수 있다.

공정 (미분방정식의 항1 + 항2 + 항3 ...) = 입력(비제차항) (∵ 해는 출력에 상당)

위 미분 방정식의 해는 출력에 해당한다. 이를 미분방정식으로 다시 설명하면 다음과 같다.

$$\frac{d^2y}{dx^2}+a\frac{dy}{dx}+by=Q(x)\ \ (\text{단. } a,b\text{는 상수}) \tag{3-24}$$

비제차 미분 방정식의 일반해는

$y=$ 보조해 y_c+ 특수해 y_p

보조해는 주어진 미분 방정식에서 $Q(x)=0$으로 놓고 구한 해를 보조해 y_c라고 한다. 또한, 특수해는 비제차항 $Q(x)$의 형태에 따라서 해를 추정하여 특수해를 구한다. 추정한 특수해 y_p를 $y_p{}', y_p{}''$ 하여 주어진 미분방정식에 대입하여 미정계수를 추정하여 특수해를 확정한다. 만일 추정 특수해가 보조해에 존재하면 대안 추정 특수해를 이용하여 특수해를 확정한다.

표.1 추정 특수해(미정계수법)

$Q(x)$	선택특수해(y_p)	
	추정 특수해(1안)	대안 추정 특수해(2안)
a(상수)	$y_p=A$	$y_p=Ax$
kx^3	$y_p=ax^3+bx^2+cx+d$	-
$be^{\alpha x}$ (b 상수)	$y_p=Ae^{\alpha x}$	$y_p=Axe^{\alpha x}$, $y_p=Ax^2e^{\alpha x}$,
$a\cos px$ or $b\sin px$ $a\cos px+b\sin px$	$y_p=A_1\cos px+A_2\sin px$	$y_p=x(A_1\cos px+A_2\sin px)$
$x+1+e^{-x}$	$y_p=ax+b+ce^{-x}$	(비고)
$2x^2+5\cos 3x$	$y_p=ax^2+bx+c$ $+d\cos 3x+e\sin 3x$	대안 추정특수해(2안) 적용 : 추정 특수해(1안)가 보조해에
$3e^{2x}\sin 4x$	$y_p=e^{2x}(A_1\cos 4x+A_2\sin 4x)$	포함되어 있는 경우 사용

비제차 미분 방정식의 비제차 항이 상수, 다항식, 지수, 삼각함수와 이들의 복합으로 이루어진 형태에 따라서 적용 예를 살펴보기로 한다.

예제8) $\dfrac{d^2y}{dx^2}+4\dfrac{dy}{dx}+3y=6$ 의 일반해?

풀이)

먼저 $Q=0$으로 놓고 미분연산자로 풀면 $(D^2+4D+3)y=0$

특성방정식 $\lambda^2+4\lambda+3=0$

특성근 $\lambda_1 = -1$, $\lambda_2 = -3$

보조해 $y_c = A_1 e^{-x} + A_2 e^{-3x}$

추정 특수해 y_p는, $Q(x)$는 상수 이므로

$$y_p = A,\ \frac{dy_p}{dx} = 0,\ \frac{d^2 y_p}{dx^2} = 0$$

주어진 식에 y_p, y_p', y_p''를 대입하면

$$0 + 4 \cdot 0 + 3y_p = 6$$

$$\therefore y_p = 2$$

$\therefore$ 일반해 $y = y_c + y_p = A_1 e^{-x} + A_2 e^{-3x} + 2$

예제9) $3\dfrac{d^2y}{dx^2} + \dfrac{dy}{dx} - 4y = 2e^{-3x}$ 의 일반해?

풀이)

먼저 $Q(x) = 0$ 으로 하고, 미분연산자로 풀면 $(3D^2 + D - 4)y = 0$

특성방정식 $3\lambda^2 + \lambda - 4 = 0$

특성근 $\lambda_1 = 1$, $\lambda_2 = -\dfrac{4}{3}$

보조해 $y_c = A_1 e^{x} + A_2 e^{-\frac{4}{3}x}$

추정 특수해

$$y_p = Ae^{-3x},\ y_p' = -3Ae^{-3x},\ y_p'' = 9Ae^{-3x}$$

준식에 이를 대입하면

$$3 \cdot 9Ae^{-3x} - 3Ae^{-3x} - 4Ae^{-3x} = 2e^{-3x}$$

$$27Ae^{-3x} - 3Ae^{-3x} - 4Ae^{-3x} = 2e^{-3x}$$

$27A-3A-4A=2$, $20A=2$, $\therefore A=\dfrac{1}{10}$

$\therefore y_p=\dfrac{1}{10}e^{-3x}$

$\therefore$ 일반해 $y=y_c+y_p=A_1e^{x}+A_2e^{-\frac{4}{3}x}+\dfrac{1}{10}e^{-3x}$

예제10) $\dfrac{d^2y}{dx^2}-\dfrac{dy}{dx}-2y=6e^{-x}$의 일반해?

풀이)

특성방정식 $\lambda^2-\lambda-2=0$

특성근 $\lambda_1=-1$, $\lambda_2=2$

보조해 $y_c=A_1e^{-x}+A_2e^{2x}$

대안특수해 $y_p=Ae^{ax}=6e^{-x}$라면 보조해에 A_1e^{-x}항이 중복

따라서 대안특수해를 가정하면 $y_p=Axe^{-x}$로 놓고 풀면

$y_p=Axe^{-x}$, $y_p'=Ae^{-x}-Axe^{-x}=Ae^{-x}(1-x)$

$y_p''=-Ae^{-x}-Ae^{-x}+Axe^{-x}=-2Ae^{-x}+Axe^{-x}=Ae^{-x}(x-2)$

$Ae^{-x}(x-2)-Ae^{-x}(1-x)-2Axe^{-x}=6e^{-x}$

$A(x-2)-A(1-x)-2xA=6$

$Ax-2A-A+Ax-2xA=6$

$-3A=6$

$A=-2$

$\therefore y_p=-2xe^{-x}$

$\therefore$ 일반해 $y=y_c+y_p=A_1e^{-x}+A_2e^{2x}-2xe^{-x}$

예제11) $\frac{d^2y}{dx^2} - 2\frac{dy}{dx} + y = 5e^x$ 의 일반해?

풀이)

특성방정식 $\lambda^2 - 2\lambda + 1 = 0$

특성근 $\lambda_1 = \lambda_2 = 1$ (중근)

보조해 $y_c = A_1e^x + A_2xe^x$

$Q(x)$에 따라서

추정 특수해 $y_p = Ae^x, y_p = Axe^x$ 가 보조해에 있으므로

$y_p = Ax^2e^x$ 로 취한다.

$y_p = Ax^2e^x,\ y_p{}' = A2xe^x + Ax^2e^x$

$y_p{}'' = 2Ae^x + 2Axe^x + 2Axe^x + Ax^2e^x = 2Ae^x + 4Axe^x + Ax^2e^x$

준식에 이를 대입하면

$2Ae^x + 4Axe^x + Ax^2e^x - 2(2Axe^x + Ax^2e^x) + Ax^2e^x = 5e^x$

$2A + 4Ax + Ax^2 - 4Ax - 2Ax^2 + Ax^2 = 5$

$2A = 5,\ \ A = \frac{5}{2}$

$\therefore$ 특수해 $y_p = \frac{5}{2}x^2e^x$

$\therefore$ 일반해 $y = y_c + y_p = A_1e^x + A_2xe^x + \frac{5}{2}x^2e^x$

예제12) $\frac{d^2y}{dx^2} - 3\frac{dy}{dx} + 2y = 4x + e^{3x}$ 의 일반해?

풀이)

보조해

$$\frac{d^2y}{dx^2} - 3\frac{dy}{dx} + 2y = 0$$

특성방정식 $\lambda^2 - 3\lambda + 2 = 0$

특성근 $\lambda_1 = 1,\ \lambda_2 = 2$

보조해 $y_c = A_1 e^x + A_2 e^{2x}$

추정특수해

$$y_p = Ax + B + Ce^{3x}$$

$$y_p{}' = A + 3Ce^{3x}$$

$$y_p{}'' = 9Ce^{3x}$$

준식에 대입하면

$$9Ce^{3x} - 3A - 9Ce^{3x} + 2Ax + 2B + 2Ce^{3x} = 4x + e^{3x}$$

$$2Ce^{3x} + 2Ax + (-3A + 2B) = 4x + e^{3x}$$

$$A = 2$$

$$-3A + 2B = -3 \cdot 2 + 2B = 0$$

$$B = 3,\ \ C = \frac{1}{2}$$

$\therefore$ 특수해 $y_p = 2x + 3 + \frac{1}{2}e^{3x}$

$\therefore$ 일반해 $y = y_c + y_p = A_1 e^x + A_2 e^{2x} + 2x + 3 + \frac{1}{2}e^{3x}$

3.4 오일러-코시 미분방정식

오일러 코시 미분방정식의 형태는 다음과 같다.

$$x^2\frac{d^2y}{dx^2}+ax\frac{dy}{dx}+by=0,\ (\text{단}, a, b\text{는 상수}) \tag{3-25}$$

즉 각항에 미분 계수와 일치하는 차수의 x^2, x의 항이 곱해져 있는 형태가 오일러-코시 미분방정식이다.
이러한 방정식의 해법은 해의 형태를 다음과 같이 가정하여 구한다.

$$y=x^m \tag{3-26}$$

여기서, y', y''를 구하여 원식에 대입하면 다음과 같이 된다.

$$y' = mx^{m-1}$$

$$y''=m(m-1)x^{m-2}$$

원식은 다음과 같이 된다.

$$x^2y''+axy'+by=x^m\{m(m-1)+am+b\}=0 \tag{3-27}$$

위 식에서 가정한 해 $y=x^m$가 0이 되면 해를 구하는 의미가 없으므로, 결국 $\{m(m-1)+am+b\}=0$이 성립되어야 한다. 따라서 이를 다시 정리하면

$$m^2+(a-1)m+b=0 \tag{3-28}$$

이 된다. 이를 오일러-코시 보조 방정식이라고 정의한다. 여기서 보조방정식의 근의 형태는 3개의 형태로 되어 오일러 코시 미분방정식의 일반해를 구할 수 있다.

1) 보조방정식이 두 개의 실근을 갖는 경우

가정했던 해가 $y=x^m$이므로 여기에 두 개의 실근 m_1, m_2를 대입하여 일반해를 구하면 다음과 같다.

$$y = A_1 x^{m_1} + A_2 x^{m_2} \tag{3-29}$$

예제13) $x^2 y'' - 12y = 0$의 미분방정식에 대해서 오일러-코시법으로 일반해를 구하라.

풀이)

보조 방정식 $m^2 - m - 12 = (m-4)(m+3) = 0$,

$m_1 = 4$, $m_2 = -3$이므로 기저는 $y_1 = x^4$, $y_2 = x^{-3}$,

$\therefore \quad y = A_1 x^4 + A_2 x^{-3}$

2) 보조 방정식의 근이 중근인 경우

보조 방정식 $m^2 + (a-1)m + b = 0$에서 보조방정식의 근이 중근이 경우 $m = m_1 = m_2 = -(a-1)/2$ 이므로, 제차 미분 방정식의 경우처럼 차수 축소법을 이용하여 두 번째 해를 구할 수 있다.
첫 번째 해는

$$y_1 = x^{\frac{1-a}{2}} \tag{3-30}$$

이므로

$$x^2 y_1'' + axy_1' + by_1 = 0 \tag{3-31}$$

이 성립한다. 차수 축소법에 의한 두 번째 해는 임의의 u를 가정하고, u를 구한다. 즉, $y_2 = ux^m = uy_1$로 가정하여 원 식에 대입하면

$$x^2 y_2'' + axy_2' + by_2 \tag{3-32}$$

$$= x^2 (u'' y_1 + 2u' y'_1 + uy_1'') + ax(u' y_1 + uy'_1) + b(uy_1) = 0$$

이 되고, 여기서 다시 이를 u로 정리하면

$$u''x^2y_1 + u'(2x^2y'_1 + axy_1) + u(x^2y_1'' + axy'_1 + by_1) = 0 \qquad \text{(3-33)}$$

여기서 앞에서 살펴 본 바와 같이 $x^2y_1'' + axy_1' + by_1 = 0$이므로,

$$u''x^2y_1 + u'(2x^2y'_1 + axy_1) = 0 \qquad \text{(3-34)}$$

이 되어야 한다. 여기서 $y_1 = x^{\frac{1-a}{2}}$를 $2x^2y'_1 + axy_1$에 대입하여 정리하면 다음과 같다.

$$2x^2y'_1 + axy_1 = 2x^2\{x^{(1-a)/2}\}' + ax\{x^{(1-a)/2}\} = x^{(3-a)/2}$$

따라서 다시 정리하면 오일러 코시 미분 방정식은

$$\begin{aligned} u''x^2y_1 + u'(2x^2y'_1 + axy_1) &= u''x^2\{x^{(1-a)/2}\} + u'\{x^{(3-a)/2}\} \\ &= x^{(3-a)/2}(u''x + u') = 0 \end{aligned}$$

여기서 $x^{(3-a)/2} \neq 0$ 이면서 등식이 성립하기 위해서는 $u''x + u' = 0$되어야 한다. 이 식은 다음과 같이 변수분리법으로 해를 구할 수 있다.

$$u''x = -u'$$

$$\frac{u''}{u'} = -\frac{1}{x} \quad \left(\because \int \frac{f'(x)}{f(x)}dx = \ln|x| + c\right)$$

양변을 적분하면

$$\int \frac{u''}{u'}du = -\int \frac{1}{x}dx + c \qquad \text{(3-35)}$$

적분상수 c는 묶어서 처리하면 생략하고, 나중에 상수 처리하면 된다.

$$\ln|u'| = -\ln x = \ln x^{-1}$$

$$u' = \frac{1}{x}$$

이를 적분하면 $u = \ln x$ 로 되어, $y_2 = ux^m = uy_1 = y_1 \ln x$로 된다.

$$\therefore y_2 = x^{\frac{(1-a)}{2}} \ln x \qquad \textbf{(3-36)}$$

따라서 일반해는 다음과 같다.

$$\therefore y = c_1 y_1 + c_2 y_2 = c_1 x^{(1-a)/2} + c_2 x^{(1-a)/2} \ln x = x^{(1-a)/2}(c_1 + c_2 \ln x) \qquad \textbf{(3-37)}$$

예제14) $x^2y'' - 9xy' + 25y = 0$의 미분방정식에 대해서 오일러-코시법에 의해서 일반해를 구하라.

풀이)
보조 방정식 $m^2 + (a-1)m + b = 0$에서
이를 적용하면 $m^2 - 10m + 25 = (m-5)^2 = 0$,

$m = 5$ (중근)이므로 기저는 $y_1 = x^5$, $y_2 = x^5 \ln x$

$$\therefore \quad y = (c_1 + c_2 \ln x)x^5$$

3) 보조방정식이 공액 복소근을 갖는 경우

보조 방정식 $m^2 + (a-1)m + b = 0$의 공액 복소근이

$$m_1 = \alpha + j\beta, m_2 = \alpha - j\beta \qquad \textbf{(3-38)}$$

라면, 두 근을 해에 대입하면

$$y_1 = x^{m_1} = x^{(\alpha + j\beta)} = x^{\alpha} x^{j\beta}$$

$$y_2 = x^{m_2} = x^{(\alpha - j\beta)} = x^{\alpha}x^{-j\beta} \tag{3-39}$$

와 같이 기저를 구할 수 있다.
여기서, $x = e^{\ln x}$의 관계가 있으므로, 이를 적용하면 다음과 같다.

$$y_1 = x^{m_1} = x^{(\alpha + j\beta)} = x^{\alpha}x^{j\beta} = x^{\alpha}e^{j\beta\ln x}$$
$$y_2 = x^{m_2} = x^{(\alpha - j\beta)} = x^{\alpha}x^{-j\beta} = x^{\alpha}e^{-j\beta\ln x} \tag{3-40}$$

여기에 오일러 공식을 적용하면

$$y_1 = x^{\alpha}e^{j\beta\ln x} = x^{\alpha}\{\cos(\beta\ln x) + jsin(\beta\ln x)\}$$
$$y_2 = x^{\alpha}e^{-j\beta\ln x} = x^{\alpha}\{\cos(\beta\ln x) - jsin(\beta\ln x)\} \tag{3-41}$$

된다. 상수계수를 갖는 미분 방정식의 경우와 같이 허수를 제거하여 새로운 기저를 표시하기 위해서 다음의 계산을 수행할 수 있다.

$$y_1 + y_2 = 2x^{\alpha}\cos(\beta\ln x)$$
$$y_1 - y_2 = 2jx^{\alpha}\sin(\beta\ln x) \tag{3-42}$$

여기서 $2, 2j$는 상수 이므로 이를 제외한 부분이 새로운 기저 역할을 한다. 따라서 이를 정리하면 다음과 같이 쓸 수 있다.

$$y_1^* = x^{\alpha}\cos(\beta\ln x)$$
$$y_2^* = x^{\alpha}\sin(\beta\ln x) \tag{3-43}$$

두 기저에 중첩의 정리를 적용한 해는 다음과 같이 표현된다.

$$\begin{aligned} y &= Ay_1^* + By_2^* \\ &= Ax^{\alpha}\cos(\beta\ln x) + Bx^{\alpha}\sin(\beta\ln x) \\ &= x^{\alpha}\{Acos(\beta\ln x) + Bsin(\beta\ln x)\} \end{aligned} \tag{3-44}$$

예제15) $x^2y'' - 3xy' + 5y = 0$의 미분방정식에 대해서 오일러-코시법으로 일반해를 구하라.

풀이)

보조 방정식 $m^2 - 4m + 5 = 0$,

$m_{1,\,2} = \alpha \pm j\beta = 2 \pm j$,

$\therefore\ y = x^2[A\cos(\ln x) + B\sin(\ln x)]$

연 습 문 제

1. 다음 2계 제차 미분방정식의 일반해를 구하라.

① $y'' - 4y = 0$

② $y'' + y' - 2y = 0$

③ $y'' + 4y' + 4y = 0$

④ $y'' + 6y' + 13y = 0$

⑤ $y'' + 6y' + 9y = 0$

⑥ $y'' + 9y' + 13y = 0$

⑦ $y'' - \omega^2 y = 0$

⑧ $y'' - 2y' + 5y = 0$

⑨ $y'' - y' - 2y = 0$

2. 특성방정식의 근이 다음과 같이 얻어지는 미분방정식을 구하라.

① $\lambda_1 = \frac{3}{4}, \ \lambda_2 = -\frac{3}{4}$

② $\lambda_1 = 2, \ \lambda_2 = 1$

③ $\lambda_1 = 1, \lambda_2 = 3$

④ $\lambda_1 = \lambda_2 = \sqrt{15}$

⑤ $\lambda_1 = j5, \ \lambda_2 = -j5$

⑥ $\lambda_{1,2} = -\alpha \pm j\beta$

3. 다음 2계 제차 미분방정식의 해를 구하라.

① $y'' + 2y' - 3y = 0,$

② $y'' - 6y' + 9y = 0,$

③ $y'' + 2y' + 4y = 0,$

④ $y'' + 5y' + 2y = 0,$

⑤ $y'' + 2y' + (\omega + 1)y = 0 \ (\because \omega > 0), \ y(0) = 1, \ y'(0) = 0$

⑥ $y'' + 4y' + 2y = 0, \ y(0) = 0, \ y'(0) = 5$

⑦ $2y'' + 7y' - 4y = 0, \ y(0) = 6, \ y'(0) = -7$

⑧ $y'' + 5y' + 25y = 0, \ y(0) = 2, \ y'(0) = -6$

4. 다음 오일러-코시 방정식의 일반해를 구하라.

① $x^2y'' - 12y = 0$

② $2x^2y'' - 2xy' + 4y = 0$

③ $x^2y'' - 5xy' + 9y = 0$

④ $2x^2y'' + 12.4xy' + 13.52y = 0$

⑤ $x^2y'' + 4xy' + 6y = 0$

⑥ $x^2y'' + 12y = 0$

5. 다음 오일러-코시 방정식의 해를 구하라.

① $x^2y'' - 2xy' + 3y = 0$

② $x^2y'' - 3xy' + 4y = 0,\ y(1) = 3,\ y'(1) = 3$

③ $x^2y'' + xy' + 9y = 0,\ y(1) = 2,\ y'(1) = 0$

④ 오일러-코시 방정식 $x^2y'' + axy' + by = 0$에서 $b = \frac{1}{4}(1-a)^2$인 경우의 해를 구하라.

6. 다음 2계 비제차 미분방정식의 일반해를 구하라.

① $y'' - y' - 2y = \cos x$

② $y'' + 4y = 8e^{-2x} + 4x^2 + 2$

③ $y'' - 4y' + 3y = 10e^{-2x}$

④ $y'' - 3y' + 2y = e^x$

7. 다음 2계 비제차 미분방정식의 해를 구하라.

① $y'' + 2y' + 101y = 10.4e^x$

② $y'' + 2y' + y = e^{-x},\ y(0) = -1,\ y'(0) = 1$

③ $y'' + 0.5y' - 0.5y = 3\cos x + \sin x + e^x,\ y(0) = 0,\ y'(0) = 1.5$

4장 고계 선형미분방정식

앞에서 설명한 바와 같이 고계 미분 방정식도 2계 미분 방정식의 해법과 동일하다.
고계 미분 방정식에서도 상수계수를 갖는 경우 특성 방정식을 먼저 세워야 하는데 바로 여기에 해법이 있다. 고계를 임의의 n계라고 하면 n계 미분방정식에서는 특성 방정식이 n차 대수 방정식으로 나타난다. 그러므로 2계와 고계의 해법은 특성 방정식이 더욱 고차로 나타난다는 점 이외에는 별다른 차이가 없다. 따라서 고계 미분방정식의 풀이는 고차원의 대수방정식의 근을 찾는 것 이외에는 큰 차이가 없다는 점이다.

4.1 $p(x)$ 변수 계수를 갖는 고계 선형미분방정식의 형태

고계(n계) 선형미분방정식의 형태는 다음과 같이 n이 3계 이상인 미분방정식을 고계(n계) 선형미분방정식의 표준형을 다음과 같이 정의한다. 여기서 $p(x)$는 x의 함수이다.

$$p_n(x)y^{(n)} + p_{n-1}(x)y^{(n-1)} + \ldots + p_1(x)y^{(1)} + p_0 y = r(x) \tag{4-1}$$

제차형 고계 미분방정식은 다음과 같다.

$$p_n(x)y^{(n)} + p_{n-1}(x)y^{(n-1)} + \ldots + p_1(x)y^{(1)} + p_0 y = 0 \tag{4-2}$$

비제차형 고계 미분방정식은 다음과 같다.

$$p_n(x)y^{(n)} + p_{n-1}(x)y^{(n-1)} + \ldots + p_1(x)y^{(1)} + p_0 y = r(x) \tag{4-3}$$

이를 미분 연산자 $y' = \dfrac{dy}{dx} = Dy$를 이용하여 n계 미분 방정식을 표현하면 다음과 같다.

$$\left[p_n(x)D^{(n)}+p_{n-1}(x)D^{(n-1)}+\ldots+p_1(x)D^{(1)}+p_0D^{(0)}\right]y=\begin{cases}r(x)=0\\ r(x)\neq 0\end{cases} \quad \textbf{(4-4)}$$

고계 제차 미분방정식의 일반해도 다음과 같이 기저의 결합에 의한 중첩의 정리가 적용된다. 즉, n계 미분 방정식의 해는 n개가 필요하며, 기저가 $y_1, y_2, \cdots y_n$ 으로서 역시 n개의 기저가 필요하며, 여기에 서로 다른 상수 $c_1, c_2, \cdots c_n$을 각각 곱하여 합한 것이 일반해이다.

$$y=c_1y_1+c_2y_2+c_3y_3+\ldots+c_ny_n \quad \textbf{(4-5)}$$

위식에서 초기 조건 또는 경계 조건을 적용하여 상수 $c_1, c_2, \cdots c_n$에 대해서 특정 값이 주어지면 고계(n계) 미분 방정식의 특수해가 얻어진다. 이때 초기 조건 또는 경계 조건은 n개가 필요하다.
여기서는 $p(x)$ 변수계수를 갖는 2계 선형 미분 방정식의 해법은 다양하기 때문에 제외하고 상수 계수를 갖는 경우에 대해서 살펴본다.

4.2 상수 계수를 갖는 고계 제차 미분방정식

상수계수를 갖는 고계 제차 미분방정식은 다음과 같다.

$$a_ny^{(n)}+a_{n-1}y^{(n-1)}+\ldots+a_1y^{(1)}+a_0y=0$$

여기서 $a_n, a_{n-1}, \cdots, a_0$는 x의 함수가 아닌 상수이다.
상수계수를 갖는 고계 미분방정식의 해는 2계 제차 미분방정식의 해와 같이 $y=e^{\lambda x}$의 지수함수 형태의 기저를 갖는 해가 된다.

따라서 상계수 제차 고계 미분방정식 $a_ny^{(n)}+a_{n-1}y^{(n-1)}+\ldots+a_1y^{(1)}+a_0y=0$의 해는 기저 $y=e^{\lambda x}$의 도함수 $y, y', y'', \ldots y^n$를 구하여 원식에 대입하여 다음의 등식을 만족하는 해를 구할 수 있다.

$$a_ny^{(n)}+a_{n-1}y^{(n-1)}+\ldots+a_1y^{(1)}+a_0y$$

$$=a_n\lambda^ne^{\lambda x}+a_{n-1}\lambda^{n-1}e^{\lambda x}+\ldots+a_1\lambda e^{\lambda x}+a_0e^{\lambda x}$$

$$= e^{\lambda x}\left(a_n\lambda^n + a_{n-1}\lambda^{n-1} + \ldots + a_1\lambda + a_0\right)$$

$$= 0$$

위 등식을 만족하기 위한 n차의 특성방정식 $a_n\lambda^n + a_{n-1}\lambda^{n-1} + \ldots + a_1\lambda + a_0 = 0$에 대해서 특성근을 구하면, 2계 제차 미분방정식과 마찬가지 방법으로 상계수 고계 제차 미분방정식의 해를 구할 수 있다. 특성근의 형태는 n 개의 실근, n개가 중복된 하나의 중근 또는 n개의 허근 형태로 나타난다. 특히 상계수 고계 제차 미분방정식의 해는 이들 실근, 중근, 허근이 복합된 형태의 특성근 형태가 될 수도 있다.

(1) 특성방정식의 특성근이 n개의 실근인 경우

상계수 고계(n계) 제차 미분방정식의 특성 방정식이 n개의 서로 다른 실근을 $\lambda_1, \lambda_2, \ldots, \lambda_n$ 갖는다면, 기저 $y = e^{\lambda x}$를 다음과 같이 쓸 수 있다.

$$y_1 = e^{\lambda_1 x}, y_2 = e^{\lambda_2 x}, \ldots, y_{n-1} = e^{\lambda_{n-1} x}, y_n = e^{\lambda_n x}$$

여기서 상계수 고계(n계) 제차 미분방정식의 해를 $y = c_1y_1 + c_2y_2 + \ldots + c_ny_n$과 같이 중첩의 정리를 이용하여 다음과 같이 일반해를 정의할 수 있다.

$$\begin{aligned} y &= c_1y_1 + c_2y_2 + \ldots + c_ny_n \\ &= c_1e^{\lambda_1 x} + c_2e^{\lambda_2 x} + \ldots + c_ne^{\lambda_n x} \end{aligned} \qquad (4\text{-}6)$$

예제1) 다음 고계 제차미분방정식의 일반해를 구하라.

$$\frac{d^3y}{dx^3} + 6\frac{d^2y}{dx^2} + 11\frac{dy}{dx} + 6y = 0$$

풀이)

먼저 특성방정식을 세워서 특성근을 구하면 다음과 같다.

$$\lambda^3 + 6\lambda^2 + 11\lambda + 6 = (\lambda+1)(\lambda+2)(\lambda+3) = 0$$

$\lambda_1 = -1$, $\lambda_2 = -2$, $\lambda_3 = -3$이므로 기저는 $y_1 = e^{-x}$, $y_2 = e^{-2x}$, $y_3 = e^{-3x}$

일반해는 다음과 같다.

$\therefore \quad y = Ay_1 + By_2 + Cy_3 = Ae^{-x} + Be^{-2x} + Ce^{-3x}$

2) 특성방정식의 특성근이 다중의 실근인 경우 (실중근)

2계 미분방정식의 중근을 갖는 경우 차수축소법으로 구한 바와 같이 이미 얻은 중근해에 x를 곱하는 방법으로 나머지 해를 구할 수 있었다. 마찬가지로 다중근을 갖는 상계수 고계(n계) 제차 미분방정식의 해도 근의 중복 횟수만큼 x를 곱하여 일반해를 얻는다.

$$y = (C_1 + C_2x + C_3x^2)e^{\lambda x} \tag{4-7}$$

예제2) 다음 고계 제차미분방정식의 일반해를 구하라.

$$\frac{d^3y}{dx^3} + 6\frac{d^2y}{dx^2} + 12\frac{dy}{dx} + 8y = 0$$

풀이)

먼저 특성방정식을 세워서 특성근을 구하면 다음과 같다.

$\lambda^3 + 6\lambda^2 + 12\lambda + 8 = (\lambda + 2)^3 = 0$, $\lambda_1 = \lambda_2 = \lambda_3 = -2$ (3중근)

기저는 $y_1 = e^{-2x}$, $y_2 = xe^{-2x}$, $y_3 = x^2e^{-2x}$

일반해는 다음과 같다.

$\therefore \quad y = (C_1 + C_2x + C_3x^2)e^{-2x}$

3) 특성방정식의 특성근이 단일 복소근을 갖는 경우

2계 미분방정식의 복소근 $\alpha \pm j\beta$을 갖는 경우와 마찬가지로 고계 미분방정식의 복소근이 $\alpha \pm j\beta$가 되는 경우 일반해는 다음과 같다.

$$y = e^{\alpha x}(A\cos\beta x + B\sin\beta x) \tag{4-8}$$

적용 예를 살펴보면 다음과 같다.

예제3) 다음 고계 제차미분방정식의 일반해를 구하라.

$$\frac{d^3y}{dx^3}+\frac{d^2y}{dx^2}+\frac{dy}{dx}+y=0$$

풀이)
먼저 특성방정식을 세워서 특성근을 구하면 다음과 같다.

$$\lambda^3+\lambda^2+\lambda+1=\lambda^2(\lambda+1)+(\lambda+1)=(\lambda^2+1)(\lambda+1)=0$$

$\lambda_{1,2}=\pm j$, $\lambda_3=-1$ 이므로 기저는 $y_{1,2}=\cos x+\sin x$, $y_3=e^{-x}$

일반해는 다음과 같다.

$$\therefore \quad y=A\cos x+B\sin x+Ce^{-x}$$

예제4) 다음 고계 제차미분방정식의 일반해 및 특수해를 구하라.

$$y'''-y''+100y'-100y=0,\ y(0)=4,\ y'(0)=11,\ y''(0)=-299$$

풀이)

먼저 특성방정식을 세워서 특성근을 구하면 다음과 같다.

$$\lambda^3-\lambda^2+100\lambda-100=(\lambda-1)(\lambda^2+100)=0,$$

$\lambda_1=1$, $\lambda_{2,3}=\pm 10j$, $\rightarrow$ 기저 $y_1=e^x$, $y_{2,3}=\cos 10x+\sin 10x$,

일반해 $y=c_1e^x+A\cos 10x+B\sin 10x$,

$$y'=c_1e^x-10A\sin 10x+10B\cos 10x$$
$$y''=c_1e^x-100A\cos 10x-100B\sin 10x$$

초기조건을 대입하면,

$y(0)=4=c_1+A$, $y'(0)=11=c_1+10B$, $y''(0)=-299=c_1-100A$

위의 연립방정식을 풀면, $c_1=1$, $A=3$, $B=1$
특수해는 다음과 같다.

$\therefore\ \ y=e^x+3\cos 10x+\sin 10x$

---

4) 특성방정식의 특성근이 다중 복소근을 갖는 경우 (복소 중근)

특성 방정식의 형태가 $(\lambda^2-2\lambda+2)^2=0$라면 이는 단일복소근 $\lambda^2-2\lambda+2=0$ (특성근 $\lambda=1\pm j$)이 2번 곱한 형태가 특성방정식에 포함되어야 한다.
이를 다시 설명하면, 특성방정식 $(\lambda^2-p\lambda+q)^2=0$의 단일복소근의 형태가 $\alpha\pm j\beta$라면 기저는 다음과 같이 된다.

$$y_1=e^{\alpha x}\cos\beta x,\ \ y_2=e^{\alpha x}\sin\beta x$$

여기서 특성방정식이 $(\lambda^2-p\lambda+q)^2=0$이기 때문에 단일복소근으로 구한 기저가 중복되어야 한다. 따라서 중복되는 단일복소근 기저에 x를 곱하여 다음과 같이 구할 수 있다.

$$y_3=xe^{\alpha x}\cos\beta x,\ \ y_4=xe^{\alpha x}\sin\beta x$$

이를 일반해로 다시 표현하면 다음과 같다.

$$\begin{aligned} y &= A_1y_1+B_1y_2+A_2y_3+B_2y_4 \qquad \textbf{(4-9)} \\ &= A_1e^{\alpha x}\cos\beta x+B_1e^{\alpha x}\sin\beta x+A_2xe^{\alpha x}\cos\beta x+B_2xe^{\alpha x}\sin\beta x \\ &= e^{\alpha x}\{(A_1+A_2x)\cos\beta x+(B_1+B_2x)\sin\beta x\} \end{aligned}$$

적용 예를 살펴보면 다음과 같다.

예제5) 다음 고계 제차미분방정식의 일반해를 구하라.

$$y^{(4)} + 8y'' + 16y = 0$$

풀이)

먼저 특성방정식을 세워서 특성근을 구하면 다음과 같다.

$\lambda^4 + 8\lambda^2 + 16 = (\lambda^2 + 4)^2 = 0$, $\lambda_{1,2} = \pm 2i$, $\lambda_{3,4} = \pm 2i$ (중근)

기저는 $y_{1,2} = \cos 2x + \sin 2x$, $y_{3,4} = x\cos 2x + x\sin 2x$

일반해는 다음과 같다.

$$\therefore \quad y = (A_1 + A_2 x)\cos 2x + (B_1 + B_2 x)\sin 2x$$

4.3 상수 계수를 갖는 고계 비제차 미분 방정식

상수계수를 갖는 고계 비제차 미분방정식은 다음과 같다.

$$a_n y^{(n)} + a_{n-1} y^{(n-1)} + \dots + a_1 y^{(1)} + a_0 y = r(x) \qquad \textbf{(4-10)}$$

여기서 $a_n, a_{n-1}, \cdots, a_0$는 x의 함수가 아닌 상수이다.

상수계수를 갖는 고계 비제차 미분방정식의 일반해 $y(x)$는 상수계수를 갖는 2계 비제차 미분방정식의 해법과 동일하다.

먼저 주어진 고계 비제차 미분방정식에서 제차 항을 0으로 한 고계 제차 미분방정식의 보조해 $y_c(x)$를 구하고, 다음에 추정 특수해 기법을 적용하여 확정 특수해 $y_p(x)$를 구하여 일반해 $y(x)$를 구한다.

$$y(x) = y_c(x) + y_p(x) \qquad \textbf{(4-11)}$$

다음으로 주어진 고계 비제차 미분방정식에서 비제차 항의 종류에 따라서 추정 특수해는 다음 표와 같이 적용된다.

표.1 비제차항의 종류에 따라서 적용되는 고계 미분방정식의 추정 특수해

<table>
<tr><th rowspan="2">$r(x)$</th><th colspan="2">선택특수해(y_p)</th></tr>
<tr><th>추정 특수해(1안)</th><th>대안 추정 특수해(2안)</th></tr>
<tr><td>a(상수)</td><td>$y_p = A$</td><td>$y_p - Ax$</td></tr>
<tr><td>kx^3(다항함수)</td><td>$y_p = ax^3 + bx^2 + cx + d$</td><td>-</td></tr>
<tr><td>$be^{\alpha x}$ (b 상수)
(지수함수)</td><td>$y_p = Ae^{\alpha x}$</td><td>$y_p = Axe^{\alpha x}$, $y_p = Ax^2e^{\alpha x}$,</td></tr>
<tr><td>$a\cos px$ or $b\sin px$
$a\cos px + b\sin px$</td><td>$y_p = A_1\cos px + A_2\sin px$</td><td>$y_p = x(A_1\cos px + A_2\sin px$</td></tr>
<tr><td>$x + 1 + e^{-x}$</td><td>$y_p = ax + b + ce^{-x}$</td><td rowspan="3">(비고)
대안 추정특수해(2안)
: 추정 특수해(1안)가 보조해에 포함되어 있는 경우 사용</td></tr>
<tr><td>$2x^2 + 5\cos 3x$</td><td>$y_p = ax + bx + c$
$+ d\cos 3x + e\sin 3x$</td></tr>
<tr><td>$3e^{2x}\sin 4x$</td><td>$y_p = e^{2x}(A_1\cos 4x + A_2\sin 4x)$</td></tr>
</table>

추정 특수해의 적용 예를 살펴보면 다음과 같다.

예제6) 다음 고계 비제차미분방정식의 초기조건을 만족하는 특수해를 구하라.

$$y''' + 2y'' + y' = 2x + 4, \quad y(0) = 5, \; y'(0) = -3, \; y''(0) = 6$$

풀이)

제차 특성방정식 $\lambda^3 + 2\lambda^2 + \lambda = \lambda(\lambda + 1)^2 = 0$

$\lambda_1 = 0$, $\lambda_2 = \lambda_3 = -1$ (중근) $\rightarrow y_1 = 1$, $y_2 = e^{-x}$, $y_3 = xe^{-x}$

제차 보조해 $y_c = c_1 + (c_2 + c_3x)e^{-x}$

추정특수해 $y_p = Cx^2 + Dx$로 두면,

$y_p{}' = 2Cx + D$, $y_p{}'' = 2C$, $y_p{}''' = 0$이다.

원식 $y_p''' + 2y_p'' + y_p' = 2x + 4$ 에 대입하면

$0 + 4C + 2Cx + D = 2x + 4$

계수비교하면, $C = 1$, $D = 0 \rightarrow y_p = x^2$

$y = y_c + y_p = c_1 + (c_2 + c_3 x)e^{-x} + x^2$

$y' = (c_3 - c_2 - c_3 x)e^{-x} + 2x$, $y'' = (c_2 - 2c_3 e^{-x} + c_3 x)e^{-x} + 2$

초기조건을 대입하면,

$y(0) = 5 = c_1 + c_2$, $y'(0) = -3 = c_3 - c_2$, $y''(0) = 6 = -2c_3 + c_2 + 2$

위의 연립방정식을 풀면, $c_1 = 3$, $c_2 = 2$, $c_3 = -1$

$\therefore \quad y = 3 + (2 - x)e^{-x} + x^2$

예제7) 다음 고계 비제차미분방정식의 초기조건을 만족하는 특수해를 구하라.

$$y''' + 3y'' + 3y' + y = 30e^{-x},\ y(0) = 5,\ y'(0) = -3,\ y''(0) = -47$$

풀이)

제차 특성방정식 $\lambda^3 + 3\lambda^2 + 3\lambda + 1 = (\lambda + 1)^3 = 0$

$\lambda_1 = \lambda_2 = \lambda_3 = -1$ (3중근) $\rightarrow y_1 = e^{-x}$, $y_2 = xe^{-x}$, $y_3 = x^2 e^{-x}$

제차 보조해 $y_c = (c_1 + c_2 x + c_3 x^2)e^{-x}$ 가 되어 비제차항과 겹치므로,

비제차 추정특수해 $y_p = Cx^3 e^{-x}$로 두어야 한다.

$y_p' = 3Cx^2 e^{-x} - Cx^3 e^{-x}$, $y_p'' = 6Cxe^{-x} - 6Cx^2 e^{-x} + Cx^3 e^{-x}$

$y_p''' = 6Ce^{-x} - 18Cxe^{-x} + 9Cx^2 e^{-x} - Cx^3 e^{-x}$

원식 $y_p''' + 3y_p'' + 3y_p + 1 = 30e^{-x}$ 에 대입하면,

$6C - 18Cx + 9Cx^2 - Cx^3 + 3(6Cx - 6Cx^2 + Cx^3) + (3Cx^2 - Cx^3) + Cx^3 = 30$

계수비교하면, $6C = 30$, $C = 5 \rightarrow y_p = 5x^3e^{-x}$

$y = y_c + y_p = (c_1 + c_2x + c_3x^2)e^{-x} + 5x^3e^{-x}$

$$y = y_c + y_p = (c_1 + c_2x + c_3x^2)e^{-x} + 5x^3e^{-x}$$
$$= c_1e^{-x} + c_2xe^{-x} + c_3x^2e^{-x} + 5x^3e^{-x}$$

$$y' = -c_1e^{-x} + c_2e^{-x} - c_2xe^{-x} + 2c_3xe^{-x} - c_3x^2e^{-x} + 15x^2e^{-x} - 5x^3e^{-x}$$

$$y'' = c_1e^{-x} - c_2e^{-x} - c_2e^{-x} + c_2xe^{-x} + 2c_3e^{-x} - 2c_3xe^{-x}$$
$$- 2c_3xe^{-x} + c_3x^2e^{-x} + 30xe^{-x} - 15x^2e^{-x} - 15x^2e^{-x} + 5x^3e^{-x}$$

여기서 초기조건 $y(0) = 5$, $y'(0) = -3$, $y''(0) = -47$을 적용하여 상수 c_1, c_2, c_3를 결정하면

$y(0) = c_1 = 5$

$y'(0) = -c_1 + c_2 = -3$

$y''(0) = c_1 - c_2 - c_2 + 2c_3 = c_1 - 2c_2 + 2c_3 = -47$

$\because\ c_1 = 5, c_2 = 2, c_3 = -24$

따라서 특수해

$\therefore y = (c_1 + c_2x + c_3x^2)e^{-x} + 5x^3e^{-x} = (5 + 2x - 24x^2)e^{-x} + 5x^3e^{-x}$

연 습 문 제

1. 특성방정식과 근이 다음과 같을 때 미분방정식의 형태를 구하라.

① $(\lambda+1)(\lambda+2)(\lambda-3)=0$

② $(\lambda+1)(\lambda^2+6\lambda+9)=0$

③ $\lambda_1=j,\ \lambda_2=-j,\ \lambda_3=j4,\ \lambda_4=-j4$

④ $\lambda_1=\lambda_2=\lambda_3=-2$

2. 다음과 같은 함수들이 해의 기저를 구성하게 되는 고계 미분방정식을 유도하라.

① $1,\ e^{-x},\ e^{2x},\ e^{3x}$

② $e^x,\ \cos 2x,\ \sin 2x$

③ $\cos x,\ \sin x,\ x\cos x,\ x\sin x$

④ $e^x,\ e^{-3x},\ xe^{-3x}$

3. 연습문제 2의 ①-④의 해가 순서대로 다음과 같은 초기조건을 가질 때의 특수 해를 구하라.

① $y(0)=2,\ y'(0)=-2,\ y''(0)=0,\ y'''(0)=3$

② $y(0)=4,\ y'(0)=8,\ y''(0)=-10$

③ $y(0)=2,\ y'(0)=0,\ y''(0)=0,\ y'''(0)=2$

④ $y(0)=2,\ y'(0)=0,\ y''(0)=2$

4. 다음과 같은 고계 제차미분방정식의 일반해를 구하라.

① $y'''+2y''+y'+2y=0$

② $y''''=5$

③ $2y'''+12y''+24y'+16y=0$

④ $2y^{(4)}+6y''-8y=0$

⑤ $(2D^4+16D^2+32)y=0$

5. 다음과 같은 고계 제차미분방정식의 특수해를 구하라.

① $y''' + 9y' = 0$, $y(0) = 4$, $y'(0) = 0$, $y''(0) = 9$

② $y''' - y'' + 100y' - 100y = 0$, $y(0) = 4$, $y'(0) = 11$, $y''(0) = -299$

③ $(D^4 - 3D^2 - 4)y = 0$, $y(0) = -1$, $y'(0) = 0$, $y''(0) = 6$, $y'''(0) = 0$

6. 다음과 같은 고계 비제차미분방정식의 일반해를 구하라.

① $y^{(4)} + 40y'' - 441y = 8\cosh x$

② $(D^4 - 81)y = \dfrac{12}{x^5} + \dfrac{40.5}{x}$

③ $(D^4 + 1.75D^2 - 9)y = e^{2x} - \sin \pi x$

7. 다음과 같은 고계 비제차미분방정식의 특수해를 구하라.

① $y''' + 2y'' + y' = 2x + 4$, $y(0) = 5$, $y'(0) = -3$, $y''(0) = 6$

② $y''' + 3y'' + 3y' + y = 30e^{-x}$, $y(0) = 3$, $y'(0) = -3$, $y''(0) = -47$

5장 연립 미분방정식

5.1 선형 연립미분방정식 해법

자연계의 모든 물리현상을 모델링하여 미분 방정식으로 나타낼 수 있는데, 지금까지는 단일식으로 미분방정식을 표현하였지만, 이장에서는 더욱 복잡한 시스템에 대해서 모델링을 하면 연립미분방정식의 형태로 나타나는 경우가 있다.
이 장에서는 연립미분방정식의 해법을 살펴보고, 연립미분방정식의 해를 구하기 위해서 필요한 행렬과 벡터의 개념 및 고유값과 고유벡터의 개념을 알아야 한다.

5.2 연립미분방정식의 행렬 표현

다음은 행렬과 연립 미분방정식의 상관관계는 다음으로 정의된다.

$$\begin{aligned} y'_1(x) &= a_{11}y_1(x) + a_{12}y_2(x) \\ y'_2(x) &= a_{21}y_1(x) + a_{22}y_2(x) \end{aligned} \tag{5-1}$$

이를 행렬로 표현하면 다음과 같다.

$$\begin{bmatrix} y'_1(x) \\ y'_2(x) \end{bmatrix} = \begin{bmatrix} a_{11} & a_{12} \\ a_{21} & a_{22} \end{bmatrix} \begin{bmatrix} y_1(x) \\ y_2(x) \end{bmatrix} \tag{5-2}$$

다시 이를 벡터형식으로 표현하면 다음과 같다.

$$y'(x) = Ay(x) \tag{5-3}$$

여기서 $y'(x)$는 열벡터, A는 행렬, $y(x)$는 열벡터이다.
마찬가지로 n개의 제차 미분방정식에 대해서 이를 적용하면 다음과 같다.

$$y'_1(x) = a_{11}y_1(x) + a_{12}y_2(x) + \ldots + a_{1n}y_n(x)$$
$$y'_2(x) = a_{21}y_1(x) + a_{22}y_2(x) + \ldots + a_{2n}y_n(x)$$

.

.

.

$y'_n(x) = a_{n1}y_1(x) + a_{n2}y_2(x) + \ldots + a_{nn}y_n(x)$

이를 행렬로 나타내면 다음과 같다.

$$\begin{bmatrix} y'_1(x) \\ y'_2(x) \\ . \\ . \\ . \\ y'_n(x) \end{bmatrix} = \begin{bmatrix} a_{11} & a_{12} & . & a_{1n} \\ a_{21} & a_{22} & . & a_{2n} \\ . & . & . & . \\ . & . & . & . \\ . & . & . & . \\ a_{n1} & a_{n2} & . & a_{nn} \end{bmatrix} \begin{bmatrix} y_1(x) \\ y_2(x) \\ . \\ . \\ . \\ y_n(x) \end{bmatrix} \quad \textbf{(5-4)}$$

이는 $y'(x) = Ay(x)$로 나타낼 수 있다.
또한, 비제차 선형 연립미분방정식 일반 형태는 다음과 같다.

$y'_1(x) = a_{11}y_1(x) + a_{12}y_2(x) + \ldots + a_{1n}y_n(x) + g_1(x)$
$y'_2(x) = a_{21}y_1(x) + a_{22}y_2(x) + \ldots + a_{2n}y_n(x) + g_2(x)$

.
.
.
$y'_n(x) = a_{n1}y_1(x) + a_{n2}y_2(x) + \ldots + a_{nn}y_n(x) + g_n(x)$

이를 행렬로 나타내면 다음과 같다.

$$\begin{bmatrix} y'_1(x) \\ y'_2(x) \\ . \\ . \\ . \\ y'_n(x) \end{bmatrix} = \begin{bmatrix} a_{11} & a_{12} & . & a_{1n} \\ a_{21} & a_{22} & . & a_{2n} \\ . & . & . & . \\ . & . & . & . \\ . & . & . & . \\ a_{n1} & a_{n2} & . & a_{nn} \end{bmatrix} \begin{bmatrix} y_1(x) \\ y_2(x) \\ . \\ . \\ . \\ y_n(x) \end{bmatrix} + \begin{bmatrix} g_1(x) \\ g_2(x) \\ . \\ . \\ . \\ g_n(x) \end{bmatrix}$$

$$y'(x) = Ay(x) + g(x) \quad \textbf{(5-5)}$$

여기서 $g(x) = 0$인 경우 제차 연립 미분방정식이 되고, $g(x) \neq 0$이면 비제차 연립 미분방정식이 된다.
제차 연립미분방정식 $y'(x) = Ay(x)$의 해는 기저가 y_1, y_2이면 중첩의 원리에 의하여 일반해는 $y = c_1y_1 + c_2y_2$로 정의된다.

또한 비제차 연립미분방정식 $y'(x) = Ay(x) + g(x)$의 일반해 y는 기저가 y_1, y_2이면 중첩의 원리에 의하여 보조해는 $y_c = c_1y_1 + c_2y_2$로 정의되고, 특수해 y_p는 추정특수해 기법으로 확정하여 $y = y_c + y_p = c_1y_1 + c_2y_2 + y_p$로 정의된다.

위에서 정의된 정방 행렬에서는 고유값 $\lambda_1, \lambda_2, \ldots$과 고유벡터 $X^{(1)}, X^{(2)}$, ...가 정의되므로 이를 이용하여 연립미분방정식의 기저가 정의되고 이를 이용하여 해 $y = c_1y_1 + c_2y_2 = c_1X^{(1)}e^{\lambda_1} + c_2X^{(2)}e^{\lambda_2}$를 정의할 수 있다.

다음에는 정방행렬에서 고유값과 고유벡터를 구하는 방법에 대해서 살펴보자.

5.3 고유값과 고유벡터

이 절에서는 선형 연립미분방정식의 해를 구하기 위해서 필수적인 고유값과 고유벡터에 대해서 살펴보면 다음과 같다.

주어진 행렬 A가 $n \times n$행렬이고, 이 행렬의 고유값과 고유벡터와의 관계는 다음으로 정의된다.

$$AX = \lambda X \tag{5-6}$$

여기서 A는 $n \times n$행렬이고, X는 고유벡터이고, λ는 스칼라값인 고유값이다.

위 식을 정리하면 다음과 같다.

$$AX - \lambda X = 0 \tag{5-7}$$

여기서, λX는 스칼라와 행렬의 곱이므로 바로 계산할 수 없고, 스칼라값에 단위행렬을 곱해야 행렬로 계산할 수 있다. 이를 다시 쓰면 다음과 같다.

$$(A - \lambda I)X = 0 \tag{5-8}$$

여기서, I는 $n \times n$행렬의 단위행렬이고, $X \neq 0$이 되어야 한다. 따라서 등식이 성립하기 위해서는 $(A - \lambda I) = 0$이 되어야 한다. 즉, 행렬 A에서 행렬 λI를 빼면 행렬이 되는데, 이 값이 0의 스칼라 값을 갖기 위해서는 행렬식 $\det(A - \lambda I) = 0$이 되어야 한다. 다만 주어진 행렬에서 행렬식의 값이 존재하려면 전제조건이 역행렬이 존재하는 경우에 한해서만 성립할 수 있다. 이러한 내용을 2×2행렬 A에 적용하여 $\det(A - \lambda I) = 0$를 다시 쓰면 다음과 같다.

$$\det(A-\lambda I)=\begin{vmatrix} a_{11}-\lambda & a_{12} \\ a_{21} & a_{22}-\lambda \end{vmatrix}=0 \tag{5-9}$$

이를 행렬식을 계산하면 다음과 같다.

$$\lambda^2-(a_{11}+a_{22})\lambda+a_{11}a_{22}-a_{12}a_{21}=0 \tag{5-10}$$

이를 행렬 A의 특성방정식이라고 한다. 이 특성방정식은 2차 방정식이므로 특성근은 λ_1, λ_2가 된다. 특성근을 각각 $(A-\lambda I)X=0$식에 대입하여 얻은 열벡터 요소 $X^{(1)}, X^{(2)}$가 행렬 A의 고유벡터가 된다.

예제1) 다음 행렬에서 고유값과 고유벡터를 구하라.

$$A=\begin{bmatrix} -4 & 2 \\ 5 & -1 \end{bmatrix}$$

풀이)

$$\det(A-\lambda I)=\begin{vmatrix} a_{11}-\lambda & a_{12} \\ a_{21} & a_{22}-\lambda \end{vmatrix}=\begin{vmatrix} -4-\lambda & 2 \\ 5 & -1-\lambda \end{vmatrix}=0$$

$(\lambda+4)(\lambda+1)-10=\lambda^2+5\lambda-6=(\lambda-1)(\lambda+6)=0$

$\rightarrow$ 고유값 $\lambda_1=1,\ \lambda_2=-6$

먼저, 고유값 $\lambda_1=1$인 경우,

$$\begin{bmatrix} -4-\lambda_1 & 2 \\ 5 & -1-\lambda_1 \end{bmatrix}\begin{bmatrix} x_1 \\ x_2 \end{bmatrix}=\begin{bmatrix} -5 & 2 \\ 5 & -2 \end{bmatrix}\begin{bmatrix} x_1 \\ x_2 \end{bmatrix}=\begin{bmatrix} 0 \\ 0 \end{bmatrix}=\mathbf{0}$$

$-5x_1+2x_2=0,\ 5x_1-2x_2=0 \rightarrow 5x_1=2x_2$

그러므로 $x_1=1,\ x_2=2.5$로 두면, $\mathbf{x}^{(1)}=\begin{bmatrix} 1 \\ 2.5 \end{bmatrix}$

고유값이 $\lambda_2=-6$이면,

$$\begin{bmatrix} -4-\lambda_2 & 2 \\ 5 & -1-\lambda_2 \end{bmatrix}\begin{bmatrix} x_1 \\ x_2 \end{bmatrix}=\begin{bmatrix} 2 & 2 \\ 5 & 5 \end{bmatrix}\begin{bmatrix} x_1 \\ x_2 \end{bmatrix}=\begin{bmatrix} 0 \\ 0 \end{bmatrix}=\mathbf{0}$$

$2x_1+2x_2=0,\ 5x_1+5x_2=0 \rightarrow x_1=-x_2$

그러므로 $x_1=1,\ x_2=-1$로 두면, $\mathbf{x}^{(2)}=\begin{bmatrix} 1 \\ -1 \end{bmatrix}$

$$\therefore \quad \lambda_1 = 1,\ \lambda_2 = -6,\ \mathbf{x}^{(1)} = \begin{bmatrix} 1 \\ 2.5 \end{bmatrix},\ \mathbf{x}^{(2)} = \begin{bmatrix} 1 \\ -1 \end{bmatrix}$$

5.4 제차 연립미분방정식

제차 선형 연립미분방정식 일반형태는 다음과 같으며, $y'(x) = Ay(x)$와 같이 표현할 수 있고, 해는 $y(x) = Xe^{\lambda t}$의 형태로 나타낸다.

$$y'_1(x) = a_{11}y_1(x) + a_{12}y_2(x) + \ldots + a_{1n}y_n(x) + g_1(x)$$
$$y'_2(x) = a_{21}y_1(x) + a_{22}y_2(x) + \ldots + a_{2n}y_n(x) + g_2(x)$$
$$\vdots$$
$$y'_n(x) = a_{n1}y_1(x) + a_{n2}y_2(x) + \ldots + a_{nn}y_n(x) + g_n(x)$$

이를 행렬로 나타내면 다음과 같다.

$$\begin{bmatrix} y'_1(x) \\ y'_2(x) \\ \cdot \\ \cdot \\ \cdot \\ y'_n(x) \end{bmatrix} = \begin{bmatrix} a_{11} & a_{12} & \cdot & a_{1n} \\ a_{21} & a_{22} & \cdot & a_{2n} \\ \cdot & \cdot & \cdot & \cdot \\ \cdot & \cdot & \cdot & \cdot \\ \cdot & \cdot & \cdot & \cdot \\ a_{n1} & a_{n2} & \cdot & a_{nn} \end{bmatrix} \begin{bmatrix} y_1(x) \\ y_2(x) \\ \cdot \\ \cdot \\ \cdot \\ y_n(x) \end{bmatrix} + \begin{bmatrix} g_1(x) \\ g_2(x) \\ \cdot \\ \cdot \\ \cdot \\ g_n(x) \end{bmatrix} \qquad (5\text{-}11)$$

$$y'(x) = Ay(x) + g(x) \qquad (5\text{-}12)$$

여기서 $g(x) = 0$인 경우 제차 연립 미분방정식이 되고, $g(x) \neq 0$이면 비제차 연립 미분방정식이 된다.
제차 연립미분방정식 $y'(x) = Ay(x)$의 해는 기저가 y_1, y_2이면 중첩의 원리에 의하여 일반해는 $y = c_1y_1 + c_2y_2$로 정의된다.

예제2) 다음 제차 연립미분방정식의 해를 구하라.

$$y_1{}' = \frac{dy_1}{dt} = y_1 + y_2$$
$$y_2{}' = \frac{dy_2}{dt} = 3y_1 - y_2$$

풀이)

주어진 연립미분방정식에 대해서 행렬로 표현하면 다음과 같다.

$$\mathbf{y}' = A\mathbf{y} = \begin{bmatrix} 1 & 1 \\ 3 & -1 \end{bmatrix}\mathbf{y}$$

$$\det(A - \lambda I) = \begin{vmatrix} 1-\lambda & 1 \\ 3 & -1-\lambda \end{vmatrix} = \lambda^2 - 4 = 0$$

$\rightarrow$ 고유값 $\lambda_1 = 2,\ \lambda_2 = -2$

$$\lambda_1 = 2 \text{ 이면, } \begin{bmatrix} 1-\lambda_1 & 1 \\ 3 & -1-\lambda_1 \end{bmatrix}\begin{bmatrix} x_1 \\ x_2 \end{bmatrix} = \begin{bmatrix} -1 & 1 \\ 3 & -3 \end{bmatrix}\begin{bmatrix} x_1 \\ x_2 \end{bmatrix} = \begin{bmatrix} 0 \\ 0 \end{bmatrix} = \mathbf{0}$$

$$-x_1 + x_2 = 0 \rightarrow x_1 = x_2$$

$$x_1 = 1,\ x_2 = 1 \text{ 로 두면, } \mathbf{x}^{(1)} = \begin{bmatrix} 1 \\ 1 \end{bmatrix}$$

$$\lambda_2 = -2 \text{ 이면, } \begin{bmatrix} 1-\lambda_2 & 1 \\ 3 & -1-\lambda_2 \end{bmatrix}\begin{bmatrix} x_1 \\ x_2 \end{bmatrix} = \begin{bmatrix} 3 & 1 \\ 3 & 1 \end{bmatrix}\begin{bmatrix} x_1 \\ x_2 \end{bmatrix} = \begin{bmatrix} 0 \\ 0 \end{bmatrix} = 0$$

$$3x_1 + x_2 = 0 \rightarrow 3x_1 = -x_2$$

$$x_1 = 1,\ x_2 = -3 \text{ 로 두면, } \mathbf{x}^{(2)} = \begin{bmatrix} 1 \\ -3 \end{bmatrix}$$

일반해는 다음과 같다.

$$\therefore\ \mathbf{y} = \begin{bmatrix} y_1 \\ y_2 \end{bmatrix} = c_1\begin{bmatrix} 1 \\ 1 \end{bmatrix}e^{2t} + c_2\begin{bmatrix} 1 \\ -3 \end{bmatrix}e^{-2t} \qquad \left(\because \text{ 기저 } \begin{aligned} y_1 &= X^{(1)}e^{\lambda_1 x} \\ y_2 &= X^{(2)}e^{\lambda_2 x} \end{aligned}\right)$$

예제3) 다음 연립 미분방정식의 해를 구하라.

$$y = \frac{dx}{dt}$$

$$\frac{dy}{dt} = x$$

풀이)

주어진 식에서 다음과 같이 정리된다.

$$y = x'$$

$y' = x'' = x$

따라서 $x'' - x = 0$

여기서 특성 방정식을 세우면 $\lambda^2 - 1 = (\lambda - 1)(\lambda + 1) = 0$에서, $\lambda_1 = 1$, $\lambda_2 = -1$

$$\therefore \begin{cases} x = c_1 e^t + c_2 e^{-t} \\ y = x' = c_1 e^t - c_2 e^{-t} \end{cases}$$

$$\because \begin{cases} y = x' = c_1 e^t - c_2 e^{-t} \\ x = y' = c_1 e^t + c_2 e^{-t} \end{cases}$$

해를 행렬로 표현하면 다음과 같다.

$$\therefore \begin{pmatrix} y \\ x \end{pmatrix} = \begin{pmatrix} x' \\ y' \end{pmatrix} = c_1 \begin{pmatrix} 1 \\ 1 \end{pmatrix} e^t + c_2 \begin{pmatrix} -1 \\ 1 \end{pmatrix} e^{-t}$$

이와 같이 여러 개의 다른 연립미분 방정식의 해법이 있으며, 편리한 방법을 적용하여 해를 구할 수 있다.

예제4) 다음의 초기조건을 만족하는 제차 연립미분방정식의 해를 구하라.

$$y_1' = \frac{dy_1}{dt} = y_2$$

$$y_2' = \frac{dy_2}{dt} = y_1$$

초기조건 $y_1(0) = 0$, $y_2(0) = 1$

풀이)

주어진 제차 연립미분방정식에 대해서 행렬로 표현하면 다음과 같다.

$$\mathbf{y}' = \begin{bmatrix} \mathbf{y}_1' \\ \mathbf{y}_2' \end{bmatrix} = \mathrm{A}\mathbf{y} = \begin{bmatrix} 0 & 1 \\ 1 & 0 \end{bmatrix} \mathbf{y}$$

$$\det(\mathrm{A} - \lambda \mathrm{I}) = \begin{vmatrix} 0-\lambda & 1 \\ 1 & 0-\lambda \end{vmatrix} = \lambda^2 - 1 = 0$$

$\rightarrow$ 고유값 $\lambda_1 = 1$, $\lambda_2 = -1$

$\lambda_1 = 1$ 이면, $\begin{bmatrix} -\lambda_1 & 1 \\ 1 & -\lambda_1 \end{bmatrix}\begin{bmatrix} x_1 \\ x_2 \end{bmatrix} = \begin{bmatrix} -1 & 1 \\ 1 & -1 \end{bmatrix}\begin{bmatrix} x_1 \\ x_2 \end{bmatrix} = \begin{bmatrix} 0 \\ 0 \end{bmatrix} = \mathbf{0}$

$-x_1 + x_2 = 0 \rightarrow x_1 = x_2$

$x_1 = 1$, $x_2 = 1$ 로 두면, $\mathbf{x}^{(1)} = \begin{bmatrix} 1 \\ 1 \end{bmatrix}$

$\lambda_2 = -1$ 이면, $\begin{bmatrix} -\lambda_2 & 1 \\ 1 & -\lambda_2 \end{bmatrix}\begin{bmatrix} x_1 \\ x_2 \end{bmatrix} = \begin{bmatrix} 1 & 1 \\ 1 & 1 \end{bmatrix}\begin{bmatrix} x_1 \\ x_2 \end{bmatrix} = \begin{bmatrix} 0 \\ 0 \end{bmatrix} = \mathbf{0}$

$x_1 + x_2 = 0 \rightarrow x_1 = -x_2$

$x_1 = 1$, $x_2 = -1$ 로 두면, $\mathbf{x}^{(2)} = \begin{bmatrix} 1 \\ -1 \end{bmatrix}$

일반해는 다음과 같다.

$$\therefore \quad \mathbf{y} = c_1\begin{bmatrix} 1 \\ 1 \end{bmatrix}e^t + c_2\begin{bmatrix} 1 \\ -1 \end{bmatrix}e^{-t}$$

여기서 초기조건을 대입하면

$y_1(0) = c_1 + c_2 = 0$, $y_2(0) = c_1 - c_2 = 1$

연립방정식을 풀면, $c_1 = \frac{1}{2}$, $c_2 = -\frac{1}{2}$

$$\therefore \quad y_1 = \frac{1}{2}(e^t - e^{-t}) = \sinh t$$

$$y_2 = \frac{1}{2}(e^t + e^{-t}) = \cosh t$$

5.5 비제차 연립미분방정식

선형 연립미분방정식 일반형태는 다음과 같다.

$$y'_1(x) = a_{11}y_1(x) + a_{12}y_2(x) + \ldots + a_{1n}y_n(x) + g_1(x)$$

$y'_2(x) = a_{21}y_1(x) + a_{22}y_2(x) + \ldots + a_{2n}y_n(x) + g_2(x)$

.

.

.

$y'_n(x) = a_{n1}y_1(x) + a_{n2}y_2(x) + \ldots + a_{nn}y_n(x) + g_n(x)$

이를 행렬로 나타내면 다음과 같다.

$$\begin{bmatrix} y'_1(x) \\ y'_2(x) \\ . \\ . \\ . \\ y'_n(x) \end{bmatrix} = \begin{bmatrix} a_{11} & a_{12} & . & a_{1n} \\ a_{21} & a_{22} & . & a_{2n} \\ . & . & . & . \\ . & . & . & . \\ . & . & . & . \\ a_{n1} & a_{n2} & . & a_{nn} \end{bmatrix} \begin{bmatrix} y_1(x) \\ y_2(x) \\ . \\ . \\ . \\ y_n(x) \end{bmatrix} + \begin{bmatrix} g_1(x) \\ g_2(x) \\ . \\ . \\ . \\ g_n(x) \end{bmatrix} \quad \textbf{(5-13)}$$

$$y'(x) = Ay(x) + g(x) \quad \textbf{(5-14)}$$

여기서 비제차 연립미분방정식 $y'(x) = Ay(x) + g(x)$의 일반해 y는 기저가 y_1, y_2이면 중첩의 원리에 의하여 보조해는 $y_c = c_1y_1 + c_2y_2$로 정의되고, 특수해 y_p는 추정 특수해 기법으로 확정하여 $y = y_c + y_p = c_1y_1 + c_2y_2 + y_p$로 정의된다.

예제5) 다음 비제차 연립 미분방정식에 대해서 일반해를 구하시오.

$y'_1 + y_2' = \cos t$
$y'_1 - y_2' = \sin t$

풀이)
먼저 두식을 더하여 정리하면

$2y'_1 = \cos t + \sin t$

$y'_1 = \frac{1}{2}(\cos t + \sin t)$

다음 두식을 빼서 정리하면

$2y'_2 = \cos t - \sin t$

$y'_2 = \frac{1}{2}(\cos t - \sin t)$

위 두식을 적분하면

$\int y'_1 dt = -\frac{1}{2}\sin t + \frac{1}{2}\cos t + c_1 = y_1$

$\int y'_2 dt = -\frac{1}{2}\sin t - \frac{1}{2}\cos t + c_2 = y_2$

$\therefore y_1 = -\frac{1}{2}\sin t + \frac{1}{2}\cos t + c_1$

$y_2 = -\frac{1}{2}\sin t - \frac{1}{2}\cos t + c_2$

예제6) 다음 비제차 연립 미분방정식에 대해서 행렬형태로 일반해를 구하시오.

$\frac{dx}{dt} + 4y = 4$

$\frac{dy}{dt} + x = 2$

풀이)

문제에서 주어진 방정식은 행렬로 나타낼 수 없어서 방정식 자체의 성질을 이용해야한다. 따라서 주어진 연립미분방정식의 두 번째 식을 t로 미분하면

$y'' + x' = 0$

$y'' = -x' = -(4-4y)$

$\because y'' - 4y = -4$

특성방정식이 $\lambda^2 - 4 = (\lambda - 2)(\lambda + 2) = 0$의 실근 $\lambda_1 = 2, \lambda_2 = -2$이므로 보조해 y_c는

$y_c = c_1 e^{2t} + c_2 e^{-2t}$

특수해는 비제차항이 상수이므로 $y_p = K$로 추정하여 $y'_p = 0, y''_p = 0$이므로 $y'' - 4y = -4$에 대입하면

$-4K = -4$

로 되어 $K = 1$이 되어 다음과 같이 특수해를 확정할 수 있다.

$\therefore y_p = 1$

따라서 일반해 $y(t)$는 다음과 같다.

$y(t) = y_c(t) + y_p(t) = c_1 e^{2t} + c_2 e^{-2t} + 1$

연립방정식의 두 번째 식에서 x에 대해서 정리하면 다음과 같다.

$$\frac{dy}{dt} + x = 2$$
$$y' + x = 2$$

시간함수로 표시하면 다음과 같다.

$x(t) = -y' + 2$

여기서 일반해는 $y(t) = y_c(t) + y_p(t) = c_1 e^{2t} + c_2 e^{-2t} + 1$이므로 이를 1계 미분하면

$y'(t) = 2c_1 e^{2t} - 2c_2 e^{-2t}$

$x(t)$를 다시 쓰면

$x(t) = -2c_1 e^{2t} + 2c_2 e^{2t} + 2$

이로써 다음의 연립 미분방정식의 해를 얻을 수 있다.

$y(t) = c_1 e^{2t} + c_2 e^{-2t} + 1$

$x(t) = -2c_1 e^{2t} + 2c_2 e^{2t} + 2$

위의 해를 행렬로 나타내면 다음과 같다.

$$\therefore \begin{bmatrix} y(t) \\ x(t) \end{bmatrix} = \begin{bmatrix} c_1 & c_2 \\ -2c_1 & 2c_2 \end{bmatrix} \begin{bmatrix} e^{2t} \\ e^{-2t} \end{bmatrix} + \begin{bmatrix} 1 \\ 2 \end{bmatrix}$$

연 습 문 제

1. 다음 행렬에서 고유값과 고유벡터를 구하라.

① $A=\begin{bmatrix} 0 & 2 \\ 2 & 0 \end{bmatrix}$

② $A=\begin{bmatrix} -4 & 5 \\ 2 & -1 \end{bmatrix}$

③ $A=\begin{bmatrix} a & -a \\ -a & a \end{bmatrix}$

④ $A=\begin{bmatrix} -2 & 2 \\ 5 & 1 \end{bmatrix}$

2. 다음 연립미분방정식을 풀어라.

① $\begin{cases} x'+y'=\cos t \\ x'-y'=\sin t \end{cases}$

② $\begin{cases} {y_1}'=y_1+y_2 \\ {y_2}'=3y_1-y_2 \end{cases}$

③ $\begin{cases} {y_1}'=2y_1+5y_2 \\ 2{y_2}'=-y_1-3y_2 \end{cases}$

④ $\begin{cases} (D+4)y_1+6y_2=0 \\ (D-1)y_2-y_1=0 \end{cases}$

3. 다음과 같은 제차 연립미분방정식의 해를 구하라.

① ${y_1}'=2y_2$
${y_2}'=2y_1$

② ${y_1}'=y_1+y_2$
${y_2}'=2y_1-y_2$

③ ${y_1}'=5y_1+2y_2$
$2{y_2}'=-y_1-3y_2$

④ ${y_1}'+4y_1+6y_2=0$
${y_2}'-y_2-y_1=0$

4. 다음과 같은 초기조건을 가지는 제차 연립미분방정식의 해를 구하라.

① $y_1' = y_2$
$y_2' = y_1$

$y_1(0) = 0,\ y_2(0) = 1$

② $y_1' = y_1 + 2y_2$
$y_2' = -8y_1 + 11y_2$

$y_1(0) = 1,\ y_2(0) = 1$

③ $y_1' = -y_2$
$y_2' = y_1$

$y_1\left(\frac{\pi}{2}\right) = -4.5,\ y_2\left(\frac{\pi}{2}\right) = 0.8$

④ $y_1' = 2y_1 + \frac{1}{3}y_2$
$y_2' = 3y_1 + 2y_2$

$y_1(0) = -1,\ y_2(0) = 9$

5. 다음과 같은 비제차 연립미분방정식의 해를 구하라.

① $y_1' + y_2' = \cos t$
$y_1' - y_2' = \sin t$

② $y_1' + y_2' = \cosh t$
$y_1' - y_2' = \sinh t$

③ $y_1' + 2y_2' - 2y_1 = 2 - 4e^{2t}$
$2y_1' + 3y_2' - 3y_1 - y_2 = 0$

④ $y_1' = y_1 + y_2$
$y_2' = -2y_1 - y_2 + t + 1$

⑤ $\mathbf{y}' = \begin{bmatrix} 2 & 2 \\ 5 & -1 \end{bmatrix}\mathbf{y} - \begin{bmatrix} -12 \\ 30 \end{bmatrix}$

⑥ $\mathbf{y}' = \begin{bmatrix} -14 & 10 \\ -5 & 1 \end{bmatrix}\mathbf{y} + \begin{bmatrix} 162 \\ -324t \end{bmatrix}$

6. 다음과 같은 초기조건을 가지는 비제차 연립미분방정식의 해를 구하라.

① $y_1{}' = 2y_1 - 4y_2 + 2t^2 + 10t$
$y_2{}' = y_1 - 3y_2 + t^2 + 9t + 3$

$y_1(0) = 3, \ y_2(0) = -6$

② $y_1{}' = 4\cos 2t - y_2{}'$
$y_2{}' = y_1{}' - 4\sin 2t$

$y_1(0) = 1.5, \ y_2(0) = -1$

③ $\mathbf{y}' = \begin{bmatrix} 5 & 4 \\ 1 & 2 \end{bmatrix}\mathbf{y} - \begin{bmatrix} 5t^2 - 6t - 25 \\ t^2 - 2t - 4 \end{bmatrix}$

$y_1(0) = 0, \ y_2(0) = 0$

④ $\mathbf{y}' = \begin{bmatrix} 2 & 3 \\ 1 & 4 \end{bmatrix}\mathbf{y} + \begin{bmatrix} 2 \\ 3 \end{bmatrix}e^{2t}$

$y_1(0) = -\frac{2}{3}, \ y_2(0) = \frac{1}{3}$

6장 미분방정식의 급수해법

앞에서는 상수계수를 갖는 미분방정식을 다뤘다. 일반적으로 미분방정식은 변수 계수를 갖는 미분방정식 형태로 된다. 이러한 변수계수를 갖는 미분방정식의 해를 구하기 위해서는 먼저 급수형태로 해를 가정하여 두고, 이를 미분방정식에 대입하여 계수를 구하고 난 다음에 최종으로 급수해를 구하는 것이 일반적이다.
이 장에서는 변수 계수를 갖는 미분방정식을 풀기위한 해법으로 여러 가지의 급수해법이 있는데, 그 가운데 거듭제곱 급수해법과 르장드르, 프로베니우스 급수해법에 대해서 소개하고자 한다.

6.1 거듭제곱 급수해법

일반적으로 각 항이 변수 x를 갖는 실수함수인 거듭제곱 형태의 급수는 다음과 같다.

$$y = \sum_{m=0}^{\infty} a_m x^m = a_0 + a_1 x + a_2 x^2 + a_3 x^3 + \dots \tag{6-1}$$

또한, 먼저 변수계수를 갖는 2계 미분방정식이 다음과 같다.

$$y'' + p(x)y' + q(x)y = 0 \tag{6-2}$$

여기서 $p(x), q(x)$가 변수 x에 대한 함수이고, 수렴반경 R이 존재하면, 위 미분방정식의 해는 다음과 같이 급수 형태의 해로 나타낼 수 있다.

$$R = \frac{1}{\lim\limits_{m \to \infty} \left| \frac{a_{m+1}}{a_m} \right|}$$

$$y = \sum_{m=0}^{\infty} a_m x^m = a_0 + a_1 x + a_2 x^2 + a_3 x^3 + \dots \tag{6-3}$$

여기서 y', y'' 형태를 구하여 미분방정식 $y''+p(x)y'+q(x)y=0$에 대입하여 각 항의 계수를 구하면 거듭제곱급수해를 완성할 수 있다. 이때 y'과 y''은 다음과 같다.

$$y' = \sum_{m=1}^{\infty} ma_m x^{m-1} = a_1 + 2a_2 x + 3a_3 x^2 + 4a_4 x^3 + \cdots$$

$$y'' = \sum_{m=2}^{\infty} m(m-1)a_m x^{m-2} = 2a_2 + 3\cdot 2a_3 x + 4\cdot 3a_4 x^2 + \cdots$$

$$y''+p(x)y'+q(x)y$$

$$= \sum_{m=2}^{\infty} m(m-1)a_m x^{m-2} + p(x)\sum_{m=1}^{\infty} ma_m x^{m-1} + q(x)\sum_{m=0}^{\infty} a_m x^m$$

$$= 2a_2 + 3\cdot 2a_3 + 4\cdot 3a_4 x^2 + \ldots + p(x)(a_1 + 2a_2 x + 3a_3 x^2 + \ldots)$$

$$+ q(x)(a_0 + a_1 x + a_2 x^2 + \ldots)$$

$$= (\text{상수항}) + (x\text{의 계수항}) + (x^2\text{의 계수항}) + (x^3\text{의 계수항}) + \ldots$$

$$= 0$$

위 식에서 등식이 성립하기 위해서는 각 항별로 0으로 놓고, $a_0, a_1, a_2, \ldots$계수를 구할 수 있다. 여기서, 구한 계수 값을 다음의 급수식에 대입하면 해를 구할 수 있다.

$$y = \sum_{m=0}^{\infty} a_m x^m = a_0 + a_1 x + a_2 x^2 + a_3 x^3 + \ldots$$

예제1) 다음 미분방정식에 대해서 거듭제곱해법으로 해를 구하라.

$$\frac{dy}{dx} - 3y = 0$$

풀이)

주어진 식에서 거듭제곱 형태의 해를 $y=\sum_{m=0}^{\infty} a_m x^m$ 라고 가정하면, 다음과 같은 급수식으로 표현이 된다.

$$y'-3y=\sum_{m=1}^{\infty} m a_m x^{m-1}-3\sum_{m=0}^{\infty} a_m x^m=0$$

$$\text{원식}=\sum_{m=1}^{\infty} m a_m x^{m-1}-3\sum_{m=1}^{\infty} a_{m-1} x^{m-1}=\sum_{m=1}^{\infty}(m a_m-3a_{m-1})x^{m-1}=0$$

$$m a_m-3a_{m-1}=0 \rightarrow a_m=\frac{3}{m}a_{m-1} \ (m \geq 1)$$

여기서 점화식을 이용하여 정리하고, $m=1$에서 k까지를 대입하여 급수식을 전개식으로 표현해서 동류항으로 정리하고 k번째 항 a_k를 a_0를 기준으로 구하면 다음과 같이 된다.

$$a_k=\frac{3^k a_0}{k!}$$

이를 해 $y=\sum_{m=0}^{\infty} a_m x^m$에 대입하여 정리하면

$$y=\sum_{k=0}^{\infty} a_k x^k=\sum_{k=0}^{\infty}\frac{3^k a_0}{k!}x^k=a_0\sum_{k=0}^{\infty}\frac{3^k x^k}{k!}$$

여기서 k를 m으로 치환하여 거듭제곱해법으로 구한 일반해는 다음과 같다.

$$\therefore \quad y=a_0\sum_{m=0}^{\infty}\frac{(3x)^m}{m!}$$

예제2) 다음 미분방정식에 대해서 거듭제곱해법으로 해를 구하라.

$$\frac{dy}{dx}-2xy=0$$

풀이)

주어진 식에서 거듭제곱 형태의 해를 $y=\sum_{m=0}^{\infty} a_m x^m$라고 가정하면, 다음과 같은 급수식으로 표현이 된다.

$$y' - 2xy = \sum_{m=1}^{\infty} m a_m x^{m-1} - 2\sum_{m=0}^{\infty} a_m x^{m+1} = 0$$

$$\text{원식} = \sum_{m=1}^{\infty} m a_m x^{m-1} - 2\sum_{m=2}^{\infty} a_{m-2} x^{m-1}$$

$$= \sum_{m=2}^{\infty} (m a_m - 2a_{m-2}) x^{m-1} + a_1 = 0$$

$a_1 = 0$, $m a_m - 2a_{m-2} = 0 \rightarrow a_m = \dfrac{2}{m} a_{m-2}$ $(m \ge 2)$

여기서, $m \ge 2$의 의미는 m이 2부터 시작한다는 것을 의미한다.

$m=2$에서 $2k$까지 짝수항을 대입하여 정리하면, $a_{2k} = \dfrac{a_0}{k!}$

$a_1 = 0$이므로 홀수항 $a_{2k+1} = 0$ $(k = 0, 1, 2, \cdots)$

$$y = \sum_{k=0}^{\infty} a_k x^k = \sum_{k=0}^{\infty} a_{2k} x^{2k} + \sum_{k=0}^{\infty} a_{2k+1} x^{2k+1} = \sum_{k=0}^{\infty} \frac{a_0}{k!} x^{2k} = a_0 \sum_{k=0}^{\infty} \frac{x^{2k}}{k!}$$

$$\therefore \quad y = a_0 \sum_{m=0}^{\infty} \frac{x^{2m}}{m!} = a_0\left(1 + x^2 + \frac{1}{2!}x^4 + \frac{1}{3!}x^6 + \cdots + \frac{1}{m!}x^{2m}\right)$$

예제3) 다음 2계 미분방정식에 대해서 거듭제곱해법으로 해를 구하라.

$$\frac{d^2y}{dx^2} - y = 0$$

풀이)

급수해를 $y=\sum_{m=0}^{\infty} a_m x^m$라고 가정하면, 주어진 식은 다음의 급수식으로 쓸 수 있다.

$$y''-y=\sum_{m=2}^{\infty}m(m-1)a_m x^{m-2}-\sum_{m=0}^{\infty}a_m x^m=0$$

$$\text{원식}=\sum_{m=2}^{\infty}m(m-1)a_m x^{m-2}-\sum_{m=2}^{\infty}a_{m-2}x^{m-2}$$

$$=\sum_{m=2}^{\infty}\left[m(m-1)a_m-a_{m-2}\right]x^{m-2}=0$$

$$m(m-1)a_m-a_{m-2}=0 \rightarrow \ a_m=\frac{a_{m-2}}{m(m-1)} \quad (m\geq 2)$$

$m=2$에서 $2k$까지 짝수항에 대해서는 $a_{2k}=\dfrac{a_0}{(2k)!}$

$m=2k+1$까지 홀수항에 대해서 정리하면 $a_{2k+1}=\dfrac{a_1}{(2k+1)!}$

$$y=\sum_{k=0}^{\infty}a_k x^k=\sum_{k=0}^{\infty}a_{2k}x^{2k}+\sum_{k=0}^{\infty}a_{2k+1}x^{2k+1}$$

$$=a_0\sum_{k=0}^{\infty}\frac{x^{2k}}{(2k)!}+a_1\sum_{k=0}^{\infty}\frac{x^{2k+1}}{(2k+1)!}$$

$$=a_0\left(1+\frac{x^2}{2!}+\frac{x^4}{4!}+\cdots\right)+a_1\left(x+\frac{x^3}{3!}+\frac{x^5}{5!}+\cdots\right)$$

$$\therefore \quad y=a_0\sum_{m=0}^{\infty}\frac{x^{2m}}{(2m)!}+a_1\sum_{m=0}^{\infty}\frac{x^{2m+1}}{(2m+1)!}$$

$$=a_0\left(1+\frac{x^2}{2!}+\frac{x^4}{4!}+\cdots\right)+a_1\left(x+\frac{x^3}{3!}+\frac{x^5}{5!}+\cdots\right)$$

예제4) 미분방정식 $(1-x^2)y'=y$의 거듭제곱급수 해를 구하라.

풀이)

급수해를 $y=\sum_{m=0}^{\infty}a_m x^m$ 라고 가정하면, 주어진 식은 다음의 급수식으로 쓸 수 있다.

$$(1-x^2)y'-y=\sum_{m=1}^{\infty} ma_m x^{m-1}-\sum_{m=1}^{\infty} ma_m x^{m+1}-\sum_{m=0}^{\infty} a_m x^m=0$$

$$\text{원식}=\sum_{m=1}^{\infty} ma_m x^{m-1}-\sum_{m=3}^{\infty}(m-2)a_{m-2}x^{m-1}-\sum_{m=1}^{\infty} a_{m-1}x^{m-1}$$

$$=\sum_{m=3}^{\infty}\{ma_m-(m-2)a_{m-2}-a_{m-1}\}x^{m-1}+a_1+2a_2x-a_0-a_1x=0$$

$$a_1-a_0=0 \rightarrow a_1=a_0$$

$$2a_2-a_1=0 \rightarrow a_2=\frac{a_1}{2}=\frac{a_0}{2}$$

$$ma_m-(m-2)a_{m-2}-a_{m-1}=0 \rightarrow a_m=\frac{(m-2)a_{m-2}+a_{m-1}}{m} \quad (m\geq 3)$$

$$m=3 \rightarrow a_3=\frac{a_1+a_2}{3}=\frac{a_0}{2}, \qquad m=4 \rightarrow a_4=\frac{2a_2+a_3}{4}=\frac{3}{8}a_0,$$

$$m=5 \rightarrow a_5=\frac{3a_3+a_4}{5}=\frac{3}{8}a_0, \qquad m=6 \rightarrow a_6=\frac{4a_4+a_5}{6}=\frac{5}{16}a_0,$$

$$y=\sum_{m=0}^{\infty} a_m x^m=a_0+a_0x+\frac{a_0}{2}x^2+\frac{a_0}{2}x^3+\frac{3a_0}{8}x^4+\frac{3a_0}{8}x^5+\frac{5a_0}{16}x^6+\cdots$$

$$\therefore \quad y=a_0\left(1+x+\frac{1}{2}x^2+\frac{1}{2}x^3+\frac{3}{8}x^4+\frac{3}{8}x^5+\cdots\right)$$

6.2 르장드르의 미분방정식

지금까지의 상미분 방정식에 대한 거듭제곱 해법은 비교적 간단하였지만, 다음과 같이 특수 형태의 방정식을 르장드르 미분방정식이라고 정의된다. 르장드르 미분방정식의 해는 무한 급수 형태가 아니라 유한 급수 형태로 정의된다는 것이 특징이다. 이에 대한 해법을 아래에 설명하였다.

$$(1-x^2)y''-2xy'+n(n+1)y=0 \tag{6-4}$$

에서 해석적이고 수렴 반경을 구하는 방법은 다음과 같다.
위의 방정식은 다음과 같이 변형할 수 있다.

$$y''-\frac{2x}{(1-x^2)}y'+\frac{n(n+1)}{(1-x^2)}y=0 \tag{6-5}$$

위 식을 다음 식이라고 하면,

$$y'' + p(x)y' + q(x)y = 0$$

$p(x), q(x)$가 x의 함수이고, 해석적이고 수렴 반경을 가지면 해는

$$y = \sum_{m=0}^{\infty} a_m x^m = a_0 + a_1 x + a_2 x^2 + a_3 x^3 + \ldots \quad \textbf{(6-6)}$$

라고 둘 수 있다.

① $p(x), q(x)$ 해석적인지 확인하는 방법

해석적이라는 것은 미분 가능하기 때문에 거듭 제곱 형태로 표현 가능한 것으로도 나타낼 수 있다.

$$p(x) = -\frac{2x}{1-x^2} = a_0 + a_1 x + a_2 x^2 + \ldots \quad \textbf{(6-7)}$$

계수 $a_0, a_1, a_2, \ldots$를 구하는 방법은 맥노린 급수 전개 방법과 같은 방법으로 구할 수 있다.

$$x = 0, p(0) = a_0$$

$$x = 0, p'(0) = 0 + a_1 + 2a_2 \cdot 0 + \ldots = a_1 = -\frac{2(1-x^2) - (-2x)(2x)}{(1-x^2)^2} = \frac{r_1(x)}{(1-x^2)^2}$$

$$= \frac{r_1(0)}{(1-0^2)^2} = r_1(0)$$

$$\because p'(0) = a_1 = r_1(0)$$

$$x = 0, p^{(2)}(0) = a_2 = r_2(0)$$

$$x = 0, p^{(3)}(0) = a_3 = r_3(0)$$

$\cdots$

$x=0, p^{(n)}(0)=a_n=r_n(0)$

여기서 $r(x)$는 x에 대한 함수이므로 $r'(x)$가 존재하고, $r(0), r'(0), r^{(2)}(0)$, $\ldots, r^{(n)}(0), \ldots$ 가 존재하므로 마찬가지로 $a_0, a_1, a_2, \ldots, a_n$가 존재하는 것을 의미하기 때문에 $p(x)$를 x의 거듭 제곱형태로 나타낼 수 있으며, 이를 해석직 또는 미분가능하다는 표현으로 쓸 수 있다.
마찬가지로 $q(x)$도 해석적인지 같은 방법으로 보일 수 있다.

② 수렴 반경이 존재하는지 확인하는 방법
수렴 반경 공식은 다음과 같다.

$$R=\frac{1}{\lim_{m\to\infty}\left|\frac{a_{m+1}}{a_m}\right|}=\frac{1}{0}=\infty \tag{6-8}$$

여기서,

$$a_m=\frac{p^{(m)}(0)}{m!},\ a_{m+1}=\frac{p^{(m+1)}(0)}{(m+1)!}$$

이므로

$$\frac{a_{m+1}}{a_m}=\frac{\frac{p^{(m+1)}(0)}{(m+1)!}}{\frac{p^{(m)}(0)}{m!}}=\frac{m!p^{(m+1)}(0)}{(m+1)!p^{(m)}(0)}=\frac{p^{(m+1)}(0)}{(m+1)p^{(m)}(0)} \tag{6-9}$$

이 된다. 여기서

$$\lim_{m\to\infty}\left|\frac{a_{m+1}}{a_m}\right|=\frac{p^{(m+1)}(0)}{(m+1)p^{(m)}(0)}=0 \tag{6-10}$$

$$\frac{m!}{(m+1)!}=\frac{1}{m+1}$$

관계가 있다.
따라서 $p(x), q(x)$가 해석적이고, 수렴 반경을 가지므로 위의 르장드르 방정식에 대해서 해를

$$y = \sum_{m=0}^{\infty} a_m x^m = a_0 + a_1 x + a_2 x^2 + a_3 x^3 + \dots \tag{6-11}$$

로 놓을 수 있다.

③ 르장드르 방정식의 해를 구하는 방법

$$(1-x^2)y'' - 2xy' + n(n+1)y = 0$$

$$y'' - \frac{2x}{(1-x^2)}y' + \frac{n(n+1)}{(1-x^2)}y = 0$$

$$y'' - \frac{2x}{(1-x^2)}y' + \frac{k}{(1-x^2)}y = 0 \; (\because k = n(n+1))$$

위 식을

$y'' + p(x)y' + q(x)y = 0$로 놓을 수 있으므로 이의 해는

$$y = \sum_{m=0}^{\infty} a_m x^m = a_0 + a_1 x + a_2 x^2 + a_3 x^3 + \dots$$

로 가정이 가능하다. 이를 미분하면

$$y' = \sum_{m=0}^{\infty} m a_m x^{m-1} = 0 + a_1 + 2a_2 x + 3a_3 x^2 + \dots$$

$$y'' = \sum_{m=0}^{\infty} m(m-1) a_m x^{m-2} = 0 + 0 + 2a_2 + 3 \cdot 2a_3 x + \dots$$

$(1-x^2)y''-2xy'+ky=0$

$$y''-x^2y''-2xy'+ky=0$$ (책에 있는 방법으로 풀어도 된다.)

항	상수항s_0	x의 1차항 s_1	x의 2차항 s_2	x의 3차항 s_3	x의 .... 차항 s_∞
y''	$2a_2$	$3\cdot2a_3x$	$4\cdot3a_4x^2$	$5\cdot4a_5x^3$	....
$-x^2y''$			$-2a_2x^2$	$-3\cdot2a_3x^3$	....
$-2xy'$		$-2a_1x$	$-2\cdot2a_2x^2$	$-2\cdot3a_3x^3$	....
ky	ka_0	ka_1x	ka_2x^2	ka_3x^3	....

s_0 : $2a_2+ka_0 = 2a_2+n(n+1)a_0=0$

s_1 : $(3\cdot2)a_3-2a_1+ka_1 = (3\cdot2)a_3+(-2+n(n+1)a_1=0$

s_2 : $(4\cdot3)a_4-2a_2-2\cdot2a_2+ka_2 = (4\cdot3)a_4+(-2-2\cdot2+n(n+1))a_2=0$

...

$s \geq 2$ 이상에서 일반화하면

$$a_{s+2}=\frac{-(n-s)(n+s+1)}{(s+1)(s+s)}a_s$$

위식에서

$$a_2=-\frac{n(n+1)}{2\cdot1}a_0=-\frac{n(n+1)}{2!}a_0$$

$$a_3=-\frac{(n-1)(n+2)}{3\cdot2}a_1=-\frac{(n+2)(n-1)}{3!}a_1$$

$$a_4=-\frac{(n-2)(n+3)}{4\cdot3}a_2=-\frac{(n-2)n(n+1)(n+3)}{4!}a_0$$

$$a_5 = -\frac{(n-3)(n-1)(n+2)(n+4)}{5!}a_1$$

...

이를 가정한 해에 대입하면 해를 구할 수 있다.

$$y = \sum_{m=0}^{\infty} a_m x^m = a_0 + a_1 x + a_2 x^2 + a_3 x^3 + ...$$

$$= a_0 + a_1 x - \frac{n(n+1)}{2!}a_0 x^2 - \frac{(n+2)(n-1)}{3!}a_1 x^3 - \frac{(n-2)n(n+1)(n+3)}{4!}a_0 x^4$$

$$-\frac{(n-3)(n-1)(n+2)(n+4)}{5!}a_1 x^5 + ...$$

$$= a_0(\text{짝수항}\, y_1) + a_1(\text{홀수항} y_2) = a_0 y_1(x) + a_1 y_2(x)$$

따라서 기저를 다음과 같이 표현할 수 있다.

$$y_1(x) = 1 - \frac{n(n+1)}{2!}x^2 - \frac{(n-2)n(n+1)(n+3)}{4!}x^4 + ...$$

$$y_2 = x - \frac{(n-1)(n+2)}{3!}x^3 - \frac{(n-3)(n-1)(n+2)(n+4)}{5!}x^5 + ...$$

따라서 르장드르 방정식의 일반해는 $y = a_0 y_1(x) + a_1 y_2(x)$가 된다. 르장드르 방정식의 해의 특징은 홀수항과 짝수항 다항식이 모두 무한급수가 되지 않는다는 것이 특징이다. 한쪽이 무한급수이면 다른 쪽은 유한급수를 갖는다는 것이다.

6.2.1 르장드르 다항식 $P_n(x)$

$$(1-x^2)y'' - 2xy' + n(n+1)y = 0$$

위 방정식의 해는 $y = a_0 y_1(x)$짝수 $+ a_1 y_2(x)$홀수

$$y_1(x) = 1 - \frac{n(n+1)}{2!}x^2 - \frac{(n-2)n(n+1)(n+3)}{4!}x^4 + ... \quad \textbf{(6-12)}$$

$$y_2 = x - \frac{(n-1)(n+2)}{3!}x^3 - \frac{(n-3)(n-1)(n+2)(n+4)}{5!}x^5 + \ldots \qquad \textbf{(6-13)}$$

이므로, $(1-x^2)y'' - 2xy' + n(n+1)y = 0$에서 양의 정수 n이 홀수인 경우와 짝수인 경우로 다음과 같이 해를 갖는다.

기저	n 짝수	n 홀수
y_1	유한급수 다항식 (n차 항까지만 표현)	무한급수 다항식
y_2	무한급수 다항식	유한급수 다항식 (n차 항까지만 표현)

예를 들어서,

$n=2$와 같이 짝수라면 y_1 : n차항까지 유한급수 다항식

y_2 : 무한급수

$n=1$과 같은 홀수라면 y_1 : 무한급수

y_2 : n차항까지 유한급수 다항식

정의) 르장드르 다항식은 $P_n(x) =$ (유한급수의 다항식) $\times$ 상수 (k)으로 정의하고, 상수 k의 결정 방법은 x에 1을 대입하여 $P_n(1) =$ (다항식)$\times k = 1$이 되도록 k를 결정하여 사용한다.

다시 말하면 홀수 $n=1$일 때, y_2가 유한개의 급수를 갖고, y_1은 무한급수를 갖도록 다항식을 구하면 된다. 즉 $P_1(x) = (x)\times k$에서 $P_1(1) = (1)\times k = 1$되는 $k=1$로 결정된다. 따라서 $P_1(x) = (x)\times 1 = x$가 된다.

마찬가지로 $P_0(x)$를 구하면, $n=0$이므로 짝수이기 때문에 y_1이 유한급수로 표현된다. 따라서

$n=0$는 짝수 $P_0(x) = 1\times k = 1$ 이므로, $k=1$되고 $P_0(1) = 1\times k = 1\times 1 = 1$

$n=1$는 홀수 $P_1(x) = x\times k = 1$ 이므로, $k=1$이되고 $P_1(1) = x\times k = x\times 1 = x$

$n=2$는 짝수 $P_2(x) = (1 - \frac{n(n+1)}{2!}x^2)\times k = 1$ 이므로,

$P_2(1) = (1 - \frac{2(2+1)}{2!}1^2) \times k = (1-3) \times k = 1$이므로 $k = -\frac{1}{2}$ 이 된다.

따라서 $P_2(x) = (1 - \frac{6}{2!}x^2) \times -\frac{1}{2} = -\frac{1}{2}(1 - 3x^2)$

마찬가지로 다음과 같이 $P_n(x)$ 유한 급수항을 구하면 다음과 같다.

$$P_0(x) = 1 \qquad P_1(x) = x$$
$$P_2(x) = \frac{1}{2}(3x^2 - 1) \qquad P_3(x) = \frac{1}{2}(5x^3 - 3x)$$
$$P_4(x) = \frac{1}{8}(35x^4 - 30x^2 + 3) \qquad P_5(x) = \frac{1}{8}(63x^5 - 70x^3 + 15x)$$
$$\cdots$$
$$P_n(x) \tag{6-14}$$

예제5) 미분 방정식 $(1 - x^2)y'' - 2xy' + 2y = 0$의 일반해를 구하시오.

풀이)
$n = 1$이므로 홀수로서 $P_1(x) = x$로서 유한 항이 결정되고, 일반해는
$y(x) = a_0 y_1(x) + a_1 y_2(x)$ = 짝수항 + 홀수항 $= a_0 y_1(x) + a_1 P_1(x)$
$= a_0 y_1(x) + a_1 x$

$\because y = a_0 y_1(x) + a_1 x$

$$\therefore y = a_0 y_1(x) + a_1 P_1(x) = a_0 [1 - \frac{n(n+1)}{2!}x^2 - \frac{(n-2)n(n+1)(n+3)}{4!}x^4 + \ldots] + a_1 x$$
$$= a_0 [1 - \frac{2}{2}x^2 - \frac{16}{24}x^4 + \ldots] + a_1 x$$
$$= a_0 [1 - x^2 - \frac{2}{3}x^4 + \ldots] + a_1 x$$

6.4 프로베니우스 급수 해법

미분방정식의 형태가 다음과 같고,

$$y'' + \frac{b(x)}{x}y' + \frac{c(x)}{x^2}y = 0 \tag{6-15}$$

여기서 $\frac{b(x)}{x}$, $\frac{c(x)}{x^2}$는 비해석적이지만, $b(x), c(x)$는 해석적인 경우에 혹은 $x^2y'' + xb(x)y' + c(x)y = 0$ 형태의 미분방정식에서는 프로베니우스 해법을 적용할 수 있다.

여기서 $b(x), c(x)$가 $x = 0$에서 미분가능할 때 즉 해석적일 때 다음과 같은 해를 얻는다. 여기서 결정지수 r은 실수 또는 복소수를 포함한다.

$$y = x^r \sum_{m=0}^{\infty} a_m x^m = \sum_{m=0}^{\infty} a_m x^{m+r} \tag{6-16}$$

이때 y'과 y''은 다음과 같다.

$$y'(x) = \sum_{m=0}^{\infty} (m+r)a_m x^{m+r-1}$$

$$y''(x) = \sum_{m=0}^{\infty} (m+r)(m+r-1)a_m x^{m+r-2}$$

또한 $b(x), c(x)$는 x의 함수로서 다음과 같이 거듭제곱형태로 전개할 수 있다.

$$b(x) = \sum_{m=0}^{\infty} b_m x^m = b_0 + b_1 x + b_2 x^2 + b_3 x^3 + \ldots$$

$$c(x) = \sum_{m=0}^{\infty} c_m x^m = c_0 + c_1 x + c_2 x^2 + c_3 x^3 + \ldots$$

이를 원식에 대입하면 다음과 같다.

$$x^2y'' + xb(x)y' + c(x)y$$

$$= x^2 \sum_{m=0}^{\infty} (m+r)(m+r-1)a_m x^{m+r-2}$$

$$+x\sum_{m=0}^{\infty} b_m x^m \sum_{m=0}^{\infty}(m+r)a_m x^{m+r-1}$$

$$+\sum_{m=0}^{\infty} c_m x^m \sum_{m=0}^{\infty} a_m x^{m+r} = 0$$

이를 정리하면

$$x^2y'' + xb(x)y' + c(x)y$$

$$= x^r\sum_{m=0}^{\infty}(m+r)(m+r-1)a_m x^m$$

$$+\sum_{m=0}^{\infty} b_m x^m x^r \sum_{m=0}^{\infty}(m+r)a_m x^m$$

$$+\sum_{m=0}^{\infty} c_m x^m x^r \sum_{m=0}^{\infty} a_m x^m = 0 \quad \text{(6-17)}$$

위식을 급수 전개하여 각 항을 x^r의 계수를 모아서 순서대로 정리하면 다음과 같다.

$$r(r-1)a_0 + b_0 r a_0 + c_0 a_0 = a_0\{r(r-1) + b_0 r + c_0\} = 0 \quad \text{(6-18)}$$

위 식에서 $a_0 \neq 0$아닌 경우에 등식이 성립하려면 다음식이 성립하여야 한다.

$$r(r-1) + b_0 r + c_0 = 0 \quad \text{(6-19)}$$

이를 지수방정식이라고 한다. 지수근은 r로 나타내며, 지수근의 형태에 따라서 프로베니우스의 해는 3가지 형태로 정의된다.

프로베니우스 해법에서의 지수방정식 $r(r-1)+b_0 r + c_0 = 0$에 따른 3가지 경우의 해는 다음과 같다. 이에 대한 상세한 증명은 생략하고, 다음의 결과식을 활용하도록 한다.

① 서로 다른 두 지수근 r_1, r_2의 차가 정수가 아닌 경우,

$$y_1(x) = x^{r_1}\sum_{m=0}^{\infty} a_m x^m = x^{r_1}(a_0 + a_1 x + a_2 x^2 + \cdots)$$

$$y_2(x) = x^{r_2}\sum_{m=0}^{\infty} A_m x^m = x^{r_2}(A_0 + A_1 x + A_2 x^2 + \cdots) \quad \text{(6-20)}$$

② 지수근이 중근인 경우, $r_1 = r_2 = r$: $y_1(x)$는 동일

$$y_1(x) = x^{r_1}\sum_{m=0}^{\infty} a_m x^m = x^{r_1}\left(a_0 + a_1 x + a_2 x^2 + \cdots\right)$$

$$y_2(x) = y_1(x)\ln x + x^r \sum_{m=1}^{\infty} A_m x^m = y_1(x)\ln x + x^r(A_1 x + A_2 x^2 + \cdots) \qquad \textbf{(6-21)}$$

③ 서로 다른 두 지수근 r_1, r_2의 차가 정수인 경우: $y_1(x)$는 동일 $(\because r_1 > r_2)$

$$y_1(x) = x^{r_1}\sum_{m=0}^{\infty} a_m x^m = x^{r_1}\left(a_0 + a_1 x + a_2 x^2 + \cdots\right)$$

$$y_2(x) = k y_1(x)\ln x + x^{r_2}\sum_{m=0}^{\infty} A_m x^m = k y_1(x)\ln x + x^{r_2}(A_0 + A_1 x + A_2 x^2 + \cdots) \qquad \textbf{(6-22)}$$

프로베니우스 방정식 $x^2y'' + xb(x)y' + c(x)y = 0$의 해는 2계 미분방정식과 마찬가지로 두 개의 기저 y_1, y_2로서 급수형태로 정의 된다.

다음에 예제를 풀어 프로베니우스 미분방정식의 해법을 익힌다.

예제6) 프로베니우스 해법을 사용하여 다음 미분방정식의 급수 해를 구하라.

$$2x^2y'' - x(x-1)y' - y = 0$$

풀이)

주어진 식을 급수식으로 표현하면 다음과 같다.

$$\begin{aligned}
&2x^2y'' - x(x-1)y' - y \\
&= 2x^2\sum_{m=0}^{\infty}(m+r)(m+r-1)a_m x^{m+r-2} - x^2\sum_{m=0}^{\infty}(m+r)a_m x^{m+r-1} \\
&\quad + x\sum_{m=0}^{\infty}(m+r)a_m x^{m+r-1} - \sum_{m=0}^{\infty}a_m x^{m+r} \\
&= \sum_{m=1}^{\infty}\{2(m+r)(m+r-1)a_m - (m+r-1)a_{m-1} + (m+r)a_m - a_m\}x^{m+r} \\
&\quad + (2a_0 r(r-1) + r a_0 - a_0)x^r = 0 \qquad (m \ge 1)
\end{aligned}$$

$$(2r^2 - r - 1)a_0 = (r-1)(2r+1)a_0 = 0 \;\rightarrow\; r_1 = 1,\;\; r_2 = -\frac{1}{2}$$

$$2(m+r)(m+r-1)a_m - (m+r-1)a_{m-1} + (m+r-1)a_m$$

$$= (m+r-1)\{2(m+r)a_m - a_{m-1} + a_m\} = 0$$

$$2(m+r)a_m - a_{m-1} + a_m = 0 \;\rightarrow\; a_m = \frac{a_{m-1}}{2m+2r+1}$$

여기서 $r = 1, -\frac{1}{2}$를 각각 대입하여 정리하면 다음과 같다.

$r_1 = 1$이면, $a_m = \frac{a_{m-1}}{2m+3}(\because m \geq 1) \rightarrow a_1 = \frac{a_0}{5},\, a_2 = \frac{a_1}{7},\, a_3 = \frac{a_2}{9},\, \cdots,$

$a_k = \frac{a_{k-1}}{2k+3}$

양변을 모두 곱하여 정리하면, $a_k = \frac{a_0}{5 \cdot 7 \cdot 9 \cdots (2k+3)} = \frac{3 \cdot 2^{k+1}(k+1)!}{(2k+3)!}a_0$

$r_2 = -\frac{1}{2}$이면, $A_m = \frac{A_{m-1}}{2m} \rightarrow A_1 = \frac{A_0}{2},\, A_2 = \frac{A_1}{4},\, A_3 = \frac{A_2}{6},\, \cdots,\, A_k = \frac{A_{k-1}}{2k}$

양변을 모두 곱하여 정리하면, $A_k = \frac{A_0}{2 \cdot 4 \cdot 6 \cdots 2k} = \frac{A_0}{2^k \cdot k!}$ $(\because k = 0 \sim \infty)$ 이므로, k를 m으로 대치가 가능하다. $(\because m = 0 \sim \infty)$

$$\therefore\;\; y_1(x) = |x|^{r_1}\sum_{m=0}^{\infty} a_m x^m = a_0 x \sum_{m=0}^{\infty} \frac{3 \cdot 2^{m+1}(m+1)!}{(2m+3)!}x^m \qquad (\because r_1 = 1)$$

$$y_2(x) = |x|^{r_2}\sum_{m=0}^{\infty} A_m x^m = A_0 x^{-\frac{1}{2}} \sum_{m=0}^{\infty} \frac{1}{2^m\, m!}x^m \qquad (\because r_2 = -\frac{1}{2})$$

연 습 문 제

1. 다음 1계 미분방정식의 거듭제곱급수 해를 구하라.
① $y' - 2y = 0$
② $y' = -y$
③ $y' - 2xy = 0$

2. 다음 2계 미분방정식의 거듭제곱급수 해를 구하라.
① $y'' - y = 0$
② $y'' + xy' + y = 0$
③ $y'' - y' = 0$

3. 다음 미분방정식을 거듭제곱 해법에 의해서 전개식을 구하라.
$(x-1)y'' + xy' + y = 0$, $y(0) = 2$, $y'(0) = -1$

4. 다음의 $f(x)$에서 미분방정식 $(1+x)y' + y = f(x)$의 거듭제곱급수의 전개식을 구하라.
① 0
② $3x^2 - 1$

5. 다음의 $f(x)$에서 미분방정식 $y' = \dfrac{y}{f(x)}$의 거듭제곱급수법을 이용하여 해를 구하라.
① $1-x$
② $1+x$

6. 다음과 같은 미분방정식은 프로베니우스 해법을 사용하여 해를 구할 수 있다.
① $xy'' + 2y' + xy = 0$
② $x^2y'' - 2xy' + 2y = 0 \quad (a_0 = 1)$
③ $x(x-1)y'' - xy' + y = 0$

7장 라플라스변환

라플라스 변환은 앞에서 살펴 본 미분방정식의 해법을 대수적으로 변환하여 미분방정식의 해를 쉽게 구하기 위해서 고안된 방법이다.
라플라스에 대한 정의 중의 하나는 시간 t함수에서 복소평면 $s=\sigma \pm j\omega$함수로 변환하는 것으로 정의할 수 있다. 또한 그 역으로의 변환인 역변환도 가능하다.
라플라스 변환(Laplace Transform)은 연속함수, 불연속적인 이산 함수 및 주기, 비주기 함수 에 대해서 적용이 가능하다.
상수, 삼각, 지수, 로그, 하이퍼블릭(쌍곡선) 함수 등 모든 시간 함수를 복소함수로 변환하면 대수식으로 변환되어 연산이 쉬워진다.

<푸리에 변환 ⇒ 주기함수에 적용>

미분방정식 (t 함수)	라플라스변환 →	대수방정식 ($s=\sigma \pm j\omega$함수)	
↓ 해		↓ 정리된 변환식	(s 평면) $s=\sigma \pm j\omega$
시간영역 t	← 역변환	복소 주파수 영역 $s=\sigma \pm j\omega$	

라플라스변환은 시간 함수를 복소함수로 변환하는 과정이다.

먼저 대수함수, 삼각함수, 지수함수, 쌍곡선 함수 등 기본함수에 대해서 라플라스 변환을 살펴보고, 다음으로 라플라스 변환에서 편리하게 사용할 수 있는 선형정리, 미적분 정리 등의 정리에 대해서 살펴보기로 한다.

7.1 라플라스 변환의 개념

라플라스변환에 대한 정의는 다음과 같다. 시간함수 $f(t)$는 $0 \le t \le \infty$ 범위에서 정의된 함수라 할 때, $f(t)$에 지수 감쇠정수 e^{-st}를 곱한 $f(t)e^{-st}$ 함수를 시간 t에 대해서 $0 \sim \infty$까지 적분하면 라플라스변환이 된다.

$$F(s) = \mathcal{L}[f(t)] = \int_0^\infty f(t)e^{-st}dt \tag{7-1}$$

$F(s)$를 함수 $f(t)$의 라플라스변환이라고 정의한다.
여기서 $\mathcal{L}[f(t)]$를 라플라스표기라고 정의한다. 또한 $s=\alpha \pm jw$는 복소평면에서 정의되는 함수이다.

또한 역으로 $F(s) \rightarrow f(t)$로 변환하는 것을 라플라스 역변환이라고 정의한다.

$$f(t) = \mathcal{L}^{-1}[F(s)] = \frac{1}{2\pi j}\int_{\alpha - jw}^{\alpha + jw} F(s)e^{+st}ds \tag{7-2}$$

라플라스 역변환의 계산은 복잡하여 변환쌍의 성질을 이용하여 변환한다.

- 변환: $\xrightarrow{\mathcal{L}}$ $F(s)$
- 역변환: $F(s)$ $\xrightarrow{\mathcal{L}^{-1}}$ $f(t)$

7.2 라플라스 변환과 정리

7.2.1 기본입력신호 함수의 라플라스 변환

(1) 단위계단함수 $u(t)$의 라플라스변환

$$f(t) = u(t) = \begin{cases} 0, & t < 0 \\ 1, & t \geq 0 \end{cases}$$

단위 계단함수 $u(t)$를 라플라스변환하면

$$\mathcal{L}[u(t)] = \int_0^\infty 1 \cdot e^{-st}dt = [-\frac{1}{s}e^{-st}]_0^\infty$$
$$= [-\frac{1}{s}e^{-s\cdot\infty} - (-\frac{1}{s}e^0)] = \frac{1}{s}$$

$$\therefore \mathcal{L}[u(t)] = \frac{1}{s} \tag{7-3}$$

(2) 단위경사함수(램프함수) $t \cdot u(t)$의 라플라스 변환

$$f(t) = t \cdot u(t) = \begin{cases} 0, & t < 0 \\ t, & t \geq 0 \end{cases}$$

단위 경사 함수 $t \cdot u(t)$를 라플라스 변환하면

$$\mathcal{L}\,[tu(t)] = \int_0^\infty t \cdot e^{-st} dt = [-\frac{1}{s} e^{-st} \cdot t]_0^\infty - \int_0^\infty -\frac{1}{s} e^{-st} dt$$

$$= [0+0] + \int_0^\infty \frac{1}{s} e^{-st} dt = [-\frac{1}{s^2} e^{-st}]_0^\infty = \frac{1}{s^2}$$

$$\begin{pmatrix} \because f'(t) = e^{-st} & g(t) = t \\ f(t) = -\frac{1}{s} e^{-st} & g'(t) = 1 \end{pmatrix}$$

$$\therefore \mathcal{L}\,[tu(t)] = \frac{1}{s^2} \quad \textbf{(7-4)}$$

(3) 단위 충격함수 -$\delta(t)$ 함수

단위 충격함수는 면적이 1인 함수를 말하며, 이를 디락 함수라고도 한다.

높이 $\frac{1}{\epsilon}$, 폭 $\epsilon \Rightarrow$ 면적 1인 함수

이 함수의 특징 $\epsilon \to 0$ 수렴하면, $\frac{1}{\epsilon} \to \infty$ 발산. 단위 임펄스함수

기호 $\delta(t)$로 표시

$$\because f(t) = \frac{1}{\epsilon} u(t) - \frac{1}{\epsilon} u(t-\epsilon) = \frac{1}{\epsilon}\{u(t) - u(t-\epsilon)\}$$

$$\delta(t) = \lim_{\epsilon \to 0} f(t) = \begin{cases} 0 & t \neq 0 \\ \infty & t = 0 \end{cases} \Rightarrow u(t)\text{함수의 미분형}$$

단위 충격 함수의 라플라스 변환은

$$\mathcal{L}\,[\delta(t)] = \mathcal{L}\,[\lim_{\epsilon \to 0} f(t)] = \lim_{\epsilon \to 0} \int_0^\infty f(t) e^{-st} dt$$

$$= \lim_{\epsilon \to 0} \frac{1}{\epsilon} \int_0^\infty \{u(t) - u(t-\epsilon)\} e^{-st} dt$$

$$= \lim_{\epsilon \to 0} \frac{1}{\epsilon} \{\mathcal{L}[u(t)] - \mathcal{L}[u(t-\epsilon)]\}$$

$$\because \mathcal{L}[u(t-\epsilon)] = \int_0^\infty u(t-\epsilon) e^{-st} dt = \int_0^\epsilon u(t-\epsilon) e^{-st} dt + \int_\epsilon^\infty u(t-\epsilon) e^{-st} dt$$

$$= 0 + \int_\epsilon^\infty u(t) e^{-st} dt$$

$$= [-\frac{1}{s} e^{-st}]_\epsilon^\infty = 0 - (-\frac{1}{s} e^{-s\epsilon}) = \frac{1}{s} e^{-\epsilon s}$$

$$= \lim_{\epsilon \to 0} \frac{1}{\epsilon} (\frac{1}{s} - \frac{1}{s} e^{-\epsilon s})$$

맥노린 급수전개식에 의해서

$$\lim_{\epsilon \to 0} \frac{1}{\epsilon} \left(\frac{1}{s} - \frac{1}{s} e^{-\epsilon s}\right) = \lim_{\epsilon \to 0} \frac{1}{\epsilon} \left(\frac{1}{s} - \frac{1}{s} \left\{1 - \epsilon s + \frac{(\epsilon s)^2}{2!} - \frac{(\epsilon s)^3}{3!} + \ldots\right\}\right)$$

$$= 1$$

$$\therefore \mathcal{L}[\delta(t)] = 1 \qquad \textbf{(7-5)}$$

(4) 지수감쇠함수 ($Decaying\, complex$ exp$onential$)

지수감쇠함수 $f(t) = e^{-at}$의 라플라스변환은 다음과 같이 정의된다.

$$\mathcal{L}[e^{-at}] = \int_0^\infty e^{-at} \cdot e^{-st} dt = \int_0^\infty e^{-(s+a)t} dt$$

$$= [-\frac{1}{s+a} e^{-(s+a)t}]_0^\infty = 0 - (-\frac{1}{s+a} \cdot 1) = \frac{1}{s+a}$$

$$\left(\because \mathcal{L}[e^{at}] = \int_0^\infty e^{at} \cdot e^{-st} dt = \int_0^\infty e^{-(s-a)t} dt \right.$$
$$\left. = [-\frac{1}{s-a} e^{-(s-a)t}]_0^\infty = 0 - (-\frac{1}{s-a} \cdot 1) = \frac{1}{s-a} \right)$$

$$\therefore \mathcal{L}[e^{at}] = \frac{1}{s-a} \quad \text{(7-6)}$$

(5) 삼각함수의 라플라스 변환

$$\mathcal{L}[\cos wt] = \int_0^\infty \cos wt \cdot e^{-st} dt$$

$$\mathcal{L}[\sin wt] = \int_0^\infty \sin wt \cdot e^{-st} dt$$

오일러 공식 $\left(\begin{array}{l} \because \cos wt = \frac{1}{2}(e^{jwt} + e^{-jwt}) \\ \sin wt = \frac{1}{2j}(e^{jwt} - e^{-jwt}) \end{array} \right)$를 활용한다.

$$\mathcal{L}[\cos wt] = \frac{1}{2}\left\{ \int_0^\infty e^{jwt} \cdot e^{-st} dt + \int_0^\infty e^{-jwt} \cdot e^{-st} dt \right\}$$
$$= \frac{1}{2}\left\{ \int_0^\infty e^{-(s+jw)t} dt + \int_0^\infty e^{-(s-jw)t} dt \right\}$$
$$= \frac{1}{2}\left\{ \frac{1}{s+jw} + \frac{1}{s-jw} \right\} = \frac{1}{2} \frac{s-jw+s+jw}{s^2+w^2} = \frac{1}{2} \frac{2s}{s^2+w^2} = \frac{s}{s^2+w^2}$$

$$\therefore \mathcal{L}[\cos wt] = \frac{s}{s^2+w^2} \quad \text{(7-7)}$$

$$\mathcal{L}[\sin wt] = \frac{1}{2j}\left\{ \int_0^\infty e^{jwt} \cdot e^{-st} dt - \int_0^\infty e^{-jwt} \cdot e^{-st} dt \right\}$$
$$= \frac{1}{2j}\left\{ \int_0^\infty e^{-(s-jw)t} dt - \int_0^\infty e^{-(s+jw)t} dt \right\}$$
$$= \frac{1}{2j}\left\{ [-\frac{1}{s-jw} e^{-(s-jw)t}]_0^\infty - [-\frac{1}{s+jw} e^{-(s+jw)t}]_0^\infty \right\}$$

$$= \frac{1}{2j}(\frac{1}{s-jw} - \frac{1}{s+jw})$$

$$= \frac{1}{2j}\frac{s+jw-(s-jw)}{s^2+w^2} = \frac{1}{2j}\frac{2jw}{s^2+w^2} = \frac{w}{s^2+w^2}$$

$$\therefore \mathcal{L}[\sin wt] = \frac{w}{s^2+w^2} \qquad (7\text{-}8)$$

(6) 지수 감쇠 삼각함수 $\Rightarrow \begin{cases} f(t) = e^{-at}\cos wt \\ f(t) = e^{-at}\sin wt \end{cases}$

$f(t) = e^{-at}\cos wt$대한 라플라스변환은 다음과 같다.

$$\mathcal{L}[f(t)] = \mathcal{L}[e^{-at}\cos wt] = \int_0^\infty e^{-at} \cdot e^{-st}\cos wt\,dt$$

$$= \int_0^\infty \frac{1}{2}e^{-at} \cdot e^{-st}(e^{jwt} + e^{-jwt})dt$$

$$= \frac{1}{2}\int_0^\infty e^{-(s+a-jw)t} + e^{-(s+a+jw)t}dt$$

$$= \frac{1}{2}(\frac{1}{s+a-jw} + \frac{1}{s+a+jw})$$

$$= \frac{1}{2}\frac{s+a+jw+s+a-jw}{(s+a)^2+w^2} = \frac{s+a}{(s+a)^2+w^2}$$

$f(t) = e^{-at}\sin wt$에 대한 라플라스변환은 다음과 같다.

$$\mathcal{L}[f(t)] = \mathcal{L}[e^{-at}\sin wt] = \int_0^\infty e^{-at} \cdot e^{-st}\sin wt\,dt$$

$$= \int_0^\infty \frac{1}{2j}e^{-at} \cdot e^{-st}(e^{jwt} - e^{-jwt})dt$$

$$= \frac{1}{2j}\int_0^\infty e^{-(s+a-jw)t} - e^{-(s+a+jw)t}dt$$

$$= \frac{1}{2j}(\frac{1}{s+a-jw} - \frac{1}{s+a+jw})$$

$$= \frac{1}{2j}\frac{s+a+jw-(s+a-jw)}{(s+a)^2+w^2} \tag{7-9}$$

$$= \frac{w}{(s+a)^2+w^2}$$

지금까지 자동제어계의 응답특성을 알기 위해서 자주 사용되는 입력신호인 단위계단함수, 단위경사함수, 단위충격함수 뿐만 아니라 지수함수, 삼각함수, 지수삼각함수의 라플라스 변환을 살펴보았다.

(7) 포물선 함수의 라플라스 변환

$$\mathcal{L}[t^2] = \int_0^\infty t^2 e^{-st}dt$$

$$\left(\begin{array}{l} \because \int_0^\infty t^2 e^{-st}dt = [-\frac{1}{s}e^{-st}\cdot t^2]_0^\infty - \int_0^\infty -\frac{1}{s}e^{-st}\cdot 2t\,dt \\ \qquad f'(t) = e^{-st} \quad g(t) = t^2 \\ \qquad f(t) = -\frac{1}{s}e^{-st} \quad g'(t) = 2t \end{array}\right)$$

$$\left(\begin{array}{l} \because \int_0^\infty \frac{1}{s}e^{-st}\cdot 2t\,dt = [-\frac{1}{s}e^{-st}\cdot t]_0^\infty - \int_0^\infty -\frac{1}{s}e^{-st}dt = \int_0^\infty \frac{1}{s}e^{-st}dt \\ \qquad f'(t) = e^{-st} \qquad g(t) = t \\ \qquad f(t) = -\frac{1}{s}e^{-st} \quad g'(t) = 1 \end{array}\right)$$

$$\mathcal{L}[t^2] = \int_0^\infty t^2 e^{-st}dt = \frac{2}{s}\int_0^\infty \frac{1}{s}e^{-st}dt = \frac{2}{s^2}[-\frac{1}{s}e^{-st}]_0^\infty = \frac{2}{s^3} \tag{7-10}$$

(8) 지수감쇠경사함수 $\Rightarrow te^{-at}$

지수감쇠경사함수 te^{-at}의 라플라스변환은 다음과 같다.

$$\mathcal{L}[te^{-at}] = \int_0^\infty te^{-at}\cdot e^{-st}dt = \int_0^\infty te^{-(s+a)t}dt$$

$$\left(\because \int_0^{\infty} te^{-(s+a)t}dt \quad \begin{matrix} f'(t)=e^{-(s+a)t} & g(t)=t \\ f(t)=-\dfrac{1}{s+a}e^{-(s+a)t} & g'(t)=1 \end{matrix}\right)$$

$$=\frac{1}{s+a}[te^{-(s+a)t}]_0^{\infty}-\int_0^{\infty}-\frac{1}{s+a}e^{-(s+a)t}dt$$

$$=\int_0^{\infty}\frac{1}{s+a}e^{-(s+a)t}dt=\frac{1}{s+a}[-\frac{1}{s+a}e^{-(s+a)t}]_0^{\infty}$$

$$=\frac{1}{s+a}[0-(-\frac{1}{s+a})]=\frac{1}{(s+a)^2}$$

$$te^{-at}\because \mathcal{L}[te^{-at}]=\frac{1}{(s+a)^2} \tag{7-11}$$

지수감쇠 n차 경사함수의 일반식은 다음과 같다.

$$\therefore \mathcal{L}[t^n e^{-at}]=\frac{n!}{(s+a)^{n+1}} \tag{7-12}$$

(9) 쌍곡선 함수의 라플라스 변환 $\begin{cases} \cosh wt=\dfrac{e^{wt}+e^{-wt}}{2} \\ \sinh wt=\dfrac{e^{wt}-e^{-wt}}{2} \end{cases}$

$$\mathcal{L}[\cosh wt]=\int_0^{\infty}\cosh wt\cdot e^{-st}dt=\int_0^{\infty}\frac{1}{2}(e^{wt}+e^{-wt})e^{-st}dt$$

$$=\frac{1}{2}\int_0^{\infty}e^{-(s-w)t}+e^{-(s+w)t}dt$$

$$=\frac{1}{2}[-\frac{1}{s-w}e^{-(s-w)t}]_0^{\infty}+[-\frac{1}{s+w}e^{-(s+w)t}]_0^{\infty}$$

$$=\frac{1}{2}(\frac{1}{s-w}+\frac{1}{s+w})=\frac{1}{2}\frac{s+w+s-w}{s^2-w^2}=\frac{s}{s^2-w^2} \tag{7-13}$$

표 7.1 라플라스 변환표

	함수명	$f(t)$	$F(s)$		함수명	$f(t)$	$F(s)$
1	단위계단 (상수)	$u(t)$	$\frac{1}{s}=\frac{상수}{s}$	9	지수감쇠삼각	$e^{-at}\sin wt$	$\frac{w}{(s+a)^2+w^2}$
2	단위경사	$tu(t)$	$\frac{1}{s^2}$	10	포물선	t^2	$\frac{2}{s^3}$
3	단위충격	$\delta(t)$	1	11	n차경사	t^n	$\frac{n!}{s^{n+1}}$
4	지수감쇠	e^{-at}	$\frac{1}{s+a}$	12	지수감쇠경사	te^{-at}	$\frac{1}{(s+a)^2}$
5	지수증가	e^{at}	$\frac{1}{s-a}$	13	지수증가경사	te^{at}	$\frac{1}{(s-a)^2}$
6	삼각함수	$\cos wt$	$\frac{s}{s^2+w^2}$	14	지수n차경사	$t^n e^{-at}$	$\frac{n!}{(s+a)^{n+1}}$
7	삼각함수	$\sin wt$	$\frac{w}{s^2+w^2}$	15	쌍곡선함수	$\cosh wt$	$\frac{s}{s^2-w^2}$
8	지수감쇠삼각	$e^{-at}\cos wt$	$\frac{s+a}{(s+a)^2+w^2}$	16	쌍곡선함수	$\sinh wt$	$\frac{w}{s^2-w^2}$

7.2.2 라플라스 변환의 정리

선형정리, 미분정리, 적분정리, 복소미분정리, 복소적분정리, 상사정리, 시간 이동(추이)정리, 복소 이동(추이)정리, 초기값 정리, 최종값 정리 등에 대해서 잘 정리하여 활용하면 라플라스변환을 효율적으로 할 수 있다.

(1) 선형정리 - 시간 함수의 합 또는 차의 라플라스 변환은 각 시간 함수의 라플라스 변환의 합 또는 차와 같다.

$$\begin{aligned}\mathcal{L}\,[af_1(t)\pm bf_2(t)] &= \int_0^\infty [af_1(t)\pm bf_2(t)]e^{-st}dt \\ &= a\int_0^\infty f_1(t)e^{-st}dt \pm b\int_0^\infty f_2(t)e^{-st}dt \\ &= aF_1(s)\pm bF_2(s)\end{aligned}$$

$$\therefore\ \mathcal{L}\,[af_1(t)\pm bf_2(t)] = aF_1(s)\pm bF_2(s) \qquad \textbf{(7-14)}$$

예제1) $f(t)=3+6t+4e^{-3t}+2\cos 5t$의 라플라스변환을 구하라.

풀이)

$\mathcal{L}[3+6t+4e^{-3t}+2\cos 5t]$

$$=\mathcal{L}[3]+\mathcal{L}[6t]+\mathcal{L}[4e^{-3t}]+\mathcal{L}[2\cos 5t]$$

$$=\frac{3}{s}+6\frac{1}{s^2}+4\frac{1}{s+3}+\frac{2s}{s^2+25}$$

(2) 미분정리

라플라스의 미분정리는 미분방정식을 라플라스로 변환하기 위해서 가장 많이 활용되는 도구이다. 시간함수 $f(t)$의 라플라스변환이 $F(s)$일 때, $f(t)$함수의 미분은 다음과 같다.

즉, $\frac{df(t)}{dt}=f'(t)$의 라플라스변환은 부분적분법을 적용하면 다음과 같다.

$$\mathcal{L}[f'(t)]=\int_0^{\infty}f'(t)e^{-st}dt=[f(t)e^{-st}]_0^{\infty}-\int_0^{\infty}f(t)(-se^{-st})dt$$

$$\left(\begin{array}{l}\because \displaystyle\int_0^{\infty}f'(t)e^{-st}dt=[f(t)e^{-st}]_0^{\infty}-\int_0^{\infty}f(t)(-se^{-st})dt \\ \qquad f'(t)=f'(t) \quad g(t)=e^{-st} \\ \qquad f(t)=f(t) \quad g'(t)=-se^{-st}\end{array}\right)$$

$$=0-f(0^+)+s\int_0^{\infty}f(t)e^{-st}dt=sF(s)-f(0^+)$$

$$\therefore \mathcal{L}[f'(t)]=sF(s)-f(0^+) \qquad \textbf{(7-15)}$$

$\because f(0^+)\Rightarrow f(t)$의 초기값으로 아래와 같고, 초기조건에 의해 결정된다.

$$f(0^+) = \lim_{t \to 0} f(t) \qquad (\because f(0^+) = f(0) \text{ 혼용가능}) \tag{7-16}$$

같은 방법으로 2계 및 n계 도함수의 라플라스 변환은 다음과 같다.

$$\mathcal{L}[f''(t)] = \int_0^\infty f''(t)e^{-st}dt = [f'(t)e^{-st}]_0^\infty - \int_0^\infty f'(t)(-se^{-st})dt$$

$$\begin{pmatrix} \because f'(t) = f''(t) & g(t) = e^{-st} \\ f(t) = f'(t) & g'(t) = -se^{-st} \end{pmatrix}$$

$$= s^2F(s) - sf(0^+) - f'(0^+) = s^2F(s) \ (\because \text{ 모든초기값 } 0)$$

$$\mathcal{L}[f'''(t)] = \int_0^\infty f'''(t)e^{-st}dt = [f''(t)e^{-st}]_0^\infty - \int_0^\infty f''(t)(-se^{-st})dt$$

$$\begin{pmatrix} \because f'(t) = f'''(t) & g(t) = e^{-st} \\ f(t) = f''(t) & g'(t) = -se^{-st} \end{pmatrix}$$

$$= -f''(0^+) + s\int_0^\infty f''(t)e^{-st}dt = -f''(0^+) + s\{s^2F(s) - sf(0^+) - f'(0^+)\}$$

$$= s^3F(s) - s^2f(0^+) - sf'(0^+) - f''(0^+)$$

$$\vdots$$

$$\mathcal{L}[f^n(t)] = s^nF(s) - s^{n-1}f(0^+) - s^{n-2}f'(0^+) - \cdots - f^{n-1}(0^+)$$

여기서, 모든 초기값이 0인 경우 다음과 같이 정리된다.

$$\mathcal{L}[f^n(t)] = s^nF(s) \tag{7-17}$$

예제2) $\frac{d}{dt}x(t) + x(t) = 4$ 의 라플라스 변환을 구하라.

$\mathcal{L}[\frac{d}{dt}x(t) + x(t)] = \mathcal{L}[4]$ (단, 초기값은 0이다.)

풀이)

$sX(s) - x(0^{+}) + X(s) = \frac{4}{s}$ 초기값이 0이므로 정리하면 다음과 같다.

$$sX(s) + X(s) = \frac{4}{s}$$

$$(s+1)X(s) = \frac{4}{s}$$

$$X(s) = \frac{4}{s(s+1)} = \frac{A}{s} + \frac{B}{s+1} = \frac{4}{s} - \frac{4}{s+1}$$

$$= \frac{A(s+1) + Bs}{s(s+1)} = \frac{(A+B)s + A}{s(s+1)} \qquad A = 4,\ B = -4$$

$$x(t) = \mathcal{L}^{-1}[X(s)] = \mathcal{L}^{-1}[\frac{4}{s} - \frac{4}{s+1}] = 4 - 4e^{-t} = 4(1 - e^{-t})$$

$$\therefore x(t) = 4(1 - e^{-t})$$

별해 풀이)

$$\frac{dx(t)}{dt} + x(t) = 4$$

$$\lambda + 1 = 0$$

$$\lambda = -1$$

보조해 $x_c(t) = A_1 e^{-t}$

특별해 $x_p(t) = A$,

이를 양변에 대해서 t로 미분하면

$$\frac{dx_p(t)}{dt} = 0$$

준식에 이를 대입하면 다음과 같다.

$$x_p(t) = 4$$

일반해는 다음과 같다.

$$x(t) = x_c + x_p = A_1 e^{-t} + 4$$

초기값을 고려한 $t = 0$일 때, 일반해는 $x(0) = A_1 + 4 = 0$

$$\because A_1 = -4$$

이므로, 초기값을 고려한 일반해는 다음과 같다.

$$\therefore x(t) = -4e^{-t} + 4 = 4(1 - e^{-t})$$

---

(3) 적분정리

시간 함수 $f(t)$의 1차 적분의 라플라스 변환도 도함수의 라플라스 변환과 같은 방법을 이용한다.

$$\mathcal{L}\left[\int f(t)dt\right] = \int_0^{\infty} \left\{\int f(t)dt\right\} e^{-st} dt$$

$$\begin{pmatrix} \because f'(t) = e^{-st} & g(t) = \int f(t)dt \\ f(t) = -\frac{1}{s}e^{-st} & g'(t) = f(t) \end{pmatrix}$$

$$= \left[-\frac{1}{s}e^{-st} \cdot \int f(t)dt\right]_0^{\infty} - \int_0^{\infty} -\frac{1}{s}e^{-st} f(t)dt$$

$$= \frac{1}{s}\int f(0)dt + \frac{1}{s}\int_0^\infty f(t)e^{-st}dt$$

$$= \frac{1}{s}\int f(0)dt + \frac{1}{s}F(s)$$

$(\because \int f(0)dt = f^{-1}(0_+)$, 즉 $f^{-1}(0_+) = \lim_{t\to 0}\int f(t)dt$로 정의된다.)

$$= \frac{1}{s}F(s) + \frac{1}{s}f^{-1}(0_+)$$

동일한 방법으로 2차 적분 및 n차 적분의 라플라스 변환은 다음과 같다.

$$\mathcal{L}\left[\iint f(t)dt^2\right] = \int_0^\infty \left\{\iint f(t)dt^2\right\}e^{-st}dt$$

$$\begin{pmatrix} \because f'(t) = e^{-st}, & g(t) = \iint f(t)dt^2 \\ f(t) = -\frac{1}{s}e^{-st}, & g'(t) = \int f(t)dt \end{pmatrix}$$

$$= \left[-\frac{1}{s}e^{-st}\cdot \iint f(t)dt^2\right]_0^\infty - \int_0^\infty \left[-\frac{1}{s}e^{-st}\left\{\int f(t)dt\right\}\right]dt$$

$$= \frac{1}{s}\iint f(0)dt^2 + \frac{1}{s}\int_0^\infty \int f(t)dte^{-st}dt$$

$$= \frac{1}{s}\iint f(0)dt^2 + \frac{1}{s}\left[\frac{1}{s}F(s) + \frac{1}{s}f^{(-1)}(0_+)\right]$$

$$= \frac{1}{s}f^{(-2)}(0_+) + \frac{1}{s^2}F(s) + \frac{1}{s^2}f^{(-1)}(0_+)$$

3차 적분의 라플라스 변환

$$\mathcal{L}\left[\iiint f(t)dt^3\right] = \int_0^\infty \left\{\iiint f(t)dt^3\right\}e^{-st}dt$$

$$\begin{pmatrix} \because f'(t)=e^{-st}, & g(t)=\iiint f(t)dt^3 \\ f(t)=-\frac{1}{s}e^{-st}, & g'(t)=\iint f(t)dt^2 \end{pmatrix}$$

$$=\left[\ \frac{1}{s}e^{-st}\iiint f(t)dt^3\right]_0^\infty-\int_0^\infty\left(-\frac{1}{s}e^{-st}\right)\left\{\iint f(t)dt^2\right\}dt$$

$$=\frac{1}{s}\iiint f(0)dt^3+\frac{1}{s}\int_0^\infty\left\{\iint f(t)dt^2\right\}e^{-st}dt$$

$$=\frac{1}{s}f^{(-3)}(0_+)+\frac{1}{s}\left[\frac{1}{s^2}F(s)+\frac{1}{s^2}f^{(-1)}(0_+)+\frac{1}{s}f^{(-3)}(0_+)\right]$$

$$=\frac{1}{s^3}F(s)+\frac{1}{s^3}f^{(-1)}(0_+)+\frac{1}{s^2}f^{(-2)}(0_+)+\frac{1}{s}f^{(-3)}(0_+)$$

.
.
.

$$\mathcal{L}\left[\iint\cdot\cdot\iiint f(t)dt^n=\frac{1}{s^n}F(s)+\frac{1}{s^n}f^{(-1)}(0_+)+\ldots+\frac{1}{s}f^{(-n)}(0_+)\right.$$

모든 초기값이 0이면, 다음의 일반식이 된다.

$$\mathcal{L}\left[\iint\cdot\cdot\iiint f(t)dt^n\right]=\frac{1}{s^n}F(s) \tag{7-18}$$

예제3) RLC 직렬회로에서 미분정리와 적분정리를 이용하여 다음의 주어진 식에 대해서 라플라스 변환을 구하라. (단, 모든 초기값은 0으로 한다.)

$$e(t)=Ri(t)+L\frac{di(t)}{dt}+\frac{1}{C}\int i(t)dt$$

풀이)

$$\mathcal{L}[e(t)]=\mathcal{L}\left[Ri(t)+L\frac{di(t)}{dt}+\frac{1}{C}\int i(t)dt\right]$$

$$E(s)=RI(s)+LsI(s)-i(0^{+})+\frac{1}{C}\cdot\frac{1}{s}I(s)+\frac{1}{s}i^{-1}(0_{+})$$

초기조건이 0이므로 다음과 같이 정리된다.

$$E(s)=RI(s)+LsI(s)+\frac{1}{Cs}I(s)=(R+Ls+\frac{1}{Cs})I(s)$$

$$\therefore I(s)=\frac{E(s)}{R+Ls+\frac{1}{Cs}}=\frac{Cs}{LCs^{2}+RCs+1}E(s)$$

(4) 복소 미분 정리

복소 미분정리는 $\frac{d}{ds}F(s)=-\mathcal{L}[tf(t)]$의 관계를 정의한다. $s=\sigma\pm jw$는 복소평면에서 복소주파수를 의미하므로, $s=\sigma\pm j2\pi f$로 쓸 수 있다.
복소주파수 s의 함수는

$$F(s)=\int_{0}^{\infty}f(t)e^{-st}dt$$

로서, 이 식을 복소함수 s로 양변을 미분하면 다음과 같다.

$$\frac{d}{ds}F(s)=\frac{d}{ds}\int_{0}^{\infty}f(t)e^{-st}dt=\int_{0}^{\infty}f(t)(\frac{d}{ds}e^{-st})dt$$

$$=\int_{0}^{\infty}f(t)(-te^{-st})dt$$

$$=-\int_{0}^{\infty}tf(t)e^{-st}dt=-\mathcal{L}[tf(t)] \qquad \textbf{(7-19)}$$

따라서 $\mathcal{L}[tf(t)]$와 동일한 방법을 이용하여 $\mathcal{L}[t^{n}f(t)]$의 라플라스변환은 다음과 같다.

※ $\mathcal{L}[tf(t)]=-\frac{d}{ds}F(s)$

$$\mathcal{L}\,[t^n f(t)] = (-1)^n \frac{d^n}{ds^n} F(s)$$

시간함수 t에 대해서 복소 주파수함수 $\frac{d}{ds}F(s)$를 구하기 위한 간접적인 방법으로 이용된다.

예제4) 복소 미분정리를 이용하여 $f(t) = t\sin wt$의 라플라스 변환을 구하라.

풀이)

$$\mathcal{L}\,[t\sin wt] = -\frac{d}{ds}F(s) = -\frac{d}{ds}\{\mathcal{L}\,[\sin wt]\}$$

$$= -\frac{d}{ds}\left\{\frac{w}{s^2+w^2}\right\} = -\frac{-2sw}{(s^2+w^2)^2}$$

$$\therefore\ \mathcal{L}\,[t\sin wt] = \frac{2sw}{(s^2+w^2)^2}$$

(5) 복소적분정리

복소적분정리는 $\int_s^\infty F(s)ds = \mathcal{L}\,[\frac{f(t)}{t}]$의 관계를 정의한다.

복소함수 $s(=\sigma \pm jw = \sigma \pm j2\pi f)$의 함수 $F(s)$를 s에서 ∞까지 복소함수 s로 양변을 적분하면 다음과 같다.

$$F(s) = \int_0^\infty f(t)e^{-st}dt$$

$$\int_s^\infty F(s)ds = \int_s^\infty \left\{\int_0^\infty f(t)e^{-st}dt\right\}ds = \int_0^\infty f(t)\left\{\int_s^\infty e^{-st}ds\right\}dt$$

$$\left(\because \int_s^{\infty} e^{-st}ds = [-\frac{1}{t}e^{-st}]_s^{\infty} = 0-(-\frac{1}{t}e^{-st}) = \frac{1}{t}e^{-st}\right)$$

$$= \int_0^{\infty} f(t)\left\{\frac{1}{t}e^{-st}\right\}dt = \int_0^{\infty} \frac{1}{t}f(t)e^{-st}dt = \mathcal{L}\,[\frac{f(t)}{t}]$$

$$\therefore \mathcal{L}\,[\frac{f(t)}{t}] = \int_s^{\infty} F(s)ds \qquad \textbf{(7-20)}$$

(6) 상사 정리(스케일 변경)

$\mathcal{L}\,[f(t)] = F(s)$가 정의될 때, 시간함수 $f(\frac{t}{a})$를 라플라스 변환하면, $f(\frac{t}{a})$의 쌍함수 $F(s)$에서 s를 as로 한 것의 a배로 된다. 마찬가지로 $f(at)$의 쌍함수 $F(s)$에서 s를 $\frac{s}{a}$로 대체한 것의 $\frac{1}{a}$배로 된다. 이러한 스케일이 변경되어 변수를 확대, 축소시키는 것으로서 상사 또는 스케일 정리라고 말한다.

$$\mathcal{L}\,[f(\frac{t}{a})] = \int_0^{\infty} f(\frac{t}{a})e^{-st}dt$$

$$\left(\because \tau = \frac{t}{a} \text{ 라면, 이를 } t\text{로 미분하면 } \frac{d\tau}{dt} = \frac{1}{a},\ dt = ad\tau,\ t = a\tau\right)$$

$$= \int_0^{\infty} f(\tau)e^{-sa\tau}ad\tau = a\int_0^{\infty} f(\tau)e^{-as\tau}d\tau$$

$(\because \tau \to t$, 복소함수 $s \to as$ 변환$)$

$$= aF(as) \qquad \textbf{(7-21)}$$

여기서, $aF(as) \to s$로 생각 $\to s$에 a를 곱한다.
$F(s)$ 함수에 a를 곱한다.

예제5) $\mathcal{L}\,[e^{-t}] = \frac{1}{s+1}$임을 알고 있을 때, 상사정리를 이용하여 $f(t) = e^{-5t}$의 라플라스변환을 구하라.

풀이)

$$\mathcal{L}[f(\frac{t}{a})] = \int_0^\infty f(\frac{t}{a})e^{-st}dt = aF(as)$$

상사의 정리를 이용하여 $a = \frac{1}{5}$라면 다음과 같이 정리 된다.

$\mathcal{L}[f(t)] = \mathcal{L}[e^{-5t}]$는

$$\mathcal{L}[e^{-5t}] = aF(as)$$

$$= a\frac{1}{as+1} = \frac{1}{5}\frac{1}{\frac{1}{5}s+1} = \frac{1}{5}\frac{5}{s+5} = \frac{1}{s+5}$$

$$\therefore \mathcal{L}[e^{-5t}] = \frac{1}{s+5}$$

직접적으로 지수감쇠함수의 라플라스변환을 이용해도 되지만, 간접적으로 상사정리를 이용해 구해도 같은 결과가 나온다.

---

(7) 시간이동(추이)정리

$f(t)$ 함수를 시간축으로 a만큼 이동한 함수를 $f(t-a)$라고 정의한다. $f(t-a)$는 $f(t)$ 보다 시간적으로 a만큼 뒤진 함수가 된다. 따라서 $t<0$에서 $f(t)=0$인 경우라면, $t<a$에서도 $f(t-a)=0$인 함수가 된다.

여기서 $f(t-a)$의 라플라스변환은 다음과 같다.

$$\mathcal{L}[f(t-a)] = \int_0^\infty f(t-a)e^{-st}dt$$

$$\left[\begin{array}{l} \because \tau = t-a \text{라 하고, 이를 } t\text{로 미분하면} \\ \frac{d\tau}{dt} = 1,\ dt = d\tau,\ t = a+\tau \end{array}\right]$$

$$= \int_0^\infty f(\tau)e^{-s(a+\tau)}dt = \int_0^\infty f(\tau)e^{-sa}\cdot e^{-s\tau}d\tau$$

$$= e^{-sa}\int_0^\infty f(\tau)e^{-s\tau}d\tau = e^{-sa}F(s)$$

$$\therefore \mathcal{L}[f(t-a)] = e^{-as}F(s) \tag{7-22}$$

예제6) $f(t)=(t-5)^2$ 의 라플라스변환을 구하라.

풀이)

시간 이동정리를 적용하여 $\mathcal{L}[t^2]$ 과 $\mathcal{L}[f(t-a)]$ 의 관계식을 이용하면 다음과 같다.

$$\mathcal{L}[t^2] = \frac{2}{s^3}, \quad \mathcal{L}[f(t-a)] = e^{-sa}F(s) = e^{-5s}\frac{2}{s^3}$$

$$\therefore \mathcal{L}[(t-5)^2] = \frac{2e^{-5s}}{s^3}$$

(예제6 별해1) 시간이동 정리식을 바로 적용하면 다음과 같다.

시간이동 정리식 : $\mathcal{L}[f(t-a)] = e^{-as}F(s)$

$$\mathcal{L}[(t-5)^2] = e^{-5s}\frac{2}{s^3} = \frac{2e^{-5s}}{s^3}$$

(예제6 별해2)

일반 라플라스 변환

$$f(t) = t^2 - 10t + 25]$$

$$\mathcal{L}[f(t)] = \mathcal{L}[t^2 - 10t + 25] = \frac{2}{s^3} - \frac{10}{s^2} + \frac{25}{s} = \frac{25s^2 - 10s + 2}{s^3}$$

(예제6 별해3)

맥로린 급수전개로 별해1과 별해2의 결과값을 비교하면 다음과 같이 같은 결과를 얻는다.

$$f(s) = \frac{2e^{-5s}}{s^3} \text{ 에서}$$

$f(s)=e^{-5s}$ 놓고 $f(0)=1$

$f'(s)=-5e^{-5s}$ 놓고 $f'(0)=-5$

$f''(s)=25e^{-5s}$ 놓고 $f''(0)=25$

$f'''(s)=-125e^{-5s}$ 놓고 $f'''(0)=-125$

맥로린 급수 $f(s)=f(0)+f'(0)s+\frac{f''(0)}{2!}s^2+\frac{f'''(0)}{3!}s^3+\cdots$

$f(s)=1-5s+\frac{25}{2}s^2+\frac{-125}{6}s^3+\cdots$

이상과 같이 급수전개로 얻은 값을 3항까지 원식에 대입하여 정리하면 다음과 같다.

$$\mathcal{L}[f(t)]=\frac{2}{s^3}(1-5s+12.5s^2)=\frac{2}{s^3}-\frac{10}{s^2}+\frac{25}{s}$$

$$\mathcal{L}[f(t)]=\mathcal{L}[t^2-10t+25]=\frac{2}{s^3}-\frac{10}{s^2}+\frac{25}{s}=\frac{25s^2-10s+2}{s^3}$$

결과 값이 같은 것을 확인할 수 있다.

---

(8) 복소이동(추이) 정리

복소이동(추이)정리란 주어진 함수 $f(t)$에 $e^{\pm at}$를 곱하여 라플라스변환한 것을 말한다.

$$\mathcal{L}[e^{\pm at}f(t)]=\int_0^\infty f(t)e^{\pm at}e^{-st}dt=\int_0^\infty f(t)e^{-(s\mp a)t}dt=F(s\mp a)$$

$$\therefore \mathcal{L}[e^{\pm at}f(t)]=F(s\mp a) \qquad \textbf{(7-23)}$$

다시 말해서 $f(t)$함수에 $e^{\pm at}$를 곱한 함수 $e^{\pm at}f(t)$의 라플라스변환식은 $F(s)$에서 s대신 $s \mp a$를 대입한 것을 의미하므로 이를 복소이동(추이) 정리라고 한다.

예제7) $f(t) = e^{-at}\cos wt$의 라플라스 변환을 구하라.

풀이)

$\cos wt$의 라플라스변환은 $\frac{s}{s^2+w^2}$에서 e^{-at}를 $\cos wt$에 곱하면 s대신 $s \mp a$을 대입한 것이므로 다음과 같다.

$$\therefore \mathcal{L}[f(t)] = \mathcal{L}[e^{-at}\cos wt] = \frac{s+a}{(s+a)^2+w^2}$$

다른 예로서 $f(t) = e^{-at}\sin wt$의 라플라스 변환을 구해보면 다음과 같다.

$\sin wt$의 라플라스변환은 $\frac{w}{s^2+w^2}$에서 e^{-at}를 $\sin wt$에 곱하면 s대신 $s \mp a$을 대입한 것이므로 다음과 같다.

$$\mathcal{L}[f(t)] = \mathcal{L}[e^{-at}\sin wt] = \frac{w}{(s+a)^2+w^2} \tag{7-24}$$

(9) 초기값 정리(미분정리 이용)

초기의 함수값을 의미하며, 복소 평면에서 초기값을 구하는 개념이다. $t \to 0$, $s \to \infty$ (시간함수나 복소함수에서 초기값을 구하기 위하여 사용) 일 때, 함수의 초기값을 구하기 위해서는 미분정리를 이용한다.

미분정리의 라플라스 변환은 $\mathcal{L}[f'(t)] = \int_0^\infty f'(t)e^{-st}dt = sF(s) - f(0^+)$에서

복소평면에서 초기값을 구하기 위해서는 s가 ∞에 접근하는 극한을 취하여 미분정리를 이용하여 구할 수 있다.

$$\mathcal{L}[f'(t)] = \int_0^\infty f'(t)e^{-st}dt = sF(s) - f(0^+)$$

$$\left(\because f(0^+) = \lim_{t\to 0} f(t)\right)$$

$$\lim_{s\to\infty}\left[\int_0^\infty f'(t)e^{-st}dt\right] = \lim_{s\to\infty}[sF(s) - f(0^+)]$$

좌변에서 $\lim_{s\to\infty} e^{-st} = 0$가 되고, 따라서 우변항도 $\lim_{s\to\infty}[sF(s) - f(0^+)] = 0$ 되어야 한다. 즉 좌우변이 같게 되어야 하는 조건을 초기 조건이라고 정의 한다.
따라서 $f(0^+)$의 의미는 $f(0^+) = \lim_{t\to 0} f(t)$이므로 우변이 "0"이 되기 위해서는 $f(0^+) = \lim_{t\to 0} f(t) = \lim_{s\to\infty} sF(s)$의 관계가 성립하지 않으면 안 된다.

$$\therefore f(0^+) = \lim_{t\to 0} f(t) = \lim_{s\to\infty} sF(s) \text{ : 초기값 정리} \tag{7-25}$$

$$\left(\begin{array}{l} \because \text{시간함수 초기값 } t\to 0 \\ \quad \text{복소함수 초기값 } s\to\infty \end{array}\right)$$

예제8) 다음의 $F(s) = \dfrac{3s+6}{s^3+6s^2+5s}$ 의 복소함수에서 $f(t)$ 함수의 초기값을 구하라.

풀이)
초기값 정리에 의하여

$$\lim_{t\to 0} f(t) = \lim_{s\to\infty} sF(s) = \lim_{s\to\infty} s \times \frac{3s+6}{s^3+6s^2+5s}$$

여기서, 로피탈정리를 이용하면 다음과 같다.

$$\lim_{s\to\infty} \frac{3s+6}{s^2+6s+5} = \lim_{s\to\infty} \frac{3}{2s+6} = \frac{3}{\infty} = 0$$

별해로서, 위식을 분모의 최고차항 s^2으로 나누면

$$\lim_{t\to 0} f(t) = \lim_{s\to\infty} sF(s) = \lim_{s\to\infty}\frac{3s+6}{s^2+6s+5} = \lim_{s\to\infty}\frac{\frac{3}{s}+\frac{6}{s^2}}{1+\frac{6}{s}+\frac{5}{s^2}} = \frac{0}{1} = 0$$

따라서, $\lim_{t\to 0} f(t) = 0$ 와 같이 되어, 다음과 같이 된다.

$\therefore f(0) = 0$

---

(10) 최종값 정리

최종값 정리(미분정리 이용)는 값이 지수함수의 최종값 기준으로 1이 되는 것을 의미한다. 그렇게 되기 위해서는 시간함수는 $(t\to\infty)$로 복소함수에서는 $(s\to 0)$구간에서 최종값을 구해야 하고, 초기값 정리와 마찬가지로 미분정리를 이용하여 구한다.

미분정리 $\mathcal{L}[f'(t)] = \int_0^\infty f'(t)e^{-st}dt = sF(s) - f(0^+)$를 이용하여 최종값을 구하기

위해서는 s가 0에 접근하는 극한을 취하면

$$\lim_{s\to 0}\left[\int_0^\infty f'(t)e^{-st}dt\right] = \lim_{s\to 0}[sF(s) - f(0^+)]$$

여기서, $\lim_{s\to 0} e^{-st} = 1$ 이 된다. (지수함수 1은 최종값 기준이다.)

$$\lim_{s\to 0}\left[\int_0^\infty f'(t)e^{-st}dt\right] = \int_0^\infty f'(t)\cdot 1dt = \lim_{t\to\infty}\int_0^t f'(t)dt = \lim_{t\to\infty}[f(t)]_0^t = \lim_{t\to\infty}\{f(t) - f(0^+)\}$$

이 식을 우변과 등식으로 놓으면

$$\lim_{t\to\infty}\{f(t)-f(0^+)\}=\lim_{s\to 0}[sF(s)-f(0^+)]$$

여기서 정리하고, 양변에 초기값 $f(0^+)$를 0으로 놓으면

$$\lim_{t\to\infty}f(t)=f(\infty)-\lim_{s\to 0}sF(s)$$

로 되고, 다음의 최종값을 얻는다.

$$\therefore f(\infty)=\lim_{t\to\infty}f(t)=\lim_{s\to 0}sF(s)\ :\ \text{최종값 정리} \tag{7-26}$$

예제9) 다음의 복소함수 $F(s)=\dfrac{3s+6}{s^3+6s^2+5s}$ 에서 시간함수 $f(t)$의 최종값을 구하라.

풀이)

최종값 정리를 이용하여 정리하면 다음과 같다.

$$\lim_{t\to\infty}f(t)=\lim_{s\to 0}sF(s)=\lim_{s\to 0}s\times\frac{3s+6}{s^3+6s^2+5s}$$

여기서, 극한값을 구하면 다음과 같다.

$$\lim_{s\to 0}\frac{3s+6}{s^2+6s+5}=\frac{6}{5}$$

따라서 최종값은 다음과 같다.

$$\therefore \lim_{t\to\infty}f(t)=\frac{6}{5}$$

표 7.2 라플라스 변환 제 정리표

1	선형정리	$\mathcal{L}\,[af_1(t) \pm bf_2(t)] = aF_1(s) \pm bF_2(s)$
2	미분정리	$\mathcal{L}\,[f^{(n)}(t)] = s^n F(s) - s^{n-1} f(0^+) - s^{n-2} f'(0^+) - \cdots - f^{n-1}(0^+)$
3	적분정리	$\mathcal{L}\,[\iint \cdot\cdot \iiint f(t) dt^n = \frac{1}{s^n} F(s) + \frac{1}{s^n} f^{(-1)}(0_+) + \ldots + \frac{1}{s} f^{(-n)}(0_+)$
4	복소미분정리	$\mathcal{L}\,[t^n f(t)] = (-1)^n \frac{d^n}{ds^n} F(s)$
5	복소적분정리	$\mathcal{L}\,[\frac{f(t)}{t}] = \int_s^\infty F(s) ds$
6	상사정리 (스케일정리)	$\mathcal{L}\,[f(\frac{t}{a})] = \int_0^\infty f(\frac{t}{a}) e^{-st} dt = aF(as)$
7	시간이동정리	$\mathcal{L}\,[f(t-a)] = \int_0^\infty f(t-a) e^{-st} dt = e^{-as} F(s)$
8	복소이동정리	$\mathcal{L}\,[e^{\pm at} f(t)] = \int_0^\infty f(t) e^{\pm at} e^{-st} dt = \int_0^\infty f(t) e^{-(s \mp a)t} dt = F(s \mp a)$
9	초기값정리	$f(0^+) = \lim_{t \to 0} f(t) = \lim_{s \to \infty} sF(s)$
10	최종값정리	$f(\infty) = \lim_{t \to \infty} f(t) = \lim_{s \to 0} sF(s)$

7.3 주기 함수와 비주기 함수

비주기 함수는 주로 시간 추이 정리 이용 → $\mathcal{L}\,[f(t-\tau)] = e^{-\tau s} F(s)$
주기 함수 : $t > 0$에서 지속적으로 반복
비주기 함수 : 임의의 시간 구간에서만 신호가 존재하고 나머지는 0인 경우를 의미한다.

예제10) 함수 $f(t) = 1$이고, $a \le t \le b$구간에서 라플라스 변환하시오.

풀이)
주어진 함수를 도식적으로 분해하여 수식을 세우면 다음과 같다.

$$f(t) = u(t-a) - u(t-b)$$

$$\mathcal{L}[f(t)] = \mathcal{L}[u(t-a)] - \mathcal{L}[u(t-b)]$$

$$= \int_0^\infty \{u(t-a) - u(t-b)\} e^{-st} dt$$

$$\because \int_0^\infty u(t-a) e^{-st} dt = \int_0^a u(t-a) e^{-st} dt + \int_a^\infty u(t-a) e^{-st} dt$$

$$= 0 + \int_a^\infty u(t-a) e^{-st} dt = [-\frac{1}{s} e^{-st}]_a^\infty = \frac{1}{s} e^{-as}$$

$$\int_0^\infty u(t-b) e^{-st} dt = \int_0^b u(t-a) e^{-st} dt + \int_b^\infty u(t-a) e^{-st} dt$$

$$= 0 + \int_b^\infty u(t-b) e^{-st} dt = [-\frac{1}{s} e^{-st}]_b^\infty = \frac{1}{s} e^{-bs}$$

$$\therefore \int_0^\infty \{u(t-a) - u(t-b)\} e^{-st} dt = \frac{1}{s}(e^{-as} - e^{-bs})$$

예제11) 다음 단일 톱니파형 함수에 대해서 라플라스 변환을 하라.

$$f(t) = \frac{E}{T} t u(t) - \frac{E}{T}(t-T) u(t-T) - E u(t-T)$$

풀이)

주어진 파형에 대해서 각각 도식적으로 분해된 파형을 함수로 표현하면 다음과 같다.

$$f(t) = \frac{E}{T} t u(t) - \frac{E}{T}(t-T) u(t-T) - E u(t-T)$$

이를 라플라스 변환하면 다음과 같다.

$$\mathcal{L}[f(t)] = \mathcal{L}\left[\frac{E}{T}tu(t) - \frac{E}{T}(t-T)u(t-T) - Eu(t-T)\right]$$

$$= \frac{E}{T}\frac{1}{s^2} - \frac{E}{T}\frac{1}{s^2}e^{-Ts} - E\frac{1}{s}e^{-Ts}$$

$$= \frac{E}{Ts^2}(1 - e^{-Ts} - Tse^{-Ts})$$

$$= \frac{E}{Ts^2}\{1-(1+Ts)e^{-Ts}\}$$

$$\therefore \mathcal{L}[f(t)] = \frac{E}{Ts^2}\{1-(1+Ts)e^{-Ts}\}$$

예제12) 다음 함수 $f(t) = A\sin\pi t,\ 0 \le t \le 1$에 대해서 라플라스 변환하시오.

풀이)

$f(t) = A\sin\pi t,\ 0 \le t \le 1$

$\because w = \pi \to 2\pi f = \pi$

$f = \frac{\pi}{2\pi} = \frac{1}{2}[Hz]$

1초에 1[sec]의 주기는 1[Hz]이므로 1초에 $\frac{1}{2}[Hz]$는→ 주기가 2[sec]를 의미한다.

구간 $t \le 0$에서 $f(t) = 0$이고, 구간 $t \ge 1$에서 $f(t) = Asin\pi t$ 이다.

$(\because f(t) = A\sin\pi t\cdot u(t) + A\sin\pi(t-1)\cdot u(t-1))$

$$\mathcal{L}[f(t)] = \mathcal{L}[A\sin\pi t\cdot u(t) + A\sin\pi(t-1)\cdot u(t-1)]$$

$$= A\frac{\pi}{s^2+\pi^2} + A\frac{\pi}{s^2+\pi^2}e^{-s}$$

$$= A\frac{\pi}{s^2+\pi^2}(1+e^{-s})$$

$$\therefore \mathcal{L}[f(t)] = A\frac{\pi}{s^2+\pi^2}(1+e^{-s})$$

예제13) 구간 $0 \le t \le T$에서 파형의 기울기가 $1/T$인 주기적인 톱니파에 대해서 라플라스 변환하시오.

$$f(t) = \frac{1}{T}tu(t) - \{u(t-T) + u(t-2T) + u(t-3T) + \cdots\}$$

풀이)

첫 번째 톱니파형

①: $\frac{1}{T}tu(t) - u(t-T) - \frac{1}{T}tu(t-T)$

두 번째 톱니파형

②: $\frac{1}{T}tu(t-T) - u(t-2T) - \frac{1}{T}tu(t-2T)$

세 번째 톱니파형

③: $\frac{1}{T}tu(t-2T) - u(t-3T) - \frac{1}{T}tu(t-3T)$

∵ 전체파형 = ① + ② + ③ + ⋯

$$f(t) = \frac{1}{T}tu(t) - u(t-T) - u(t-2T) - u(t-3T) - \cdots$$

$$= \frac{1}{Ts^2} - \frac{1}{s}e^{-Ts}(1 + e^{-Ts} + e^{-2Ts} + e^{-3Ts} + \cdots)$$

$$\therefore F(s) = \frac{1}{Ts^2} - \frac{1}{s}e^{-Ts}\left(\frac{1}{1-e^{-Ts}}\right) = \frac{1}{s}\left(\frac{1}{Ts} - \frac{e^{-Ts}}{1-e^{-Ts}}\right)$$

∵ 맥로린 급수(등비급수)

$$f(x) = f(0) + f'(0)x + \frac{f''(0)}{2!}x^2 + \frac{f'''(0)}{3!}x^3 + \cdots$$

$$\left(\begin{array}{l} \because \text{등비급수 식(맥로린 급수전개식으로 유도 가능)} \\ \text{일반항} = \dfrac{\text{초항}}{1-\text{공비}} = \dfrac{1}{1-e^{-Ts}} \end{array}\right)$$

$$f(x) = \frac{1}{1-x} \text{ 라면} \Rightarrow 1 + x + x^2 + x^3 + \cdots$$

$x = 0$에서

$f(0) = 1$

$$f'(0) = \frac{1}{(1-x)^2} = \frac{1}{1-2x+x^2} = 1$$

$$f''(0) = \frac{2-2x}{(1-x)^4} = \frac{2-2x}{(1-2x+x^2)(1-2x+x^2)}$$

$$= \frac{2-2x}{1-2x+x^2-2x+4x^2-2x^3+x^2-2x^3+x^4}$$

$$= \frac{2-2x}{1-4x}$$

$$= 2$$

7.4 라플라스 역변환

7.4.1 간단한 함수의 라플라스 역변환

라플라스역변환의 계산과정은 복잡하기 때문에 라플라스변환의 쌍대성을 이용하여 라플라스 역변환을 진행한다.

$$\text{시간함수 } f(t) \xleftarrow[\Leftarrow\text{라플라스 역변환}]{\text{라플라스변환}\Rightarrow} F(s) \text{ 복소함수}$$

$$\text{라플라스 변환식 } \mathcal{L}[f(t)] = \int_0^{\infty} f(t)e^{-st}dt = F(s)$$

$$\text{라플라스 역변환식 } \mathcal{L}^{-1}[F(s)] = \frac{1}{2\pi j}\int_{\sigma - jw}^{\sigma + jw} F(s)e^{st}ds$$

예제14) 라플라스 변환의 쌍대성을 이용하여 라플라스 역변환을 구하라.

① $F(s) = \frac{1}{s^4}$ ② $F(s) = \frac{1}{s+3}$

③ $F(s) = \frac{6}{s^2+4}$ ④ $F(s) = \frac{s+7}{s^2+2s+5}$

풀이)

① $F(s) = \frac{1}{s^4}$

$$\left[\because \mathcal{L}[t^n] = \frac{n!}{s^{n+1}} = F(s),\ \mathcal{L}^{-1}F(s) = f(t) = \frac{t^{n-1}}{(n-1)!}\right]$$

$$\mathcal{L}^{-1}[F(s)] = \mathcal{L}^{-1}\left[\frac{1}{s^4}\right] = \frac{t^{4-1}}{(4-1)!} = \frac{1}{6}t^3 = f(t)$$

② $F(s) = \frac{1}{s+3}$

$$\left[\because \mathcal{L}[e^{-at}] = \frac{1}{s+a}\right]$$

$$\mathcal{L}^{-1}[F(s)] = \mathcal{L}^{-1}[\frac{1}{s+3}] = e^{-3t}$$

③ $F(s) = \dfrac{6}{s^2+4}$

$$\left[\because \mathcal{L}[\sin wt] = \frac{w}{s^2+w^2}\right]$$

$$\mathcal{L}^{-1}[F(s)] = \mathcal{L}^{-1}[\frac{6}{s^2+4}] = \mathcal{L}^{-1}[\frac{3\cdot 2}{s^2+2^2}] = 3\sin 2t$$

④ $F(s) = \dfrac{s+7}{s^2+2s+5}$

$$\mathcal{L}^{-1}[F(s)] = \mathcal{L}^{-1}[\frac{s+7}{s^2+2s+5}]$$

$$= \mathcal{L}^{-1}[\frac{(s+1)+6}{(s^2+2s+1)+4}] = \mathcal{L}^{-1}[\frac{s+1}{(s+1)^2+2^2} + \frac{3\cdot 2}{(s+1)^2+2^2}]$$

[∵ 복소이동추이 정리

$\mathcal{L}[e^{\pm at}f(t)] = F(s \mp a)] \rightarrow s$ 대신 $s \mp a$를 대입]

$$f(t) = e^{-t}(\cos 2t + 3\sin 2t)$$

7.5 부분분수 전개에 의한 라플라스 역변환

일반적으로 시간함수 $f(t)$에 대해서 라플라스 변환을 하면 복소 주파수 함수 $F(s)$, $P(s)$, $Q(s)$와 같이 s의 다항식으로 다음과 같이 표현된다.

$$F(s) = \frac{P(s)}{Q(s)} = \frac{p_m s^m + p_{m-1} s^{m-1} + \ldots + p_1 s + p_0}{q_n s^n + q_{n-1} s^{n-1} + \ldots + q_1 s + q_0} \quad \textbf{(7-27)}$$

여기서, $F(s)$함수에 대해서 $f(t)$함수를 구하기 위해서는 $F(s)$함수를 부분분수로 전개하고, 역변환하여 $f(t)$함수를 구한다. 부분분수로 전개하는 방법은 분모차수보다 분자차수를 낮게한 후 부분분수로 전개하는 방법을 이용한다. 부분분수 전개법은 분모인 $Q(s)=0$으로 놓고 구한 근인 특성근의 형태에 따라서 세가지 형태로 구분하여 시간 함수 $f(t)$를 구할 수 있다.

(1) 실수 단근인 경우 (단순근)
(2) 공액복소근인 경우 (허근)
(3) 중복근인 경우 (중근)

(1) 분모 $Q(s)=0$인 특성방정식의 근이 실수 단근인 경우 (단순근)

$$F(s) = \frac{P(s)}{Q(s)} = \frac{P(s)}{(s-a_1)(s-a_2)\ldots(s-a_n)}$$
$$= \frac{k_1}{(s-a_1)} + \frac{k_2}{(s-a_2)} + \ldots + \frac{k_n}{(s-a_n)} \quad \textbf{(7-28)}$$

여기서, 통분하여 미정계수 $k_1, k_2, \ldots, k_n$을 구할 수 도 있지만, 아래와 같은 방법을 적용하여 구할 수도 있다.

k_1을 구하려면

$$k_1 = (s-a_1)\cdot F(s)|_{s=a_1} = (s-a_1)\frac{P(s)}{Q(s)}|_{s=a_1} = (k_1 + \frac{k_2(s-a_1)}{s-a_2} + \ldots + \frac{k_n(s-a_1)}{s-a_n})|_{s=a_1}$$

$$k_1 = (s-a_1)\frac{P(s)}{Q(s)}|_{s=a_1} = k_1 + 0 + \ldots + 0$$

$$k_2 = (s-a_2)\frac{P(s)}{Q(s)}|_{s=a_2} = 0 + k_2 + \ldots + 0$$

.
.
.

$$k_n = (s-a_n)\frac{P(s)}{Q(s)}|_{s=a_n} = 0 + 0 + \ldots + k_n$$

이들 관계를 일반항 k_i로 표시하면 다음과 같다.

$$\therefore k_i = (s-a_i)\frac{P(s)}{Q(s)}|_{s=a_i} = (s-a_i)F(s)|_{s=a_i}$$

예제15) 다음 복소함수에 대해서 부분분수로 전개하여 쌍대성을 이용하여 라플라스 역변환을 구하라.

① $F(s) = \dfrac{2s+3}{s^2+3s+2}$　　② $F(s) = \dfrac{5s^2-2s-4}{s(s+1)(s-2)}$

풀이)

① $F(s) = \dfrac{2s+3}{s^2+3s+2}$

$$F(s) = \frac{2s+3}{s^2+3s+2} = \frac{2s+3}{(s+2)(s+1)} = \frac{k_1}{s+2} + \frac{k_2}{s+1}$$

$$k_1 = (s+2)\frac{2s+3}{(s+2)(s+1)}|_{s=-2} = \frac{(2\cdot-2)+3}{-2+1} = 1$$

$$k_2 = (s+1)\frac{2s+3}{(s+2)(s+1)}|_{s=-1} = \frac{(2\cdot-1)+3}{-1+2} = 1$$

$$\because F(s) = \frac{1}{s+2} + \frac{1}{s+1}$$

$$\therefore \mathcal{L}^{-1}[\frac{1}{s+2} + \frac{1}{s+1}] = e^{-2t} + e^{-t} = f(t)$$

② $F(s) = \dfrac{5s^2-2s-4}{s(s+1)(s-2)}$

$$F(s) = \frac{5s^2-2s-4}{s(s+1)(s-2)} = \frac{k_1}{s} + \frac{k_2}{s+1} + \frac{k_3}{s-2}$$

$$k_1 = s\frac{5s^2-2s-4}{s(s+1)(s-2)}|_{s=0} = 2$$

$$k_2 = (s+1)\frac{5s^2-2s-4}{s(s+1)(s-2)}|_{s=-1} = \frac{5-2(-1)-4}{(-1)\cdot(-3)} = 1$$

$$k_3 = (s-2)\frac{5s^2-2s-4}{s(s+1)(s-2)}|_{s=2} = \frac{5\cdot 2^2-2\cdot 2-4}{2\cdot 3} = 2$$

$$\because F(s) = \frac{2}{s} + \frac{1}{s+1} + \frac{2}{s-2}$$

$$\therefore \mathcal{L}^{-1}[F(s)] = 2 + e^{-t} + 2e^{2t} = f(t)$$

(2) 분모 $Q(s)=0$인 특성방정식의 근에 공액복소근을 포함하는 경우 (허근)

복소함수 $F(s)$에서 분모 $Q(s)=0$의 특성근이 공액복소근을 포함하는 경우 $F(s)$를 부분분수로 전개하는 방법은 다음과 같다.

$$F(s) = \frac{P(s)}{Q(s)} = \frac{P(s)}{\{(s-\alpha)^2+\omega^2\}(s-a_1)(s-a_2)\ldots(s-a_n)}$$

$$= \frac{As+B}{\{(s-\alpha)^2+\omega^2\}} + \frac{k_1}{(s-a_1)} + \frac{k_2}{(s-a_2)} + \ldots + \frac{k_n}{(s-a_n)} \tag{7-29}$$

여기서 통분하여 미정계수 A, B 및 $k_1, k_2, \ldots, k_n$을 구하는 방법은 다음의 두 가지 방법을 사용한다.

① 먼저 단순근법으로 $k_1, k_2, \ldots, k_n$를 우선 구한다.

$$k_1 = (s-a_1)F(s)|_{s=a_1}$$

$$k_2 = (s-a_2)F(s)|_{s=a_2}$$

$k_3 = (s-a_3)F(s)|_{s=a_3}$

.
.
.

$k_n = (s-a_n)F(s)|_{s=a_n}$

② $k_1, k_2, \dots, k_n$를 구하고 난 다음에, 계수 A, B는 다음의 과정으로 구한다. 주어진 $F(s)$식에 $\{(s-\alpha)^2+\omega^2\}(s-a_1)(s-a_2)\dots(s-a_n)$를 곱하고, 정리하여 미정계수 A, B를 다음의 계산과정을 통하여 구한다.

$$\{(s-\alpha)^2+\omega^2\}(s-a_1)(s-a_2)\dots(s-a_n)\frac{P(s)}{Q(s)}|_{s=\alpha+j\omega} =$$

$$\begin{aligned} P(s)|_{s=\alpha+jw} = (s-a_1)(s-a_2)\dots(s-a_n)(As+B) \\ +\{(s-\alpha)^2+\omega^2\}(s-a_2)\dots(s-a_n)k_1 \\ \dots \\ +\{(s-\alpha)^2+\omega^2\}(s-a_2)\dots(s-a_{n-1})k_n \end{aligned}$$

$$\{(s-\alpha)^2+\omega^2\}(s-a_1)(s-a_2)\dots(s-a_n)\frac{P(s)}{Q(s)}|_{s=\alpha+j\omega} = As+B|_{s=\alpha+j\omega}$$

($\because$ $s=\alpha+j\omega$일 때, $s-\alpha=j\omega$에서
양변을 제곱하면 $(s-\alpha)^2=\{(\alpha+j\omega)-\alpha\}^2=(j\omega)^2$
여기서, $(j\omega)^2 = (j\omega)^2$의 관계가 성립한다. 이를 예제를 통하여 살펴보면 다음과 같다.)

예제16) 다음 $F(s)$함수의 역변환을 구하라.

① $F(s)=\dfrac{3s+10}{s(s^2+2s+10)}$ ② $F(s)=\dfrac{2}{s(s^2+2s+2)}$

풀이)

① $F(s)=\dfrac{3s+10}{s(s^2+2s+10)}$에서

k를 먼저 구하고, 다음에 미정계수 A, B를 구한다.

$$F(s) = \frac{3s+10}{s(s^2+2s+10)} = \frac{k}{s} + \frac{As+B}{s^2+2s+10}$$

$$k = sF(s)|_{s=0} = s\frac{3s+10}{s(s^2+2s+10)}|_{s=0} = 1$$

$k=1$을 원식에 대입하면

$$F(s) = \frac{1}{s} + \frac{As+B}{s^2+2s+10}$$

이 식 양변에 $s(s^2+2s+10)$을 곱하면

$$s(s^2+2s+10)\frac{3s+10}{s(s^2+2s+10)} = s(s^2+2s+10)\frac{1}{s} + s(s^2+2s+10)\frac{As+B}{s^2+2s+10}$$

$$3s+10 = s^2+2s+10+s(As+B)$$

$$= (1+A)s^2+(2+B)s+10$$

$$A=-1, \quad B=1$$

$$\because F(s) = \frac{1}{s} + \frac{-s+1}{s^2+2s+10} = \frac{1}{s} - \frac{s-1}{(s^2+2s+1)+9} = \frac{1}{s} - \frac{s+1-2}{(s+1)^2+3^2}$$

$$= \frac{1}{s} - \frac{s+1}{(s+1)^2+3^2} + \frac{3}{(s+1)^2+3^2}\cdot\frac{2}{3}$$

$$\therefore \mathcal{L}^{-1}[F(s)] = 1 - e^{-t}\cos 3t + \frac{2}{3}e^{-t}\sin 3t = f(t)$$

② $F(s) = \dfrac{2}{s(s^2+2s+2)}$ 에서

k를 먼저 구하고, 다음에 미정계수 A, B를 구한다.

$$F(s) = \frac{2}{s(s^2+2s+2)} = \frac{k}{s} + \frac{As+B}{s^2+2s+2}$$

$$k = sF(s)|_{s=0} = s\frac{2}{s(s^2+2s+2)}|_{s=0} = 1$$

$k=1$을 원식에 대입하면

$$F(s) = \frac{1}{s} + \frac{As+B}{s^2+2s+2}$$

이 식의 양변에 $s(s^2+2s+2)$을 곱하면

$$s(s^2+2s+2)\frac{2}{s(s^2+2s+2)} = s(s^2+2s+2)\left\{\frac{1}{s} + \frac{As+B}{s^2+2s+2}\right\}$$

$$= s(s^2+2s+2)\frac{1}{s} + s(s^2+2s+2)\frac{As+B}{s^2+2s+2}$$

$$2 = s^2+2s+2+s(As+B) = (1+A)s^2+(2+B)s+2$$

$$A=-1, \quad B=-2$$

$$\because F(s) = \frac{1}{s} + \frac{-s-2}{s^2+2s+2} = \frac{1}{s} - \frac{s+2}{(s^2+2s+1)+1}$$

$$= \frac{1}{s} - \frac{s+1+1}{(s+1)^2+1^2}$$

$$= \frac{1}{s} - \frac{s+1}{(s+1)^2+1^2} - \frac{1}{(s+1)^2+1^2}$$

$$\therefore \mathcal{L}^{-1}[F(s)] = 1 - e^{-t}\cos t - e^{-t}\sin t = f(t)$$

(3) 분모 $Q(s)=0$의 특성방정식의 근이 다중근을 포함하는 경우

유리함수 $F(s)$에서 분모 $Q(s)=0$의 특성근이 다중근 $(s-a_i)^r$을 포함하는 경우에 부분분수 전개는 다음과 같은 방법을 이용한다.

$$F(s)=\frac{P(s)}{Q(s)}=\frac{P(s)}{(s-a_i)^r(s-a_1)(s-a_2)\cdots(s-a_n)}$$

$$=\frac{M_1}{(s-a_i)}+\frac{M_2}{(s-a_i)^2}+\cdots+\frac{M_r}{(s-a_i)^r}\rightarrow \text{다중근법}$$

$$+\frac{k_1}{(s-a_1)}+\frac{k_2}{(s-a_2)}+\cdots\frac{k_n}{(s-a_n)}\rightarrow \text{실수 단근법} \qquad \textbf{(7-30)}$$

여기서, 미정계수 $M_1, M_2, \ldots M_r$은 다중근법으로, 미정계수 $k_1, k_2, \cdots k_n$은 실수 단근법으로 미정계수를 구한다.
다중근법으로 $M_1, M_2, \ldots M_r$은 다음과 같이 차수를 고려하여 구한다.

$$M_r=(s-a_i)^r F(s)|_{s=a_i}$$

$$M_{r-1}=\frac{d}{ds}[(s-a_i)^r F(s)]|_{s=a_i}$$

$$M_{r-2}=\frac{1}{2!}\frac{d^2}{ds^2}[(s-a_i)^r F(s)]|_{s=a_i}$$

$$\vdots$$

$$M_1=\frac{1}{(r-1)!}\frac{d^{r-1}}{ds^{r-1}}[(s-a_i)^r F(s)]|_{s=a_i} \qquad \textbf{(7-31)}$$

여기서, M의 계수는 $M_{r-1=1}$될 때까지 차수를 생각하여 구한다.

예제17) 다음 복소함수 $F(s)$에 대해서 라플라스 역변환 $f(t)$함수를 구하라.

① $F(s)=\dfrac{s}{(s+5)^4}$ ② $F(s)=\dfrac{s+2}{(s+1)^2(s+3)}$

풀이)

① $F(s)=\dfrac{s}{(s+5)^4}$ 에서

$$F(s)=\frac{s}{(s+5)^4}=\frac{M_4}{(s+5)^4}+\frac{M_3}{(s+5)^3}+\frac{M_2}{(s+5)^2}+\frac{M_1}{(s+5)^1}$$

$$M_4=(s+5)^4F(s)|_{s=-5}=(s+5)^4\frac{s}{(s+5)^4}|_{s=-5}=-5$$

$$M_3=\frac{d}{ds}[(s+5)^4F(s)]|_{s=-5}=\frac{d}{ds}[(s+5)^4\frac{s}{(s+5)^4}]|_{s=-5}=1$$

$$M_2=\frac{1}{2!}\frac{d^2}{ds^2}[(s+5)^4F(s)]|_{s=-5}=\frac{1}{2!}\frac{d^2}{ds^2}[(s+5)^4\frac{s}{(s+5)^4}]|_{s=-5}=0$$

$$M_1=\frac{1}{3!}\frac{d^3}{ds^3}[(s+5)^4F(s)]|_{s=-5}=\frac{1}{3!}\frac{d^3}{ds^3}[(s+5)^4\frac{s}{(s+5)^4}]|_{s=-5}=0$$

$$\because F(s)=\frac{-5}{(s+5)^4}+\frac{1}{(s+5)^3}=-\frac{6}{(s+5)^4}\cdot\frac{5}{6}+\frac{2}{(s+5)^3}\cdot\frac{1}{2}$$

$$=-\frac{3!}{(s+5)^4}\cdot\frac{5}{3!}+\frac{2!}{(s+5)^3}\cdot\frac{1}{2!}$$

$$\left(\because \mathcal{L}\,[t^n]=\frac{n!}{s^{n+1}}\right)$$

$$\mathcal{L}^{-1}[F(s)]=-\frac{5}{6}t^3e^{-5t}+\frac{1}{2}t^2e^{-5t}=\frac{1}{6}t^2e^{-5t}(3-5t)$$

$$\therefore \mathcal{L}^{-1}[F(s)]=\frac{1}{6}t^2e^{-5t}(3-5t)=f(t)$$

② $F(s)=\dfrac{s+2}{(s+1)^2(s+3)}$ 에서

$$F(s)=\frac{s+2}{(s+1)^2(s+3)}=\frac{M_2}{(s+1)^2}+\frac{M_1}{(s+1)^1}+\frac{k}{s+3}$$

$$k=(s+3)\cdot F(s)|_{s=-3}=(s+3)\frac{s+2}{(s+1)^2(s+3)}|_{s=-3}$$

$$=\frac{s+2}{(s+1)^2}|_{s=-3}=\frac{-3+2}{(-3+1)^2}=\frac{-1}{4}=-\frac{1}{4}$$

$$\because\ F(s)=\frac{M_2}{(s+1)^2}+\frac{M_1}{(s+1)^1}-\frac{1}{4(s+3)}$$

$$M_2=(s+1)^2F(s)|_{s=-1}=(s+1)^2\frac{s+2}{(s+1)^2(s+3)}|_{s=-1}$$

$$=\frac{s+2}{(s+3)}|_{s=-1}=\frac{1}{2}$$

$$M_1=\frac{d}{ds}[(s+1)^2F(s)]|_{s=-1}=\frac{d}{ds}[(s+1)^2\frac{s+2}{(s+1)^2(s+3)}]|_{s=-1}$$

$$=\frac{d}{ds}[\frac{s+2}{(s+3)}]|_{s=-1}=\frac{(s+2)'(s+3)-(s+2)(s+3)'}{(s+3)^2}|_{s=-1}$$

$$=\frac{(s+3)-(s+2)}{(s+3)^2}|_{s=-1}=\frac{1}{(s+3)^2}|_{s=-1}=\frac{1}{4}$$

$$\because F(s)=\frac{s+2}{(s+1)^2(s+3)}=\frac{1}{2(s+1)^2}+\frac{1}{4(s+1)^1}-\frac{1}{4(s+3)}$$

$\left(\because \mathcal{L}[t]=\frac{1}{s^2}\right.$ 이므로$\left.\right)$

$$\mathcal{L}^{-1}[F(s)]=\frac{1}{2}e^{-t}t+\frac{1}{4}e^{-t}-\frac{1}{4}e^{-3t}$$

$$\therefore f(t) = \mathcal{L}^{-1}[F(s)] = \frac{1}{2}e^{-t}t + \frac{1}{4}e^{-t} - \frac{1}{4}e^{-3t}$$

7.6 합성곱(Convolution)과 라플라스 역변환

라플라스 역변환은 복소함수를 시간함수로 변환하는 과정이다. 그러나 복소함수를 부분분수로 분해하였을 때 곱의 형태가 나올 경우에 다음의 합성곱 라플라스 변환을 사용하면 편리하다.

$$H(s) = F(s)G(s) \tag{7-32}$$

$$\because F(s) = \mathcal{L}[f(t)],\ G(s) = \mathcal{L}[g(t)]$$

$$H(s) = F(s)G(s) = \mathcal{L}\{f(t) * g(t)\} = \mathcal{L}\{(f * g)(t)\} \neq \mathcal{L}\{f(t) \cdot g(t)\}$$

$$H(s) = F(s)G(s) = \mathcal{L}[f(t)] \cdot \mathcal{L}[g(t)] = \mathcal{L}\{(f * g)(t)\} \neq \mathcal{L}\{f(t) \cdot g(t)\}$$

$$h(t) \neq f(t) \cdot g(t)$$

$$h(t) = f(t) * g(t) = \int_0^t f(\tau)g(t-\tau)d\tau \tag{7-33}$$

실증을 통하여 증명은 가능하지만 결과식을 활용할 수 있으면 충분하다.
따라서 여기서 다시 한 번 이를 정리하면 다음의 관계가 성립한다.

$$f(t) * g(t) = (f * g)(t)$$

$$\mathcal{L}\{f(t) * g(t)\} = \mathcal{L}\{(f * g)(t)\} = F(s)G(s) = H(s)$$

위의 관계는 다음의 관계와 같지 않다는 것을 명심하기 바란다.

$$\mathcal{L}\{f(t)\, g(t)\} \neq F(s)G(s) = H(s)$$

예제18) 다음 복소함수에 대해서 라플라스 역변환 함수 $h(t)$를 구하시오.

$$H(s) = \frac{s^2}{(s^2+1)^2}$$

풀이)

$H(s)$ 함수는 다음과 같이 분해할 수 있다.

$$H(s) = \frac{s^2}{(s^2+1)^2} = \frac{s}{(s^2+1)}\frac{s}{(s^2+1)} = F(s)F(s) = \mathcal{L}\{f(t)^* f(t)\}$$

여기서 $F(s) = \dfrac{s}{(s^2+1)}$ 이므로, $f(t) = \cos t$가 된다.

따라서 이는 다음과 같이 생각할 수 있다.

$$h(t) = f(t)^* f(t) = \int_0^t f(\tau)f(t-\tau)d\tau = \int_0^t \cos\tau\cos(t-\tau)d\tau$$

여기서 $\cos\tau\cos(t-\tau) = \frac{1}{2}[\cos\{\tau+(t-\tau)\}+\cos\{\tau-(t-\tau)\}] = \frac{1}{2}[\cos t+\cos(2\tau-t)]$

가 되므로 $h(t)$ 를 계산하면 다음과 같다.

$$h(t) = f(t)^* g(t) = \int_0^t f(\tau)g(t-\tau)d\tau$$

$$= \int_0^t \cos\tau\cos(t-\tau)\,d\tau = \frac{1}{2}\int_0^t [\cos t+\cos(2\tau-t)]\,d\tau$$

$$= \frac{1}{2}\left\{\int_0^t \cos t\,d\tau + \int_0^t \cos(2\tau-t)d\tau\right\}$$

$$= \frac{1}{2}\left\{\tau\cos t|_0^t + \frac{1}{2}\sin(2\tau-t)|_0^t\right\}$$

$$= \frac{1}{2}\{t\cos t + \sin t\}$$

예제19) 다음 복소함수에 대해서 라플라스 역변환 함수 $h(t)$를 구하시오.

$$H(s) = \frac{2}{s^2(s+1)}$$

풀이)

$H(s)$ 함수는 다음과 같이 분해할 수 있다.

$$H(s) = \frac{2}{s^2(s+1)} = \frac{1}{s^2}\frac{2}{(s+1)} = F(s)G(s) = \mathcal{L}\{f(t)*g(t)\}$$

여기서 $F(s) = \frac{1}{s^2}$, $G(s) = \frac{2}{s+1}$ 이므로, $f(t) = t$, $g(t) = 2e^{-t}$가 된다.

따라서 이는 다음과 같이 생각할 수 있다.

$$h(t) = f(t)*g(t) = \int_0^t f(\tau)g(t-\tau)d\tau = \int_0^t \tau 2e^{-(t-\tau)}d\tau$$

$$h(t) = f(t)*g(t) = \int_0^t f(\tau)g(t-\tau)d\tau$$

$$= \int_0^t \tau 2e^{-(t-\tau)}d\tau$$

$$= 2e^{-t}\int_0^t \tau e^{\tau}d\tau$$

$$= 2e^{-t}(te^t - e^t + 1)$$

7.7 라플라스 변환의 응용

앞에서 살펴본 바와 같이 미분방정식의 초기값은 일반해를 구한 다음에 초기 조건을 적용해서 별도로 구해야 하지만, 라플라스 변환에서는 풀이과정에서 미분정리, 적분정리 등이 사용되어 초기값이 자연스럽게 적용되어 완전해가 구해진다.

7.6.1 초기값이 적용된 미분방정식에 대한 라플라스 변환의 해석

이 절은 라플라스변환에서 초기값을 적용하는 예에 대해서 살펴보기로 한다.

예제20) 다음 미분방정식에 대해서 라플라스 변환을 이용하여 해를 구하시오.

$$\frac{d^2y}{dt^2}+3\frac{dy}{dt}+2y=6,\quad y(0^+)=y'(0^+)=0$$

풀이)

$$\mathcal{L}\left[\frac{d^2y}{dt^2}+3\frac{dy}{dt}+2y\right]=\mathcal{L}[6]$$

$$\{s^2Y(s)-sy(0^+)-y'(0^+)\}+3\{sY(s)-y(0^+)\}+2Y(s)=\frac{6}{s}$$

$$(s^2+3s+2)Y(s)=\frac{6}{s}$$

$$\because\ Y(s)=\frac{6}{s(s^2+3s+2)}=\frac{6}{s(s+1)(s+2)}$$

$$Y(s)=\frac{k_1}{s}+\frac{k_2}{s+1}+\frac{k_3}{s+2}$$

$$k_1=sY(s)|_{s=0}=s\frac{6}{s(s+1)(s+2)}|_{s=0}=3$$

$$k_2=(s+1)Y(s)|_{s=-1}=(s+1)\frac{6}{s(s+1)(s+2)}|_{s=-1}=-6$$

$$k_3 = (s+2)Y(s)|_{s=-2} = (s+2)\frac{6}{s(s+1)(s+2)}|_{s=-2} = 3$$

$$\because\ Y(s) = \frac{3}{s} - \frac{6}{s+1} + \frac{3}{s+2}$$

$$\mathcal{L}^{-1}[Y(s)] = 3 - 6e^{-t} + 3e^{-2t}$$

$$\therefore\ y(t) = 3 - 6e^{-t} + 3e^{-2t}$$

예제21) 다음의 미분방정식에 대해서 라플라스 변환을 이용하여 해를 구하시오.

$$\frac{d^2y}{dt^2} + 16y = 0, \quad y(0^+) = 4 \quad y'(0^+) = 3$$

풀이)

$$\mathcal{L}\left[\frac{d^2y}{dt^2} + 16y\right] = \mathcal{L}[0]$$

$$\{s^2Y(s) - sy(0^+) - y'(0^+)\} + 16Y(s) = 0$$

$$(s^2+16)Y(s) - 4s - 3 = 0$$

$$\because\ Y(s) = \frac{4s+3}{(s^2+16)} = \frac{4s}{s^2+4^2} + \frac{4}{s^2+4^2}\cdot\frac{3}{4}$$

$$\mathcal{L}^{-1}[Y(s)] = 4\cos 4t + \frac{3}{4}\sin 4t$$

$$\therefore\ y(t) = 4\cos 4t + \frac{3}{4}\sin 4t$$

예제22) 인가전압 $E[V]$로 인가되는 R, L 직렬회로에서 $t=0$에서 스위치를 닫았을 때, 이 회로에 흐르는 전류 $i(t)$를 라플라스변환을 이용하여 구하라. (단, 초기조건 $i(0^+)=0$으로 한다.)

풀이)

주어진 회로에서 KVL 적용하면, $Ri(t)+L\frac{di(t)}{dt}=E$

($\because$ 직류 $E=$ 상수)

$$\mathcal{L}\left[Ri(t)+L\frac{di(t)}{dt}\right]=\mathcal{L}[E]$$

$$LsI(s)-i(0^+)+RI(s)=\frac{E}{s}$$

초기조건 $i(0^+)=0$을 고려하면

$$(Ls+R)I(s)=\frac{E}{s}$$

$$\because I(s)=\frac{E}{s(Ls+R)}$$

분자, 분모를 L로 나누면

$$I(s)=\frac{\frac{E}{L}}{s(s+\frac{R}{L})}=\frac{k_1}{s}+\frac{k_2}{s+\frac{R}{L}}$$

$$k_1=sI(s)|_{s=0}=s\frac{\frac{E}{L}}{s(s+\frac{R}{L})}|_{s=0}=\frac{\frac{E}{L}}{(s+\frac{R}{L})}|_{s=0}=\frac{E}{R}$$

$$k_2 = (s+\frac{R}{L})I(s)|_{s=-\frac{R}{L}} = (s+\frac{R}{L})\frac{\frac{E}{L}}{s(s+\frac{R}{L})}|_{s=-\frac{R}{L}} = -\frac{E}{R}$$

$$\because I(s) = \frac{E}{R}\frac{1}{s} \quad \frac{E}{R}\frac{1}{s+\frac{R}{L}}$$

$$\therefore \mathcal{L}^{-1}[I(s)] = \frac{E}{R} - \frac{E}{R}e^{-\frac{R}{L}t} = \frac{E}{R}(1-e^{-\frac{R}{L}t}) = i(t)$$

예제23) 인가전압 $E[V]$로 인가되는 상태의 R, C 직렬회로에서 $t=0$에서 스위치를 닫았을 때, 이 회로에 흐르는 전류 $i(t)$를 라플라스 변환을 이용하여 구하라. (단, 모든 초기조건은 0으로 한다.)

풀이)

KVL을 적용하면, $Ri(t)+\frac{1}{C}\int i(t)dt = E$

($\because$ 직류 $E=$ 상수)

$$\mathcal{L}[Ri(t)+\frac{1}{C}\int i(t)dt] = \mathcal{L}[E]$$

$$\left(\because \mathcal{L}[\iint \cdots \int f(t)dt^n] = \frac{1}{s^n}F(s)+\frac{1}{s^n}f^{(-1)}(0_+)+\dots+\frac{1}{s}f^{(-n)}(0_+)\right)$$

$$RI(s)+\frac{1}{C}\left\{\frac{1}{s}I(s)+\frac{1}{s}i^{(-1)}(0_+)\right\} = \frac{E}{s}$$

$$RI(s)+\frac{1}{sC}\{I(s)+i^{(-1)}(0_+)\} = \frac{E}{s}$$

$$I(s)\left(R+\frac{1}{sC}\right) = \frac{E}{s}$$

$$I(s)=\frac{\frac{E}{s}}{\left(R+\frac{1}{sC}\right)}=\frac{\frac{E}{s}}{\left(\frac{RsC+1}{sC}\right)}=\frac{EC}{RsC+1}$$

분자 분모를 RC로 나누면

$$I(s)=\frac{EC}{RsC+1}=\frac{E}{R}\cdot\frac{1}{s+\frac{1}{RC}}$$

$$\therefore i(t)=\frac{E}{R}\cdot e^{-\frac{1}{RC}t}\,[A]$$

예제24) 인가전압 $E[V]$로 인가되는 상태의 R, L, C 직렬회로에서 $t=0$에서 스위치를 닫았을 때, 이 회로에 흐르는 전류 $i(t)$를 라플라스 변환을 이용하여 구하라. (단, 모든 초기조건은 0으로 한다.)

풀이)
주어진 직렬 RLC회로에서 KVL전압방정식을 세우면

$$Ri(t)+L\frac{di(t)}{dt}+\frac{1}{C}\int i(t)\,dt=E[V]$$

여기서 라플라스변환하면

$$RI(s)+L\{sI(s)-i(0^{+})\}+\frac{1}{C}\left\{\frac{1}{s}I(s)+\frac{1}{s}i^{(-1)}(0_{+})\right\}=\frac{E}{s}$$

위식에서 초기값을 고려하면

$$RI(s)+LsI(s)+\frac{1}{C}\frac{1}{s}I(s)=\frac{E}{s}$$

정리하면

$$\left\{R+Ls+\frac{1}{Cs}\right\}I(s)=\frac{E}{s}$$

$$\because I(s) = \frac{E}{s\left(R + Ls + \frac{1}{Cs}\right)} = \frac{E}{Rs + Ls^2 + \frac{1}{C}} = \frac{\frac{E}{L}}{s^2 + \frac{R}{L}s + \frac{1}{LC}}$$

$$I(s) = \frac{\frac{E}{L}}{s^2 + \frac{R}{L}s + \frac{1}{LC}} = \frac{\frac{E}{L}}{s^2 + \frac{R}{L}s + \left(\frac{R}{2L}\right)^2 - \left(\frac{R}{2L}\right)^2 + \frac{1}{LC}}$$

$$I(s) = \frac{\frac{E}{L}}{\left(s + \frac{R}{2L}\right)^2 + \left(\frac{1}{LC} - \frac{R^2}{4L^2}\right)}$$

따라서, 이를 역변환하면

$$\therefore\ i(t) = \frac{E}{L} \frac{1}{\sqrt{\left(\frac{1}{LC} - \frac{R^2}{4L^2}\right)}} e^{-\frac{R}{2L}t} \sin \sqrt{\left(\frac{1}{LC} - \frac{R^2}{4L^2}\right)}\, t\ [A]$$

연 습 문 제

1. 다음 함수의 라플라스 변환을 구하라.

① $3t+2$

② $\left(t^2+\frac{1}{2}\right)^2$

③ $10\sin 2t$

④ $2e^{-2t}$

2. 다음 함수의 라플라스 역변환을 구하라.

① $\frac{1}{s^2+4}$

② $\frac{9s-1}{s^2+4}$

③ $\frac{1}{(s+a)(s+b)}$

④ $\frac{8}{s^2+2s}$

⑤ $\frac{s+1}{s^2-9}$

3. 라플라스 변환 공식을 이용하여 다음 함수의 라플라스 변환을 구하라.

① $\cos^2 t$

② $\sin^2 \pi t$

③ te^{-4t}

④ $t\sinh t$

4. $\sin^2 t$를 라플라스 변환의 미분정리를 이용하여 라플라스 변환을 구하라.

5. 다음 함수를 역변환하여 시간함수를 구하라.

① $\frac{1}{s(s+2)}$

② $\frac{1}{s^2(s+2)}$

③ $\frac{s-1}{s^2(s+2)}$

④ $\frac{3}{s^3(s-3)}$

6. 다음 함수에 대해서 시간함수는 라플라스 변환을 하고, 복소함수는 역변환을 구하라.

① $\frac{1}{2}t^2e^{-2t}$

② $e^{2t}\sin 3t$

③ $e^{-2t}(2\sin 2t - \cos 2t)$

④ $\frac{7}{(s+2)^2}$

⑤ $\frac{s-2}{s^2-4s+4}$

⑥ $\frac{2(s+\omega)}{s^2+2\omega s+\omega^2+9}$

7. 라플라스 변환을 이용하여 다음 미분방정식의 해를 구하라.

① $4y''+y=0$, $y(0)=1$, $y'(0)=-2$

② $y''+2y'+y=0$, $y(0)=0$, $y'(0)=3$

③ $y''-y=t$, $y(0)=1$, $y'(0)=1$

④ $y''+2y'+2y=\delta(t-\pi)$, $y(0)=1$, $y'(0)=-1$

8. 다음 함수의 라플라스 변환을 구하라.

① $(t-1)u(t-1)$

② $(t-2)^2u(t-2)$

③ $1-e^{-t} \quad (0<t<\pi)$

9. $I(s)=\frac{2(s+1)}{s^2+2s+5}$의 초기값 $i(0)$를 구하라.

10. $I(s)=\frac{2s+8}{s^3+s^2+3s}$의 최종값 $i(\infty)$를 구하라.

11. $I(s)=\frac{2s+4}{s(s+1)(s+2)}$의 최종값 $i(\infty)$를 구하라.

12. 다음 함수의 역변환을 구하라.

① $F(s) = \frac{1}{(s+a)(s+b)}$ $(a=b)$

② $F(s) = \frac{2}{s+4}$

③ $F(s) = \frac{2}{s^2+16}$

④ $F(s) = \frac{2s}{s^2+4}$

⑤ $F(s) = \frac{2s+4}{s^2+4}$

⑥ $F(s) = \frac{1}{s(s+3)}$

⑦ $F(s) = \frac{4s+3}{s(s+1)}$

⑧ $F(s) = \frac{2s+3}{(s+1)(s+3)}$

⑨ $F(s) = \frac{2}{s^2+2s+3}$

⑩ $F(s) = \frac{s+2}{2s^2+5s+3}$

⑪ $F(s) = \frac{s+3}{(s+1)^2}$

⑫ $F(s) = \frac{2}{(s+1)^2(s+2)}$

⑬ $F(s) = \frac{6}{(s-5)^3}$

⑭ $F(s) = \frac{s-1}{(s^2+1)^2}$

13. 인가전압이 $E[V]$라고 할 때, R, C 직렬회로에서 $t=0$에서 스위치를 닫았을 때, 이 회로에 흐르는 전류 $i(t)$를 라플라스 변환을 이용하여 구하라. (단, 초기조건은 0이다.)

14. 인가전압이 $E[V]$라고 할 때, R, L 직렬회로에서 $t=0$에서 스위치를 닫았을 때, 이 회로에 흐르는 전류 $i(t)$를 라플라스 변환을 이용하여 구하라. (단, 초기조건은 0이다.)

8장 행렬과 행렬식

선형 연립 방정식은 공학뿐만 아니라 여러 학문 분야에서도 활용된다. 이러한 선형 연립 방정식의 미지수를 구하기 위해서 고안된 방법이 행렬이다. 행렬은 연립 방정식의 미지수를 계산하는데 탁월한 방법이며, 수나 함수가 행렬의 원소가 되어 연산 과정을 간단하게 한다.

이 장에서는 행렬기법을 이용한 선형 연립 방정식의 해법을 살펴본다.

8.1 행렬

(1) 행렬의 정의

수나 수를 나타내는 문자를 소괄호 ( ) 나 대괄호 [ ] 안에 직사각형의 형태로 배열한 것을 행렬이라고 하고, 괄호 안에 있는 각각의 수 또는 문자를 이 행렬의 원소 또는 성분이라 한다.

행렬의 원소는 수량, 방정식의 계수, 경우의 수, 확률 등 여러 가지 수학적인 양을 나타내며, 다음은 행렬의 예를 나타낸 것이다.

$$\begin{pmatrix} 2 & 3 \\ 4 & 7 \end{pmatrix} \quad \begin{pmatrix} 2 & 3 & 5 \\ 4 & 7 & 8 \end{pmatrix} \quad \begin{pmatrix} a & b \\ c & d \\ e & f \end{pmatrix} \quad \begin{pmatrix} a & b & c \\ d & e & f \\ g & h & i \end{pmatrix} \text{ 행} \tag{8-1}$$

열

(a) (b) (c) (d)

행렬의 가로 줄을 행이라 하고, 위에서부터 차례로 제1행, 제2행, 제3행 … 이라 하며, 세로 줄을 열이라 하고, 왼쪽에서부터 차례로 제1열, 제2열, 제3열 … 이라 한다.

행렬의 꼴은 행과 열의 수로 구분하며, m 행과 n 열로 된 행렬을 m 행 n 열 행렬 또는 $m \times n$ 행렬이라 한다.

특히 한 행만으로 구성된 행렬을 행행렬 또는 행벡터라 하고, 한 열로 구성된 행렬을 열행렬 또는 열벡터라고 한다.

행렬은 일반적으로 $A, B, C,$ … 등의 고딕체 문자로 표기한다.

예제1) 다음 각 행렬의 꼴을 설명하라.

① $(3, 2, 1)$ ② $\begin{pmatrix} 2 \\ 1 \end{pmatrix}$ ③ $\begin{pmatrix} 1 & 0 \\ 0 & 1 \end{pmatrix}$

④ $\begin{pmatrix} a & d \\ b & e \\ c & f \end{pmatrix}$ ⑤ $\begin{pmatrix} 3 & 1 & 3 \\ 0 & 1 & 0 \end{pmatrix}$ ⑥ $\begin{pmatrix} 1 & 0 & -3 \\ 2 & -1 & 4 \\ 0 & 2 & 5 \end{pmatrix}$

풀이)

① 행벡터행렬, 1×3행렬, ② 열벡터행렬, 2×1행렬, ③ 2×2행렬, 정방행렬
④ 3×2행렬, ⑤ 2×3행렬, ⑥ 3×3 정방행렬, 3차 정사각행렬

(2) 행렬의 상등

두 행렬 A, B가 같은 꼴(동일한 $m\times n$ 행렬)이면서 동일한 행과 열에 대응하는 원소가 서로 같을 때, 두 행렬은 상등이다 또는 같다고 하며, $A=B$로 나타낸다.
즉, 두 행렬 A, B가 상등을 만족하는 조건은 다음과 같다.

(1) 두 행렬의 같은 꼴($m\times n$ 행렬)

(2) 대응원소의 일치($a_{ij}=b_{ij}$)

$$A=\begin{pmatrix} a_{11} & a_{12} \\ a_{21} & a_{22} \end{pmatrix},\ B=\begin{pmatrix} b_{11} & b_{12} \\ b_{21} & b_{22} \end{pmatrix}$$

$$A=B=\begin{pmatrix} a_{11} & a_{12} \\ a_{21} & a_{22} \end{pmatrix}=\begin{pmatrix} b_{11} & b_{12} \\ b_{21} & b_{22} \end{pmatrix} \Leftrightarrow \begin{cases} a_{11}=b_{11},\ a_{12}=b_{12} \\ a_{21}=b_{21},\ a_{22}=b_{22} \end{cases} \tag{8-2}$$

예제2) 행렬의 상등 원리를 이용하여 다음을 만족시키는 a, b, c를 구하라.

$$\begin{pmatrix} a+b & -1 \\ -3 & b \end{pmatrix}=\begin{pmatrix} 3 & b-c \\ -b & 3 \end{pmatrix}$$

풀이)

$a+b=3,\ b-c=-1,\ b=3$의 관계로부터

$a=0$

$c=4 \qquad \therefore a=0,\ b=3,\ c=4$

(3) 행렬의 종류(특수행렬)

1) 정사각행렬(정방행렬)

행렬의 행과 열의 수가 같은 행렬을 정사각행렬 또는 정방행렬이라 하며, $n \times n$ 행렬을 n차 정사각행렬이라 하고, 이 n을 행렬의 차수라 한다.

정사각행렬의 왼쪽 위 첫 원소로부터 오른쪽 아래의 끝 원소까지 그은 대각선을 주대각선이라 하고, 이 주 대각선상에 있는 원소를 주대각 원소라고 한다.

2) 대각행렬

주대각선상의 주대각 원소를 제외한 원소가 모두 0인 정사각행렬(정방행렬)을 대각행렬이라 한다.

특히, 주대각 원소는 1이고, 나머지 원소가 모두 0인 정사각행렬을 단위행렬이라 하고, I로 표시한다. 또 주대각 원소의 위 또는 아래 부분의 원소가 0인 정사각행렬을 삼각행렬이라 한다.

3) 영행렬

행렬의 모든 원소가 0인 행렬을 영행렬이라 한다.

4) 전치행렬

행렬 A에서 행과 열을 바꾼 행렬을 전치행렬이라 하며, A^T로 표기한다. $(a_{ij}=b_{ij})$

5) 대칭행렬과 반대칭행렬

정사각행렬에서 주대각선에 대하여 대칭적인 행렬로써 원래의 행렬 A와 전치행렬 A^T가 같은 행렬($A=A^T$)을 대칭행렬이라 한다.$(a_{ij}=b_{ij})$

$$\begin{pmatrix} 1 & 3 \\ 3 & 2 \end{pmatrix} \quad \begin{pmatrix} 1 & 4 & 6 \\ 4 & 2 & 5 \\ 6 & 5 & 3 \end{pmatrix}$$

정사각행렬에서 반대칭 행렬이란 전치 행렬이 원래 행렬의 음이 되는 정방행렬을 반대칭 행렬이라고 한다.

$$A^T(a_{kj}) = -A(-a_{jk})$$

예제3) 행렬 $A = \begin{bmatrix} 1 & -1 & 0 \\ 0 & 2 & 3 \\ 4 & 0 & -1 \end{bmatrix}$일 때 전치행렬 A^T을 구하라.

풀이)
주어진 행렬의 전치 행렬은 다음과 같다.

$$A^T = \begin{bmatrix} 1 & 0 & 4 \\ -1 & 2 & 0 \\ 0 & 3 & -1 \end{bmatrix}$$

---

(4) 행렬의 연산

1) 행렬의 합과 차

두 행렬 A, B가 같은 꼴일 때의 합과 차는 두 행렬 A와 B의 대응원소의 합 또는 차를 원소로 하는 행렬을 의미한다. 즉,

$$A+B = \begin{bmatrix} a_{11} & a_{12} & a_{13} \\ a_{21} & a_{22} & a_{23} \end{bmatrix} + \begin{bmatrix} b_{11} & b_{12} & b_{13} \\ b_{21} & b_{22} & b_{23} \end{bmatrix} = \begin{bmatrix} a_{11}+b_{11} & a_{12}+b_{12} & a_{13}+b_{13} \\ a_{21}+b_{21} & a_{22}+b_{22} & a_{23}+b_{23} \end{bmatrix}$$

$$A-B = \begin{bmatrix} a_{11} & a_{12} & a_{13} \\ a_{21} & a_{22} & a_{23} \end{bmatrix} - \begin{bmatrix} b_{11} & b_{12} & b_{13} \\ b_{21} & b_{22} & b_{23} \end{bmatrix} = \begin{bmatrix} a_{11}-b_{11} & a_{12}-b_{12} & a_{13}-b_{13} \\ a_{21}-b_{21} & a_{22}-b_{22} & a_{23}-b_{23} \end{bmatrix} \text{(±복호동순)}$$

(8-3)

이들로부터 행렬의 합은 교환법칙이 성립($A+B=B+A$)함을 알 수 있고, 행렬의 차는 교환법칙이 성립하지 않는다. 특히 두 행렬 A, B가 같은 꼴의 $m \times n$행렬일 때 두 행렬의 합과 차가 정의되고 있음에 주의하기 바란다.

예제4) 다음의 주어진 두 행렬에서 $A+B$와 $A-B$의 행렬을 구하라.

$$A = \begin{pmatrix} 4 & -1 & 2 \\ 5 & 6 & 3 \end{pmatrix},\ B = \begin{pmatrix} 2 & -4 & 1 \\ 3 & 2 & -2 \end{pmatrix}$$

풀이)

$$A+B=\begin{pmatrix}4 & -1 & 2\\5 & 6 & 3\end{pmatrix}+\begin{pmatrix}2 & -4 & 1\\3 & 2 & -2\end{pmatrix}=\begin{pmatrix}6 & -5 & 3\\8 & 8 & 1\end{pmatrix}$$

$$A-B=\begin{pmatrix}4 & -1 & 2\\5 & 6 & 3\end{pmatrix}-\begin{pmatrix}2 & -4 & 1\\3 & 2 & -2\end{pmatrix}=\begin{pmatrix}2 & 3 & 1\\2 & 4 & 5\end{pmatrix}$$

2) 행렬과 스칼라 값의 곱

다음과 같이 행렬 A에 실수 k의 곱은 A의 각 원소에 k를 곱한 행렬이 되며, kA 또는 Ak로 나타낸다.

$$A=\begin{pmatrix}a_{11} & a_{12}\\a_{21} & a_{22}\end{pmatrix} \Rightarrow kA=\begin{pmatrix}ka_{11} & ka_{12}\\ka_{21} & ka_{22}\end{pmatrix} \quad (\because \text{행렬과 스칼라 값의 곱}) \tag{8-4}$$

3) 행렬의 곱

두 행렬의 곱 AB는 행렬 A의 열과 행렬 B의 행의 수가 같은 조건에서만 정의되며, 두 행렬 A, B가 각각 $m\times n$행렬, $n\times q$ 행렬일 때, 그 결과 C는 $m\times q$행렬이 된다.

행렬 $\mathbf{A}(m\times n)\times$행렬 $\mathbf{B}(n\times q)=$행렬 $\mathbf{C}(m\times q)$

행렬의 곱을 원소를 중심으로 표현하면 다음과 같이 표현할 수 있다.

$$c_{jk}=\sum_{l=1}^{n}a_{jl}b_{lk}=a_{j1}b_{1k}+a_{j2}b_{2k}+\cdots+a_{jn}b_{nk}, (\because j=1,\ 2,\ \cdots,\ m\text{과 } k=1,\ 2,\ \cdots,\ q) \tag{8-5}$$

행렬의 곱의 성질

$cAB=c(AB)=(cA)B=A(cB)$

$ABC=A(BC)=(AB)C$

$(A+B)C=AC+BC$

$C(A+B)=CA+CB$

$AI = IA = A$

$(AB)^T = B^T A^T$

행렬의 곱의 성질은 위와 같다.

$AB \neq BA$(행렬에서 교환 법칙이 성립하지 않는다. 비가환적임) **(8-6)**

행렬의 곱에서 $AB=0$이 반드시 $A=0$, $B=0$, $BA=0$이 되어야 하는 의미는 아니다. 또한 $AC=AD$가 반드시 $C=D$가 되어야 하는 것을 의미하지 않는다. 행렬의 곱은 행렬의 합과 차의 계산과 다르게 연산 규칙이 매우 복잡하다. 따라서 두 행렬의 곱의 계산 규칙을 알고 있으면 여러 가지 행렬의 꼴 $m \times n$행렬에서도 쉽게 적용할 수 있다.

다음에 두 행렬의 곱의 규칙을 여러 가지 행렬 꼴에 대하여 정리해 본다.

① $A = \begin{pmatrix} a_1 & a_2 & a_3 \end{pmatrix}$, $B = \begin{pmatrix} b_1 \\ b_2 \\ b_3 \end{pmatrix}$

$\therefore AB = \begin{pmatrix} a_1b_1 & a_2b_2 & a_3b_3 \end{pmatrix}$

$\therefore BA = \begin{pmatrix} b_1a_1 & b_1a_2 & b_1a_3 \\ b_2a_1 & b_2a_2 & b_2a_3 \\ b_3a_3 & b_3a_3 & b_3a_3 \end{pmatrix}$

② $A = \begin{pmatrix} a_{11} & a_{12} \\ a_{21} & a_{22} \end{pmatrix}$, $B = \begin{pmatrix} b_1 \\ b_2 \end{pmatrix}$

$\therefore AB = \begin{pmatrix} a_{11}b_1 + a_{12}b_2 \\ a_{21}b_1 + a_{21}b_2 \end{pmatrix}$

③ $A = \begin{pmatrix} a_{11} & a_{12} \\ a_{21} & a_{22} \end{pmatrix}$, $B = \begin{pmatrix} b_{11} & b_{12} \\ b_{21} & b_{22} \end{pmatrix}$

$$\therefore AB = \begin{pmatrix} a_{11}b_{11} + a_{12}b_{21} & a_{11}b_{12} + a_{12}b_{22} \\ a_{21}b_{11} + a_{22}b_{21} & a_{21}b_{12} + a_{22}b_{22} \end{pmatrix}$$

두 행렬의 곱은 순서가 바뀌면 다른 행렬이 되므로 교환법칙이 성립하지 않는 것에 주의해야 한다.

예제5) 다음의 행렬의 곱 $A \times B$를 구하라.

$$A = \begin{pmatrix} 4 & 3 \\ 2 & 1 \end{pmatrix}, \quad B = \begin{pmatrix} 5 & 6 \\ 7 & 8 \end{pmatrix}$$

풀이)
주어진 행렬이 곱은 다음과 같다.

$$A \times B = \begin{pmatrix} 4 & 3 \\ 2 & 1 \end{pmatrix}\begin{pmatrix} 5 & 6 \\ 7 & 8 \end{pmatrix} = \begin{pmatrix} 4 \times 5 + 3 \times 7 & 4 \times 6 + 3 \times 8 \\ 2 \times 5 + 1 \times 7 & 2 \times 6 + 1 \times 8 \end{pmatrix} = \begin{pmatrix} 41 & 48 \\ 17 & 20 \end{pmatrix}$$

8.2 벡터의 내적과 행벡터와 열벡터의 내적과의 관계

벡터 $\boldsymbol{a}$와 $\boldsymbol{b}$의 내적은 결과 값이 스칼라값으로 다음과 같이 표현된다.

$$\boldsymbol{a} = (a_1\ a_2\ a_3) = a_1\boldsymbol{i} + a_2\boldsymbol{j} + a_3\boldsymbol{k}$$

$$\boldsymbol{b} = (b_1\ b_2\ b_3) = b_1\boldsymbol{i} + b_2\boldsymbol{j} + b_3\boldsymbol{k}$$

$$\boldsymbol{a} \cdot \boldsymbol{b} = a_1b_1 + a_2b_2 + \ldots + a_nb_n = \sum_{l=1}^{n} a_lb_l \quad (\text{스칼라값}) \tag{8-7}$$

벡터 내적의 개념을 행렬에 대해서 확장하면 다음과 같이 행벡터 a와 열벡터 b의 곱으로 나타내면 다음의 관계가 성립하며, 이는 내적이므로 스칼라값이고 교환 법칙이 성립한다.

$$\boldsymbol{a} \cdot \boldsymbol{b} = \begin{bmatrix} a_1 \ldots a_n \end{bmatrix} \begin{bmatrix} b_1 \\ \cdot \\ \cdot \\ \cdot \\ b_n \end{bmatrix} = a_1b_1 + a_2b_2 + \ldots + a_nb_n = \sum_{l=1}^{n} a_lb_l$$

$$\boldsymbol{b}\cdot\boldsymbol{a}=\begin{bmatrix} b_1 \\ \cdot \\ \cdot \\ \cdot \\ b_n \end{bmatrix}[a_1 \ldots a_n] = a_1b_1 + a_2b_2 + \ldots + a_nb_n = \sum_{l=1}^{n} a_l b_l$$

정리하면, 열벡터와 행벡터 행렬의 벡터 내적은 일반 행렬의 곱과 다르게 교환법칙이 성립한다.
일반적으로 벡터곱(내적)에서 교환 법칙이 성립하는 것과 같은 개념으로 생각하기 바란다.

$$A \bullet B = AB\cos\theta$$

$$B \bullet A = BA\cos\theta$$

8.3 행렬과 선형 연립방정식과의 관계

이절에서는 행렬을 이용하여 선형 연립방정식을 표현하는 방법과 이에 대한 용어를 살펴보기로 한다.
n개의 변수 $x_1, x_2, \ldots, x_n$을 갖는 m개의 방정식으로 이루어진 선형 연립방정식은 다음으로 표현된다.

$$\begin{aligned} &a_{11}x_1 + a_{12}x_2 + \ldots + a_{1n}x_n = r_1 \\ &a_{21}x_1 + a_{22}x_2 + \ldots + a_{2n}x_n = r_2 \\ &. \\ &. \\ &. \\ &a_{m1}x_1 + a_{m2}x_2 + \ldots + a_{mn}x_n = r_m \end{aligned}$$

여기서 $a_{11}, a_{12}, \cdots a_{mn}$, r_m은 상수로서 각각 연립방정식의 계수이고, 제차항의 값이다.
이를 행렬로 나타내면, 행렬과 선형 연립방정식($AX = r$)이 되고, $AX = r$를 상태방정식이라고 정의 한다.

$$\begin{bmatrix} a_{11} & a_{12} & \cdots & a_{1n} \\ a_{21} & a_{22} & \cdots & a_{2n} \\ \vdots & \vdots & \ddots & \vdots \\ a_{m1} & a_{m2} & \cdots & a_{mn} \end{bmatrix} \begin{bmatrix} x_1 \\ x_2 \\ \vdots \\ x_n \end{bmatrix} = \begin{bmatrix} r_1 \\ r_2 \\ \vdots \\ r_m \end{bmatrix} \qquad \textbf{(8-8)}$$

여기서 $\boldsymbol{A}$를 계수 행렬이라하고, X를 선형 연립방정식의 해를 나타내는 해벡터 행렬이라고 부른다.
또한, 다음과 같이 비제차항을 포함한 행렬을 첨가행렬이라고 한다.

$$\begin{bmatrix} a_{11} & a_{12} & \cdots & a_{1n} & r_1 \\ a_{21} & a_{22} & \cdots & a_{2n} & r_2 \\ \vdots & \vdots & \ddots & \vdots & \vdots \\ a_{m1} & a_{m2} & \cdots & a_{mn} & r_m \end{bmatrix} = \widetilde{A} \qquad \textbf{(8-9)}$$

8.4 행렬식의 정의

행렬식은 반드시 행과 열의 수가 같은 정사각행렬에서 정의되고, $n \times n$행렬인 n차 정사각행렬을 n차 행렬식이라 한다. 행렬식은 행렬과 구분하기 위하여 원소의 집합 양쪽에 두 개의 수직선 "| |"의 기호로 표시한다.

$$\begin{vmatrix} a_{11} & a_{12} \\ a_{21} & a_{22} \end{vmatrix} \qquad \begin{vmatrix} a_{11} & a_{12} & a_{13} \\ a_{21} & a_{22} & a_{23} \\ a_{31} & a_{32} & a_{33} \end{vmatrix}$$

[2차 행렬식]　　　[3차 행렬식]

행렬식은 2차 행렬이 A일 때, 치환을 이용하여 도출된 2차 행렬식의 정의는 다음과 같다.

2차 행렬: $A = \begin{pmatrix} a_{11} & a_{12} \\ a_{21} & a_{22} \end{pmatrix}$

행렬식의 정의: $\det(A) = |A| = \begin{vmatrix} a_{11} & a_{12} \\ a_{21} & a_{22} \end{vmatrix} = a_{11}a_{22} - a_{12}a_{21}$

여기서 행렬식은 행렬 A의 함수로 생각할 수 있으며, 행렬 A의 행렬식은 일반적으로 $\det(A)$, $|A|$ 등의 기호로 나타낸다.

행렬식의 전개는 대각선 규칙에 의한 사러스 방법, 여인수 전개법(라플라스 전개법), 행렬식의 성질을 이용한 기본 행연산 등이 있고, 행렬식의 차수에 적용되는 계산 방법은 다음과 같다.

①사러스 방법: 2, 3차 행렬식
②여인수 전개법(라플라스 전개법): 3차 이상의 고차 행렬식
③기본 행연산: 3차 이상의 고차 행렬식에 적용, 가우스 소거법이라고도 함

회로망 해석에서 2, 3차 행렬식은 사러스 방법, 4차 이상의 고차 행렬식은 여인수 전개법의 정형화된 방법을 이용하는 것이 일반적이다. 그러나 행렬식을 단순화시키는 방법의 기본 행연산법도 알아두면 위의 두 방법과 조화롭게 사용하여 간단히 풀 수 있다.

(1) 사러스 방법

2차 또는 3차 행렬식은 회전방향으로 곱하여 시계 방향의 곱에는(+), 반시계 방향의 곱에는(-)를 붙여 계산한다.
이 대각선 규칙에 의한 행렬식의 전개 방법을 사러스의 방법이라고 한다.
사러스 방법에 의한 2차 및 3차 행렬식의 전개 결과는 다음과 같다.

$$D = \det(A) = \begin{vmatrix} a_{11} & a_{12} \\ a_{21} & a_{22} \end{vmatrix} = a_{11}a_{22} - a_{12}a_{21}$$

$$D = \det(A) = \begin{vmatrix} a_{11} & a_{12} & a_{13} \\ a_{21} & a_{22} & a_{23} \\ a_{31} & a_{32} & a_{33} \end{vmatrix}$$

$$= a_{11}a_{22}a_{33} + a_{12}a_{23}a_{31} + a_{13}a_{32}a_{21} - a_{13}a_{22}a_{31} - a_{12}a_{21}a_{33} - a_{11}a_{32}a_{23} \quad \textbf{(8-10)}$$

예제6) 다음의 행렬식을 사러스 방법에 의하여 값을 구하라.

$$\det(A) = \begin{vmatrix} 3 & -2 & 1 \\ 5 & 6 & 2 \\ 1 & 0 & -3 \end{vmatrix}$$

풀이)
주어진 행렬식의 값은 다음과 같다.

$$\det(A) = \begin{vmatrix} 3 & -2 & 1 \\ 5 & 6 & 2 \\ 1 & 0 & -3 \end{vmatrix} = 3\cdot6\cdot(-3) + (-2)\cdot2\cdot1 + 1\cdot0\cdot5$$
$$-1\cdot6\cdot1 - (-2)\cdot5\cdot(-3) - 3\cdot0\cdot2$$
$$= -54 - 4 + 0 - 6 - 30 = -94$$

(2) 여인수 전개법(라플라스 전개법)

사러스 방법에 의한 행렬식의 전개는 2, 3차 행렬식에서만 할 수 있고, 4차 이상의 고차 행렬식에는 적용할 수 없다. 3차 이상의 n차 행렬식은 여인수에 의한 전개법으로 구하며, 이의 방법에 필요한 정의부터 알아본다.

행렬식에서 i번째 행과 j번째 열의 원소 a_{ij}의 소행렬식, M_{ij}는 i번째 행과 j번째 열의 원소 a_{ij}를 제외한 나머지의 원소로 이루어진 행렬식이다.

또 원소 a_{ij}의 여인수 A_{ij}는 소행렬식 M_{ij}로부터 다음과 같이 정의한다.

$$A_{ij} = (-1)^{i+j}\cdot M_{ij} \tag{8-11}$$

즉, 여인수는 소행렬식에 부호 $(-1)^{i+j}$를 곱한 것으로써 해당하는 원소의 행과 열 번호의 합인 $(i+j)$가 짝수이면(+), 홀수이면(-)의 부호를 붙인다.

위의 정의로부터 다음의 3차 행렬식에서 소행렬식 M_{ij}과 여인수 A_{ij}를 각각 구해본다.

$$\det(A) = |A| = \begin{vmatrix} a_{11} & a_{12} & a_{13} \\ a_{21} & a_{22} & a_{23} \\ a_{31} & a_{32} & a_{33} \end{vmatrix} \tag{8-12}$$

원소 a_{ij}의 소행렬식 $M_{ij}(M_{11},\ M_{12},\ M_{13},\ \cdots)$은 각각

$$\begin{cases} M_{11} = \begin{vmatrix} a_{22} & a_{23} \\ a_{32} & a_{33} \end{vmatrix} = a_{22}a_{33} - a_{23}a_{32} \\ M_{12} = \begin{vmatrix} a_{21} & a_{23} \\ a_{31} & a_{33} \end{vmatrix} = a_{21}a_{33} - a_{23}a_{31} \\ M_{13} = \begin{vmatrix} a_{21} & a_{22} \\ a_{31} & a_{32} \end{vmatrix} = a_{21}a_{32} - a_{22}a_{31}, M_{21}, M_{22} \cdot\cdot\cdot \end{cases} \tag{8-13}$$

이고, 여인수 $A_{ij}(A_{11},\ A_{12},\ A_{13},\ \cdots)$는 각각 다음과 같이 얻어진다.

$$\begin{cases} A_{11} = (-1)^{1+1}M_{11} = +(a_{22}a_{33} - a_{23}a_{32}) \\ A_{12} = (-1)^{1+2}M_{12} = -(a_{21}a_{33} - a_{23}a_{31}) \\ A_{13} = (-1)^{1+3}M_{13} = +(a_{21}a_{32} - a_{22}a_{31}), A_{21}, A_{22} \cdot\cdot\cdot \end{cases} \tag{8-14}$$

여인수의 이용에 의한 행렬식의 해법은 임의의 한 행(열)에서 각 원소 a_{ij}와 그 여인수 A_{ij}의 곱으로 전개하여 구한다.

$$\det(A) = \begin{cases} a_{11}A_{11} + a_{12}A_{12} + \ldots. + a_{1n}A_{1n} \ (\text{제 1행에 관한 전개}) \\ a_{11}A_{11} + a_{21}A_{21} + \ldots. + a_{n1}A_{n1} \ (\text{제 1열에 관한 전개}) \end{cases}$$

여인수는 제 1행(제 1열)을 일반적으로 선택하지만, 행렬식의 기본 성질에 의해 0의 원소를 많이 포함한 한 행(열)을 선택하여 계산의 소요시간이 짧아지면서 간편해진다. 이와 같은 전개 방법을 라플라스 전개법이라고도 한다.
여인수 전개에 의한 해를 구하면

$$\det(A) = a_{11}A_{11} + a_{12}A_{12} + a_{13}A_{13}$$

$$= a_{11}(-1)^{1+1}M_{11} + a_{12}(-1)^{1+2}M_{12} + a_{13}(-1)^{1+3}M_{13}$$

$$= a_{11}M_{11} - a_{12}M_{12} + a_{13}M_{13}$$

$$= a_{11}\begin{vmatrix} a_{22} & a_{23} \\ a_{32} & a_{33} \end{vmatrix} - a_{12}\begin{vmatrix} a_{21} & a_{23} \\ a_{31} & a_{33} \end{vmatrix} + a_{13}\begin{vmatrix} a_{21} & a_{22} \\ a_{31} & a_{32} \end{vmatrix}$$

$$= a_{11}(a_{22}a_{33} - a_{23}a_{32}) - a_{12}(a_{21}a_{33} - a_{23}a_{31}) + a_{13}(a_{21}a_{32} - a_{22}a_{31})$$

이 되고, 사러스 방법으로 구한 값과 일치하고 있다.

예제7) 다음의 행렬 A에서 제 1행과 제 3행에 관하여 det(A)를 여인수 전개법(라플라스 전개법)에 의한 방법으로 행렬식의 값을 구하라.

$$\det(A) = \begin{vmatrix} 17 & 2 & 4 \\ 1 & 3 & 8 \\ 16 & -1 & -4 \end{vmatrix}$$

풀이)

$$\begin{vmatrix} 17 & 2 & 4 \\ 1 & 3 & 8 \\ 16 & -1 & -4 \end{vmatrix} = 17\begin{vmatrix} 3 & 8 \\ -1 & -4 \end{vmatrix} - 2\begin{vmatrix} 1 & 8 \\ 16 & -4 \end{vmatrix} + 4\begin{vmatrix} 1 & 3 \\ 16 & -1 \end{vmatrix}$$

$$= 17(-12+8) - 2(-4-128) + 4(-1-48) = 0$$

$\therefore\ 0$

---

(3) 기본 행연산 : 가우스 소거법이라고도 함

기본 행연산은 아래의 행렬식의 성질을 이용하여 주어진 행렬식 자체를 단순화 또는 축소화 과정을 거쳐 최종적으로 삼각행렬, 대각행렬 또는 한 행(열)에서 한 원소를 제외한 나머지 원소들을 0으로 변형해서 간단히 구하는 방법이다.

이 기본 행연산을 위한 행렬식의 기본적 성질과 행렬식 간의 관계를 나타내는 일반적 성질에 관하여 정리해 본다.

[행렬식의 성질]

[1] 행렬 A와 전치행렬 A^T의 행렬식의 값은 같다.

예) $\det(A) = \begin{vmatrix} 1 & 2 \\ 3 & 4 \end{vmatrix} = -2$, $\det(A^T) = \begin{vmatrix} 1 & 3 \\ 2 & 4 \end{vmatrix} = -2$

$\therefore\ \det(A) = \det(A^T)$

[2] 행렬 A의 두 행(열)이 일치하거나 비례하면 행렬식의 값은 0이다.

예) $\det(A) = \begin{vmatrix} 2 & 3 & 4 \\ 2 & 3 & 4 \\ 1 & 2 & 3 \end{vmatrix} = 0$, $\det(A) = \begin{vmatrix} 1 & 2 & 2 \\ 2 & 4 & 5 \\ 3 & 6 & 4 \end{vmatrix} = 2\begin{vmatrix} 1 & 1 & 2 \\ 2 & 2 & 5 \\ 3 & 3 & 4 \end{vmatrix} = 0$

[3] 행렬 A의 한 행(열)의 모든 원소가 0이면 행렬식의 값은 0이다.

예) $\det(A) = \begin{vmatrix} 1 & 0 & 2 \\ 2 & 0 & 3 \\ 3 & 0 & 4 \end{vmatrix} = 0$

[4] n차 행렬인 대각행렬 및 삼각행렬의 행렬식의 값은 주대각 원소의 곱과 같다.

예) $\det(A)=\begin{vmatrix}1&0&0\\0&2&0\\0&0&3\end{vmatrix}=6$, $\det(A)=\begin{vmatrix}1&2&3\\0&2&4\\0&0&3\end{vmatrix}=6$

$\therefore\ \det(A)=a_{11}a_{22}a_{33}\cdots\cdots a_{nn}$

[5] 행렬식의 한 행(열)에 k배 한 것은 행렬식의 값에 k배 한 것과 같다.

$\det(A)=\begin{vmatrix}a_{11}&a_{12}\\a_{21}&a_{22}\end{vmatrix}$, $\det(B)=\begin{vmatrix}ka_{11}&ka_{12}\\a_{21}&a_{22}\end{vmatrix}$

$\det(B)=ka_{11}a_{22}-ka_{12}a_{21}=k(a_{11}a_{22}-a_{12}a_{21})=k\det(A)$

예)$\det(A)=\begin{vmatrix}1&2\\3&4\end{vmatrix}=-2$

$\det(B)=\begin{vmatrix}1\times5&2\times5\\3&4\end{vmatrix}=\begin{vmatrix}5&10\\3&4\end{vmatrix}=-10(=5\det(A)=5\begin{vmatrix}1&2\\3&4\end{vmatrix})$

$\therefore\ \det(B)=5\det(A)$

[6] 행렬식의 두 행(열)을 서로 바꾸는 것은 행렬식의 값에 -1을 곱한 것과 같다.

$\det(A)=\begin{vmatrix}a_{11}&a_{12}\\a_{21}&a_{22}\end{vmatrix}$, $\det(B)=\begin{vmatrix}a_{21}&a_{22}\\a_{11}&a_{12}\end{vmatrix}$

$\det(B)=a_{21}a_{12}-a_{22}a_{11}=-(a_{11}a_{22}-a_{12}a_{21})=-\det(A)$

예) $\det(A)=\begin{vmatrix}3&0&2\\-2&3&0\\1&2&3\end{vmatrix}=13$, $\det(B)=\begin{vmatrix}1&2&3\\-2&3&0\\3&0&2\end{vmatrix}=-13$

$\det(B)=-\det(A)$

[7] 행렬식의 한 행(열)의 상수배(k)를 다른 행에 더해도 행렬식 값은 변하지 않는다.

$$\det(A)=\begin{vmatrix} a_{11} & a_{12} \\ a_{21} & a_{22} \end{vmatrix},\ \det(B)=\begin{vmatrix} a_{11} & a_{12} \\ a_{21}+ka_{11} & a_{22}+ka_{12} \end{vmatrix}$$

$$\det(B)=a_{11}(a_{22}+ka_{12})-a_{12}(a_{21}+ka_{11})$$

$$=a_{11}a_{22}+ka_{11}a_{12}-a_{12}a_{21}-ka_{12}a_{11}=\det(A)$$

예) $\det(A)=\begin{vmatrix} 1 & 2 & 2 \\ 0 & 1 & 0 \\ -3 & 2 & 3 \end{vmatrix}=9,\ \Rightarrow\ \det(B)=\begin{vmatrix} 1 & 2 & 2 \\ 0 & 1 & 0 \\ 0 & 8 & 9 \end{vmatrix}=9$

(제 1행×3+제3행)

(0 8 9)

$\therefore\ \det(B)=\det(A)$

이상의 행렬식의 기본 성질을 이용하여 행렬식을 다양한 삼각 행렬로 만들어 행렬식의 값을 구할 수 있다.

예) $\det(A)=|A|=\begin{vmatrix} 0 & 1 & 2 \\ 4 & -2 & 6 \\ 2 & 5 & 6 \end{vmatrix}=-6\begin{vmatrix} 2 & -1 & 3 \\ 0 & 1 & 2 \\ 0 & 0 & -3 \end{vmatrix}=36$

<행렬식의 기본 행연산의 성질을 이용한 풀이 과정>

$\det(A)$	기본 행연산	전개 순서	기본 행 연산 성질
$\begin{vmatrix} 0 & 1 & 2 \\ 4 & -2 & 6 \\ 2 & 5 & 6 \end{vmatrix}$	$-\begin{vmatrix} 4 & -2 & 6 \\ 0 & 1 & 2 \\ 2 & 5 & 6 \end{vmatrix}$	① 제1, 2 행 교환 (-)	[6]번 성질 적용
		② 제1행에서 배수 2를 행렬식 밖으로	[5]번 성질 적용
	$-2\begin{vmatrix} 2 & -1 & 3 \\ 0 & 1 & 2 \\ 2 & 5 & 6 \end{vmatrix}$	③ 제1행 × (-) + 제3행	[7]번 성질 적용
	$-2\begin{vmatrix} 2 & -1 & 3 \\ 0 & 1 & 2 \\ 0 & 6 & 3 \end{vmatrix}$	④ 제3행에서 배수 3을 행렬식 밖으로	[5]번 성질 적용
	$-6\begin{vmatrix} 2 & -1 & 3 \\ 0 & 1 & 2 \\ 0 & 2 & 1 \end{vmatrix}$	⑤ 제2행 × (-2) + 제3행	[7]번 성질 적용
	$-6\begin{vmatrix} 2 & -1 & 3 \\ 0 & 1 & 2 \\ 0 & 0 & -3 \end{vmatrix}$	⑥ 삼각행렬 계산	[4]번 성질 적용
$\therefore \det(A)=12-24+40+8=(-6)\cdot\{2\cdot1\cdot-3\}=6\times6=36$			

8.5 연립방정식의 해법

행렬의 이론은 원래 연립방정식의 해를 구하는 것으로부터 출발하였다. 1차 방정식에만 한정되는 행렬을 이용한 연립방정식의 해석은 가우스 소거법과 크라머의 공식이 있다. 그러나 이 절에서는 정형화되어 있고 회로망 해석에 자주 이용되는 크라머의 공식에 대하여 언급하기로 한다.

연립방정식의 해법을 적용하기 전에 먼저 연립방정식으로부터 행렬과 행렬식으로 변환하는 과정을 배우고 나서 하기로 한다.

방정식은 미지수의 갯수와 방정식의 차수가 각각 m, n 일 때 m원 n차 방정식이라 한다. 두 개의 미지수 x_1, x_2를 갖는 2원 1차 연립방정식

$$\begin{cases} a_{11}x_1 + a_{12}x_2 = b_1 & (1) \\ a_{21}x_1 + a_{22}x_2 = b_2 & (2) \end{cases} \qquad \textbf{(8-15)}$$

일 때, 행렬의 상등과 곱의 정의로부터 다음과 같이 행렬로 나타낼 수 있다.

$$\begin{pmatrix} a_{11}x_1 + a_{12}x_2 \\ a_{21}x_1 + a_{22}x_2 \end{pmatrix} = \begin{pmatrix} b_1 \\ b_2 \end{pmatrix} \Rightarrow \begin{pmatrix} a_{11} & a_{12} \\ a_{21} & a_{22} \end{pmatrix}\begin{pmatrix} x_1 \\ x_2 \end{pmatrix} = \begin{pmatrix} b_1 \\ b_2 \end{pmatrix} \qquad \textbf{(8-16)}$$

즉, 미지수가 2개를 갖는 2원 1차 연립방정식은 2차 행렬이 되고, 이것으로부터 미지수가 8개를 갖는 3원 1차 연립방정식은 8차 행렬이 됨을 알 수 있다.

계수행렬을 A라 하고, X와 B를 각각

$$A = \begin{pmatrix} a_{11} & a_{12} \\ a_{21} & a_{22} \end{pmatrix}, \ X = \begin{pmatrix} x_1 \\ x_2 \end{pmatrix}, \ B = \begin{pmatrix} b_1 \\ b_2 \end{pmatrix}$$

$$AX = B \qquad \textbf{(8-17)}$$

로 하면, 이 연립방정식은 $AX = B$의 행렬로 나타낼 수 있다.

또 연립방정식의 해를 구한 다음에 행렬식으로 표현하면 다음과 같다.

$$\begin{cases} (a_{11}a_{22} - a_{12}a_{21})x_1 = b_1a_{22} - a_{12}b_2 : (1) \times a_{22} - (2) \times a_{12} \\ (a_{11}a_{22} - a_{12}a_{21})x_2 = a_{12}b_2 - b_1a_{21} : (2) \times a_{11} - (1) \times a_{21} \end{cases}$$

· 2개의 미지수: $x_1 = \dfrac{\begin{vmatrix} b_1 & a_{12} \\ b_2 & a_{22} \end{vmatrix}}{D} =$, $x_2 = \dfrac{\begin{vmatrix} a_{11} & b_1 \\ a_{21} & b_2 \end{vmatrix}}{D}$

$$\therefore \ x_1 = \frac{b_1 a_{22} - a_{12} b_2}{a_{11} a_{22} - a_{12} a_{21}} = \frac{\begin{vmatrix} b_1 & a_{12} \\ b_2 & a_{22} \end{vmatrix}}{\begin{vmatrix} a_{11} & a_{12} \\ a_{21} & a_{22} \end{vmatrix}} = \frac{D_1}{D}$$

$$\therefore \ x_2 = \frac{a_{12} b_2 - b_1 a_{21}}{a_{11} a_{22} - a_{12} a_{21}} = \frac{\begin{vmatrix} a_{11} & b_1 \\ a_{21} & b_2 \end{vmatrix}}{\begin{vmatrix} a_{11} & a_{12} \\ a_{21} & a_{22} \end{vmatrix}} = \frac{D_2}{D} \qquad \textbf{(8-18)}$$

여기서 연립방정식의 해를 만족하기 위한 조건은 $D \neq 0$ 이어야 하고, 행렬식 D, D_1과 D_2는 다음과 같이 정의된다.

D : 계수 행렬 A의 행렬식 $\{D = \det(A) = |A|\}$

D_1 : 행렬 A의 제1열을 열행렬 B로 대치하여 만든 행렬의 행렬식

D_2 : 행렬 A의 제2열을 열행렬 B로 대치하여 만든 행렬의 행렬식

$$D = \begin{vmatrix} a_{11} & a_{12} \\ a_{21} & a_{22} \end{vmatrix}, \ D_1 = \begin{vmatrix} b_1 & a_{12} \\ b_2 & a_{22} \end{vmatrix}, \ D_2 = \begin{vmatrix} a_{11} & b_1 \\ a_{21} & b_2 \end{vmatrix}$$

이것을 크라머의 공식이라 한다. 이 공식은 미지수가 3개 이상으로 확장된 1차 연립방정식의 경우에도 동일한 방법으로 적용된다.

3원 1차 연립방정식의 크라머의 공식을 적용하면 다음과 같다.

① 3원 1차 연립방정식의 행렬식 표현

$$\begin{cases} a_{11}x_1 + a_{12}x_2 + a_{13}x_3 = b_1 \\ a_{21}x_1 + a_{22}x_2 + a_{23}x_3 = b_2 \\ a_{31}x_1 + a_{32}x_2 + a_{33}x_3 = b_3 \end{cases} \Rightarrow \begin{pmatrix} a_{11} & a_{12} & a_{13} \\ a_{21} & a_{22} & a_{23} \\ a_{31} & a_{32} & a_{33} \end{pmatrix} \begin{pmatrix} x_1 \\ x_2 \\ x_3 \end{pmatrix} = \begin{pmatrix} b_1 \\ b_2 \\ b_3 \end{pmatrix} \tag{8-19}$$

· 3개의 미지수: $x_1 = \dfrac{\begin{vmatrix} b_1 & a_{12} & a_{13} \\ b_2 & a_{22} & a_{23} \\ b_3 & a_{32} & a_{33} \end{vmatrix}}{D}$, $x_2 = \dfrac{\begin{vmatrix} a_{11} & b_1 & a_{13} \\ a_{21} & b_2 & a_{23} \\ a_{31} & b_3 & a_{33} \end{vmatrix}}{D}$, $x_3 = \dfrac{\begin{vmatrix} a_{11} & a_{12} & b_1 \\ a_{21} & a_{22} & b_2 \\ a_{31} & a_{32} & b_3 \end{vmatrix}}{D}$ (8-20)

② 행렬식 D, D_1, D_2, D_3의 정의

$$D = \begin{vmatrix} a_{11} & a_{12} & a_{13} \\ a_{21} & a_{22} & a_{23} \\ a_{31} & a_{32} & a_{33} \end{vmatrix} \quad \{\text{단, } D = \det(A) = |A| \neq 0\}$$

$$D_1 = \begin{vmatrix} b_1 & a_{12} & a_{13} \\ b_2 & a_{22} & a_{23} \\ b_3 & a_{32} & a_{33} \end{vmatrix},\ D_2 = \begin{vmatrix} a_{11} & b_1 & a_{13} \\ a_{21} & b_2 & a_{23} \\ a_{31} & b_3 & a_{33} \end{vmatrix},\ D_3 = \begin{vmatrix} a_{11} & a_{12} & b_1 \\ a_{21} & a_{22} & b_2 \\ a_{31} & a_{32} & b_3 \end{vmatrix}$$

③ 미지수 x_1, x_2, x_3의 해

$$x_1 = \frac{D_1}{D},\ x_2 = \frac{D_2}{D},\ x_3 = \frac{D_3}{D} \tag{8-21}$$

예제8) 다음의 2원 1차 연립방정식을 크라머의 공식을 이용하여 구하라.

$2x + y = 4$
$5x - 2y = 1$

풀이)

크라머의 식에 의하여 미지수는 다음과 같이 구한다.

$$\begin{pmatrix} a_{11}x_1 + a_{12}x_2 \\ a_{21}x_1 + a_{22}x_2 \end{pmatrix} = \begin{pmatrix} b_1 \\ b_2 \end{pmatrix} \Rightarrow \begin{pmatrix} a_{11} & a_{12} \\ a_{21} & a_{22} \end{pmatrix} \begin{pmatrix} x_1 \\ x_2 \end{pmatrix} = \begin{pmatrix} b_1 \\ b_2 \end{pmatrix}$$

주어진 연립 방정식은 다음과 같다.

$$\begin{pmatrix} 2 & 1 \\ 5 & -2 \end{pmatrix}\begin{pmatrix} x \\ y \end{pmatrix} = \begin{pmatrix} 4 \\ 1 \end{pmatrix}$$

주어진 식에서

$$D = \begin{pmatrix} 2 & 1 \\ 5 & -2 \end{pmatrix} = -4 - 5 = -9,$$

$$D_1 = \begin{pmatrix} 4 & 1 \\ 1 & -2 \end{pmatrix} = -8 - 1 = -9,$$

$$D_2 = \begin{pmatrix} 2 & 4 \\ 5 & 1 \end{pmatrix} = 2 - 20 = -18$$

라면, 미지수 x, y는 다음과 같다.

$$x = \frac{D_1}{D} = 1, \ y = \frac{D_2}{D} = 2$$

$$\therefore \quad x = 1, y = 2$$

예제9) 다음의 3원 1차 연립방정식을 크라머의 공식을 이용하여 구하라.

$$3x + 5y = 11$$
$$x - 2y + z = 3$$
$$3y + 13z = 13$$

풀이)
주어진 연립방정식의 행렬은 다음과 같다.

$$\begin{pmatrix} 3 & 5 & 0 \\ 1 & -2 & 1 \\ 0 & 3 & 13 \end{pmatrix}\begin{pmatrix} x \\ y \\ z \end{pmatrix} = \begin{pmatrix} 11 \\ 3 \\ 13 \end{pmatrix}$$

크라머의 식에 의하여 미지수는 다음과 같이 구한다.

$$D=\begin{vmatrix}3 & 5 & 0\\1 & -2 & 1\\0 & 3 & 13\end{vmatrix}$$

$$D_1=\begin{vmatrix}11 & 5 & 0\\3 & -2 & 1\\13 & 3 & 13\end{vmatrix},\ D_2=\begin{vmatrix}3 & 11 & 0\\1 & 3 & 1\\0 & 13 & 13\end{vmatrix},\ D_3=\begin{vmatrix}3 & 5 & 11\\1 & -2 & 3\\0 & 3 & 13\end{vmatrix}$$

미지수 x, y, z의 해

$$x=\frac{D_1}{D},\ y=\frac{D_2}{D},\ z=\frac{D_3}{D}$$

$$\therefore\quad x=2,\ y=1,\ z=3$$

8.6 역행렬

(1) 역행렬의 정의

정사각행렬 A에 대하여 단위행렬을 I라 하면

$$AX = XA = I$$

$$\mathbf{AA^{-1} = A^{-1}A = I} \quad \text{(8-22)}$$

을 만족시키는 행렬 X가 존재할 때, X를 A의 역행렬이라 하고, A^{-1}로 표기한다.

이 때 A^{-1}은 "역행렬 A" 또는 "인버스 행렬 A"라고 읽는다. 즉,

$$AA^{-1} = I$$

(2) 역행렬 구하는 방법

행렬 A의 역행렬을 A^{-1}라 할 때, 역행렬은 다음의 식에 의하여 구한다.

$$A^{-1} = \frac{1}{\det(A)} adj(A) \quad \text{(8-23)}$$

여기서 $\det(A) = |A|$는 행렬 A의 행렬식이다. $adj(A)$는 수반행렬이라 한다.

수반행렬 $adj(A)$는 행렬 A의 전치행렬 A^T로부터 구한 여인수를 원소로 하는 행렬이고, 이는 행렬 A의 여인수 A_{ij}집합의 행렬을 전치행렬로 바꾼 것과 마찬가지의 결과가 된다. 즉, 수반행렬은 다음과 같이 나타낼 수 있다.

원소 a_{ij}의 여인수 A_{ij}는 소행렬식 M_{ij}로부터 다음과 같이 정의된다.

$$A_{ij} = (-1)^{i+j} \cdot M_{ij} \quad \text{(8-24)}$$

$$adj(A) = \begin{pmatrix} A_{11} & A_{12} & A_{13} \\ A_{21} & A_{22} & A_{23} \\ A_{31} & A_{32} & A_{33} \end{pmatrix}^T = \begin{pmatrix} A_{11} & A_{21} & A_{31} \\ A_{12} & A_{22} & A_{32} \\ A_{13} & A_{23} & A_{33} \end{pmatrix} \quad \text{(8-25)}$$

(a_{ij}의 여인수)^T (수반행렬)

역행렬은 다음과 같은 기본 성질을 갖는다.

$(A^{-1})^{-1} = A$

$(A^{-1})^T = (A^T)^{-1}$

$(AB)^{-1} = B^{-1}A^{-1}$

역행렬이 존재하기 위한 필요충분조건은 $\det A \neq 0$ 이다.

예제10) 다음 2차 행렬의 역행렬을 구하라.

$$\begin{bmatrix} 2 & 1 \\ 5 & 3 \end{bmatrix}$$

풀이)

행렬식 $\begin{vmatrix} 2 & 1 \\ 5 & 3 \end{vmatrix} = 6 - 5 = 1$

역행렬 $A^{-1} = \dfrac{1}{\det A}\begin{bmatrix} 3 & -1 \\ -5 & 2 \end{bmatrix}$

역행렬은 다음과 같다.

$\therefore \begin{bmatrix} 3 & -1 \\ -5 & 2 \end{bmatrix}$

예제11) 다음 3차 행렬의 역행렬을 구하라.

$$\begin{bmatrix} 5 & -1 & 1 \\ 0 & 2 & 0 \\ -5 & 3 & -3 \end{bmatrix}$$

풀이)

행렬식 $\begin{vmatrix} 5 & -1 & 1 \\ 0 & 2 & 0 \\ -5 & 3 & -3 \end{vmatrix} = 5\begin{vmatrix} 2 & 0 \\ 3 & -3 \end{vmatrix} - 5\begin{vmatrix} -1 & 1 \\ 2 & 0 \end{vmatrix} = -30 + 10 = -20$

역행렬 $A^{-1} = \dfrac{1}{\det A}\begin{bmatrix} C_{11} & C_{21} & C_{31} \\ C_{12} & C_{22} & C_{32} \\ C_{13} & C_{23} & C_{33} \end{bmatrix} = \dfrac{-1}{20}\begin{bmatrix} -6 & 0 & -2 \\ 0 & -10 & 0 \\ 10 & -10 & 10 \end{bmatrix}$

$\therefore \begin{bmatrix} 0.3 & 0 & 0.1 \\ 0 & 0.5 & 0 \\ -0.5 & 0.5 & -0.5 \end{bmatrix}$

연 습 문 제

$$A = \begin{bmatrix} 1 & 3 \\ 2 & 1 \end{bmatrix},\ B = \begin{bmatrix} -2 & 0 \\ 3 & 4 \end{bmatrix},\ C = \begin{bmatrix} 0 & 2 & 3 \\ 1 & 4 & -1 \end{bmatrix},\ D = \begin{bmatrix} 7 & 0 & 2 \\ 5 & 3 & 0 \end{bmatrix}$$

$$e = \begin{bmatrix} 2 \\ 0 \\ 1 \end{bmatrix},\ F = \begin{bmatrix} 1 & 0 \\ 0 & 3 \\ 2 & -1 \end{bmatrix},\ G = \begin{bmatrix} 4 & -1 & 0 \\ 0 & 2 & 3 \\ 1 & 0 & -1 \end{bmatrix},\ h = [0\ \ 3\ \ 4]$$

1. 위의 행렬에 대하여 다음 식의 답을 구하라.

① $A+B$, $B+A$

② $A-B$, $B-A$

③ $4A-2B$, $2(2A-B)$

④ $C+D$, $B+C$

⑤ $-3(C-4D)$, $A+B+C+D$

2. 위의 행렬에 대하여 다음 식이 성립함을 보여라.

① $A+\frac{1}{2}B = \frac{1}{2}(2A+B)$

② $6A = A+5A = 9A-3A$

③ $4(3D) = 2(6D)$

3. 위의 행렬에 대하여 다음 식의 답을 구하라.

① eh, he

② FG, GF

③ Fh, hF

④ Gh, hG

⑤ hGF

⑥ ehG

⑦ $ehGe$

⑧ e^Te, ee^T

⑨ $G+G^T$

⑩ FF^TG^T, GFF^T

4. 가우스 소거법을 이용하여 연립방정식의 해를 구하시오.

① $x+2y=4$
$2x-5y=1$

② $x-y=4$
$3x+y=6$

③ $3x+5y=10$
$x-2y+z=4$
$4y+3z=6$

④ $4x-y+z=0$
$2+4y-2z=0$
$3x+y+5z=0$

5. 다음 행렬식을 계산하라.

① $\begin{vmatrix} 4 & 3 \\ 7 & -1 \end{vmatrix}$

② $\begin{vmatrix} -\cos\alpha & \sin\alpha \\ -\sin\alpha & \cos\alpha \end{vmatrix}$

③ $\begin{vmatrix} 0 & 89 & 76 \\ 0 & 10 & 37 \\ 16 & 0 & 25 \end{vmatrix}$

④ $\begin{vmatrix} 16 & 2 & 4 \\ 1 & 3 & 8 \\ 17 & -1 & -4 \end{vmatrix}$

6. 다음 행렬의 역행렬을 구하라.

① $\begin{bmatrix} 1 & 2 \\ 3 & 4 \end{bmatrix}$

② $\begin{bmatrix} \cos\beta & -\sin\beta \\ \sin\beta & \cos\beta \end{bmatrix}$

③ $\begin{bmatrix} 5 & -1 & 5 \\ 0 & 2 & 0 \\ -15 & 3 & -5 \end{bmatrix}$

④ $\begin{bmatrix} 4 & 0 & 0 \\ 0 & 2 & 0 \\ 0 & 0 & -5 \end{bmatrix}$

9장 벡터미분법

벡터, 벡터함수, 벡터 미분, 벡터 적분의 개념은 공학에서 매우 중요한 부분이다. 이 장에서는 벡터의 기본 개념을 익히고, 기본 연산과 벡터 미분에 대해서 다룬다.

9.1 벡터의 기본 개념

기하학이나 물리학에서 나타나는 양에는 일, 에너지, 전위, 전하, 시간, 각도, 질량 등과 같이 크기만을 가지고 있는 양과 변위, 속도, 가속도, 전계 및 전계의 세기, 힘등과 같이 크기와 방향을 함께 가진 양이 있다. 전자를 스칼라량이라 하고, 후자를 벡터량이라 한다.

스칼라량은 A, B, C 처럼 쓰고, 벡터량은 $\boldsymbol{A}$, $\boldsymbol{B}$, $\boldsymbol{U}$ 등과 같이 굵은 고딕체 문자를 쓰며, 필기체로서 $\vec{A}$화살표를 병기하거나 $\dot{A}$점을 병기하여 쓰는 것이 보통이다. 또 벡터 A의 스칼라량 즉 크기는 |A| 또는 A로 나타낸다.

벡터는 임의의 시점에서 출발하여 그 종점의 방향을 나타내기 위한 화살표가 붙어 있는 방향선분으로 표시된다.

벡터량을 그림으로 표시하면 점 O를 시점, 점 P를 종점이라 한다.

만약 두 벡터 $\boldsymbol{A}$와 $\boldsymbol{B}$가 같으면

$$A = B \tag{9-1}$$

라 쓰며, 이 두 벡터는 크기와 방향이 같다.

임의의 어떤 양 u가 스칼라량이라 할 때, $u\boldsymbol{A}$의 크기는 벡터 $\boldsymbol{A}$크기의 u배이며, 방향은 $u>0$이면 벡터 $\boldsymbol{A}$와 같은 방향이고 $u<0$이면 반대 방향이다.

어떤 방향을 향하여 크기가 1인 벡터를 그 방향의 단위 벡터라 하며, 주로 방향표시에 쓰인다. 지금 벡터 $\boldsymbol{A}$ 방향의 단위 벡터를 $\boldsymbol{a}_0$라 하면, 벡터 $\boldsymbol{A}$의 크기 A와 $\boldsymbol{a}_0$의 곱으로 나타내므로 $\boldsymbol{A}=\boldsymbol{a}_0 A$가 되며, 스칼라 A를 벡터 a_0 방향의 성분이라 한다. 크기가 0인 벡터를 영벡터(zero vector)라고 부르며 0으로 표시한다. 두 개의 같은 벡터의 차는 영벡터이고, 크기가 같고 방향이 반대인 두 벡터의 합도 역시 영벡터이다. 즉, $\boldsymbol{A}+\boldsymbol{B}=0$되는 벡터 $\boldsymbol{A}$, $\boldsymbol{B}$가 존재한다면 여기서 벡터 $\boldsymbol{B}$를 $\boldsymbol{B}=-\boldsymbol{A}$로 표시하고, 벡터 $\boldsymbol{A}$의 역벡터(inverse vector)라고 한다.

벡터를 직교좌표축 x, y, z를 이용하여 표시하면 편리하다. x, y, z 축의 양의 방향을 갖는 각각의 단위 벡터를 $\boldsymbol{i}, \boldsymbol{j}, \boldsymbol{k}$로 정의하며, 이것을 특히 기본 벡터라 한다. 따라서 벡터 A를 다음과 같이 위치벡터 표시법과 기본벡터 표시법으로 표시할 수 있으며,

$$\boldsymbol{A} = [A_x, A_y, A_k] = \boldsymbol{i}A_x + \boldsymbol{j}A_y + \boldsymbol{k}A_z \tag{9-2}$$

크기 A_x, A_y, A_z는 벡터 $\boldsymbol{A}$의 x, y, z 방향의 스칼라 성분이라 부른다.

벡터의 크기는 $A = |A| = \sqrt{A_x^2 + A_y^2 + A_z^2}$ 으로 스칼라 값이다. 벡터 $\boldsymbol{A}$의 시점을 그 좌표계의 원점에 일치시키고 x, y, z축으로부터 A와 이루는 각을 각각 α, β, γ로 표시하여 그 벡터 $\boldsymbol{A}$의 크기를 A로 표시하면

$$A_x = Acos\alpha,\ A_y = Acos\beta,\ A_z = Acos\gamma \tag{9-3}$$

가 된다.

여기서 $\cos\alpha, \cos\beta, \cos\gamma$를 벡터 $\boldsymbol{A}$의 방향여현이라고 부르며, 이들을 각각 l, m, n으로 표시하기도 한다. 즉

$$\begin{aligned} l = \cos\alpha = \frac{A_x}{A} = \frac{A_x}{\sqrt{A_x^2 + A_y^2 + A_z^2}} \\ m = \cos\beta = \frac{A_y}{A} = \frac{A_y}{\sqrt{A_x^2 + A_y^2 + A_z^2}} \\ n = \cos\gamma = \frac{A_z}{A} = \frac{A_z}{\sqrt{A_x^2 + A_y^2 + A_z^2}} \end{aligned} \tag{9-4}$$

로 주어지며 방향여현의 관계식은

$$l^2 + m^2 + n^2 = \cos^2\alpha + \cos^2\beta + \cos^2\gamma = 1 \tag{9-5}$$

을 만족함을 알 수 있다.

임의의 두 벡터 $\boldsymbol{A}, \boldsymbol{B}$의 합 $\boldsymbol{C}$ 는 $\boldsymbol{A}, \boldsymbol{B}$를 두 변으로 하는 평행사변형의 대각선으

로 만든 벡터로 정의되며, 교환법칙과

$$\boldsymbol{A}+\boldsymbol{B}=\boldsymbol{B}+\boldsymbol{A} \tag{9-6}$$

결합법칙을

$$(\boldsymbol{A}+\boldsymbol{B})+\boldsymbol{C}=\boldsymbol{A}+(\boldsymbol{B}+\boldsymbol{C}) \tag{9-7}$$

를 만족하는 것을 알 수 있다.
두 벡터 $\boldsymbol{A},\boldsymbol{B}$의 차는

$$\boldsymbol{A}-\boldsymbol{B}=\boldsymbol{A}+(-\boldsymbol{B})$$

로 표시할 수 있는 것과 같이 벡터 $\boldsymbol{B}$를 반대 방향으로 고려하여 합성한다.
두 벡터 $\boldsymbol{A},\boldsymbol{B}$ 가

$$\boldsymbol{A}=\boldsymbol{i}A_x+\boldsymbol{j}A_y+\boldsymbol{k}A_k$$
$$\boldsymbol{B}=\boldsymbol{i}B_x+\boldsymbol{j}B_y+\boldsymbol{k}B_k$$

일 때, $\boldsymbol{A},\boldsymbol{B}$의 가감을 아래와 같이 풀 수 있다.

$$\boldsymbol{A}\pm\boldsymbol{B}=\boldsymbol{i}(A_x\pm B_x)+\boldsymbol{j}(A_y\pm B_y)+\boldsymbol{k}(A_k\pm B_k)$$

예제1) 벡터 $\boldsymbol{A}(1,1,2)$, $\boldsymbol{B}(2,-1,3)$이 주어졌을 때, $\boldsymbol{A}+\boldsymbol{B}=\boldsymbol{C}$ 및 $\boldsymbol{A}-\boldsymbol{B}=\boldsymbol{D}$를 계산하시오.

풀이)
벡터 $\boldsymbol{A}$ 및 $\boldsymbol{B}$는

$$\boldsymbol{A}=\boldsymbol{i}+\boldsymbol{j}+2\boldsymbol{k},\ \boldsymbol{B}=2\boldsymbol{i}-\boldsymbol{j}+3\boldsymbol{k}$$

이므로

$$\therefore\ \boldsymbol{A}+\boldsymbol{B}=3\boldsymbol{i}+5\boldsymbol{k}=\boldsymbol{C}$$

$\therefore\ \boldsymbol{A}-\boldsymbol{B}=-\boldsymbol{i}+2\boldsymbol{j}-\boldsymbol{k}=\boldsymbol{D}$

9.2 벡터의 내적

두 벡터 $\boldsymbol{A},\boldsymbol{B}$의 곱은 통상 두 가지의 곱으로 나타낸다. 결과가 스칼라량이 되는 곱을 두 벡터의 스칼라곱이라 하고, 결과가 벡터량이 되는 곱을 두 벡터의 벡터곱이라고 한다.

두 벡터의 스칼라곱(내적이라고도 함-dot product)은 그 두 벡터의 크기와 그 두 벡터의 양의 방향 사이의 각 θ의 여현(cosine)과의 곱과 같은 스칼라량으로 정의되며,

$$\boldsymbol{A}\cdot\boldsymbol{B}=ABcos\theta \tag{9-8}$$

로 주어진다.

$Bcos\theta$는 벡터$\boldsymbol{B}$를 $\boldsymbol{A}$위로의 투영한 길이이고, 한편 $Acos\theta$는 $\boldsymbol{A}$의 $\boldsymbol{B}$위로의 투영 길이이므로 $\boldsymbol{A}\cdot\boldsymbol{B}$는 수식적으로 $\boldsymbol{B}$의 길이에 $\boldsymbol{B}$방향의 $\boldsymbol{A}$성분을 곱한 것과 같으며, 또한 벡터 $\boldsymbol{A}$의 길이에 $\boldsymbol{A}$방향의 $\boldsymbol{B}$의 성분을 곱한 것과 같다.

만일 θ가 둔각이면 생각하는 투영길이는 음으로 취하여야 한다. 특히 두 벡터가 수직이면 이들의 스칼라곱은 0이다. 여기서 기하학적인 정의로부터 스칼라곱은 교환법칙

$$\boldsymbol{A}\cdot\boldsymbol{B}=\boldsymbol{B}\cdot\boldsymbol{A}$$

가 성립하며, 또한 분배법칙

$$\boldsymbol{A}\cdot(\boldsymbol{B}+\boldsymbol{C})=\boldsymbol{A}\cdot\boldsymbol{B}+\boldsymbol{A}\cdot\boldsymbol{C}$$

도 성립한다는 것을 알 수 있다.

기본 벡터 i,j,k에 대하여

$$\boldsymbol{i}\cdot\boldsymbol{i}=\boldsymbol{j}\cdot\boldsymbol{j}=\boldsymbol{k}\cdot\boldsymbol{k}=1 \quad \text{(벡터의 평행)}$$
$$\boldsymbol{i}\cdot\boldsymbol{j}=\boldsymbol{j}\cdot\boldsymbol{k}=\boldsymbol{k}\cdot\boldsymbol{i}=0 \quad \text{(벡터의 직교성)} \tag{9-9}$$

가 성립한다. 따라서 내적은

$$\boldsymbol{A}\cdot\boldsymbol{B}=(\boldsymbol{i}A_x+\boldsymbol{j}A_y+\boldsymbol{k}A_k)\cdot(\boldsymbol{i}B_x+\boldsymbol{j}B_y+\boldsymbol{k}B_z) \tag{9-10}$$

$$=A_xB_x+A_yB_y+A_zB_z$$

가 된다. 여기서 $\boldsymbol{A}=\boldsymbol{B}$ 이면

$$\boldsymbol{A}\cdot\boldsymbol{B}=\boldsymbol{A}\cdot\boldsymbol{A}=A_x^2+A_y^2+A_k^2=|A|^2=A^2$$

가 되는 것을 명백히 알 수 있다.
두 벡터 사이의 각 θ는

$$\cos\theta=\frac{\boldsymbol{A}\cdot\boldsymbol{B}}{|A|\,|B|}=\frac{A_xB_x+A_yB_y+A_zB_z}{\sqrt{A_x^2+A_y^2+A_z^2}\sqrt{B_x^2+B_y^2+B_z^2}} \tag{9-11}$$

$$=\frac{\boldsymbol{A}\cdot\boldsymbol{B}}{\sqrt{\boldsymbol{A}\cdot\boldsymbol{A}}\sqrt{\boldsymbol{B}\cdot\boldsymbol{B}}}$$

여기서, $\boldsymbol{A},\boldsymbol{B}$의 방향여현을 각각 (l_1, m_1, n_1), $(l_{2,} m_2, n_2)$로 표시할 때

$$\cos\theta=l_1l_2+m_1m_2+n_1n_2$$ ㅏ

의 형태로 된다.

예제2) 다음 벡터의 내적을 구하라.
$\mathrm{a}=[3,\ -2,\ 0]=3\boldsymbol{i}-2\boldsymbol{j}$, $\mathrm{b}=[4,\ -1,\ 3]=4\boldsymbol{i}-\boldsymbol{j}+3\boldsymbol{k}$

풀이)
주어진 벡터의 내적은 다음과 같다.
$\therefore\ \mathrm{a}\cdot\mathrm{b}=3\cdot4+(-2)\cdot(-1)+0\cdot(-3)=14$

예제3) 벡터의 직교성을 이용하여 직선 $2x+y=5$에 수직으로 교차하는 직선의 방정식 l을 구하시오. 단, l은 점 (6,1)을 지나는 직선이다.

풀이)

일반적으로 직선 l이 $a_1x+a_2y=c$로 표현되는 직선이라고 가정한다.

이때 $a=[a_1, a_2]$, $r=[x, y]$로 두면 직선 l은 $a \cdot r=c$로 나타낼 수 있다. 또 이를 확장하면 직선 l과 평행하면서 원점으로 지나는 직선 $a_1x+a_2y=0$은 $a \cdot r=0$과 같이 나타낼 수 있다.

벡터의 직교성에 의하면 $a \cdot r=0$은 벡터 a와 벡터 r이 수직이라는 의미이다. 직선의 방정식으로 볼 때, 직선 l인 $a \cdot r=c$도 평행하는 직선이므로 같은 의미를 갖는다. 이때 벡터 a를 그와 같은 직선의 법선벡터라고 한다. 따라서 두 직선이 수직으로 교차하려면 법선벡터가 수직이면 되므로, 법선벡터 간에 직교성이 성립되는 것이다.

주어진 직선 $2x+y=5$의 법선벡터는 $b=[b_1,b_2]=[2,1]$과 같이 표현할 수 있다. 그러므로 $2x+y=5$가 $a_1x+a_2y=c$와 수직으로 만나기 위해서는 두 법선벡터의 내적 $a \cdot b=0$이 되어야 한다. 따라서 다음의 관계가 성립한다.

$$a \cdot b=2a_1+a_2=0$$

$$-2a_1=a_2,$$

이를 $a_1x+a_2y=c$에 넣어 정리하면,

$$a_1x+a_2y=a_1x-2a_1y=c$$

a_1으로 양변을 나누면

$$x-2y=\frac{c}{a_1}=c*$$

이 직선은 점 (6,1)을 지난다는 조건이 있었으므로,

$$c^* = x - 2y = 6 - 2(1) = 4$$

가 된다. 위의 값을 직선의 방정식 l식에 대입하면, 직선 $2x + y = 5$에 수직으로 교차하는 직선의 방정식 l은 다음과 같다.

$$x - 2y - 4 = 0$$

9.3 벡터의 외적

2개 벡터의 벡터적(외적이라고도 크로스프로덕트라고도 함)은 벡터량으로 정의되며, 크기는 두 벡터의 두변을 이웃으로 하는 평행사변형의 면적과 같고, 방향은 두 벡터가 만드는 평면에 수직인데, 제1벡터로부터 제2벡터로 돌리는 오른나사의 진행 방향과 같은 벡터로 정의된다.

두 벡터의 벡터적은 $\boldsymbol{A} \times \boldsymbol{B}$로 또는 $[\boldsymbol{A}, \boldsymbol{B}]$로 표시되며, 위의 정의에 따라서 이 두 벡터의 벡터적의 정의는

$$\boldsymbol{A} \times \boldsymbol{B} = \boldsymbol{n} |\boldsymbol{A} \times \boldsymbol{B}| = \boldsymbol{n}\, ab \sin\theta \qquad (9\text{-}12)$$

이고 방향은 오른손나사법칙에 따른다. 벡터 외적 정의에서 교환법칙이 성립하지 않는다.

$$\boldsymbol{A} \times \boldsymbol{B} = -\boldsymbol{B} \times \boldsymbol{A}$$

임을 알 수 있다.

여기서 $\boldsymbol{A} \times \boldsymbol{B}$와 $\boldsymbol{B} \times \boldsymbol{A}$의 크기는 같고 방향이 반대임을 알 수 있다.

$$\boldsymbol{A} \times \boldsymbol{A} = 0$$

이다. 따라서 2개의 벡터 중 그 어느 하나의 벡터가 0이 아닐 때, 그 벡터적이 0이 되면 그들 벡터는 서로 평행이라는 것이 정의로부터 나온다.

벡터 외적에 있어서도 분배법칙이 성립함을 다음 증명에서부터 알 수 있다. 즉

$(\boldsymbol{B}+\boldsymbol{C})\times \boldsymbol{A}=\boldsymbol{B}\times \boldsymbol{A}+\boldsymbol{C}\times \boldsymbol{A}$

단위벡터 $\boldsymbol{i},\boldsymbol{j},\boldsymbol{k}$에 대해서 벡터 외적의 정의에 의하여 다음 관계식을 얻는다. $\boldsymbol{i},\boldsymbol{j},\boldsymbol{k}$를 시계방향이면 +, 반시계방향이면 -를 붙인다.

$$\boldsymbol{i}\times \boldsymbol{i}=\boldsymbol{j}\times \boldsymbol{j}=\boldsymbol{k}\times \boldsymbol{k}=0$$

$$\boldsymbol{i}\times \boldsymbol{j}=\boldsymbol{k},\ \boldsymbol{j}\times \boldsymbol{k}=\boldsymbol{i},\ \boldsymbol{k}\times \boldsymbol{i}=\boldsymbol{j}$$

$$\boldsymbol{j}\times \boldsymbol{i}=-\boldsymbol{k},\ \boldsymbol{k}\times \boldsymbol{j}=-\boldsymbol{i},\ \boldsymbol{i}\times \boldsymbol{k}=-\boldsymbol{j} \tag{9-13}$$

이 된다. 따라서 두 벡터가 $\boldsymbol{A}=\boldsymbol{i}A_x+\boldsymbol{j}A_y+\boldsymbol{k}A_z$이고 $\boldsymbol{B}=\boldsymbol{i}B_x+\boldsymbol{j}B_y+\boldsymbol{k}B_z$일 때, 벡터 외적에 대하여는 단위 벡터의 성질에 따라서

$$\begin{aligned}\boldsymbol{A}\times \boldsymbol{B}&=(\boldsymbol{i}A_x+\boldsymbol{j}A_y+\boldsymbol{k}A_z)\times(\boldsymbol{i}B_x+\boldsymbol{j}B_y+\boldsymbol{k}B_z)\\&=\boldsymbol{i}(A_yB_z-A_zB_y)+\boldsymbol{j}(A_zB_x-A_xB_z)+\boldsymbol{k}(A_xB_y-A_yB_x)\end{aligned}$$

를 얻는다. 이 결과를 행렬식으로 나타내면

$$\boldsymbol{A}\times \boldsymbol{B}=\begin{vmatrix}\boldsymbol{i} & \boldsymbol{j} & \boldsymbol{k}\\ A_x & A_y & A_z\\ B_x & B_y & B_z\end{vmatrix} \tag{9-14}$$

와 같이 된다. 또한, 벡터 외적에 대한 성질을 정리하면 다음과 같다.

① $\boldsymbol{a}\times(\boldsymbol{b}+\boldsymbol{c})=(\boldsymbol{a}\times \boldsymbol{b})+(\boldsymbol{a}+\boldsymbol{c})$

② $(\boldsymbol{a}+\boldsymbol{b})\times \boldsymbol{c}=(\boldsymbol{a}\times \boldsymbol{c})+(\boldsymbol{b}\times \boldsymbol{c})$

③ $\boldsymbol{b}\times \boldsymbol{a}=-(\boldsymbol{a}\times \boldsymbol{b})$

④ $\boldsymbol{a}\times(\boldsymbol{b}\times \boldsymbol{c})\neq(\boldsymbol{a}\times \boldsymbol{b})\times \boldsymbol{c}$ (9-15)

예제4) $A=i+j+2k$, $B=2i-j+3k$일 때 $A \cdot B$와 $A\times B$를 계산하라.

풀이)

$A \cdot B=(i+j+2k)\cdot(2i-j+3k)-2-1+6-7$

$$A\times B=\begin{vmatrix} i & j & k \\ 1 & 1 & 2 \\ 2 & -1 & 3 \end{vmatrix}=5i+j-3k$$

9.4 벡터 미분 및 벡터, 스칼라 함수와 곡선과의 관계

다음과 같은 벡터함수 $r(t)$가 있을 때,

$$\mathrm{r(t)}=[r_1(t), r_2(t), r_3(t)]=r_1(t)\mathrm{i}+r_2(t)\mathrm{j}+r_3(t)\mathrm{k} \quad (9\text{-}16)$$

벡터함수 $r(t)$의 미분은 $r'(t)$는 다음과 같이 정의된다.

$$\mathrm{r}'(\mathrm{t})=[r_1'(t), r_2'(t), r_3'(t)]=r_1'(t)\mathrm{i}+r_2'(t)\mathrm{j}+r_3'(t)\mathrm{k} \quad (9\text{-}17)$$

벡터함수에서 각 성분은 스칼라함수이므로 벡터함수의 미분법은 스칼라함수의 미분법에 따른다. 또한 벡터함수의 편미분도 실수함수의 편미분과 동일하다.
벡터 함수를 $r(t)$라 하고, C를 스칼라 값이라고 할 때 다음의 성질이 있다.

$$r(t)\cdot r(t)'=0 \ (\because \theta=90^\circ)$$

$$2r(t)\cdot r(t)'=0$$

$$[r(t)\cdot r(t)]'=[C^2]'=r(t)\cdot r(t)'+r(t)'\cdot r(t)=2r(t)\cdot r(t)'=0$$

예제5) 다음 벡터함수의 미분을 구하라.

① $\mathrm{r}(t)=t\mathrm{i}+t^2\mathrm{j}$ ② $\mathrm{r}(t)=(1+\cos t)\mathrm{i}+\sin t\mathrm{j}$ ③ $\mathrm{r}(t)=\cos^3 t\mathrm{i}+\sin^3 t\mathrm{j}$

풀이)

벡터함수의 미분은 실수함수의 미분과 동일한 결과를 보인다.

① $\mathbf{r}'(t) = \mathbf{i} + 2t\mathbf{j}$

② $\mathbf{r}'(t) = (-\sin t)\mathbf{i} + \cos t\mathbf{j}$

③ $\mathbf{r}'(t) = -3\sin t\cos^2 t\mathbf{i} + 3\cos t\sin^2 t\mathbf{j}$

벡터함수 $\boldsymbol{r}(t)$는 3차원 공간에서 곡선 C를 나타내는 것으로 다음과 같이 생각할 수 있다.

$$\mathrm{r(t)} = \mathrm{r}(P) = [r_1(P), r_2(P), r_3(P)] = r_1(P)\mathrm{i} + r_2(P)\mathrm{j} + r_3(P)\mathrm{k}$$

일반적으로 지금까지 우리가 살펴본 스칼라함수의 표현은 다음과 같이 된다.

$$f = f(P) = f(x, y, z)$$

> **예제6)** $|\boldsymbol{r}(t)| = C$와 같이 크기가 C(상수)로 일정한 벡터함수 $\boldsymbol{r}(t)$에 대해서 자기 자신과의 벡터 내적을 구하시오.

풀이)

벡터함수 $\boldsymbol{r}(t)$가 자신과의 내적은

$$\boldsymbol{r}(t)\cdot\boldsymbol{r}(t) = |\boldsymbol{r}(t)|^2 = C^2$$

이고, 여기서

$$\boldsymbol{r}(t)\cdot\boldsymbol{r}(t) = |\boldsymbol{r}(t)|\cdot|\boldsymbol{r}(t)|\cos\theta = |\boldsymbol{r}(t)|^2 = C^2 \ (\because \theta = 0)$$

된다.

$\therefore \boldsymbol{r}(t) \cdot \boldsymbol{r}(t) = |\boldsymbol{r}(t)|^2 = C^2$

예제7) $|\boldsymbol{r}(t)| = C$와 같이 크기가 C(상수)로 일정한 벡터함수 $\boldsymbol{r}(t)$의 도함수가 자기 자신과 직교한다는 것을 보이시오.

풀이)

벡터함수 $\boldsymbol{r}(t)$의 미분은 $\boldsymbol{r}(t)'$ 이고, $\boldsymbol{r}(t)$와 $\boldsymbol{r}(t)'$ 의 벡터 내적은

$$\boldsymbol{r}(t) \cdot \boldsymbol{r}(t)' = |\boldsymbol{r}(t)| \cdot |\boldsymbol{r}(t)'| \cos\theta = 0 \ (\because \theta = 90°)$$

된다.

공간좌표에서 점 $A[a_1, a_2, a_3]$를 지나면서 상수벡터 b의 방향으로 진행하는 직선은 다음과 같이 표현된다.

$$\mathrm{r}(t) = \mathrm{a} + t\mathrm{b} = [a_1 + tb_1, a_2 + tb_2, a_3 + tb_3] \qquad \textbf{(9-18)}$$

이 때 벡터 a는 점A의 위치를 나타내는 위치벡터에 해당한다.

예제8) 기준점 $P_1(x_1, y_1, z_1)$에서 임의의 점 $P(x, y, z)$까지의 스칼라 함수 $f(P)$를 정의하고, $f(P)$함수를 이용하여 원점 (0, 0, 0)에서 점 $P(1, -1, 3)$까지의 거리를 구하라.

풀이)

기준점 $P_1(x_1, y_1, z_1)$에서 임의의 점 $P(x, y, z)$까지의 스칼라 함수 $f(P)$는 다음과 같다.

$$f(P) = f(x,y,z) = \sqrt{(x-x_1)^2 + (y-y_1)^2 + (y-z_1)^2}$$

이 식을 이용하여 원점 (0, 0, 0)에서 점 $P(1,-1,2)$까지의 거리는 다음과 같다.

$$\therefore \; f(P) = \sqrt{(1-0)^2 + (-1-0)^2 + (3-0)^2} = \sqrt{11}$$

예제9) 다음과 같이 시간에 따라 변화하는 벡터함수 $\boldsymbol{r}(t)$가 있다. $t = 0, \pi, 2\pi$일 때의 벡터함수 $\boldsymbol{r}(t)$를 구하라.
$\boldsymbol{r} = \boldsymbol{r}(t) = \sin t\,\boldsymbol{i} + \cos t\,\boldsymbol{j} + t\,\boldsymbol{k}$

풀이)
벡터함수 $\boldsymbol{r}(t)$의 값은 시간에 따라서 변화한다. 먼저 $t=0$일 때 벡터함수는 다음과 같다.

$$\therefore \; \boldsymbol{r}(0) = \sin 0\,\boldsymbol{i} + \cos 0\,\boldsymbol{j} + 0\,\boldsymbol{k} = \boldsymbol{j}$$

마찬가지로 $t=\pi$, $t=2\pi$일 때의 벡터함수는 다음과 같다.

$$\therefore \; \boldsymbol{r}(\pi) = \sin\pi\,\boldsymbol{i} + \cos\pi\,\boldsymbol{j} + \pi\,\boldsymbol{k} = -\boldsymbol{j} + \pi\boldsymbol{k}$$

$$\therefore \; \boldsymbol{r}(2\pi) = \sin 2\pi\,\boldsymbol{i} + \cos 2\pi\,\boldsymbol{j} + 2\pi\,\boldsymbol{k} = \boldsymbol{j} + 2\pi\boldsymbol{k}$$

따라서 위 벡터함수는 시간에 따라서 궤적을 따라서 움직이는 것을 알 수 있다.

---

xy평면에서 원점을 중심으로 존재하는 타원$[(x^2/a^2 + y^2/b^2) = 1]$의 궤적을 나타내는 벡터의 정의는 다음과 같다.

$$\mathrm{r}(t) = a\cos t\boldsymbol{i} + b\sin t\boldsymbol{j} = [a\cos t, b\sin t, 0] \quad \textbf{(9-19)}$$

위식에서 $x(t) = a\cos t, y(t) = b\sin t$이므로

$$\cos t = \frac{x(t)}{a},\ \sin t = \frac{y(t)}{b}$$

로 된다. 여기서 양변을 제곱하여 더하면 다음과 같다.

$$\frac{x^2(t)}{a^2} + \frac{y^2(t)}{b^2} = \sin^2 t + \cos^2 t = 1$$

위식은 $x-y$평면에서 타원의 방정식으로 정의된다.

위의 식에서 $a=b$라면

$$x^2(t) + y^2(t) = a^2 = b^2$$

으로서, 반지름이 a인 원의 방정식이 정의된다.
또한 원기둥을 따라서 움직이는 곡선은 다음과 같고, 원나선의 벡터함수는 다음 식으로 정의된다.

$$\mathrm{r}(t) = a\cos t\boldsymbol{i} + b\sin t\boldsymbol{j} + ct\boldsymbol{k} = [a\cos t, b\sin t, ct]$$

시간에 따라서 곡선 위에 있는 점 A가 시계방향으로 이동할 때, 미소변위 dr는

$$d\boldsymbol{r} = \boldsymbol{r}(t+dt) - \boldsymbol{r}(t) \tag{9-20}$$

여기서 $dt \to 0$이면 곡선에 접하는 벡터인 접선벡터 $\boldsymbol{r}'(t)$가 된다.

$$\boldsymbol{r}'(t) = \frac{d\boldsymbol{r}(t)}{dt} = \frac{1}{dt}[\boldsymbol{r}(t+dt) - \boldsymbol{r}(t)] \tag{9-21}$$

곡선의 접선벡터는 접선의 진행방향과 같다. 여기서 $\boldsymbol{r}'(t)$방향의 단위벡터를 단위 접선벡터라고하면 다음과 같다.

$$\mathrm{u} = \frac{d\boldsymbol{r}}{|d\boldsymbol{r}|} = \frac{\boldsymbol{r}'}{|\boldsymbol{r}'|} \tag{9-22}$$

예제10) 다음의 타원 방정식에서 접선벡터를 구하라.

$$\frac{x^2}{4}+y^2=1$$

풀이)

주어진 타원의 타원의 방정식 $\frac{x^2}{a^2}+\frac{y^2}{b^2}=1$을 나타내는 벡터함수는

$$\boldsymbol{r}(t)=a\cos t\boldsymbol{i}+b\sin t\boldsymbol{j}=[a\cos t, b\sin t, 0]$$

로 되어, 주어진 타원의 식에서 $a=2, b=1$이 된다. 따라서 벡터함수는

$$\boldsymbol{r}(t)=2\cos t\boldsymbol{i}+\sin t\boldsymbol{j}$$

로 되고, 접선벡터는 다음과 같다.

$$\therefore\ \boldsymbol{r}'(t)=-2\sin t\boldsymbol{i}+\cos t\boldsymbol{j}=[-2\sin t, \cos t, 0]$$

예제11) 다음과 같은 벡터로 나타나는 곡선 $\boldsymbol{r}(t)$에 대해서 P점에서 접선벡터와 단위접선 벡터를 구하라.

$$\boldsymbol{r}(t)=t\boldsymbol{i}+t^2\boldsymbol{j}+t^3\boldsymbol{k},\ P(1,1,1)$$

풀이)

주어진 곡선 $\boldsymbol{r}(t)$에 대해서 접선 벡터는

$$\boldsymbol{r}'(t)=\boldsymbol{i}+2t\boldsymbol{j}+3t^2\boldsymbol{k}$$

$$|\boldsymbol{r}'(t)|=\sqrt{1+4t^2+9t^4}$$

이고, 주어진 점 $P(1,1,1)$에서 주어진 곡선 $\boldsymbol{r}(t)=t\boldsymbol{i}+t^2\boldsymbol{j}+t^3\boldsymbol{k}$ 의 접선을 만족하

는 점 t의 값은 $t=1, t^2=1, t^3=1$ 을 만족해야 하므로 t 값은 1이다.
따라서 점 $P(1, 1, 1)$에서 주어진 곡선의 접선 벡터는

$$\boldsymbol{r}'(1) = \boldsymbol{i} + 2\boldsymbol{j} + 3\boldsymbol{k}$$

$$|\boldsymbol{r}'(1)| = \sqrt{1+4+9} = \sqrt{14}$$

이고, 단위 접선 벡터는

$$u'(1) = \frac{\boldsymbol{r}'(t)}{|\boldsymbol{r}'(t)|} = \frac{\boldsymbol{i} + 2\boldsymbol{j} + 3\boldsymbol{k}}{\sqrt{14}}$$

이 된다.

또한, 임의의 시간 구간 $t_0 \le t \le t_n$에서 곡선 $\boldsymbol{r}(t)$의 길이 계산식은 다음과 같다.

$$l = \int_{t_0}^{t_n} \sqrt{\boldsymbol{r}'(t) \cdot \boldsymbol{r}'(t)}\, dt \tag{9-23}$$

시간에 따라서 길이의 변화를 나타내는 일반식으로 표현하면 다음과 같다.

$$s(t) = \int_{t_0}^{t_n} \sqrt{\boldsymbol{r}'(t) \cdot \boldsymbol{r}'(t)}\, dt \tag{9-24}$$

위 식에 대해서 양변을 t로 미분하고, 제곱하여 정리하면 다음과 같다.

$$\left(\frac{ds}{dt}\right)^2 = \frac{d\boldsymbol{r}}{dt} \cdot \frac{d\boldsymbol{r}}{dt} = |\boldsymbol{r}'(t)|^2 = \left(\frac{dx}{dt}\right)^2 + \left(\frac{dy}{dt}\right)^2 + \left(\frac{dz}{dt}\right)^2 \tag{9-25}$$

곡선의 벡터함수는 다음과 같다.

$$\mathrm{r}(t) = [x(t), y(t), z(t)] = x(t)\boldsymbol{i} + y(t)\boldsymbol{j} + z(t)\boldsymbol{k}$$

미소변위 dr은 다음과 같이 표현된다.

$$d\mathrm{r}=[dx(t),dy(t),dz(t)]=dx(t)\boldsymbol{i}+dy(t)\boldsymbol{j}+dz(t)\boldsymbol{k}$$

그러므로 다음 식이 성립된다.

$$ds^2=d\mathrm{r}\cdot d\mathrm{r}=dx^2+dy^2+dz^2 \tag{9-26}$$

이 ds식을 곡선의 선소라고 정의한다.

예제12) 다음 벡터함수로 표현되는 곡선에서 주어진 구간의 길이를 구하라.
$\mathrm{r}(t)=(2\cos t)\mathrm{i}+(2\sin t)\mathrm{j}+t\boldsymbol{k},\quad 0\le t\le 5$

풀이)
$$\mathrm{r}'(t)=-2\sin t\mathrm{i}+2\cos t\mathrm{j}+\mathrm{k}$$

$$|\mathrm{r}'(t)|^2=(\boldsymbol{r}'\cdot\boldsymbol{r}')=4\sin^2 t+4\cos^2 t+1=5$$

$$|\mathrm{r}'(t)|=\sqrt{5}$$

따라서 곡선의 길이는

$$\therefore\quad s(t)=\int_{t_0}^{t_n}\sqrt{\boldsymbol{r}'(t)\cdot\boldsymbol{r}'(t)}\,dt=\int_0^5\sqrt{5}\,dt=5\sqrt{5}$$

9.5 벡터 미분 - 기울기, 방향도함수, 곡면의 법선벡터

기울기

벡터의 미분기법에서 미분연산자에 대한 개념을 정의하면 다음과 같다.

$$\frac{\partial}{\partial x}\boldsymbol{i}+\frac{\partial}{\partial y}\boldsymbol{j}+\frac{\partial}{\partial z}\boldsymbol{k}=\left[\frac{\partial}{\partial x},\frac{\partial}{\partial y},\frac{\partial}{\partial z}\right]=\nabla \tag{9-27}$$

이를 Nabla 또는 Gradient라고 읽고, 물리적 의미는 미분을 나타내므로 기울기를 나타내는 연산자라고 부른다.
이 그래디언트 함수의 특징은 스칼라함수 $f(x, y, z)$의 미분을 나타내는데 사용되며, 정의식은 다음과 같다.

$$\nabla f = \frac{\partial f}{\partial x}\boldsymbol{i} + \frac{\partial f}{\partial y}\boldsymbol{j} + \frac{\partial f}{\partial z}\boldsymbol{k} = \left[\frac{\partial f}{\partial x}, \frac{\partial f}{\partial y}, \frac{\partial f}{\partial z}\right] \tag{9-28}$$

예제13) 다음 함수의 기울기 $\text{grad} f$를 구하라.
$f(t) = x^2 + y^2$

풀이)

$$\nabla f = \frac{\partial(x^2 + y^2)}{\partial x}\mathrm{i} + \frac{\partial(x^2 + y^2)}{\partial y}\mathrm{j} = 2x\mathrm{i} + 2y\mathrm{j}$$

$\therefore \quad \text{grad} f = 2x\mathrm{i} + 2y\mathrm{j}$

방향도함수

스칼라함수 f가 공간상으로 특정 방향에 따라 변화하는 비율을 알고자 하는 것이 방향 도함수이다. 즉, 공간상에서 한 점 P에서 Q점으로 단위벡터 $\boldsymbol{m}$으로 진행되는 방향으로 스칼라함수 f가 그 방향으로의 변화율이라고 하면, 방향도함수 $D_m f$는 다음과 같이 정의된다.

$$D_m f = \frac{df}{ds} = \lim_{s \to 0} \frac{f(Q) - f(P)}{s} \tag{9-29}$$

여기서 점 P에서 Q점까지의 거리를 s라고하고, 벡터 $\boldsymbol{m}$을 단위벡터라고 가정하면 직선의 방정식은 다음과 같다.

$$\mathrm{r}(s) = x(s)\boldsymbol{i} + y(s)\boldsymbol{j} + z(s)\boldsymbol{k} = \boldsymbol{p}_0 + s\boldsymbol{m}, \ (s \geq 0) \tag{9-30}$$

$$\mathrm{r}'(s) = x'(s)\boldsymbol{i} + y'(s)\boldsymbol{j} + z'(s)\boldsymbol{k} \tag{9-31}$$

위 식에서 $\boldsymbol{p}_0$는 점 P의 위치벡터이다. 함수 f는 호의 길이에 대한 함수 $f[x(s), y(s), z(s)]$이므로 미분의 연쇄법칙을 이용하면 다음과 같다.

$$D_m f = \frac{df}{ds} = \frac{\partial f}{\partial x}\frac{\partial x}{\partial s} + \frac{\partial f}{\partial y}\frac{\partial y}{\partial s} + \frac{\partial f}{\partial z}\frac{\partial z}{\partial s}$$

$$= \frac{\partial f}{\partial x}x'(s) + \frac{\partial f}{\partial y}y'(s) + \frac{\partial f}{\partial z}z'(s) \qquad \textbf{(9-32)}$$

$$\mathrm{r}'(s) = x'(s)\boldsymbol{i} + y'(s)\boldsymbol{j} + z'(s)\boldsymbol{k} = \frac{d}{ds}[\boldsymbol{p}_0 + s\boldsymbol{m}] = \boldsymbol{m} \qquad \textbf{(9-33)}$$

이를 정리하면 다음과 같다.

$$D_m f = \frac{\partial f}{\partial x}x'(s) + \frac{\partial f}{\partial y}y'(s) + \frac{\partial f}{\partial z}z'(s)$$

$$= [x'(s)\boldsymbol{i} + y'(s)\boldsymbol{j} + z'(s)\boldsymbol{k}] \cdot \left(\frac{\partial f}{\partial x}\boldsymbol{i} + \frac{\partial f}{\partial y}\boldsymbol{j} + \frac{\partial f}{\partial z}\boldsymbol{k}\right)$$

$$= \mathrm{r}'(s) \cdot \nabla f$$

$$= \mathbf{m} \cdot \nabla f$$

$$\therefore D_m f = \frac{df}{ds} = \mathbf{m} \cdot \nabla f \qquad \textbf{(9-34)}$$

이 식을 단위벡터 $\mathbf{m}$이 아닌 일반벡터 $\mathbf{a}$ 방향으로 진행되는 방향도함수는 다음과 같이 정의된다.

$$\therefore D_a f = \frac{df}{ds} = \frac{1}{|\boldsymbol{a}|}\boldsymbol{a} \cdot \nabla f \qquad \textbf{(9-35)}$$

예제14) 점 $P(2,-2,1)$에서 벡터 $\boldsymbol{a}$의 방향으로 스칼라함수 $f(x,y,z)$의 방향도함수를 구하라. 벡터 $\boldsymbol{a}=\boldsymbol{i}-\sqrt{2}\boldsymbol{k}$이고, 스칼라함수 $f(x,y,z)=x^2+y^2+z^2$이다.

풀이)
먼저 주어진 스칼라함수의 기울기는

$$\nabla f=2x\boldsymbol{i}+2y\boldsymbol{j}+2z\boldsymbol{k}$$

가 되고, 점 $P(2,-2,1)$에서는 다음과 같다.

$$\nabla f=2x\boldsymbol{i}+2y\boldsymbol{j}+2z\boldsymbol{k}=4\boldsymbol{i}-4\boldsymbol{j}+2\boldsymbol{k}$$

벡터 $\boldsymbol{a}$는 단위벡터가 아니므로

$$\therefore D_a f=\frac{df}{ds}=\frac{1}{|\boldsymbol{a}|}\boldsymbol{a}\cdot\nabla f=\frac{1}{\sqrt{3}}(\boldsymbol{i}-\sqrt{2}\boldsymbol{k})\cdot(4\boldsymbol{i}-4\boldsymbol{j}+2\boldsymbol{k})$$

$$=\frac{1}{\sqrt{3}}(4-2\sqrt{2})$$

곡면의 법선벡터
공간내의 곡선 C는 다음과 같다.

$$\mathrm{r}(t)=x(t)\boldsymbol{i}+y(t)\boldsymbol{j}+z(t)\boldsymbol{k}=[x(t),y(t),z(t)] \qquad \textbf{(9-36)}$$

직각좌표계에서 곡면 s는 다음과 같은 스칼라 함수로 표현된다.
위 곡선 C가 존재할 수 있는 곡면 S위에 존재하기 위해서는 C의 각 성분은 $x(t),y(t),z(t)$로 나타낼 수 있다. 곡면 S를 포함하는 면을 나타내는 함수를 f라 고하면 다음과 같이 나타낼 수 있다.

$$f[x(t),y(t),z(t)]=C$$

여기서, 스칼라값으로서 상수인 C는 곡선을 의미한다. 접선벡터는 다음과 같다.

$$\mathrm{r}'(t) = x'(t)\boldsymbol{i} + y'(t)\boldsymbol{j} + z'(t)\boldsymbol{k}$$

한 점에서 일련의 접선벡터는 접평면이라고 정의할 수 있고, 접평면에 대한 법선을 곡면법선이라고 하고, 곡면법선과 평행인 벡터를 곡면법선벡터라고 정의한다.
함수 f의 미분을 미분의 연쇄법칙을 이용하여 정리하면 다음과 같다.

$$\frac{df}{dt} = \frac{\partial f}{\partial x}x'(t) + \frac{\partial f}{\partial y}y'(t) + \frac{\partial f}{\partial z}z'(t)$$

$$= \left(\frac{\partial f}{\partial x}\boldsymbol{i} + \frac{\partial f}{\partial y}\boldsymbol{j} + \frac{\partial f}{\partial z}\boldsymbol{k}\right) \cdot [x'(t)\boldsymbol{i} + y'(t)\boldsymbol{j} + z'(t)\boldsymbol{k}]$$

$$= \nabla f \cdot \mathrm{r}'(t)$$

$$= 0$$

위식에서 $\nabla f \cdot \mathrm{r}'(t) = 0$은 f함수가 상수이기 때문이다. 따라서 벡터의 직교성에 의해 ∇f는 모든 접선벡터 r' 또는 접평면과 수직이라는 증거를 보이고 있다. 결론적으로 곡면을 나타내는 함수 f의 그래디언트 ∇f는 곡면법선벡터의 역할을 한다. 또한, 단위곡면법선벡터는 다음과 같다.

$$\boldsymbol{n} = \frac{\nabla f}{|\nabla f|} \tag{9-37}$$

예제15) 다음 곡선에서 주어진 점 P에서의 단위곡면법선벡터를 구하라.
$x^2 + y^2 + z^2 = 32, \quad P(4, 4, 0)$

풀이)
주어진 식에 대한 단위곡면법선벡터는 다음과 같다.

$$\boldsymbol{n} = \frac{\nabla f}{|\nabla f|}$$

따라서 주어진 $f(x, y, z)$함수는 다음과 같다.

$$f(x, y, z) = x^2 + y^2 + z^2 - 32$$

또한, ∇f를 구하여 점 P의 값을 대입하면 다음과 같다.

$$\nabla f = 2x\mathrm{i} + 2y\mathrm{j} + 2z\mathrm{k}$$

$P(4, 4, 0)$에서 $\nabla f = 8\mathrm{i} + 8\mathrm{j}$

$$\mathrm{n} = \frac{8\mathrm{i} + 8\mathrm{j}}{|8\mathrm{i} + 8\mathrm{j}|} = \frac{\mathrm{i} + \mathrm{j}}{\sqrt{2}}$$

$$\therefore \quad \frac{1}{\sqrt{2}}(i + j)$$

예제16) 다음 곡선 $4x^2 + 9y^2 = 36$에서 주어진 점 $P(0, 1)$에서의 단위곡면법선벡터를 구하라.

풀이)
주어진 식에서
$f(x,y) = 4x^2 + 9y^2 - 36$, $\nabla f = 8x\mathrm{i} + 18y\mathrm{j}$

$P(0, 1)$에서 $\nabla f = 8(0)\mathrm{i} + 18(1)\mathrm{j} = 18\mathrm{j}$

$$\mathrm{n} = \frac{18\mathrm{j}}{|18\mathrm{j}|} = j$$

$\therefore \quad j$

9.6 벡터 미분 - 발산

벡터함수 $\mathrm{v}(x,y,z)$가 $v_{1,}v_{2,}v_3$를 성분으로 구성될 때, v로 정의되는 벡터장의 발산은 다음과 같다.

$$\text{벡터의 발산 : div } v = \nabla \cdot v = \frac{\partial v_1}{\partial x} + \frac{\partial v_2}{\partial y} + \frac{\partial v_3}{\partial z} \tag{9-38}$$

이는 다음과 같이 나타낼 수도 있다.

$v(x,y,z)$가 $= [v_{1,}v_{2,}v_3] = v_1\boldsymbol{i} + v_2\boldsymbol{j} + v_3\boldsymbol{k}$

여기서 $\nabla \cdot v$는 다음과 같다.

$$\nabla \cdot v = \left(\frac{\partial}{\partial x}\boldsymbol{i} + \frac{\partial}{\partial x}\boldsymbol{j} + \frac{\partial}{\partial x}\boldsymbol{k}\right) \cdot (v_1\boldsymbol{i} + v_2\boldsymbol{j} + v_3\boldsymbol{k})$$

$$= \frac{\partial v_1}{\partial x} + \frac{\partial v_2}{\partial y} + \frac{\partial v_3}{\partial z} \tag{9-39}$$

발산의 결과값은 스칼라값이다. 또한 다음의 관계가 성립한다.

$$\text{div } (\nabla f) = \nabla \cdot (\nabla f) = \frac{\partial^2 f}{\partial x^2} + \frac{\partial^2 f}{\partial y^2} + \frac{\partial^2 f}{\partial z^2}$$

$$= \nabla^2 f$$

위 식에서 ∇^2을 라플라스연산자 또는 라플라시안이라 한다.

예제17) 다음 벡터의 주어진 점 P에서의 발산 div V를 구하라.
$V(t) = (x^2\boldsymbol{i} + y^2\boldsymbol{j} + z^2\boldsymbol{k})$, $P(1, 1, 1)$

풀이)

$$\text{div V} = \nabla \cdot \text{V} = \frac{\partial(x^2\boldsymbol{i} + y^2\boldsymbol{j} + z^2\boldsymbol{k})}{\partial x}\boldsymbol{i} + \frac{\partial(x^2\boldsymbol{i} + y^2\boldsymbol{j} + z^2\boldsymbol{k})}{\partial y}\boldsymbol{j} + \frac{\partial(x^2\boldsymbol{i} + y^2\boldsymbol{j} + z^2\boldsymbol{k})}{\partial z}\boldsymbol{k}$$

$$= 2x + 2y + 2z = 2(x + y + z)$$

$P(1, 1, 1)$에서 $\nabla \cdot \mathrm{V} = 2(1+1+1) = 6$

$\therefore \quad \mathrm{div\ V} = \nabla \cdot \mathrm{V} = 6$

예제18) 벡터함수 $\mathbf{v}(t) = (e^x \cos y\mathbf{i} + e^x \sin y\mathbf{j})$에 대해서 점 $\mathrm{P}(e, 0)$에서의 발산 $\mathrm{div}\ \mathbf{v}$를 구하시오.

풀이)
주어진 식에서

$$\mathrm{div}\ \mathbf{v} = \nabla \cdot \mathbf{v} = \frac{\partial(e^x \cos y)}{\partial x} + \frac{\partial(e^x \sin y)}{\partial y}$$

$$= e^x \cos y + e^x \cos y = 2e^x \cos y$$

$P(e, 0)$에서 $\nabla \cdot \mathbf{v} = 2\mathrm{e}^{\mathrm{e}}$

$\therefore\ \mathrm{div}\ \mathbf{v} = \nabla \cdot \mathbf{v} = 2e^e$

Laplace 및 Poisson의 방정식
전하밀도 ρ가 공간적으로 분포되어 있을 때 전하분포 영역주변의 임의의 한 점의 전위 V를 결정할 때는

$$\nabla^2 V = -\frac{1}{\epsilon_0}\rho \qquad \textbf{(9-40)}$$

$$\nabla^2 V = 0 \qquad \textbf{(9-41)}$$

의 관계식을 이용한다.

식 $\nabla^2 V = -\frac{1}{\epsilon_0}\rho$은 Poisson의 방정식이라고 부르고, 식 $\nabla^2 V = 0$은 Laplace의 방정식이라고 한다.

스칼라 함수 $\phi(x, y, z)$의 경사는

$$grad\,\phi = i\frac{\partial \phi}{\partial x} + j\frac{\partial \phi}{\partial y} + k\frac{\partial \phi}{\partial z} \tag{9-42}$$

와 같이 정의되었다.
이 식을 이용하여 전계 E내에 임의의 점 P의 전위를 V, 점 P를 $l(x, y, z)$만큼 이동하였을 때 단위 길이에 대한 전위의 변화량 즉, l방향에 대한 전위경도를

$$E = -\left(i\frac{\partial V}{\partial x} + j\frac{\partial V}{\partial y} + k\frac{\partial V}{\partial z}\right)$$

$$= -\,grad\,V$$

$$= -\nabla V$$

로 정의한다.
전력선의 발산은

$$div\,E = \nabla \cdot E = \frac{\partial E_x}{\partial x} + \frac{\partial E_y}{\partial y} + \frac{\partial E_z}{\partial z} = \frac{1}{\epsilon_0}\rho$$

의 관계가 있으므로

$$div(grad\,V) = -\frac{1}{\epsilon_0}\rho$$

을 얻을 수 있다.
그런데, $div \cdot grad$(여기서 ·는 dot곱 아닌 곱하기 표시임)는 기호 ∇^2으로 나타내므로 위 식은

$$\nabla^2 V = -\frac{1}{\epsilon_0}\rho \quad \text{(9-43)}$$

가 되어 Poisson의 방정식이 된다.

여기서 ∇^2을 Laplacian이라고 부르며 위 식의 좌변은

$$\nabla^2 V = div \cdot grad\, V = \frac{\partial}{\partial x}\frac{\partial V}{\partial x} + \frac{\partial}{\partial y}\frac{\partial V}{\partial y} + \frac{\partial}{\partial z}\frac{\partial V}{\partial z}$$

$$= \frac{\partial^2 V}{\partial x^2} + \frac{\partial^2 V}{\partial y^2} + \frac{\partial^2 V}{\partial z^2}$$

가 되므로 Poisson 및 Laplace의 방정식은 직각좌표로서 각각 다음과 같이 나타낸다.

$$\frac{\partial^2 V}{\partial x^2} + \frac{\partial^2 V}{\partial y^2} + \frac{\partial^2 V}{\partial z^2} = -\frac{1}{\epsilon_0}\rho \quad \text{; Poisson의 방정식} \quad \text{(9-44)}$$

$$\frac{\partial^2 V}{\partial x^2} + \frac{\partial^2 V}{\partial y^2} + \frac{\partial^2 V}{\partial z^2} = 0 \quad \text{; Laplace의 방정식} \quad \text{(9-45)}$$

정전계에 있어서의 전위는 Poisson 및 Laplace의 방정식 중 어느 한 방정식을 만족하는 분포를 취한다. 따라서 전하분포에 의한 전계를 구한다는 것은 이 방정식들의 풀이를 구함으로써 결정된다.

9.7 벡터 미분 - 회전

벡터함수 v(x,y,z)가 v_1, v_2, v_3를 성분으로 구성될 때, v로 정의되는 벡터함수는 다음과 같다.

$$\mathrm{v}(x,y,z) = [v_1, v_2, v_3] = v_1\boldsymbol{i} + v_2\boldsymbol{j} + v_3\boldsymbol{k} \quad \text{(9-46)}$$

이 벡터함수로 정의되는 벡터장의 회전은 다음과 같다.

벡터장의 회전 : curl $\mathbf{v}$ = rot $\mathbf{v}$ = $\nabla\times$ $\mathbf{v}$= $\begin{vmatrix} \boldsymbol{i} & \boldsymbol{j} & \boldsymbol{k} \\ \frac{\partial}{\partial x} & \frac{\partial}{\partial y} & \frac{\partial}{\partial z} \\ v_1 & v_2 & v_3 \end{vmatrix}$ **(9-47)**

또한, 그레디언트 $\nabla \boldsymbol{f}$의 회전은 다음과 같다.

$$\text{curl }(\nabla \boldsymbol{f}) = \nabla\times(\nabla \boldsymbol{f}) = \begin{vmatrix} \boldsymbol{i} & \boldsymbol{j} & \boldsymbol{k} \\ \frac{\partial}{\partial x} & \frac{\partial}{\partial y} & \frac{\partial}{\partial z} \\ \frac{\partial f}{\partial x} & \frac{\partial f}{\partial y} & \frac{\partial f}{\partial z} \end{vmatrix} = 0 \qquad \textbf{(9-48)}$$

위 식은 벡터함수가 스칼라함수의 그래디언트라면 그 벡터의 회전은 0이 된다는 것을 보이고 있다.
다음은 회전에 대한 발산은 다음과 같다.

$$\text{div(curl v)} = \nabla \cdot (\nabla \times \mathbf{v}) = \begin{vmatrix} \boldsymbol{i} & \boldsymbol{j} & \boldsymbol{k} \\ \frac{\partial}{\partial x} & \frac{\partial}{\partial y} & \frac{\partial}{\partial z} \\ v_1 & v_2 & v_3 \end{vmatrix} = 0$$

이 식의 의미는 벡터의 회전의 발산은 0이다. 즉 벡터의 회전에서는 들어오고 나가는 양이 변하지 않는다. 어느 점에 대해서 벡터 회전의 발산은 변동이 없다는 것을 의미한다.

예제19) 다음 벡터함수 $\boldsymbol{f}(x, y, z)$의 회전 curl f 를 구하라.
$\mathrm{f}(x, y, z) = [y,\ -x\ ,\ 0]$

풀이)
주어진 벡터함수 $\mathrm{f}(x, y, z) = [y,\ -x\ ,\ 0]$의 회전은 다음과 같이 정의된다.

$$\nabla\times\mathrm{f} = \begin{vmatrix} \mathrm{i} & \mathrm{j} & \mathrm{k} \\ \frac{\partial}{\partial x} & \frac{\partial}{\partial y} & \frac{\partial}{\partial z} \\ y & -x & 0 \end{vmatrix} = -\frac{\partial}{\partial z}(-x)i + \frac{\partial}{\partial z}(y)j + \left(\frac{\partial}{\partial x}(-x) - \frac{\partial}{\partial y}(y)\right)k = -2k$$

$\therefore \quad -2k$

9.8 벡터 미분과 맥스웰 방정식

벡터 미분학을 이용하여 전자기학의 기본 법칙들을 맥스웰의 방정식으로 알려진 네 개의 방정식으로 간결하게 정리할 수 있다.
전자기학의 많은 문제는 다른 경계 조건을 적용하여 맥스웰 방정식의 해를 구하는 것이다.

방정식 1

$$div\,\boldsymbol{D} = \rho \qquad (9\text{-}49)$$

단위 체적당 발산 전속수는 단위체적당 공간 전하밀도와 같다. 여기서 $\boldsymbol{D}$는 전속밀도, ρ는 전하 밀도이다. 이 방정식은 가우스 정리의 일반형으로서 폐곡면으로부터 유출되는 총전속은 그 면이 둘러싸고 있는 전하의 양에 비례함을 말해 주고 있다.

방정식 2

$$div\,\boldsymbol{B} = 0 \qquad (9\text{-}50)$$

여기서 $\boldsymbol{B}$는 자속밀도이다. 이 방정식은 모든 자극이 쌍으로 나타나며 따라서 자계선이 연속적이라는 것을 나타내고 있으며, 이는 분리된 자극은 없다는 것을 의미한다. 다른 개념으로 전계선은 양전하에서 시작하여 음전하에서 끝나는데 따라서 어떤 영역에서는 총 양전하는 전속의 유출을 일으킨다. 이는 자속과 전속이 다른 개념이다. 자계는 발산하지 않으며, 자극은 단독으로 존재하지 않는다.

방정식 3

$$curl\,\boldsymbol{E} = -\frac{\partial \boldsymbol{B}}{\partial t} \qquad (9\text{-}51)$$

여기서 $\boldsymbol{E}$는 전계강도이다. 이는 패러데이 법칙의 미분형을 나타내며, 시간에 따라서 변하는 자계는 공간에 따라서 변하는 전계를 만들어 낸다. 즉, 전계의 회전은 자속밀도의 시간적 감소율과 같다.

방정식 4

$$curl\,\boldsymbol{H} = \boldsymbol{J} + \frac{\partial \boldsymbol{D}}{\partial t} \tag{9-52}$$

여기서 $\boldsymbol{H}$는 자계강도이고, $\boldsymbol{J}$는 자유 전류밀도이다. 이 방정식은 시간에 따라서 변하는 전계는 공간에 따라서 변하는 자계를 만들어 낸다는 것을 의미하며, 암페어의 주회 법칙의 미분형이다. 즉, 자계의 회전은 전류밀도와 같다.

이러한 식의 유도는 전자기학에서 다루기 바란다. 여기서는 벡터 미분을 사용한 식의 표현에 대해서 의미를 음미하기 바란다.

연 습 문 제

1. 다음과 같은 시점(P)과 종점(Q)을 가진 벡터 a의 성분과 크기를 구하라.

① $P(0, 2, 1)$, $Q(3, -2, 5)$

② $P(2, -1, 1)$, $Q(3, -1, 1)$

2. 벡터 $\mathrm{a} = [-2, 7, -3]$, $\mathrm{b} = [4, -1, 3]$, $\mathrm{c} = [3, -2, 0]$가 있을 때, 다음을 구하라.

① $(\mathrm{a}+\mathrm{b})+\mathrm{c}$, $\mathrm{a}+(\mathrm{b}+\mathrm{c})$

② $2(\mathrm{a}+\mathrm{b})-2\mathrm{c}$, $2(\mathrm{a}+\mathrm{b}-\mathrm{c})$

3. 벡터 $\mathrm{a} = [-2, 7, -3]$, $\mathrm{b} = [4, -1, 3]$, $\mathrm{c} = [3, -2, 0]$에서 다음을 구하라.

① $\mathrm{a}\cdot\mathrm{b}$, $\mathrm{b}\cdot\mathrm{c}$, $\mathrm{c}\cdot\mathrm{a}$

② $\mathrm{a}\cdot(\mathrm{b}-\mathrm{c})$, $(\mathrm{a}-\mathrm{b})\cdot\mathrm{c}$

③ $\mathrm{a}\times\mathrm{b}$, $\mathrm{b}\times\mathrm{c}$, $\mathrm{c}\times\mathrm{a}$

④ $\mathrm{c}\times(\mathrm{a}+\mathrm{b})$, $\mathrm{a}\times\mathrm{c}+\mathrm{b}\times\mathrm{c}$

⑤ $\mathrm{a}\cdot(\mathrm{b}\times\mathrm{c})$, $(\mathrm{a}\times\mathrm{b})\cdot\mathrm{c}$

4. 다음과 같은 함수에 대해서 1계, 2계 도함수의 크기를 구하라.

① $\boldsymbol{u}=\boldsymbol{a}+\boldsymbol{b}t$

② $\boldsymbol{u}=t\boldsymbol{i}+t^2\boldsymbol{j}$

③ $\boldsymbol{u}=\cos t\boldsymbol{i}+\sin t\boldsymbol{j}$

④ $\boldsymbol{u}=t\boldsymbol{i}+e^{-t}\boldsymbol{j}$

5. 다음과 같은 벡터로 나타나는 곡선 $\mathrm{r}(t)$에 대하여 접선벡터와 단위접선벡터를 구하라.

① $\mathrm{r}(t)=t\mathrm{i}+t^2\mathrm{j}$, $P(1, 1, 0)$

② $\mathrm{r}(t)=(4+3t)\mathrm{i}+(2-t)\mathbf{k}$, $P(13, 0, 0)$

6. 다음 벡터함수로 표현되는 곡선에서 주어진 구간의 길이를 구하라.

① $\mathbf{r}(t) = t\mathbf{i} + \cosh t\mathbf{j}, \quad 0 \le t \le 2$

② $\mathbf{r}(t) = (t\sin t + \cos t)\mathbf{i} + (\sin t - t\cos t)\mathbf{j}, \quad 0 \le t \le 2\pi$

7. 다음 함수의 grad f를 구하라.

① $f(t) = xy$

② $f(t) = x^3 + y^3$

③ $f(t) = \sqrt{x^3 + y^3}$

④ $f(t) = e^x \sin y$

⑤ $f(t) = (x + y + z)^3$

8. 다음 곡선에서 주어진 점 P에서의 단위곡면법선벡터를 구하라.

① $y - \frac{4}{3}x = -\frac{2}{3}, \quad P(2, 2)$

② $4x^2 + 9y^2 = 36, \quad P(0, 2)$

③ $x^2 + y^2 + z^2 = 32, \quad P(4, 4, 0)$

9. 다음 벡터의 주어진 점 P에서의 발산 div $\mathbf{F}$를 구하라.

① $\mathbf{F}(t) = (x^2 + y^2 + z^2)(\mathbf{i} + \mathbf{j} + \mathbf{k}), \quad P(2, 2, 2)$

② $\mathbf{F}(t) = (e^x \sin y\mathbf{i} + e^x \cos y\mathbf{j}), \quad P(1, 0)$

10. 다음 벡터에서 curl $\mathbf{F}$를 구하라.

① $\mathbf{F}(t) = [y, -x, 0]$

② $\mathbf{F}(t) = [xy, x^2 - y^2, 0]$

③ $\mathbf{F}(t) = \frac{1}{(x^2 + y^2 + z^2)^{5/2}}(x\mathbf{i} + y\mathbf{j} + z\mathbf{k})$

10장 벡터적분법

본장에서는 앞장에서 다룬 벡터미분법에 이어 벡터적분을 살펴본다. 벡터적분은 전자기학, 유체역학, 고체역학, 열역학 분야에서 많이 사용되는 개념이다.
벡터 적분법도 선, 면, 공간에 대해서 적용할 수 있다. 따라서 2D/3D 직각좌표, 원통좌표, 구좌표계에 대한 개념이 있어야 한다. 이러한 개념을 정리한 것이 폐곡면과 폐곡선에 적용한 그린의 정리, 체적과 표면적과의 관계를 정리한 것이 가우스의 발산정리, 열린 폐곡선을 갖는 입체의 표면적과 열린 폐곡선의 관계를 정리한 것이 스토크스의 정리로 요약된다.

10.1 선적분에 의한 벡터적분법

선적분은 스칼라 차원의 미적분에서의 정적분을 확장한 개념이다. 공간에서 정의되는 함수가 $f(x, y, z)$이고, 이 함수에 따라서 공간상의 경로를 움직이는 곡선벡터가 다음과 같이 정의된다고 가정하자.

$$C: \mathbf{r}(t) = [r_1(t), r_2(t), r_3(t)] = r_1(t)\boldsymbol{i} + r_2(t)\boldsymbol{j} + r_3(t)\boldsymbol{k} \qquad \textbf{(10-1)}$$

$\mathbf{r}(t)$에 종속된 곡선 C에서 벡터함수가 $\boldsymbol{F}(\boldsymbol{r}(t))$이라면, 구간 $a \le t \le b$에 대해서 $\boldsymbol{F}(\boldsymbol{r}(t))$함수의 선적분은 다음과 같다. 여기서 $r_1(t), r_2(t), r_3(t)$는 x, y, z의 성분을 의미한다. 여기서, $\int_C$는 $\oint_C$의 선적분 기호를 의미한다.

$$\int_C \boldsymbol{F}(\boldsymbol{r}) \cdot d\boldsymbol{r} = \oint \boldsymbol{F}(\boldsymbol{r}) \cdot d\boldsymbol{r} = \int_a^b \boldsymbol{F}(\boldsymbol{r}(t)) \cdot \frac{d\boldsymbol{r}}{dt} dt = \int_a^b \boldsymbol{F}(\boldsymbol{r}(t)) \cdot \boldsymbol{r}'(t) dt \qquad \textbf{(10-2)}$$

$\boldsymbol{F}(\boldsymbol{r}(t))$은 $\mathbf{r}(t)$의 종속함수이므로 다음과 같다.

$$\boldsymbol{F}(\boldsymbol{r}(t)) = [F_1, F_2, F_3] = F_1(x, y, z)\boldsymbol{i} + F_2(x, y, z)\boldsymbol{j} + F_3(x, y, z)\boldsymbol{k} \qquad \textbf{(10-3)}$$

$$\boldsymbol{r}(t) = x\boldsymbol{i} + y\boldsymbol{j} + z\boldsymbol{k}$$

$$d\boldsymbol{r}(t) = dx\boldsymbol{i} + dy\boldsymbol{j} + dz\boldsymbol{k}$$

$$\boldsymbol{r}'(t) = \frac{d\boldsymbol{r}(t)}{dt} = \frac{dx(t)}{dt}\boldsymbol{i} + \frac{dy(t)}{dt}\boldsymbol{j} + \frac{dz(t)}{dt}\boldsymbol{k} \tag{10-4}$$

선적분식에서 $\boldsymbol{F}(\boldsymbol{r}(t)) \cdot d\boldsymbol{r}(t)$는 dot product이므로 계산 결과가 스칼라 값이다. 따라서 다음과 같이 표현된다.

$$\int_C \boldsymbol{F}(\boldsymbol{r}(t)) \cdot d\boldsymbol{r} = \int_c F_1(x,y,z)dx + F_2(x,y,z)dy + F_3(x,y,z)dz$$

$$\int_a^b \boldsymbol{F}(\boldsymbol{r}(t)) \cdot \boldsymbol{r}'(t)dt = \int_a^b \left(F_1\frac{dx}{dt} + F_2\frac{dy}{dt} + F_3\frac{dz}{dt}\right)dt$$

$$\therefore \int_C \boldsymbol{F}(\boldsymbol{r}(t)) \cdot d\boldsymbol{r} = \int_a^b \left(F_1\frac{dx}{dt} + F_2\frac{dy}{dt} + F_3\frac{dz}{dt}\right)dt \tag{10-5}$$

예제1) 2차원 평면에서 점 $A(0,0)$와 점 $B(1,1)$를 연결하는 다음 두 개의 경로로 이동할 때 각각의 적분 경로에 대해서 아래 실수 함수의 선적분을 계산하라.

$$\int_C \{(x^2+y^2)dx - 2xydy\}$$

(a) 적분경로 $C_1 : y = x^2$

(b) 적분경로 $C_2 : x = y^2$

풀이)

(a) 적분경로 $C_1 : y = x^2$ 에 대해서, $dy = 2xdx$이므로
주어진 함수의 선적분은

$$\int_C (x^2+y^2)dx - 2xydy = \int_0^1 (x^2+x^4)dx - 2xx^2 2xdx$$

$$= \int_0^1 (x^2 + x^4)dx - 4x^4dx = \int_0^1 (-3x^4 + x^2)dx$$

$$= \left[-\frac{1}{5}3x^5 + \frac{1}{3}x^3\right]_0^1$$

$$= -\frac{4}{15}$$

(b) 적분경로 $C_2 : x = y^2$ 에 대해서, $dx = 2ydy$이므로
주어진 함수의 선적분은

$$\int_C (x^2 + y^2)dx - 2xydy = \int_0^1 (y^2 + y^4)2ydy - 2y^2ydy$$

$$= \int_0^1 (y^2 + y^4)2ydy - 2y^3dy = \int_0^1 (2y^5)dy$$

$$= \left[\frac{2}{6}y^6\right]_0^1$$

$$= \frac{1}{3}$$

따라서 적분 경로에 따라서 주어진 함수의 선적분 값이 다르게 된다.

예제2) $\mathrm{r}(\mathrm{t}) = [t,\ 1/t\ ]$ 시간함수에 따라서 벡터 곡선함수 $\mathrm{F}(\boldsymbol{r}(t)) = [y^2,\ -x^4]$가 이동할 때 선적분을 구하라. 단, $1 \le t \le 3$이다.

풀이)

주어진 벡터곡선함수 $\mathrm{F}(\boldsymbol{r}(t)) = [y^2,\ -x^4]$을 시간에 따라서 $x(t)$, $y(t)$방향으로 각각 다음과 같이 이동하고 있다.

$x(t)=t\,,\;\; y(t)=t^{-1}$

$$\int_C \mathrm{F}(\mathrm{r})\cdot d\mathrm{r} = \int_1^3 (t^{-2}\mathrm{i}-t^4\mathrm{j})\cdot(\mathrm{i}-t^{-2}\mathrm{j})dt = \int_1^3 (t^{-2}+t^2)dt = \frac{28}{3}$$

$$\therefore \int_C \mathrm{F}(\mathrm{r})\cdot d\mathrm{r} = \frac{28}{3}$$

일반적으로 어떤 곡선 함수에 대해서 선적분을 하면 경로에 따라서 다른 적분 값을 갖는 것이 보통이다. 그러나 벡터함수의 선적분에서 적분경로와 상관없이 엄격하게 정의하여 일정한 값을 갖는 다음과 같은 3가지의 특수 조건이 있다.

첫 번째 선적분이 경로에 무관하고 시점과 종점의 값에만 의존하는 상황이면 경로에 상관없는 선적분 함수가 된다. 즉 시점과 종점이 일치하는 벡터함수의 선적분은 적분 경로에 무관하게 0의 값이다.
(∵ 시점과 종점이 일치한다는 의미는 같은 점을 말한다.)

$$\int_C \boldsymbol{F}(\boldsymbol{r})\cdot d\boldsymbol{r} + \int_{-C} \boldsymbol{F}(\boldsymbol{r})\cdot d\boldsymbol{r} = \int_C \boldsymbol{F}(\boldsymbol{r})\cdot d\boldsymbol{r} - \int_C \boldsymbol{F}(\boldsymbol{r})\cdot d\boldsymbol{r} = 0$$

두 번째 적분 경로가 기울기가 되는 경우, 즉 당연하게 직관적으로 기울기는 직선관계로 정의되므로 적분 경로에 무관하게 선적분 값이 적분 경로에 무관하게 일정하다.

$$\boldsymbol{F} = \nabla f \;\rightarrow\; F_1 = \frac{\partial f}{\partial x},\;\; F_2 = \frac{\partial f}{\partial y},\;\; F_3 = \frac{\partial f}{\partial z}$$

$$\int_a^b (F_1 dx + F_2 dy + F_3 dz) = f(b) - f(a) \qquad \textbf{(10-6)}$$

세 번째 무관계 조건은 벡터함수 $\boldsymbol{F}$의 회전이 0인 조건의 벡터함수에 대한 선적분은 경로에 상관없이 선적분 결과 값이 0이 된다. 따라서 회전이 없는 벡터함수 $\boldsymbol{F}$

의 선적분 값은 0이므로 선적분 경로에 상관없다.

$$\text{curl } \mathbf{F} = \nabla \times \mathbf{F} = 0 \rightarrow \frac{\partial F_3}{\partial y} = \frac{\partial F_2}{\partial z},\ \frac{\partial F_1}{\partial z} = \frac{\partial F_3}{\partial x},\ \frac{\partial F_2}{\partial x} = \frac{\partial F_1}{\partial y}$$

$$\text{curl } \mathbf{F} = \nabla \times \mathbf{F} = \begin{vmatrix} \boldsymbol{i} & \boldsymbol{j} & \boldsymbol{k} \\ \frac{\partial}{\partial x} & \frac{\partial}{\partial y} & \frac{\partial}{\partial z} \\ F_1 & F_2 & F_3 \end{vmatrix} \qquad \textbf{(10-7)}$$

$$= \left(\frac{\partial F_3}{\partial y} - \frac{\partial F_2}{\partial z}\right)\boldsymbol{i} + \left(\frac{\partial F_1}{\partial z} - \frac{\partial F_3}{\partial x}\right)\boldsymbol{j} + \left(\frac{\partial F_2}{\partial x} - \frac{\partial F_1}{\partial y}\right)\boldsymbol{k} = 0$$

예제3) 기울기를 나타내는 벡터함수 $\boldsymbol{F} = [x, y, z]$의 선적분 $\int_C \boldsymbol{F}(\boldsymbol{r}) \cdot d\boldsymbol{r}$이 임의의 영역에서 선적분 값이 적분 경로와 무관함을 보이고, 원점 $O(0,0,0)$에서 점 A(2, 2, 2)까지의 선적분 값을 구하라.

풀이)

벡터함수의 선적분은 적분 경로에 무관하려면 다음의 조건을 만족하는 f를 구해야 한다.

$$\boldsymbol{F} = \nabla f \rightarrow F_1 = \frac{\partial f}{\partial x},\ F_2 = \frac{\partial f}{\partial y},\ F_3 = \frac{\partial f}{\partial z}$$

먼저 $F_1 = \frac{\partial f}{\partial x} = x$에 대해서 각각 적분하면 다음과 같다.

$$f = \frac{1}{2}x^2 + k(y,z)$$

이를 , $F_2 = \frac{\partial f}{\partial y} = y$에 의해서 대입하여 y로 편미분하고 정리하면 다음과 같다.

$$F_2 = \frac{\partial f}{\partial y} = k'(k,y) = y$$

$k'(k,y)=y$의 관계에서 양변을 적분하면 다음과 같다.

$$k(y,z)=\frac{1}{2}y^2+l(z)$$

이 식을 다시 $f=\frac{1}{2}x^2+k(y,z)$ 식에 대입하면 다음과 같다.

$$f=\frac{1}{2}x^2+\frac{1}{2}y^2+l(z)$$

이를 $F_3=\frac{\partial f}{\partial z}=z$에 대입하여 정리하면 $F_3=\frac{\partial f}{\partial z}=l'(z)=z$가 되어, 이를 z로 적분하면

$$l(z)=\frac{1}{2}z^2+c \text{ (}c\text{는 적분상수)}$$

가 된다. 따라서 적분경로에 상관없는 적분함수 f의 값은

$$f=\frac{1}{2}x^2+\frac{1}{2}y^2+\frac{1}{2}z^2+c$$

로 되고, $c=0$이라면

$$f=\frac{1}{2}x^2+\frac{1}{2}y^2+\frac{1}{2}z^2=\frac{1}{2}(x^2+y^2+z^2)$$

가 된다. 따라서 원점 $O(0,0,0)$에서 A(2, 2, 2)까지의 선적분 값은

$$\int_a^b (F_1dx+F_2dy+F_3dz)=\int_a^b (xdx+ydy+zdz)=f(A)-f(O)$$

$$=\left[\frac{1}{2}(x^2+y^2+z^2)\right]_{(0,0,0)}^{(2,2,2)}=6$$

결과 값 6은 적분 경로에 상관없고, 원점에서 A점까지의 경로가 무엇이든지 결과 값은 6이라는 의미이다.

예제4) 벡터함수 $\boldsymbol{F} = [2y, 2x+y+z, y]$의 선적분 $\int_C \boldsymbol{F}(\boldsymbol{r}) \cdot d\boldsymbol{r}$이 $curl\,\boldsymbol{F} = 0$의 조건을 만족할 때 적분경로와 무관하다는 것을 보여라.

풀이)

$curl\,\boldsymbol{F} = 0$을 만족하면 즉 회전량이 없는 경우 벡터함수의 선적분 값은 적분경로와 다음과 같이 무관하다.

따라서 $curl\,\boldsymbol{F} = 0$가 되는 조건은 다음과 같다.

즉 회전이 없는 벡터함수 F의 선적분 값은 0이므로 선적분 경로에 상관없다.

$$curl\,\boldsymbol{F} = \nabla \times \boldsymbol{F} = 0 \rightarrow \frac{\partial F_3}{\partial y} = \frac{\partial F_2}{\partial z},\ \frac{\partial F_1}{\partial z} = \frac{\partial F_3}{\partial x},\ \frac{\partial F_2}{\partial x} = \frac{\partial F_1}{\partial y}$$

이를 문제에서 주어진 F_1, F_2, F_3의 값을 대입하여 정리하면 다음과 같다.

$$\frac{\partial F_3}{\partial y} = \frac{\partial F_2}{\partial z} = 1,\ \frac{\partial F_1}{\partial z} = \frac{\partial F_3}{\partial x} = 0,\ \frac{\partial F_2}{\partial x} = \frac{\partial F_1}{\partial y} = 2$$

결과적으로 벡터의 회전이 없으므로 벡터함수의 선적분 값은 0으로 적분 경로와 상관없다.

10.2 평면에서의 그린 정리

영국의 물리학자인 G. Green은 벡터함수에서의 선적분과 이중적분 또는 면적적분과의 관계를 정립하였으며, 벡터 적분학에서 가장 중요한 개념 중 하나가 그린의 정리이다. 참고로 그린의 정리의 결과값은 스칼라값으로 정의된다.

평면에서의 그린의 정리란 어떤 단순 폐곡선에 대한 선적분과 그 폐곡선에 의해 정의되는 영역에 대한 이중적분이 서로 동일하다는 개념이다.

어떤 평면에서 C가 영역 R을 둘러싸는 단순폐곡선이고, $F_1(x,y), F_2(x,y)$가 영역 R에서 연속이며, 연속적인 편도함수를 가진다고 하면 다음의 관계가 성립한다. 이를 그린의 정리라고 한다.

$$\iint_R \left(\frac{\partial F_2}{\partial x} - \frac{\partial F_1}{\partial y} \right) dxdy = \oint_C (F_1 dx + F_2 dy) = \oint_C \boldsymbol{F}(\boldsymbol{r}) \cdot d\boldsymbol{r} \tag{10-8}$$

x, y평면에서 정의되는 벡터함수를 $F=[F_1, F_2]$라고 정의하면 그린의 정리는 다음과 같은 개념으로 확장할 수 있다.

$$\because \iint_R (\text{curl F}) \cdot \mathbf{n} dxdy = \oint_C \text{F} \cdot d\boldsymbol{r} \tag{10-9}$$

여기서, $curl\boldsymbol{F}$는 면적을 의미하고, $\boldsymbol{n}$은 x, y평면의 법선방향을 의미한다. C의 방향은 반시계방향으로 회전할 때 왼쪽을 +영역으로 정한다.

주어진 폐곡선에서 선적분의 방향에 따라서 영역의 정의는 안쪽과 바깥쪽으로 바뀐다.

기준은 시계방향, 반시계방향으로 폐곡선을 회전할 때 왼손이 가르키는 영역을 $+R$의 영역이라고 정의한다. 아래 식은 선적분 경로를 바꾸어도 결과 값은 동일하다는 것을 의미한다.

$$\iint_R f(x,y) dA = \int_a^b \left[\int_{g(x)}^{h(x)} f(x,y) dy \right] dx \tag{10-10}$$

$$\iint_R f(x,y) dA = \int_c^d \left[\int_{q(y)}^{p(y)} f(x,y) dx \right] dy \tag{10-11}$$

그린의 정리는 단순 폐곡선에서만 정의된다. 단순폐곡선이란 꺽이거나 중복된 부분이 없는 폐곡선을 의미한다.

$$A = \iint_R dxdy = \frac{1}{2} \oint_C (xdy - ydx) \quad [\because A(\text{스칼라 값}) = \text{면적} = \text{길이}] \tag{10-12}$$

위 식에서 영역에 대한 이중적분은 면적을 나타내는 스칼라 값이고, 단순폐곡선에 대한 선적분의 결과 값은 길이를 나타내는 스칼라 값이다.
A(스칼라 값) = 면적 = 길이에 대한 계산식(10-12식) 증명은 다음에 보이고 있다.

평면에서 한 개의 폐곡선으로 이루어진 영역의 면적 계산식 증명
그린의 정리식을 이용하여 폐곡선으로 이루어진 영역의 면적 계산식은 다음과 같이 유도된다. 계산과정은 면적식을 만들기 위해서 $\boldsymbol{F}=[F_1, F_2]$의 벡터 함수에 대하여 값을 가정한 것임을 참고하기 바란다.
먼저 그린의 식을 이용하여 면적식을 $F_1 = 0, F_2 = x$라고 가정하고 이를 그린의 식에 대입하여 보면 다음과 같다.

$$\iint_R \left(\frac{\partial F_2}{\partial x} - \frac{\partial F_1}{\partial y}\right) dxdy = \iint_R \left(\frac{\partial x}{\partial x} - \frac{\partial 0}{\partial y}\right) dxdy = \oint_C (0dx + xdy)$$

$$\iint_R dxdy = \oint_C xdy \tag{10-13}$$

다음으로 그린의 식을 이용하여 면적식을 $F_1 = -y, F_2 = 0$라고 가정하고 이를 그린의 식에 대입하여 보면 다음과 같다.

$$\iint_R \left(\frac{\partial F_2}{\partial x} - \frac{\partial F_1}{\partial y}\right) dxdy = \iint_R \left(\frac{\partial 0}{\partial x} - \frac{\partial (-y)}{\partial y}\right) dxdy = \oint_C (-ydx + 0dy)$$

$$\iint_R dxdy = -\oint_C ydy \tag{10-14}$$

위 식에서 얻은 두 개의 $\iint_R dxdy$식을 더하면 면적공식을 구할 수 있다.

$$\iint_R dxdy + \iint_R dxdy = 2\iint_R dxdy = \oint_C xdy - \oint_C ydx$$

여기서 면적 공식을 A라고 하면 다음과 같다. 이 식의 의미는 두배 면적의 1/2이 면적 A에 해당한다는 것을 의미한다.

$$A = \frac{1}{2}\left(\oint_C xdy - \oint_C ydx\right) \qquad \left(\because A = \iint_R dxdy\right) \tag{10-15}$$

위 식이 시간 t에 따라서 xy평면의 단순폐곡선을 따라서 움직이는 상황이라면 다음과 같이 쓸 수 있다. 다시 말해서 매개 변수를 t로 하면 다음과 같은 식이 된다.

$$\therefore A = \frac{1}{2}\left(\oint_C x\frac{dy}{dt}dt - \oint_C y\frac{dx}{dt}dt\right) = \frac{1}{2}\left(\oint_C xy'dt - \oint_C yx'dt\right) \tag{10-16}$$

예제5) 그린의 정리를 이용하여 한 개의 폐곡선으로 이루어진 타원 $\frac{x^2}{4} + \frac{y^2}{9} = 1$ 에 대해서 $x = 2\cos t, y = 3\sin t$와 같이 매개변수로 나타낼 수 있을 때, 이 타원 영역의 면적을 계산하라. 단, $0 \le t \le 2\pi$이다.

풀이)

$x = 2\cos t, y = 3\sin t$를 각각 매개변수 t에 의해서 미분하면

$$\frac{dx}{dt} = -2\sin t,\ \frac{dy}{dt} = 3\cos t$$

이다. 이를 $A = \frac{1}{2}\oint_c (xy' - yx')dt = \frac{1}{2}\oint_c (x\frac{dy}{dt} - y\frac{dx}{dt})dt$에 대입하면 다음과 같다.

$$A = \frac{1}{2}\left(\oint_C xy'dt - \oint_C yx'dt\right)$$

$$= \frac{1}{2}\left(\int_0^{2\pi} \{(2\cos t)(3\cos t) - (3\sin t)(-2\sin t)\}dt\right)$$

$$= \frac{1}{2}\left(\int_0^{2\pi} \{(6\cos^2 t) + (6\sin^2 t)\}dt\right)$$

$$\therefore A = \frac{1}{2}\oint_0^{2\pi} 6dt = \frac{1}{2} \cdot 6 \cdot 2\pi = 6\pi$$

예제6) 벡터함수 $\boldsymbol{F} = [x^2 + y^2, x - y]$가 적분경로 C로 원점을 중심으로 각 변의 길이가 4인 정사각형$(-2 \le x \le 2, -2 \le y \le 2)$ 을 반시계방향으로 회전하는 사각형일 때,
$\int_C \boldsymbol{F}(\boldsymbol{r}) \cdot d\boldsymbol{r}$을 계산하라.

풀이)
선적분 구간은 각각 $-2 \le x \le 2, -2 \le y \le 2$으로서 그린의 정리에 의해서

$$\iint_R \left(\frac{\partial F_2}{\partial x} - \frac{\partial F_1}{\partial y} \right) dxdy = \oint_C (F_1 dx + F_2 dy)$$

$$= \int_{-2}^{2}\int_{-2}^{2} \left(\frac{\partial (x-y)}{\partial x} - \frac{\partial (x^2+y^2)}{\partial y} \right) dxdy = \oint_C ((x^2+y^2)dx + (x-y)dy)$$

$$= \int_{-2}^{2} \left\{ \int_{-2}^{2} (1-2y)dx \right\} dy = \int_{-2}^{2} \{ x - 2xy|_{-2}^{2} \} dy = \int_{-2}^{2} \{4 - 8y\} dy$$

$$= \left\{ 4y - 8\frac{1}{2}y^2|_{-2}^{2} \right\} = (8-16) - (-8-16) = 16$$

10.3 가우스의 발산정리

벡터 미적분학에서 선적분, 면적분, 체적적분을 다른 형태로 변환할 수 있는데, 앞에서 살펴본 Green의 정리는 선적분을 이중적분으로 변환할 수 있게 해준다. 이와 유사하게 곡면 S로 둘러싸인 곡면의 면적과 그 곡면으로 둘러싸인 체적의 값으로 변환할 수 있다는 것이 가우스의 발산정리라고 할 수 있다.
파이프 내를 빠져나오는 유체의 흐름을 생각하면, 유체의 흐름 벡터를 $\boldsymbol{F} = F(x, y, z)$곡면 위의 미소면적을 dS라고 하면, dS의 단위 법선벡터를 $\boldsymbol{n}$이라고 하면 유체의 속도성분은 다음과 같다.

$$\boldsymbol{F} \cdot \boldsymbol{n} dS \tag{10-17}$$

1초 동안 dS를 통과하는 유체의 전체 체적은 면적 S 전체에 대해서 적분하면 구해진다.

단위시간 1초 동안 면적 S를 통과하는 유체 전체의 체적= $\iint_s \boldsymbol{F} \cdot \boldsymbol{n} dS$

$$\iint_s \boldsymbol{F} \cdot \boldsymbol{n} dS = \iint_s \boldsymbol{f}(x,y) dx dy \tag{10-18}$$

공간의 직각좌표계에서 면적분을 이중적분으로 변환하는 식은 다음과 같다.

$$\iint_s \boldsymbol{F} \cdot \boldsymbol{n} dS = \iint_s (\boldsymbol{F}_1 dy dz + \boldsymbol{F}_2 dz dx + \boldsymbol{F}_3 dx dy) \tag{10-19}$$

다음은 전기장, 자기장, 열발산체 등이 폐곡면으로 둘러싸인 체적에서 나오는 선속은 폐곡면의 수직으로 나오는 선속의 총합과 미소체적에서 나오는 선속의 총합은 같다는 것을 제안한 것이 가우스의 발산정리이다. 벡터함수 $\boldsymbol{F}$에 대해서 가우스의 발산정리를 수식으로 표현하면 다음과 같다.

$$\iiint_V \operatorname{div} F dV = \iint_S F \cdot \boldsymbol{n} dA \tag{10-20}$$

$$\iiint_V \left(\frac{\partial F_1}{\partial x} + \frac{\partial F_2}{\partial y} + \frac{\partial F_3}{\partial z} \right) dx dy dz = \iint_S (F_1 dy dz + F_2 dz dx + F_3 dx dy)$$

즉, 벡터 함수의 체적 적분은 발산을 의미한다.

예제7) 벡터함수 $\mathrm{F} = [x, y, z]$가 체적 $\mathrm{V} : 0 \le \mathrm{x} \le \mathrm{b}, 0 \le \mathrm{y} \le \mathrm{b}, 0 \le \mathrm{z} \le \mathrm{b}$에서 정의되는 경우, 가우스의 발산정리를 이용하여 다음 조건으로 이루어지는 입방체 표면의 면적분 $\iint_S \mathrm{F} \cdot \mathrm{n} dA$를 구하라.

풀이)

다음의 식을 이용하여 체적적분을 구할 수 있다.

$$\iiint_V \mathrm{div}\, F dV = \iint_S F \cdot n dA$$

면적 F의 발산은 다음과 같다.

$$\mathrm{div}\ \mathrm{F} = \frac{\partial(x)}{\partial x} + \frac{\partial(y)}{\partial y} + \frac{\partial(z)}{\partial z} = 3$$

이 값을 위의 식에 대입하면 다음과 같다.

$$\iiint_V \mathrm{div} \boldsymbol{F}\, dV = \int_0^b \int_0^b \int_0^b 3 dx dy dz = 3b^3$$

$$\therefore \iint_S F \cdot n d\boldsymbol{A} = 3b^3$$

예제8) 가우스의 발산정리를 이용하여 면적이 $A = \iint_s \boldsymbol{F} \cdot n dA$ $= \iint_s (x^3 dydz + x^2 ydzdx + x^2 zdxdy)$ 라고 할 때, 원통좌표 영역 $0 \le r \le 1, 0 \le \theta \le 2\pi, 0 \le z \le 2$ 에서의 $\iiint_V div\, \boldsymbol{F} dV$를 구하라.

풀이)

$$A = \iiint_V div\, \boldsymbol{F}\, dV = \frac{\partial(x^3)}{\partial x} + \frac{\partial(x^2 y)}{\partial y} + \frac{\partial(x^2 z)}{\partial z} = 3x^2 + x^2 + x^2 = 5x^2$$

원통좌표로 변환값은 다음과 같다.

$x = rcos\theta, y = rsin\theta,\ z = z, dxdydz = rdrd\theta dz$ 로 변환하여 계산하면

$$A=\int_0^2\int_0^{2\pi}\int_0^1 5(rcos\theta)^2 rdrd\theta dz,\ A=5\int_0^2\int_0^{2\pi}\frac{1}{4}\cos^2\theta d\theta dz$$

$$\therefore A=5\int_0^2\frac{1}{4}\pi dz=\frac{5}{2}\pi$$

10.4 스토크스의 정리

스토크스의 정리는 평면에서의 그린의 정리를 공간으로 확장한 개념이다. 열려진 곡면 S에 대한 면적분은 그 열려진 면의 경계인 폐곡선 C에 대한 선적분으로 변환시켜주는 것과 같다는 것이 Stokes의 정리라 한다.

스토크스 정리는 벡터의 회전 개념이 포함된 것으로서 벡터함수 F의 회전에 대해서 먼저 생각하면 다음과 같다.

$$curl\,\boldsymbol{F}=\nabla\times\ \mathbf{F}=\begin{vmatrix}\boldsymbol{i} & \boldsymbol{j} & \boldsymbol{k}\\ \frac{\partial}{\partial x} & \frac{\partial}{\partial y} & \frac{\partial}{\partial z}\\ F_1 & F_2 & F_3\end{vmatrix}$$

$$=\left(\frac{\partial F_3}{\partial y}-\frac{\partial F_2}{\partial z}\right)\boldsymbol{i}+\left(\frac{\partial F_1}{\partial z}-\frac{\partial F_3}{\partial x}\right)\boldsymbol{j}+\left(\frac{\partial F_2}{\partial x}-\frac{\partial F_1}{\partial y}\right)\boldsymbol{k} \tag{10-21}$$

다음에 벡터함수 F에 스톡크스의 정리를 개념적으로 예를 들어서 설명하면, 도자기와 같이 위가 뚫려진 용기에 대해서 벡터함수 F에 대한 스톡크스의 정리는 도자기 표면의 면적과 도자기 입구의 폐곡선의 선적분은 같다는 것을 의미한다. 확장된 물리적인 의미는 입구를 통해서 들어가는 물을 회전벡터의 방향이라고 하고, 용기의 크기는 표면적의 적분에 비례한다. 만일 물을 도자기에 넣었다 빼면 회전벡터의 합은 0이 되고, 도자기 내에는 물이 없는 상태가 된다. 이것을 음미하면 스톡크스의 정리를 이해할 수 있을 것이라 생각한다.

벡터함수 F에 대해서 Stokes의 정리를 수식으로 표현하면 다음과 같다.

$$\iint_S curl\,\boldsymbol{F}\cdot dA=\oint_C \boldsymbol{F}\cdot dr \tag{10-22}$$

$$\iint_S curl\,\boldsymbol{F}\cdot n dA=\oint_C \boldsymbol{F}\cdot \mathbf{r}'(s)ds \tag{10-23}$$

예제9) $0 \le x \le 2, 0 \le y \le 2, 0 \le z \le 2$로 정의되는 정육면체가 있다. $z=2$가 되는 정육면체의 면이 열려있고, 나머지 5개의 면은 막혀있는 정육면체가 있다. 열린 면의 적분경로가 정의된다고 할 때, 이 영역을 통과하는 벡터함수가 $\boldsymbol{F} = [x+y, y+z, z+x]$일 때, $\iint_S \text{curl}\boldsymbol{F} \cdot d\boldsymbol{A} = \oint_C^{\text{시계방향}} \boldsymbol{F} \cdot d\boldsymbol{r}$의 값을 각각 구하라.

풀이)

먼저, 정육면체에서 열린 면을 제외한 각 면에서 면적분을 수행한다.
$x=2$인 면에서 $dA = dydz\,\boldsymbol{i}$이므로, $\boldsymbol{i}$성분으로 계산하면

$$\iint_{x=2\text{면}} \text{curl}\boldsymbol{F} \cdot d\boldsymbol{A} = \iint_{x=2\text{면}} \left(\frac{\partial F_3}{\partial y} - \frac{\partial F_2}{\partial z}\right) dydz$$

$$= \iint_{x=2\text{면}} \left(\frac{\partial(z+x)}{\partial y} - \frac{\partial(y+z)}{\partial z}\right) dydz$$

$$= \int_0^2 \int_0^2 -\,dydz = -4$$

$x=0$인 면에서는 적분경로가 $x=2$와 반대이므로 $dA = -dydz\,\boldsymbol{i}$가 된다.

$$\iint_{x=0\text{면}} \text{curl}\boldsymbol{F} \cdot d\boldsymbol{A} = \iint_{x=2\text{면}} \left(\frac{\partial F_3}{\partial y} - \frac{\partial F_2}{\partial z}\right)(-dydz)$$

$$= \iint_{x=2\text{면}} \left(\frac{\partial(z+x)}{\partial y} - \frac{\partial(y+z)}{\partial z}\right)(-dydz)$$

$$= \int_0^2 \int_0^2 dydz = 4$$

다음은 $y=2$인 면에서 $dA=dxdz\,\boldsymbol{j}$이므로

$$\iint_{y=2\text{면}} \text{curl}\boldsymbol{F}\cdot d\boldsymbol{A}=\iint_{y=2\text{면}}\left(\frac{\partial F_1}{\partial z}-\frac{\partial F_3}{\partial x}\right)dzdx$$

$$=\iint_{y=2\text{면}}\left(\frac{\partial(x+y)}{\partial z}-\frac{\partial(z+x)}{\partial x}\right)dzdx$$

$$=\int_0^2\int_0^2 -dzdx=-4$$

$y=0$인 면에서는 적분경로가 $y=2$와 반대이므로 $dA=-dxdz\,\boldsymbol{j}$가 된다.

$$\iint_{y=0\text{면}} \text{curl}\boldsymbol{F}\cdot d\boldsymbol{A}=\iint_{y=0\text{면}}\left(\frac{\partial F_1}{\partial z}-\frac{\partial F_3}{\partial x}\right)(-dzdx)$$

$$=\iint_{y=0\text{면}}\left(\frac{\partial(x+y)}{\partial z}-\frac{\partial(z+x)}{\partial x}\right)(-dzdx)$$

$$=\int_0^2\int_0^2 dzdx=4$$

다음은 $z=0$인 면에서 $dA=-dxdy\,\boldsymbol{k}$이므로

$$\iint_{0=2\text{면}} \text{curl}\boldsymbol{F}\cdot d\boldsymbol{A}=\iint_{z=0\text{면}}\left(\frac{\partial F_2}{\partial x}-\frac{\partial F_1}{\partial y}\right)(-dxdy)$$

$$=\iint_{z=0\text{면}}\left(\frac{\partial(y+z)}{\partial x}-\frac{\partial(x+y)}{\partial y}\right)(-dxdy)$$

$$=\int_0^2\int_0^2 dxdy=4$$

으로 된다. 따라서 정육면체의 막힌 부분의 면적을 전체 더하면 적분값을 구할 수

있다.

$$\iint_{x=2\text{면}} \mathrm{curl}\boldsymbol{F} \cdot d\boldsymbol{A}$$

$$= (x=2\text{면}) + (x=0\text{면}) + (y=2\text{면}) + (y=0\text{면}) + (z=0\text{면})$$

$$= -4+4-4+4+4 = 4$$

다음으로 주어진 정육면체 모서리를 전부 선적분인 $\oint_C \boldsymbol{F} \cdot d\boldsymbol{r}$의 값을 구하면 다음과 같다.

정육면체에서 열린 부분은 $z=2$인 면이 적분경로 C에 대해 선적분을 계산하면 된다. 적분경로 C는 $z=2$인면이므로 $dz=0$이 된다. 그러므로 위의 선적분을 계산하기 전에 알아야 할 $\boldsymbol{F} \cdot d\boldsymbol{r}$의 값은 다음과 같다.

$$\boldsymbol{F} \cdot d\boldsymbol{r} = [x+y, y+z, z+x] \cdot [dx, dy, dz]$$

$$= (x+y)dx + (y+2)dy$$

<경로1> $0 \le y \le 2, z=2$

$x=0$인 면에서는 $dx=0$, $\boldsymbol{F} \cdot d\boldsymbol{r} = (y+2)dy$가 된다. 적분하면

$$\oint_C \boldsymbol{F} \cdot d\boldsymbol{r} = \int_0^2 (y+2)dy = \left[\frac{y^2}{2} + 2y\right]_0^2 = 6$$

<경로2> $0 \le x \le 2, z=2$

이고, $y=2$인 면에서는 $dy=0$, $\boldsymbol{F} \cdot d\boldsymbol{r} = (x+2)dx$가 된다. 적분하면

$$\oint_C \boldsymbol{F} \cdot d\boldsymbol{r} = \int_0^2 (x+2)dx = \left[\frac{x^2}{2} + 2x\right]_0^2 = 6$$

<경로3> $2 \le y \le 0$ (y는 2에서 0으로), $z=2$

이다. 또한 $x=2$인 면에서는 $dx=0$, $\boldsymbol{F} \cdot d\boldsymbol{r} = (y+2)dy$가 된다. 단 여기서 경로가 $y=2$에서 $y=0$으로 가고 있다는 점을 명심하고 적분한다.

$$\oint_C \boldsymbol{F} \cdot d\boldsymbol{r} = \int_2^0 (y+2)dy = \left[\frac{y^2}{2}+2y\right]_2^0 = -6$$

<경로4> $2 \le x \le 0$ (x는 2에서 0으로), $z=2$
마지막으로 $y=0$인 면에서는 $dy=0$, $\boldsymbol{F} \cdot d\boldsymbol{r} = xdx$가 된다. 단 여기서 경로가 $x=2$에서 $x=0$으로 가고 있다는 점을 명심하고 적분한다.

$$\oint_C \boldsymbol{F} \cdot d\boldsymbol{r} = \int_2^0 (x)dx = \left[\frac{x^2}{2}\right]_2^0 = -2$$

이상의 결과를 정리하면 다음과 같이 면적분 계산값과 선적분 계산값이 같다는 결론이 나온다.

$$\iint_S \text{curl}\boldsymbol{F} \cdot d\boldsymbol{A} = \oint_C \boldsymbol{F} \cdot d\boldsymbol{r} = -4+4-4+4+4 = 6+6-6-2 = 4$$

예제10) $0 \le x \le 1, 0 \le y \le 1, 0 \le z \le 1$로 정의되는 정육면체가 있다. $z=0$가 되는 정육면체의 면이 열려있고, 나머지 5개의 면은 막혀있는 정육면체가 있다. 열린 면의 적분경로가 정의된다고 할 때, 이 영역을 통과하는 벡터함수가 $\boldsymbol{F} = [xy, yz, 0]$일 때, $\oint_C^{\text{시계방향}} \boldsymbol{F} \cdot d\boldsymbol{r}$의 값을 구하라.

풀이)
먼저, 다음과 같이 스토크스의 정리를 이용하면

$$\iint_S \text{curl}\boldsymbol{F} \cdot d\boldsymbol{A} = \oint_C^{\text{시계방향}} \boldsymbol{F} \cdot d\boldsymbol{r}$$

와 같이 상등 관계가 성립하므로, 열린 영역을 통과하는 벡터값을 계산할 수 있다. 따라서, curl **F**를 계산하면 다음과 같다.

$$\text{curl } \mathbf{F} = \nabla \times \mathbf{F} = \begin{vmatrix} \boldsymbol{i} & \boldsymbol{j} & \boldsymbol{k} \\ \dfrac{\partial}{\partial x} & \dfrac{\partial}{\partial y} & \dfrac{\partial}{\partial z} \\ xy & yz & 0 \end{vmatrix} = -y\boldsymbol{i} - x\boldsymbol{k}$$

$$\iint_s \text{curl}\boldsymbol{F} \cdot d\boldsymbol{A} = \iint_s \text{curl}\boldsymbol{F} \cdot \boldsymbol{n}\, dA = \oint_C^{\text{시계방향}} \boldsymbol{F} \cdot d\boldsymbol{r}$$

$$= \int_0^1 \int_0^1 x dy dz = \frac{1}{2}$$

결론적으로 $\oint_C^{\text{시계방향}} \boldsymbol{F} \cdot d\boldsymbol{r} = \frac{1}{2}$이 된다.

10.5 벡터적분과 맥스웰 방정식의 적분형

벡터 미분장에서 소개한 벡터 미분형 맥스웰 방정식에 이어서 본장에서는 벡터 적분형의 맥스웰 방정식을 참고로 소개하면 다음과 같다.

방정식 1

$$\oint_S D \cdot d\boldsymbol{S} = \int_V \rho dV \tag{10-24}$$

여기서 $\boldsymbol{D}$는 전속밀도, ρ는 전하 밀도이다. 이 방정식에서 우변은 체적내에 포함되어 있는 전체 전하를 나타낸다. 이 방정식의 의미는 체적 V를 감싸는 폐곡면 S를 통과하는 전체 선속은 그 면 안에 포함된 전체 전하와 같다는 것을 의미한다. 이것은 가우스 법칙의 적분형($\boldsymbol{D}=\epsilon_0 \boldsymbol{E}$로 두고 정리한 형태)이다.

방정식 2

$$\oint_S B \cdot d\boldsymbol{S} = 0 \tag{10-25}$$

여기서 $\boldsymbol{B}$는 자속밀도이다. 이 방정식은 어떤 폐곡면을 지나는 총자속은 0임을 의미한다. 따라서 전하들은 전속의 생성원이나 소멸원을 볼 수 있지만, 자속에는 대응하는 생성원이나 소멸원이 없다.

방정식 3

$$\oint_C \boldsymbol{E} \cdot d\boldsymbol{r} = -\frac{\partial}{\partial t}\int \boldsymbol{B} \cdot d\boldsymbol{S} \tag{10-26}$$

여기서 $\boldsymbol{E}$는 전계강도이다. 정전기학에서는 시간에 대한 편미분을 하면 항상 0이 되는 것을 기억하고, $\oint_C \boldsymbol{E} \cdot d\boldsymbol{r} = 0$과 같이 된다. 이는 정전기장이 보존장이라는 것을 의미한다.

방정식 4

$$\oint_C \boldsymbol{H}\cdot d\boldsymbol{r} = \frac{\partial}{\partial t}\oint \boldsymbol{D}\cdot d\boldsymbol{S} + \int_S \boldsymbol{J}\cdot d\boldsymbol{S} \tag{10-27}$$

여기시 $\boldsymbol{H}$는 자계강도이고, $\boldsymbol{J}$는 자유 전류밀도이다. 이 방정식은 암페어 회로법칙의 적분형을 의미한다. 폐곡선 C는 열린 면 S의 경계를 의미한다. 우변의 의미는 밀도가 $\dfrac{\partial \boldsymbol{D}}{\partial t}+\boldsymbol{J}$ 인 전류가 면 S를 통해서 흐른다는 것을 의미한다.

이러한 식의 유도는 전자기학에서 다루기 바란다. 여기서는 수학적으로 식의 의미를 음미하기 바란다.

연 습 문 제

1. 주어진 곡선 $C: \boldsymbol{r}(t) = 2\cos t\,\boldsymbol{a}_x + 2\sin t\,\boldsymbol{a}_y$, $0 \le t \le \frac{\pi}{2}$에 대해서 다음의 선적분을 구하라.

① $\oint_C xydx$　　② $\oint_C xydy$　　③ $\oint_C xyds$ ($\because s =$ 호의 길이)

2. 곡선 $C: \boldsymbol{r}(t) = 2\cos t\,\boldsymbol{a}_x + 2\sin t\,\boldsymbol{a}_y + t\boldsymbol{a}_z$, $0 \le t \le 2\pi$에 대해서 다음의 선적분을 구하라.

$\oint_C (ydx + xdy + zdz)$

3. 적분 경로 C : r $= [t^3, t^2, t]$일 때, F$= [yz, xz, xy]$의 선적분 $\oint_C \boldsymbol{F}\cdot d\boldsymbol{r}$을 구하라. (단, $1 \le t \le 3$)

4. F$= [xy, 5x, z^2]$인 경우, $O: (0, 0, 0)$에서 $A: (2, 2, 4)$까지의 선적분 $\oint_{C_1} \boldsymbol{F}\cdot d\boldsymbol{r}$, $\oint_{C_2} \boldsymbol{F}\cdot d\boldsymbol{r}$을 다음과 같은 적분경로에 대하여 각각 구하라.

① $C_1 : \boldsymbol{r}_1(t) = 2t\,\boldsymbol{a}_x + 2t\,\boldsymbol{a}_y + 4t\,\boldsymbol{a}_z$ (단, $0 \le t \le 1$)

② $C_2 : \boldsymbol{r}_2(t) = t\,\boldsymbol{a}_x + t\,\boldsymbol{a}_y + t^2\,\boldsymbol{a}_z$ (단, $0 \le t \le 2$)

5. F$= [xy, 5x, z^2]$인 경우, O점에서 A점까지의 선적분을 구하라. 적분경로를 나타내는 벡터함수는 다음과 같다. (단, $0 \le t \le 2$)

① $\mathrm{r}_1(t) = [t, t, 2t]$　$O: (0, 0, 0)$에서 $A: (2, 2, 4)$

② $\mathrm{r}_2(t) = [t, t, t^2]$　$O: (0, 0, 0)$에서 $A: (2, 2, 4)$

6. $\mathrm{F}=[x^2+y^2,\ -2xy]$일 때, $O:(0,0)$에서 $A:(1,1)$까지의 선적분을 구하라. 단, 적분경로가 다음과 같다.

① $y=x^2$

② $y^3=x$

7. 다음의 이중적분을 계산하라.

① $\int_0^2\int_0^2(x+y)dxdy$

② $\int\int_R xydxdy$, 여기서, $0\le x\le\pi/4$ 와 $y=\sin x$와 $y=\cos x$로 둘러싸인 부분

③ $\int\int_R xe^{2y^2}dxdy$, 여기서, R은 $y=x^2, y=4, x=0$에 둘러싸인 1사분면

8. 그린의 정리를 이용하여 주어진 영역 R에서 경계곡선 C의 반시계 방향으로 선적분 $\oint_C \boldsymbol{F}\cdot d\boldsymbol{r}$을 계산하시오.

① $\mathrm{F}=[x^2+y^2,\ x-y]$, $\quad -2\le \mathrm{x}\le 2,\ -2\le \mathrm{y}\le 2$영역의 사각형

② $\mathrm{F}=[y,\ -x]$, $\quad C: x^2+y^2=\frac{1}{4}$

③ $\mathrm{F}=[y^2,\ x^2]$, $\quad -2\le x\le 2,\ -2\le y\le 2$영역의 사각형

④ $\mathrm{F}=[x\sin y,\ y\sinh x]$, $\quad R$: 사각형 $0\le x\le 2, 0\le y\le \pi/2$

⑤ $\mathrm{F}=[y^2x,\ -yx^2]$, $\quad C: x\ge 0,\ 0\le y\le 1-x^2$ 경계

9. 다음 함수들을 주어진 영역에서 삼중적분한 값을 구하라.

① $f=xyz$, $\quad 0\le x\le 2, 0\le y\le 2, 0\le z\le 2$ 영역의 체적

② $f=x+y+z$, $\quad 1\le x\le 2, 2\le y\le 5, 0\le z\le 2$영역의 체적

③ $f=x^2+y^2$, $\quad x^2+y^2\le 4, 0\le z\le 2$영역의 체적

④ $f=\cos y\sin x$, $\quad 0\le x\le\pi, 0\le y\le\frac{\pi}{2}, 0\le z\le 1$ 의 입방체적

10. 다음 조건으로 이루어지는 입방체 표면에서 가우스의 발산정리를 이용하여 면적분 $\iint_S F \cdot \mathrm{n}\, dA$를 구하라.

① $\mathrm{F} = [x, y, z]$, $0 \le x \le b$, $0 \le y \le b$, $0 \le z \le b$의 입방체

② $\mathrm{F} = [e^x, \cosh y, \sinh z]$, $0 \le x \le b$, $0 \le y \le b$, $0 \le z \le b$의 입방체

③ $\mathrm{F} = [0, 0, x^2 - z]$, 꼭지점 $(0, 0, 0)$, $(0, 0, 1)$, $(0, 1, 0)$, $(1, 0, 0)$의 입방체

④ $\mathrm{F} = [x^6, y\cos^3 x, 2z]$, $-\pi \le x \le \pi$, $y^2 + 4z^2 \le 4$ 의 입방체

⑤ $\mathrm{F} = [z + x, y + z, x + y]$, $x^2 + y^2 + z^2 = 9$ 의 입방체

11. $\mathrm{F} = [x + y, y + z, x + z]$, $0 \le x \le 2$, $0 \le y \le 2$, $z = 0$에서 스톡크스의 정리를 이용하여 $\int_C^{\text{반시계}} \boldsymbol{F} \cdot d\boldsymbol{r}$ 과 $\iint_S curl\, \boldsymbol{F} \cdot \boldsymbol{n}\, d\mathrm{A}$ 를 계산하라.

11장 푸리에 급수

푸리에 급수(Fourier series)는 전기적·기계적 진동계, 음파, 파동, 교류 전압과 전류의 파형 등 주기함수로 표현되는 주기적 현상을 연구하는 공학 분야에서 주로 사용된다. 이러한 주기함수는 , 직류성분과 sin 또는 cos 함수로 표현되며, 이의 해석은 푸리에 무한급수를 이용한다. 푸리에 급수해석이란 푸리에 급수, 푸리에 적분, 푸리에 변환을 포함한다.

푸리에 무한급수는 일정한 주기를 갖는 주기 함수의 급수 해석에 적용할 수 있다. 맥노린 급수와 테일러 급수는 불연속적인 주기함수를 해석할 수 없지만 푸리에 급수는 연속, 불연속적인 주기함수의 급수해석에 사용된다.

11.1 푸리에 급수와 주기함수

임의의 주기함수 $f(x)$가 모든 실수 x에 대하여 정의되고, 양수로서 주기인 T가 존재할 때

$$f(x)=f(x+T) \tag{11-1}$$

의 관계가 성립하는 함수 $f(x)$를 주기함수라 하고, 이 함수의 주기는 T가 된다.
위 식에서 n이 정수라면 모든 x에 대해

$$f(x)=f(x+nT) \tag{11-2}$$

가 되므로 T의 정수배 $nT(n\neq 0)$도 역시 주기함수가 된다.
또 만약 $f(x)$와 $g(x)$가 주기 T인 함수라 하면

$$h(x)=af(x)+bg(x) \tag{11-3}$$

함수 $h(x)$도 주기 T를 갖게 된다.

$f(x)=\sin 2x$의 함수는 각속도 $\omega=2\pi f$ 관계에서 $\omega=2$이므로, 주기는

$T=\dfrac{1}{f}=\dfrac{2\pi}{\omega}=\dfrac{2\pi}{2}=\pi$인 주기함수가 되고, $f(x)=2\cos 3x$함수의 주기는 $T=\dfrac{2\pi}{3}$인 주기함수이다.

또, 기하각 $\omega=2\pi f$로 표현되는 함수 $f(x)=\sin\omega t$, $f(x)=\cos\omega t$ 및 삼각함수의 합성함수 $f(x)=\sin\omega t+\cos 3\omega t$의 주기는 모두 기본파의 주기를 따르기 때문에 $T=\dfrac{2\pi}{\omega}$가 된다.

만약 함수가 $f(x)=3$과 같은 상수라면 직류분을 말하기 때문에, 주기가 ∞인 주기함수로서 우함수로 생각할 수 있다.

또 $x=\pi, 2\pi, \cdots$ 에서 유한개의 불연속점을 갖는 사각파 함수도 주기가 $T=2\pi$이고,

$$f(x)=\begin{cases}+A, & 0<x<\pi \\ -A, & \pi<x<2\pi\end{cases} \tag{11-4}$$

로 정의되는 주기함수라고 할 수 있다.
지금까지 주기함수의 정의 및 종류에 대하여 설명하였고, 이제부터 주기함수의 성질과 수학적 표현 방법에 대해서 설명하기로 한다.
주기와 진폭이 다른 정현파(사인파)를 합성하면 비정현 주기파가 생성된다. 이것은 역으로 비정현 주기파 $f(x)$를 분해하면 진폭과 주기가 다른 여러 개의 정현파로 나타낼 수 있음을 알 수 있다. 또한, 주기가 다른 정현파의 합에 의한 비정현 주기파의 주기는 기본파의 주기에 따르게 된다는 것을 알 수 있다.
일반적으로 주기가 2π를 갖는 주기함수는 일반적으로 상수항, sin항 및 cos항의 합으로 표현되는 무한 급수형태로서 다음과 같이 표시할 수 있다.

$$f(x)=a_0+a_1\cos x+a_2\cos 2x+\cdots+a_n\cos nx+\cdots+b_1\sin x+b_2\sin 2x+\cdots b_n\sin nx+$$

$$=a_0+\sum_{n=1}^{\infty}a_n\cos nx+\sum_{n=1}^{\infty}b_n\sin nx \tag{11-5}$$

여기서 a_0, a_1, $a_2,\cdots$, b_1, $b_2,\cdots$ 는 상수 또는 계수이다. 위 식과 같은 급수를 삼각급수또는 푸리에 급수라 하고, a_0, a_n, b_n을 급수의 푸리에 계수라 한다. 이 계

수가 결정된 삼각급수를 $f(x)$의 푸리에 급수라고 한다.

위 식에서 동일한 주기를 갖는 sin항과 cos항을 묶으면 다음과 같이 직류항과 정현항으로만으로 표현할 수도 있다.

$$f(x) = a_0 + (a_1\cos x + b_1\sin x) + (a_2\cos 2x + b_2\sin 2x) + \cdots$$

$$= a_0 + A_1\sin(x+\theta_1) + A_2\sin(2x+\theta_2) + A_3\sin(3x+\theta_3) + \cdots$$

$$= a_0 + \sum_{n=1}^{\infty} A_n\sin(nx+\theta_n) \qquad \textbf{(11-6)}$$

단, $A_n = \sqrt{a_n^2 + b_n^2}$, $\theta_n = \tan^{-1}\dfrac{a_n}{b_n}(n = 1, 2, 3, \cdots)$

위 식에서 x대신에 기하각 ωt로 나타내면

$$f(x) = a_0 + \sum_{n=1}^{\infty} A_n\sin(n\omega t+\theta_n) \qquad \textbf{(11-7)}$$

이 된다. 따라서 상수항 a_0는 시간 t와 각주파수 ω에 무관한 일정값의 직류 성분을 의미하고, 나머지 항은 각종의 진폭과 주기를 갖는 정현파 성분을 의미한다,
특히 정현파 성분 중 $n=1$인 $A_1\sin(\omega t+\theta_1)$은 비정현 주기파 $f(t)$와 동일한 주파수를 갖는 기본이 되는 파로써 이를 기본파라 하고, 주파수가 기본파의 $n=2, 3, 4\cdots$, n배가 되는 항의 파를 각각 제 2고조파, 제 3고조파, ⋯, 제 n고조파라 부르며, 이들을 총칭하여 고조파라고 한다.
모든 주기파는 직류분, 기본파, 고조파로 분해할 수 있고, 이러한 분해를 푸리에 분석 또는 조파 해석이라고 한다.
또한 기본파의 실효값 V_1과 고조파의 실효값 V_n 사이에 다음의 관계를 종합 왜형률 (THD : Total Harmonic Distortion)이라고 한다.

$$THD[\%] = \frac{\sqrt{V_2^2 + V_3^2 + \ldots + V_n^2}}{V_1} \times 100\,[\%]$$

실제 발생하는 주기함수는 매우 복잡하게 나타나지만, 주기가 2π로 나타나는 현상들이 대부분이기 때문에 이들은 간단히 삼각급수인 푸리에 급수로 표현할 수 있다.

예제1) 다음 함수의 기본 주기를 구하라.

① $\sin 2x$ ② $\cos \omega x$ ③ $\sin x + \sin 2x$

풀이)

① $\sin 2x$에서 $\omega = 2\pi f = 2,\ f = \frac{1}{T},\ T = \frac{1}{f} = \frac{1}{\frac{1}{\pi}} = \pi$

$\therefore$ 주기 $T = \pi$

② $\cos \omega x$에서

$\cos \omega x = \cos(\omega x + \omega T) = \cos(\omega(x + T)) = \cos(\omega x)$

여기서 $\omega T = 2n\pi$로 되어 n이 정수이므로 $\omega T = 2\pi$가 된다. 따라서 기분주기는 $\frac{2\pi}{\omega}$이다.

③ $\sin x + \sin 2x$에서

주기가 다른 파형의 합의 주기는 각각 주기가 공동으로 나타나는 교집합의 가장 작은 주기가 합의 파형의 주기가 된다.

따라서 $\sin x$의 주기는 $2\pi, 4\pi, \ldots$이고, $\sin 2x$의 주기는 $\pi, 2\pi, 3\pi, \ldots$ 이므로 합의 파형의 기본주기는 2π이다.

11.2 푸리에 급수와 관련된 기본 공식

푸리에 급수 전개식의 계산을 간단하게하기 위해서 삼각함수의 직교성을 이용하게 된다. 삼각함수의 직교성이란 주기함수인 삼각함수의 곱의 적분은 주기에 상관없이 적분값이 0이 된다는 성질이다. 삼각함수 곱의 적분식을 정리하면 다음과 같다.

$$\int_{-\pi}^{\pi} \cos mx \cdot \cos nx dx = 0 \ (m \neq n)$$

$$\int_{-\pi}^{\pi} \cos mx \cdot \cos nx dx = \pi\,(m = n), \quad \int_{-\pi}^{\pi} \cos^2 nx dx = \pi$$

$$\int_{-\pi}^{\pi} \sin mx \cdot \sin nx dx = 0\,(m \neq n)$$

$$\int_{-\pi}^{\pi} \sin mx \cdot \sin nx dx = \pi\,(m = n), \quad \int_{-\pi}^{\pi} \sin^2 nx dx = \pi$$

$$\int_{-\pi}^{\pi} \cos mx \cdot \sin nx dx = 0\,(m \neq n, m = n)$$

$$\int_{-\pi}^{\pi} \sin mx \cdot \cos nx dx = 0\,(m \neq n, m = n)$$

앞에서 정의된 푸리에 급수의 계수 a_0, a_n, b_n을 구하기 위하여 다음의 정적분이 사용된다. 아래의 식에서 m, $n(\neq 0)$이 임의의 정수라면

(a) $$\int_{-\pi}^{\pi} \cos nx dx = \left[\frac{1}{n}\sin nx\right]_{-\pi}^{\pi} = 0 \qquad \textbf{(11-8)}$$

(b) $$\int_{-\pi}^{\pi} \sin nx dx = \left[-\frac{1}{n}\cos nx\right]_{-\pi}^{\pi} = 0 \qquad \textbf{(11-9)}$$

sin과 cos 함수의 1주기간의 적분은 (+)반파와 (-)반파의 면적이 같으므로 직관적으로 0이 됨을 알 수 있다.

(c) $$\int_{-\pi}^{\pi} \cos^2 nx dx = \int_{-\pi}^{\pi} \frac{1}{2}(1 + \cos 2nx) dx = \frac{1}{2}\left[x + \frac{\sin 2nx}{2n}\right]_{-\pi}^{\pi} = \pi \;\; (n \neq 0)$$

(11-10)

(d) $$\int_{-\pi}^{\pi} \sin^2 nx dx = \int_{-\pi}^{\pi} \frac{1}{2}(1 - \cos 2nx) dx = \frac{1}{2}\left[x - \frac{\sin 2nx}{2n}\right]_{-\pi}^{\pi} = \pi \;\; (n \neq 0)$$

(11-11)

(e) $$\int_{-\pi}^{\pi} \cos mx \cdot \cos nx dx = \int_{-\pi}^{\pi} \frac{1}{2}[\cos(m+n)x + \cos(m-n)x] dx$$

$$= \frac{1}{2}\left[\frac{\sin(m+n)x}{(m+n)} + \frac{\sin(m-n)}{(m-n)}\right]_{-\pi}^{\pi}$$

$$= \begin{cases} 0 : m \neq n\text{인 경우} \\ \pi : m = n\text{인 경우 } (= c\text{식과 동일}) \end{cases} \qquad \textbf{(11-12)}$$

여기서 주어진 적분식은 $m=n$인 경우 결과는 π가 된다.

(f) $\int_{-\pi}^{\pi} \sin mx \cdot \sin nx dx = \int_{-\pi}^{\pi} -\frac{1}{2}[\cos(m+n)x - \cos(m-n)x]dx$

$$= -\frac{1}{2}\left[\frac{\sin(m+n)x}{(m+n)} - \frac{\sin(m-n)x}{(m-n)}\right]_{-\pi}^{\pi}$$

$$= \begin{cases} 0 : m \neq n\text{인 경우} \\ \pi : m = n\text{인 경우 } (= d\text{식과 동일}) \end{cases} \qquad \textbf{(11-13)}$$

여기서 주어진 적분식은 $m=n$인 경우 결과는 π가 된다.

(g) $\int_{-\pi}^{\pi} \sin mx \cdot \cos nx dx = \int_{-\pi}^{\pi} \frac{1}{2}[\sin(m+n)x + \sin(m-n)x]dx$

$$= -\frac{1}{2}\left[\frac{\cos(m+n)x}{(m+n)} + \frac{\cos(m-n)x}{(m-n)}\right]_{-\pi}^{\pi}$$

$$= 0 \qquad \textbf{(11-14)}$$

이상의 결과로부터 두 삼각함수의 곱에 대한 1주기간의 적분(주기 2π 또는 T인 경우)은 다음과 같이 정리할 수 있다.(두 함수의 위상이 동일한 경우)

▶ 동일 종류의 함수의 곱(cos · cos, sin · sin, $\cos^2$, $\sin^2$): $m=n$인 경우에만 π 또는 $T/2$

▶ 다른 종류의 함수의 곱(cos · sin): m, n에 관계없이 삼각함수의 직교성에 의해서 모두 0

두 삼각함수의 적분은 공학에서 많이 나오므로 이 결과를 직접 적용하면 매우 간편하다. 또한 이외에 푸리에 급수의 전개에서 필요한 수학공식은 다음과 같다.

(1)부분 적분법 공식

$$\int f'(x)g(x)dx = f(x)g(x) - \int f(x)g'(x)dx \tag{11-15}$$

[예] $\int xcosxdx$의 함수의 적분(주로 톱니파 및 삼각파의 푸리에 급수의 전개)

$f'(x) = \cos x$, $g(x) = x$라 놓으면 $f(x) = \sin x$, $g'(x) = 1$이 되므로

$$\therefore \int xcosxdx = xsinx - \int \sin xdx = xsinx + \cos x(\text{적분상수 생략})$$

[예] $\int xsinxdx$의 적분(주로 톱니파 및 삼각파의 푸리에 급수 전개에 사용)

$f'(x) = \sin x$, $g(x) = x$라 놓으면 $f(x) = -\cos x$, $g'(x) = 1$이 되므로

$$\therefore \int xsinxdx = -xcosx - \int(-\cos)xdx = -xcosx + \sin x(\text{적분상수 생략})$$

(2) 삼각함수

$$\begin{cases} \sin n\pi = 0, \sin 2n\pi = 0 \\ \cos n\pi = (-1)^n, \cos 2n\pi = 1 \qquad (n = \text{양수}) \\ -\cos n\pi = -(-1)^n = (-1)^{n+1} \end{cases} \tag{11-16}$$

적분변수 x, ωt 및 t에 따른 삼각함수의 적분(적분상수 생략)

$$\begin{cases} \int \cos nxdx = \frac{1}{n}\sin nx, \qquad \int \sin nxdx = -\frac{1}{n}\cos nx \\ \int \cos n\omega td(\omega t) = \frac{1}{n}\sin n\omega t, \int \sin n\omega td(\omega t) = -\frac{1}{n}\cos n\omega t \\ \int \cos n\omega tdt = \frac{1}{n\omega}\sin n\omega t, \quad \int \sin n\omega tdt = -\frac{1}{n\omega}\cos n\omega t \end{cases} \tag{11-17}$$

11.3 푸리에 급수의 a_0, a_n, b_n 계수 결정

주기가 2π인 함수 $f(x)$가 다음 식과 같이 삼각급수로 표현되는 주기함수로서 푸리에 급수로 전개하여 각 항의 계수인 푸리에 계수 a_0, a_n, b_n을 결정하는 방법에 대하여 알아본다.

$$\text{푸리에 급수:} f(x) = a_0 + \sum_{n=1}^{\infty} a_n \cos nx + \sum_{n=1}^{\infty} b_n \sin nx \tag{11-18}$$

(1) a_0의 결정

푸리에 급수식의 양변을 x에 관하여 0에서 2π(1주기간)까지 또는 $-\pi$에서 $+\pi$까지 적분하면

$$\text{푸리에 급수:} f(x) = a_0 + \sum_{n=1}^{\infty} a_n \cos nx + \sum_{n=1}^{\infty} b_n \sin nx$$

$$\int_{-\pi}^{\pi} f(x)dx = a_0 \int_{-\pi}^{\pi} dx$$

$$+ \sum_{n=1}^{\infty} a_n \int_{-\pi}^{\pi} \cos nx dx + \sum_{n=1}^{\infty} b_n \int_{-\pi}^{\pi} \sin nx dx \tag{11-19}$$

로 표현되고, 정적분의 결과에 의해 우변의 제 2, 3 항은 0이 되므로 a_0는

$$\int_{-\pi}^{\pi} f(x)dx = a_0 \int_{-\pi}^{\pi} dx = a_0(2\pi) \tag{11-20}$$

$$\therefore a_0 = \frac{1}{2\pi} \int_{-\pi}^{\pi} f(x)dx \tag{11-21}$$

가 된다. 즉 상수항 a_0는 비정현 주기파 $f(x)$의 1주기간의 평균값임을 알 수 있고, 이는 1주기간의 면적을 의미하므로 파형의 형태로 쉽게 구할 수 있는 경우가 많다.

(2) a_n의 결정

푸리에 급수식의 양변에 $\cos mx$를 곱하여 1주기간을 적분하면

$$\int_{-\pi}^{\pi} f(x)\cos mx dx = a_0 \int_{-\pi}^{\pi} \cos mx dx$$

$$+\sum_{n=1}^{\infty} a_n \int_{-\pi}^{\pi} \cos nx \cdot \cos mx dx + \sum_{n=1}^{\infty} b_n \int_{-\pi}^{\pi} \sin nx \cdot \cos mx dx \quad \textbf{(11-22)}$$

가 된다. 우변의 제 1항과 제 3항은 0이 되고, 제 2항은 $m=n$인 경우에만 $a_n\pi$이다. 이 $a_n\pi$를 좌변에 등식으로 놓으면 계수 a_n은 다음과 같고, 괄호는 임의의 주기 T인 경우이다.

$$\therefore a_n = \frac{1}{\pi}\int_{-\pi}^{\pi} f(x)\cos nx dx \quad \textbf{(11-23)}$$

즉, cos항의 계수 a_n은 함수 $f(x)\cos nx$의 1주기간의 평균값에 2배를 한 결과와 같음을 알 수 있다.

(3) b_n의 결정

푸리에 급수식의 양변에 $\sin mx$를 곱하여 1주기간을 적분하면

$$\int_{-\pi}^{\pi} f(x)\sin mx dx = a_0 \int_{-\pi}^{\pi} \sin mx dx$$

$$+\sum_{n=1}^{\infty} a_n \int_{-\pi}^{\pi} \cos nx \cdot \sin mx dx + \sum_{n=1}^{\infty} b_n \int_{-\pi}^{\pi} \sin nx \cdot \sin mx dx \quad \textbf{(11-24)}$$

이고, 우변의 제 1항과 제 2항은 0이 된다. 또 제 3항은 $m=n$인 경우에나 $b_n\pi$이다. 이 $b_n\pi$를 좌변과 등식으로 놓으면 계수 b_n은 다음과 같다.

$$\therefore b_n = \frac{1}{\pi}\int_{-\pi}^{\pi} f(x)\sin nx dx \tag{11-25}$$

즉, sin항의 계수 b_n은 함수 $f(x)\sin nx$의 1주기간의 평균값에 2배를 한 결과와 같음을 알 수 있다.

이상에서 적분 구간은 $-\pi \sim \pi$를 적용하였지만 $0 \sim 2\pi$의 범위를 적용해도 관계없으며, 두 구간 중 함수의 연속성을 보이는 구간을 선택하는 것이 계산에서 편리하다.

특히 푸리에 계수 a_0, a_n, b_n을 결정하는 데 유의해야 할 점은 주기가 2π인 각 x의 함수 $f(x)$, 전기각 ωt의 함수 $f(\omega t)$ 및 주기가 T인 시간 t의 함수 $f(t)$를 구분하여 적분변수를 정확히 선택하고 식 (11-17)과 같은 방법으로 적분해야한다.

적분 구간은 $f(x)$, $f(\omega t)$함수이면 $0 \sim 2\pi$, $f(t)$의 함수이면 임의의 주기 0~T를 적용하는 것이 일반적이고, $T = \frac{2\pi}{\omega}$의 관계식을 적용한다.

예제2) 다음의 주기적인 사각파에 대해서 푸리에 급수전개식을 구하라.

$$f(x) = \begin{cases} 1 & (0 < x < \pi) \\ -1 & (\pi < x < 2\pi) \end{cases}$$

풀이)

주기 $p = 2\pi$으로 주어진 함수에 대해서 아래의 푸리에 급수식 및 푸리에 계수식을 이용하여 계산하면

$$f(x) = a_0 + \sum_{n=1}^{\infty}(a_n \cos nx + b_n \sin nx)$$

$$a_0 = \frac{1}{2\pi}\int_0^{2\pi} f(x)dx$$

$$a_n = \frac{1}{\pi}\int_0^{2\pi} f(x)\cos nx\, dx$$

$$b_n = \frac{1}{\pi}\int_0^{2\pi} f(x)\sin nx\, dx$$

먼저 푸리에 계수 a_0, a_n 및 b_n을 구하면 다음과 같다.

$$a_0 = \frac{1}{2\pi}\int_0^{2\pi} f(x)dx = \frac{1}{2\pi}\left\{\int_0^{\pi} 1dx + \int_0^{\pi} -1dx\right\}$$

$$= \frac{1}{2\pi}\left\{[x]_0^{\pi} - [x]_{\pi}^{2\pi}\right\} = 0$$

$$a_n = \frac{1}{\pi}\int_0^{2\pi} f(x)\cos nx\, dx = \frac{1}{\pi}\left\{\int_0^{\pi}\cos nx\, dx + \int_{\pi}^{2\pi} -\cos nx\, dx\right\}$$

$$= \frac{1}{\pi}\left\{\left[\frac{\sin nx}{n}\right]_0^{\pi} + \left[\frac{-\sin nx}{n}\right]_{\pi}^{2\pi}\right\}$$

$$= \frac{1}{n\pi}\{(\sin n\pi - \sin n0) + (-\sin 2n\pi + \sin n\pi)\}$$

$$= \frac{1}{n\pi}\{(\sin n\pi - \sin n0) + (-\sin 2n\pi + \sin n\pi)\}$$

$$= \frac{1}{n\pi}(2\sin n\pi - \sin 2n\pi) = 0$$

$$b_n = \frac{1}{\pi}\int_0^{2\pi} f(x)\sin nx\, dx = \frac{1}{\pi}\left\{\int_0^{\pi}\sin nx\, dx + \int_{\pi}^{2\pi} -\sin nx\, dx\right\}$$

$$= \frac{1}{\pi}\left\{\left[\frac{-\cos nx}{n}\right]_0^{\pi} + \left[\frac{\cos nx}{n}\right]_{\pi}^{2\pi}\right\}$$

$$= \frac{1}{n\pi}\{[-\cos n\pi - (-\cos n0)] + (\cos 2n\pi - \cos n\pi)\}$$

$$= \frac{1}{n\pi}\{(-\cos n\pi + \cos n0) + (\cos 2n\pi - \cos n\pi)\}$$

$$= \frac{1}{n\pi}(-2\cos n\pi + 2)$$

$$= \frac{2}{n\pi}(1 - \cos n\pi) = \frac{2}{n\pi}\{1 - (-1)^n\}$$

$$\because n = 1,\ b_1 = \frac{2}{n\pi}\cdot 2$$

$$n = 2,\ b_2 = 0$$

$$n = 3,\ b_3 = \frac{2}{3\pi}\cdot 2$$

$$n = 4,\ b_4 = 0\ ,$$

$\cdots$ $\quad n =$홀수만 존재

따라서

$$b_n = \frac{4}{n\pi}\ , n = 1,\ 3,\ 5, \ldots$$

$$b_n = 0\ , n = 2,\ 4,\ 6, \ldots$$

그러므로 $f(x) = \sum_{n=1}^{\infty} b_n \sin nx$ 는 다음과 같이 무한 급수로 전개된다.

$$f(x) = \frac{4}{\pi}\sin x + \frac{4}{3\pi}\sin 3x + \frac{4}{5\pi}\sin 5x + \frac{4}{7\pi}\sin 7x + \ldots$$

$$= \frac{4}{\pi}\left(\sin x + \frac{1}{3}\sin 3x + \frac{1}{5}\sin 5x + \frac{1}{7}\sin 7x + \ldots\right)$$

따리서 여기서 구한 푸리에 계수를 푸리에 급수식에 대입하여 정리하면 다음과 같다.

$$\therefore f(x) = \frac{4}{\pi}\left(\sin x + \frac{1}{3}\sin 3x + \frac{1}{5}\sin 5x + \frac{1}{7}\sin 7x + \ldots\right)$$

11.4 주기가 2π가 아닌 $2L$인 함수의 푸리에 급수와 푸리에 계수

지금까지 우리는 주기함수의 주기가 2π인 함수에 대해서 푸리에 급수 전개 및 푸리에 계수를 구하였다. 그러나 현실적으로 주기함수의 주기가 2π인 함수보다 임의의 주기를 갖는 주기함수가 대부분이다. 따라서 이 절에서는 임의의 주기 $2L$인 주기함수에 대해서 푸리에 급수와 푸리에 계수를 구하고자 한다.

이를 위해서 주기 2π인 매개변수 t를 사용하여 임의의 주기 $2L$인 변수 x함수를 갖는 $f(x)$ 급수식을 유도하고자 한다.

다음에 $g(t)$함수를 정의하면 다음과 같다.

$$g(t) = a_0 + \sum_{n=1}^{\infty}(a_n \cos nt + b_n \sin nt) \qquad \textbf{(11-26)}$$

여기서 푸리에 계수를 정의하면 다음과 같다.

$$a_0 = \frac{1}{2\pi}\int_{-\pi}^{\pi} g(t)dt \qquad \textbf{(11-27)}$$

$$a_n = \frac{1}{\pi}\int_{-\pi}^{\pi} g(t)\cos nt\, dt \qquad \textbf{(11-28)}$$

$$b_n = \frac{1}{\pi}\int_{-\pi}^{\pi} g(t)\sin nt\, dt \qquad \textbf{(11-29)}$$

여기서 임의의 주기 $2L$인 푸리에 급수식을 구하기 위해서는 변수를 t에서 x로 변환해야 한다. 즉, 주기 2π와 변수 t를 사용하는 $g(t)$함수에서 주기 $2L$과 변수 x로 변환해야 한다. 따라서 주기함수이므로 $t = kx$식이 되고, 여기서 주기가 $t = 2\pi$

이고, $x=2L$이므로 $t=kx=\frac{\pi}{L}x$으로 되고, $dt=\frac{\pi}{L}dx$이 되어 $g(t)$식을 다시 쓰면 다음과 같다.

$$g(t)=g(kx)=g\left(\frac{\pi}{L}x\right)=a_0+\sum_{n=1}^{\infty}(a_n\cos n\frac{\pi}{L}x+b_n\sin n\frac{\pi}{L}x) \tag{11-30}$$

이 식은 임의 주기 $2L$이고, 변수가 x인 주기함수 $f(x)$로 다음과 같이 표현할 수 있다.

$$f(x)=a_0+\sum_{n=1}^{\infty}(a_n\cos n\frac{\pi}{L}x+b_n\sin n\frac{\pi}{L}x) \tag{11-31}$$

따라서 푸리에 계수는 다음과 같이 된다.

$$a_0=\frac{1}{2L}\int_{-L}^{L}f(x)dx \tag{11-32}$$

$$a_n=\frac{1}{L}\int_{-L}^{L}f(x)\cos\frac{n\pi x}{L}dx \tag{11-33}$$

$$b_n=\frac{1}{L}\int_{-L}^{L}f(x)\sin\frac{n\pi x}{L}dx \tag{11-34}$$

푸리에 급수 전개식 및 푸리에 계수는 일반화된 위의 식을 일반적으로 사용해야 한다.

다음은 주기가 $2L=T$로 한 경우의 푸리에 급수 및 푸리에 계수 식을 표현하면 다음과 같다.

$$f(x)=a_0+\sum_{n=1}^{\infty}(a_n\cos n\frac{2\pi}{T}x+b_n\sin n\frac{2\pi}{T}x) \tag{11-35}$$

따라서 푸리에 계수는 다음과 같이 된다.

$$a_0 = \frac{1}{T}\int_{-\frac{T}{2}}^{\frac{T}{2}} f(x)dx \tag{11-36}$$

$$a_n = \frac{2}{T}\int_{-\frac{T}{2}}^{\frac{T}{2}} f(x)\cos\frac{n2\pi x}{T}dx \tag{11-37}$$

$$b_n = \frac{2}{T}\int_{-\frac{T}{2}}^{\frac{T}{2}} f(x)\sin\frac{n2\pi x}{T}dx \tag{11-38}$$

다음은 주기가 $2L = p$로 한 경우의 푸리에 급수 및 푸리에 계수 식을 표현하면 다음과 같다.

$$f(x) = a_0 + \sum_{n=1}^{\infty}(a_n \cos n\frac{2\pi}{p}x + b_n \sin n\frac{2\pi}{p}x) \tag{11-39}$$

따라서 푸리에 계수는 다음과 같이 된다.

$$a_0 = \frac{1}{p}\int_{-\frac{p}{2}}^{\frac{p}{2}} f(x)dx \tag{11-40}$$

$$a_n = \frac{2}{p}\int_{-\frac{p}{2}}^{\frac{p}{2}} f(x)\cos\frac{n2\pi x}{p}dx \tag{11-41}$$

$$b_n = \frac{2}{p}\int_{-\frac{p}{2}}^{\frac{p}{2}} f(x)\sin\frac{n2\pi x}{p}dx \tag{11-42}$$

이상과 같이 주기의 표시 기호가 달라져도 푸리에 급수 및 계수식을 변형하여 사용할 수 있다.

주어진 주기 함수에 대해서 푸리에 급수 전개식을 구하는 절차는 다음과 같이 먼저 푸리에 계수 a_0, $a_1, \ldots$, $b_1 \ldots$, 을 구하고,

n에 무관한 a_0

$n=1$ 일 때 a_1,

$n=2$ 일 때 a_2,

$n=3$ 일 때 $a_3, \dots$

$n=1$ 일 때 b_1,

$n=2$ 일 때 b_2,

$n=3$ 일 때 $b_3, \dots$

를 구하여 다음의 푸리에 급수식에 대입하여 정리한다.

$$f(x)=a_0+a_1\cos\frac{1\cdot\pi}{L}x+a_2\cos\frac{2\cdot\pi}{L}x+\dots \tag{11-43}$$

$$+b_1\sin\frac{1\cdot\pi}{L}x+b_2\sin\frac{2\cdot\pi}{L}x+\dots$$

예제3) 다음의 주기 함수에 대해서 푸리에 급수전개식를 구하라.

$$f(x)=\begin{cases} 3 & (0<x<5) \\ -3 & (-5<x<0) \end{cases}, \text{ 주기 } p=T=2L=10$$

풀이)

주기 $p=T=2L=10$으로 주어진 함수에 대해서 아래의 푸리에 급수식 및 푸리에 계수식을 이용하여 계산하면

$$f(x)=a_0+\sum_{n=1}^{\infty}\left(a_n\cos n\frac{\pi}{L}x+b_n\sin n\frac{\pi}{L}x\right)$$

$$a_0 = \frac{1}{2L}\int_{-L}^{L} f(x)dx$$

$$a_n = \frac{1}{L}\int_{-L}^{L} f(x)\cos\frac{n\pi x}{L}dx$$

$$b_n = \frac{1}{L}\int_{-L}^{L} f(x)\sin\frac{n\pi x}{L}dx$$

다음과 같다. 먼저 푸리에 계수를 구해 보자.

$$a_0 = \frac{1}{10}\int_{-5}^{5} f(x)dx = \frac{1}{10}\left(\int_{-5}^{0} -3dx + \int_{0}^{5} 3dx\right) = \frac{3}{10}|x|_{-5}^{5} = 0$$

$$= \frac{1}{10}\left(|-3x|_{-5}^{0} + |3x|_{0}^{5}\right) = \frac{1}{10}\{(3\cdot 0 - (-3\cdot -5)) + (3\cdot 5 - 3\cdot 0)\} = 0$$

$$a_n = \frac{1}{L}\int_{-L}^{L} f(x)\cos\frac{n\pi x}{L}dx = \frac{1}{5}\int_{-5}^{5} f(x)\cos\frac{n\pi x}{5}dx$$

$$= \frac{1}{5}\left\{\int_{-5}^{0} -3\cos\frac{n\pi x}{5}dx + \int_{0}^{5} 3\cos\frac{n\pi x}{5}dx\right\}$$

$$= \frac{1}{5}\left\{\left[-3\cdot\frac{5}{n\pi}\sin\frac{n\pi x}{5}\right]_{-5}^{0} + \left[3\cdot\frac{5}{n\pi}\sin\frac{n\pi x}{5}\right]_{0}^{5}\right\}$$

$$= 0$$

$$b_n = \frac{1}{L}\int_{-L}^{L} f(x)\sin\frac{n\pi x}{L}dx = \frac{1}{5}\int_{-5}^{5} f(x)\sin\frac{n\pi x}{5}dx$$

$$= \frac{1}{5}\left\{\int_{-5}^{0} -3\sin\frac{n\pi x}{5}dx + \int_{0}^{5} 3\sin\frac{n\pi x}{5}dx\right\}$$

$$= \frac{1}{5}\left\{\left[-3 \cdot -\frac{5}{n\pi}\cos\frac{n\pi x}{5}\right]_{-5}^{0} + \left[3 \cdot -\frac{5}{n\pi}\cos\frac{n\pi x}{5}\right]_{0}^{5}\right\}$$

$$= \frac{1}{5}\left\{\left[3 \cdot \frac{5}{n\pi}\cos\frac{n\pi x}{5}\right]_{-5}^{0} - \left[3 \cdot \frac{5}{n\pi}\cos\frac{n\pi x}{5}\right]_{0}^{5}\right\}$$

$$= \frac{3}{n\pi}\left\{\left[\cos\frac{n\pi x}{5}\right]_{-5}^{0} - \left[\cos\frac{n\pi x}{5}\right]_{0}^{5}\right\}$$

$$= \frac{3}{n\pi}\{1-(-1)^n - [(-1)^n - 1]\}$$

$$= \frac{3}{n\pi}\{2 \cdot [1-(-1)^n]\}$$

$$= \frac{3 \cdot 2}{n\pi}\{[1-(-1)^n]\}$$

$$= \frac{6}{n\pi}\{[1-(-1)^n]\}$$

$\because n = 1,\ b_1 = \frac{6}{n\pi} \cdot 2$

$n = 2,\ b_2 = 0$

$n = 3,\ b_3 = \frac{6}{n\pi} \cdot 2$,

$\cdots$ $n =$홀수만 존재

따라서 푸리에 급수 $f(x)$는 정현항의 홀수항만 존재한다.

$b_n = \frac{12}{n\pi},\ n = 1,\ 3,\ 5, \ldots$

$b_n = 0, n = 2, 4, 6, \ldots$

그러므로 $f(x) = \sum_{n=1}^{\infty} b_n \sin \frac{n\pi x}{L}$ 는 다음과 같이 무한 급수로 전개된다.

$$f(x) = \frac{12}{\pi} \sin \frac{\pi}{5} x + \frac{12}{3\pi} \sin \frac{3\pi}{5} x + \frac{12}{5\pi} \sin \frac{5\pi}{5} x + \frac{12}{7\pi} \sin \frac{7\pi}{5} x + \ldots$$

$$= \frac{12}{\pi}\left(\sin \frac{\pi}{5} x + \frac{1}{3} \sin \frac{3\pi}{5} x + \frac{1}{5} \sin \frac{5\pi}{5} x + \frac{1}{7} \sin \frac{7\pi}{5} x + \ldots\right)$$

따라서 여기서 구한 푸리에 계수를 푸리에 급수식에 대입하여 정리하면 다음과 같다.

$$\therefore\ f(x) = \frac{12}{\pi}\left(\sin \frac{\pi}{5} x + \frac{1}{3} \sin \frac{3\pi}{5} x + \frac{1}{5} \sin \frac{5\pi}{5} x + \frac{1}{7} \sin \frac{7\pi}{5} x + \ldots\right)$$

11.5 우함수와 기함수의 푸리에 급수

비정현 주기함수 $f(x)$가 대칭성의 파형이면 그 함수의 푸리에 계수 a_0, a_n, b_n은 0이 되는 계수를 반드시 포함한다. 그러므로 대칭성을 이용하면 앞 절에서 배운 푸리에 급수의 전개에서 모든 계수를 구할 필요가 없어지므로 급수의 전개는 수월해진다.

대칭 파형은 일반적으로 우함수파(여현대칭), 기함수파(정현대칭) 및 반파대칭파가 있고, 이 종류에 의해 푸리에 계수가 0인 항목을 미리 예측할 수 있다. 따라서 이 대칭파의 구분과 성질 및 푸리에 계수를 구하는 방법에 대해 알아본다.

우함수와 기함수의 연산 특징

① 우함수(기함수)의 합이나 차 역시 우함수(기함수)이다.

② 우함수의 곱은 우함수이고, 기함수의 곱은 우함수이다.

③ 우함수와 기함수의 곱은 기함수이다.

(1) 우함수파(여현대칭)

모든 시간함수 x또는 t에 대하여

$$f(x) = f(-x),\ f(t) = f(-t) \qquad \textbf{(11-44)}$$

의 조건을 만족하는 함수 $f(x)$ 또는 $f(t)$를 우함수이라 하고, 이러한 함수에는 x^2, x^4, $\cos x$ 등이 있다. 이 때 우함수의 조건을 만족하는 파형을 우함수파 또는 여현대칭파라고 하고, 세로축에 관하여 대칭, 즉 좌우가 대칭인 파형이다.
우함수인 여현대칭파를 푸리에 급수의 전개식에서 $f(x)$와 $f(-x)$는 각각

$$\begin{cases} f(x) = a_0 + \sum_{n=1}^{\infty} a_n \cos nx + \sum_{n=1}^{\infty} b_n \sin nx \\ f(-x) = a_0 + \sum_{n=1}^{\infty} a_n \cos n(-x) + \sum_{n=1}^{\infty} b_n \sin(-x) \\ \qquad\quad = a_0 + \sum_{n=1}^{\infty} a_n \cos nx - \sum_{n=1}^{\infty} b_n \sin nx \end{cases} \tag{11-45}$$

$$\{\because \cos n(-x) = \cos nx, \sin n(-x) = -\sin nx\}$$

가 된다. 위의 두 식은 우함수의 조건식으로부터 서로 항상 같아야 하므로 sin항은 없어지고 상수항 a_0와 cos항 a_n만 존재해야 한다.
또 이것은 기하학적으로 함수 $f(x) = k$ (상수)는 일종의 우함수로 볼 수 있으므로 상수항 a_0와 $\cos nx$항은 우함수가 되고 $\sin nx$는 기함수이기 때문에 이 식에서 상수항 a_0와 우함수항 a_n만 존재하는 것으로도 해석할 수 있다.
따라서 우함수파에 대한 푸리에 급수의 전개 $f(x)$와 계수 a_0, a_n은 적분구간을 $-\pi$에서 π까지 취해도 되므로 다음과 같이 구할 수 있다.

$$f(x) = a_0 + \sum_{n=1}^{\infty} a_n \cos nx$$

$$\begin{cases} a_0 = \dfrac{1}{2\pi}\displaystyle\int_{-\pi}^{\pi} f(x)dx = \dfrac{1}{\pi}\int_0^{\pi} f(x)dx \\ a_n = \dfrac{1}{\pi}\displaystyle\int_{-\pi}^{\pi} f(x)\cos nx dx = \dfrac{2}{\pi}\int_0^{\pi} f(x)\cos nx dx \end{cases} \tag{11-46}$$

우함수파는 기하학적으로 1주기간을 적분하는 대신에 반주기만을 적분해도 평균값은 같다. 따라서 상수항 a_0는 1주기간을 적분하는 대신에 반주기만을 적분하여 구할 수 있다.

a_n도 피적분 함수 $f(x)\cdot\cos x$가 결과적으로 우함수이기 때문에 반주기만을 적분하여 구한 평균값에 2배를 취함으로써 간단히 구할 수 있다.

{$f(x)\cdot\cos x$ =(우함수)·(우함수)=(우함수)}

주기가 다른 우함수의 푸리에 급수를 함수 $f(x)$ 및 계수를 정리하면 다음과 같다.

주기 2π 　　　　주기 $2L$

$$f(x) = a_0 + \sum_{n=1}^{\infty} a_n \cos nx \qquad \left\{ f(x) = a_0 + \sum_{n=1}^{\infty} a_n \cos \frac{n\pi x}{L} \right\}$$

$$\left\{ a_0 = \frac{1}{\pi} \int_0^{\pi} f(x)dx \right\} \qquad \left\{ a_0 = \frac{1}{L} \int_0^{L} f(x)dx \right\}$$

$$\left\{ a_n = \frac{2}{\pi} \int_0^{\pi} f(x)\cos nx dx \right\} \quad \left\{ a_n = \frac{2}{L} \int_0^{L} f(x)\cos \frac{n\pi x}{L} dx \right\} \qquad \textbf{(11-47)}$$

예제4) 다음의 주기 함수에 대해서 푸리에 급수전개식를 구하라.

$$f(x) = \begin{cases} 0 & (0 \le x < 2) \\ 1 & (2 \le x < 4), \\ 0 & (4 \le x < 6) \end{cases} \quad \text{주기 } p = T = 2L = 6$$

풀이)

우함수인 주기 $p = T = 2L = 6$으로 주어진 함수에 대해서 아래의 푸리에 급수식 및 푸리에 계수식을 계산하면

$$f(x) = a_0 + \sum_{n=1}^{\infty} a_n \cos \frac{n\pi x}{L}$$

$$a_0 = \frac{1}{L} \int_0^{L} f(x)dx$$

$$a_n = \frac{2}{L} \int_0^{L} f(x)\cos \frac{n\pi x}{L} dx$$

우함수이므로 푸리에 코사인급수($L=3$)를 이용하면,

$$a_0 = \frac{1}{3}\int_2^3 dx = \frac{1}{3}|x|_2^3 = \frac{1}{3}$$

$$a_n = \frac{2}{3}\int_2^3 \cos\frac{n\pi x}{3}\,dx = \frac{2}{3}\left[\frac{3}{n\pi}\left(\sin\frac{n\pi x}{3}\right)\right]_2^3 = -\frac{2}{n\pi}\sin\frac{2n\pi}{3}$$

$$\therefore\ f(x) = \frac{1}{3} - \frac{2}{\pi}\left(\sin\frac{2\pi}{3}\cdot\cos\frac{\pi}{3}x + \frac{1}{2}\sin\frac{4\pi}{3}\cdot\cos\frac{2\pi}{3}x + \cdots\right)$$

(2) 기함수파(정현대칭)

모든 x또는 t에 대하여

$$f(x) = -f(-x) \tag{11-48}$$

의 조건을 만족하는 함수 $f(x)$를 기함수(odd function)라 하고, x, x^3, $\sin x$ 등이 있다.

이 때 기함수의 조건을 만족하는 파형을 기함수파 또는 정현대칭파라고 하며, 원점에 관하여 대칭, 즉 원점을 중심으로 180° 회전하였을 때 일치되는 파형이다.

기함수파는 (+)반파와 (-)반파의 면적이 같기 때문에 1주기간의 평균값(직류분)을 의미하는 상수항 a_0는 0이고, 아래의 기함수 조건에서도 증명된다.

기함수인 정현대칭파를 푸리에 급수의 전개식에서 $f(x)$와 $-f(-x)$는 각각

$$\begin{cases} f(x) = a_0 + \sum_{n=1}^{\infty} a_n \cos nx + \sum_{n=1}^{\infty} b_n \sin nx \\ -f(-x) = -\left\{a_0 + \sum_{n=1}^{\infty} a_n \cos n(-x) + \sum_{n=1}^{\infty} b_n \sin n(-x)\right\} \\ \qquad\quad = -a_0 - \sum_{n=1}^{\infty} a_n \cos nx + \sum_{n=1}^{\infty} b_n \sin nx \end{cases} \tag{11-49}$$

$$\{\because \cos n(-x) = \cos nx,\ \sin n(-x) = -\sin nx\}$$

가 되고, 위의 두 식은 기함수의 조건식으로부터 서로 항상 같아야 하므로 상수항

a_0와 cos항은 존재하지 않고 sin항 b_n만 존재하여야 한다.
따라서 기함수파에 대한 푸리에 급수의 전개 $f(x)$와 계수 b_n은

$$f(x) = \sum_{n=1}^{\infty} b_n \sin nx \tag{11-50}$$

$$b_n = \frac{1}{\pi}\int_{-\pi}^{\pi} f(x)\sin nx dx = \frac{2}{\pi}\int_{0}^{\pi} f(x)\sin nx dx$$

가 된다. 특히 계수 b_n도 피적분 함수 $f(x)\cdot\sin x$가 결과적으로 우함수이기 때문에 앞 절에서와 마찬가지로 $f(x)\cdot\sin x$의 반주기만을 적분하여 구한 평균값에 2배를 취하면 된다.{(기함수)·(기함수)=(우함수)}
주기가 다른 기함수의 푸리에 급수를 함수 $f(x)$ 및 계수를 정리하면 다음과 같다.

주기 2π	주기 $2L$	
$f(x) = \sum_{n=1}^{\infty} b_n \sin nx$	$\left\{f(x) = \sum_{n=1}^{\infty} b_n \sin\frac{n\pi x}{L}\right\}$	(11-51)
$b_n = \frac{2}{\pi}\int_{0}^{\pi} f(x)\sin nx dx$	$\left\{b_n = \frac{2}{L}\int_{0}^{L} f(x)\sin\frac{n\pi x}{L} dx\right\}$	

예제5) 다음의 주기 함수에 대해서 푸리에 급수전개식을 구하라.

$$f(x) = \begin{cases} -x-2 & (-1 \le x < 0) \\ -x+2 & (\ \ 0 \le x < 1) \end{cases}, \text{ 주기 } p = T = 2L = 2$$

풀이)
기함수인 주기 $p = T = 2L = 2$으로 $L = 1$이므로 주어진 함수에 대해서 아래의 푸리에 급수식 및 푸리에 계수식을 계산하면,

$$f(x) = \sum_{n=1}^{\infty} b_n \sin\frac{n\pi x}{L}$$

$$b_n = \frac{2}{L}\int_0^L f(x)\sin\frac{n\pi x}{L}dx$$

기함수이므로 푸리에 사인급수($L=1$)를 이용하면,

$$b_n = \frac{2}{L}\int_0^L f(x)\sin\frac{n\pi x}{L}dx = \frac{2}{1}\int_0^1 (-x+2)\sin\frac{n\pi x}{1}dx$$

$$= 2\left\{\left[(-x+2)\cdot -\frac{1}{n\pi}\cos n\pi x\right]_0^1 - \int_0^1 -\frac{1}{n\pi}\cos n\pi x\cdot -1\,dx\right\}$$

$$= 2\left\{\left[(-x+2)\cdot -\frac{1}{n\pi}\cos n\pi x\right]_0^1 - \int_0^1 \frac{1}{n\pi}\cos n\pi x\,dx\right\}$$

$$= 2\left\{\left(-\frac{1}{n\pi}\cos n\pi - 2\cdot(-\frac{1}{n\pi})\right) - \frac{1}{n\pi}\left[\frac{1}{n\pi}\sin n\pi x\right]_0^1\right\}$$

$$= 2\left\{\left(-\frac{1}{n\pi}\cos n\pi - 2\cdot(-\frac{1}{n\pi})\right) - 0\right\}$$

$$= -\frac{2}{n\pi}\cos n\pi + \frac{4}{n\pi}$$

$$= -\frac{2}{n\pi}(-1)^n + \frac{4}{n\pi}$$

$$\because\ n=1,\ b_1 = \frac{2}{\pi} + \frac{4}{\pi} = \frac{6}{\pi}$$

$$n=2,\ b_2 = -\frac{2}{2\pi} + \frac{4}{2\pi} = \frac{2}{2\pi}$$

$$n=3,\ b_3 = \frac{2}{3\pi} + \frac{4}{3\pi} = \frac{6}{3\pi}$$

$$n = 4,\ b_4 = -\frac{2}{4\pi} + \frac{4}{4\pi} = \frac{2}{4\pi}$$

따라서 $f(x) = \sum_{n=1}^{\infty} b_n \sin\frac{n\pi x}{L}$ 이므로 다음과 같이 정리된다.

$$\therefore\ f(x) = \left(\frac{6}{\pi}\sin\pi x + \frac{2}{2\pi}\sin 2\pi x + \frac{4}{3\pi}\sin 3\pi x + \frac{2}{4\pi}\sin 4\pi x + \cdots\right)$$

$$= \frac{6}{\pi}\left(\sin\pi x + \frac{1}{3}\sin 3\pi x + \frac{1}{5}\sin 5\pi x + \cdots\right)$$

$$+ \frac{2}{\pi}\left(\frac{1}{2}\sin 2\pi x + \frac{1}{4}\sin 4\pi x + \frac{1}{6}\sin 6\pi x + \cdots\right)$$

예제6) 다음의 주기 함수에 대해서 푸리에 급수전개식를 구하라.
$f(x) = x,\ -1 < x < 1$, 주기 $p = T = 2L = 2$

풀이)
기함수인 주기 $p = T = 2L = 2$으로 $L = 1$이므로 주어진 함수에 대해서 아래의 푸리에 급수식 및 푸리에 계수식을 계산하면,

$$f(x) = \sum_{n=1}^{\infty} b_n \sin\frac{n\pi x}{L}$$

$$b_n = \frac{2}{L}\int_0^L f(x)\sin\frac{n\pi x}{L}dx$$

기함수이므로 푸리에 사인급수($L = 1$)를 이용하면,

$$b_n = \frac{2}{L}\int_0^L f(x)\sin\frac{n\pi x}{L}dx = \frac{2}{1}\int_0^1 x\sin\frac{n\pi x}{1}dx$$

$$= 2\int_0^1 x \sin n\pi x \, dx$$

$$= 2\left\{\left[x\cdot -\frac{1}{n\pi}\cos n\pi x\right]_0^1 - \int_0^1 -\frac{1}{n\pi}\cos n\pi x \cdot 1\, dx\right\}$$

$$= 2\left\{\left[x\cdot -\frac{1}{n\pi}\cos n\pi x\right]_0^1 + \int_0^1 \frac{1}{n\pi}\cos n\pi x \, dx\right\}$$

$$= 2\left\{\left(-\frac{1}{n\pi}\cos n\pi + 0\right) + \frac{1}{n\pi}\left[\frac{1}{n\pi}\sin n\pi x\right]_0^1\right\}$$

$$= 2\cdot\left(-\frac{1}{n\pi}\cdot(-1)^n + \frac{1}{(n\pi)^2}\cdot 0\right)$$

$$= -\frac{2}{n\pi}\cdot(-1)^n$$

$$\because n = 1,\ b_1 = \frac{2}{\pi}$$

$$n = 2,\ b_2 = -\frac{2}{2\pi}$$

$$n = 3,\ b_3 = \frac{2}{3\pi}$$

$$n = 4,\ b_4 = -\frac{2}{4\pi}$$

따라서 $f(x) = \sum_{n=1}^{\infty} b_n \sin\frac{n\pi x}{L}$ 이므로 다음과 같이 정리된다.

$$\therefore\ f(x) = \left(\frac{2}{\pi}\sin \pi x - \frac{2}{2\pi}\sin 2\pi x + \frac{2}{3\pi}\sin 3\pi x - \frac{2}{4\pi}\sin 4\pi x + \cdots\right)$$

$$= \frac{2}{\pi}\sin \pi x - \frac{2}{2\pi}\sin 2\pi x + \frac{2}{3\pi}\sin 3\pi x - \frac{2}{4\pi}\sin 4\pi x + \cdots$$

$$= \frac{2}{\pi}\left(\sin \pi x - \frac{1}{2}\sin 2\pi x + \frac{1}{3}\sin 3\pi x - \frac{1}{4}\sin 4\pi x + \cdots\right)$$

(3) 반파대칭

여기서는 반파 대칭을 갖는 주기함수에 대해서 주기가 2π 또는 T 주기파이지만 실질적으로는 주기가 π또는 $T/2$로 되는 함수에 대해서 푸리에 급수에 대해서 살펴본다.

모든 x 또는 t에 대하여

$$f(x) = -f(x+\pi) \text{ 또는 } f(t) = -f\left(t+\frac{T}{2}\right) \tag{11-52}$$

의 조건을 만족하는 함수 $f(x)$ 또는 $f(t)$를 반파대칭이라 한다.

반파대칭파는 반주기만큼 수평이동한 후 가로축에 대해 대칭인 파형이다.

반파대칭파도 우함수 및 기함수파와 마찬가지로 (+)반파와 (-)반파의 면적이 같으므로 1주기간의 평균값을 의미하는 상수항 a_0는 0이 된다.

반파대칭파의 푸리에 급수의 전개식에서 $f(x)$와 $-f(x+\pi)$는 각각

$$\begin{cases} f(x) = \sum_{n=1}^{\infty} a_n \cos nx + \sum_{n=1}^{\infty} b_n \sin nx \\ -f(x+\pi) = -\left\{\sum_{n=1}^{\infty} a_n \cos n(x+\pi) + \sum_{n=1}^{\infty} b_n \sin n(x+\pi)\right\} \\ \qquad\qquad = -\sum_{n=1}^{\infty} (-1)^n a_n \cos nx - \sum_{n=1}^{\infty} (-1)^n b_n \sin nx \end{cases} \tag{11-53}$$

$$\because \begin{cases} \cos n(x+\pi) = (-1)^n \cos nx \\ \sin n(x+\pi) = (-1)^n \sin nx \end{cases}$$

가 된다. 위의 두 식은 반파대칭의 조건식으로부터 성립하려면 n은 반드시 홀수(기수)이어야 하고, 상수항 a_0는 없어지면서 cos항과 sin항이 존재하여야 한다.

즉, 반파대칭파에 대한 푸리에 급수의 전개 $f(x)$와 계수 a_n, b_n은

$$f(x) = \sum_{n=1}^{\infty} a_n \cos nx + \sum_{n=1}^{\infty} b_n \sin nx \tag{11-54}$$

$$\begin{cases} a_n = \dfrac{1}{\pi}\displaystyle\int_{-\pi}^{\pi} f(x)\cos nx dx = \dfrac{2}{\pi}\displaystyle\int_{0}^{\pi} f(x)\cos nx dx \\ b_n = \dfrac{1}{\pi}\displaystyle\int_{-\pi}^{\pi} f(x)\sin nx dx = \dfrac{2}{\pi}\displaystyle\int_{0}^{\pi} f(x)\sin nx dx \end{cases}$$

단, $(n = 1, 3, 5, \cdots)$

가 된다. 특히 계수 a_n, b_n은 피적분 함수 $f(x)\cdot\sin x$와 $f(x)\cdot\cos x$에 대해 앞 절과 마찬가지로 각각 반주기만을 적분하여 구한 평균값에 2배를 취함으로써 간단히 구할 수 있다. 푸리에 급수를 함수 $f(x)$, $f(t)$ 및 계수 b_n을 x, t로 정리하면 다음과 같다.

$$\begin{cases} f(x) = \displaystyle\sum_{n=1}^{\infty} a_n \cos nx + \sum_{n=1}^{\infty} b_n \sin nx \\ f(t) = \displaystyle\sum_{n=1}^{\infty} a_n \cos n\omega t + \sum_{n=1}^{\infty} b_n \sin n\omega t \end{cases} \tag{11-55}$$

$$\begin{cases} a_n = \dfrac{2}{\pi}\displaystyle\int_{0}^{\pi} f(x)\cos nx dx \left\{= \dfrac{4}{T}\displaystyle\int_{0}^{T/2} f(t)\cos n\omega t dt\right\} \\ b_n = \dfrac{2}{\pi}\displaystyle\int_{0}^{\pi} f(x)\sin nx dx \left\{= \dfrac{4}{T}\displaystyle\int_{0}^{T/2} f(t)\sin n\omega t dt\right\} \end{cases} \quad (n:\text{홀수})$$

(4) 반파대칭이면서 동시에 우함수(기함수)파의 성질

① 반파대칭+우함수: $\cos$ **항(a_n) {n = 홀수(기수)}**

$$f(t) = \sum_{n=1}^{\infty} a_n \cos n\omega t$$

$$a_n = \frac{8}{T}\int_{0}^{T/4} f(t)\cos n\omega t dt \ (n = 1, 3, 5, \cdots) \tag{11-56}$$

{$f(t)\cos n\omega t$의 1/4주기간의 평균값에 2배}

② 반파대칭+기함수: $\sin$ **항**(b_n) $\{n=$**홀수(기수)**$\}$

$$f(t)=\sum_{n=1}^{\infty} b_n \sin n\omega t$$

$$b_n=\frac{8}{T}\int_0^{T/4} f(t)\sin n\omega t dt (n=1,3,5,\cdots) \tag{11-57}$$

$\{f(t)\sin n\omega t$의 1/4주기간의 평균값에 2배$\}$

이상 살펴본 대칭성을 이용한 푸리에 급수 전개법 이외에 반구간 전개법이 있는데 이는 비주기 함수를 우함수 또는 기함수의 주기함수로 확장하는 것을 가정하여 푸리에 급수전개하는 방법으로 비주기 함수에 대해서 푸리에 급수전개를 하고 난 다음에 구간을 고려하여 푸리에 급수해석을 한다.

예제7) 다음과 같은 반파 대칭이면서 우함수의 여현대칭인 사각파 함수에 대해서 푸리에 급수로 전개하라.

$f(x)=1,\ (0<x<\frac{\pi}{2})$

풀이)

반파 대칭이면서 우함수의 여현대칭인 사각파 함수에 대한 푸리에 급수식 및 계수는 다음과 같다.

$$f(x)=\sum_{n=1}^{\infty} a_n \cos nx$$

$$a_n=\frac{8}{T}\int_0^{T/4} f(x)\cos nx dx \ (n=1,3,5,\cdots)$$

$\{f(x)\cos nx$의 1/4주기간의 평균값에 2배$\}$

식을 계산하면 다음과 같다.

$$a_n = \frac{8}{T}\int_0^{T/4} f(x)\cos nx dx = \frac{4}{\pi}\int_0^{\pi/2} 1 \cdot \cos nx dx,\ (n=1,3,5,\cdots)$$

$$= \frac{4}{\pi} \cdot \frac{1}{n}\sin nx|_0^{\pi/2} = \frac{4}{n\pi}\left(\sin\frac{\pi}{2}\right)$$

$$\begin{cases} \frac{4}{n\pi}\ (n=1,5,9,\dots) \\ -\frac{4}{n\pi}\ (n=3,7,11,\dots) \end{cases}$$

$$\therefore f(x) = \sum_{n=1}^{\infty} a_n \cos nx = \frac{4}{\pi}\left(\cos x - \frac{1}{3}\cos 3x + \frac{1}{5}\cos 5x - \frac{1}{7}\cos 7x + \dots\right)$$

11.6 비주기 함수의 반구간 전개에 의한 푸리에 급수전개

비주기 함수의 푸리에 급수전개 기법으로 비주기함수로 단발성인 파형을 푸리에 급수전개하기 위한 방법으로서 단발성인 비주기 함수를 우함수 또는 기함수로 가정하여 푸리에 급수 전개하고 구간을 명시하여 푸리에 급수로 표현하는 방법이다. 적용 예는 아래 예제를 통해서 확인한다.

예제8) 다음 함수에 대해서 반구간 전개법으로 푸리에 코사인(Fcs) 전개와, 푸리에 사인(Fss) 전개에 대해서 구하라.

$f(x) = e^x \quad (0 < x < a)$

풀이)

푸리에 코사인급수 전개

$$a_0 = \frac{1}{a}\int_0^a e^x dx = \frac{1}{a}|e^x|_0^a = \frac{e^a - 1}{a}$$

$$a_n = \frac{2}{a}\int_0^a e^x \cos\frac{n\pi x}{a} dx = \frac{2a}{a^2 + n^2\pi^2}(e^a \cos n\pi - 1)$$

$$\rightarrow F_{cs} : f(x) = \frac{e^a - 1}{a} + \sum_{n=1}^{\infty} \frac{2a}{n^2\pi^2 + a^2}\{(-1)^n e^a - 1\}\cos\frac{n\pi}{a}x \ ,(\because 0 < x < a)$$

푸리에 사인급수 전개

$$b_n = \frac{2}{a}\int_0^a e^x \sin\frac{n\pi x}{a}dx = \frac{2n\pi}{a^2 + n^2\pi^2}(1 - e^a \cos n\pi)$$

$$\rightarrow Fss : f(x) = \sum_{n=1}^{\infty} \frac{2n\pi}{n^2\pi^2 + a^2}\{1 - (-1)^n e^a\}\sin\frac{n\pi}{a}x \ , \ (\because 0 < x < a)$$

주어진 구간 $(0 < x < a)$에서 다음의 푸리에 코사인 함수와 사인 함수가 적용된다.

$$\therefore \ Fcs : f(x) = \frac{e^a - 1}{a} + \sum_{n=1}^{\infty} \frac{2a}{n^2\pi^2 + a^2}\{(-1)^n e^a - 1\}\cos\frac{n\pi}{a}x, \ (\because 0 < x < a)$$

$$Fss : f(x) = \sum_{n=1}^{\infty} \frac{2n\pi}{n^2\pi^2 + a^2}\{1 - (-1)^n e^a\}\sin\frac{n\pi}{a}x \ , \ (\because 0 < x < a)$$

연 습 문 제

1. 다음과 같은 주기 함수에 대해서 푸리에(삼각) 급수로 전개하라.

① $f(x) = \begin{cases} 0 & (-\pi \le x < 0) \\ -x & (0 \le x < \pi) \end{cases}$ ② $f(x) = x^2 \quad (0 < x < 2\pi)$

③ $f(x) = \begin{cases} \sin x & (0 \le x \le \pi) \\ 0 & (\pi < x < 2\pi) \end{cases}$ ④ $f(x) = \begin{cases} \cos x & (0 < x < \pi) \\ 0 & (\pi < x < 2\pi) \end{cases}$

2. 다음과 같은 주기 함수에 대해서 푸리에 급수로 전개하라.

① $f(x) = \begin{cases} 3 & (0 \le x < 5) \\ 0 & (-5 \le x < 0) \end{cases}$ ② $f(x) = \begin{cases} 3 & (0 < x < 5) \\ -3 & (-5 < x < 0) \end{cases}$

③ $f(x) = \begin{cases} x & (0 \le x < 1) \\ 1 & (1 \le x < 2) \end{cases}$ ④ $f(x) = \begin{cases} -x-2 & (-2 \le x < 0) \\ -x+2 & (0 \le x < 2) \end{cases}$

3. 다음 함수들을 우함수, 기함수로 분류하시오

① $f(x) = 2x^2$

② $f(x) = 4x^3$

③ $f(x) = 3x^3 \sin\omega x$

④ $f(x) = 2\sin 3x \sin x$

⑤ $f(x) = e^{2x} 3\sin 3x$

4. 다음 함수들을 반구간 전개법을 이용하여 푸리에 코사인 및 사인 급수로 전개하라.

① $f(x) = 1 \quad (0 < x < 2)$

② $f(x) = x \quad (0 < x < 2)$

③ $f(x) = x^2 \quad (0 < x < 1)$

④ $f(x) = e^x \quad (0 < x < a)$

12장 푸리에 적분과 푸리에 변환

푸리에 급수는 주기함수에 대해서만 사용할 수 있다는 한계가 있지만, 비주기함수(주기:∞)에 대한 푸리에 급수의 적용을 위해서 고안된 방법이 푸리에 적분이다. 즉 푸리 적분은 주기가 무한대라고 하는 가정에서 제안되었다. 주기가 무한대라는 것은 어떤 모양이 단 한번 나타나는 것도 주기가 무한대라고 할 수 있는 개념이다.

시간함수 $f(x)$	**푸리에 변환 ->** **<- 푸리에 역변환**	**사인, 코사인 함수의 주파수 함수** $F(\omega)$

시간함수

$$f_p(x) = a_0 + \sum_{n=1}^{\infty} (a_n \cos\omega_n x + b_n \sin\omega_n x) \tag{12-1}$$

주파수함수

$$f(x) = \int_0^{\infty} \left\{ \cos\omega x \frac{1}{\pi} \left(\int_{-\infty}^{\infty} f(v) \cos\omega v dv \right) \right) + \sin\omega x \frac{1}{\pi} \left(\int_{-\infty}^{\infty} f(v) \sin\omega v dv \right\} d\omega \tag{12-2}$$

$$\because A(\omega) = \frac{1}{\pi} \int_{-\infty}^{\infty} f(v) \cos\omega v dv$$

$$B(\omega) = \frac{1}{\pi} \int_{-\infty}^{\infty} f(v) \sin\omega v dv$$

$$f(x) = \int_0^{\infty} \{ \cos\omega x (A(\omega)) + \sin\omega x (B(\omega)) \} d\omega$$

푸리에 변환

$$F(\omega)=\frac{1}{\sqrt{2\pi}}\int_{-\infty}^{\infty} f(x)e^{-jwx}dx \tag{12-3}$$

푸리에 역변환

$$f(x)=\frac{1}{\sqrt{2\pi}}\int_{-\infty}^{\infty} F(\omega)e^{-jwx}d\omega \tag{12-4}$$

푸리에 변환은 정의식으로만 보면 푸리에 적분과 다르지 않지만 용도는 차이가 있다. 푸리에 변환은 라플라스 변환의 특수한 경우로서 $\sigma=s\pm j\omega=0$인 경우에 해당한다고 볼 수 있다. 이 장에서 논의할 푸리에 변환도 라플라스변환처럼 주파수영역에서 신호를 처리하기 위한 중요한 도구이다. 시간영역에서 처리하기 힘든 해석을 주파수영역에서 간단히 처리할 수 있게 해준다.

12.1 실수형 푸리에 적분

12.1.1 실수형 푸리에 적분

앞에서 주기함수를 분석하는 도구로서 푸리에 급수를 학습하였다. 주기함수의 분석뿐만 아니라 비주기함수의 분석도 많이 사용된다.

이 장에서는 푸리에 급수의 개념을 확장하여 비주기 함수를 분석할 수 있는 푸리에 적분을 살펴보기로 한다.

푸리에 적분을 수학적으로 살펴보기 위해서는 푸리에 급수 표현의 (실수 또는 복소수의 영역 포함) 일반화 작업이 필요하다. 따라서 이를 위해서는 주기를 가진 주기함수 $f(x)$를 실수 영역에서의 푸리에 급수로 전개한 다음 주기를 무한대(∞)로 접근시킴으로서 푸리에 급수가 어느 형태로 변화하는가를 볼 수 있다.

이와 같은 과정이 가능한 이유는 비주기함수는 주기가 ∞인 주기함수로 간주할 수 있기 때문이며, 이러한 과정을 통해 얻어진 푸리에 급수의 일반화된 형태를 푸리에 적분이라고 부른다.

본 절에서는 주기가 p인 주기함수 $f_p(x)$의 푸리에 급수전개식으로부터 실수형 푸리에 적분을 유도한다.

주기함수 $f_p(x)$의 푸리에 급수전개는 다음과 같이 표현할 수 있다. 여기서 푸리에 계수 a_0, a_n, b_n계수들의 적분변수를 v로 놓고 정리하면 다음과 같다.

$$f_p(x) = a_0 + \sum_{n=1}^{\infty}(a_n \cos\omega_n x + b_n \sin\omega_n x) \tag{12-5}$$

$$a_0 = \frac{1}{p}\int_{-\frac{p}{2}}^{\frac{p}{2}} f_p(v)dv \tag{12-6}$$

$$a_n = \frac{2}{p}\int_{-\frac{p}{2}}^{\frac{p}{2}} f_p(v)\cos\omega_n v dv \tag{12-7}$$

$$b_n = \frac{2}{p}\int_{-\frac{p}{2}}^{\frac{p}{2}} f_p(v)\sin\omega_n v dv \tag{12-8}$$

여기서 $\omega_n = \dfrac{2n\pi}{p}$ 로 놓고 위 식을 정리하면 다음과 같다.

$$f_p(x) = \frac{1}{p}\int_{-\frac{p}{2}}^{\frac{p}{2}} f_p(v)dv + \frac{2}{p}\sum_{n=1}^{\infty}\left\{(\cos\omega_n x)\int_{-\frac{p}{2}}^{\frac{p}{2}} f_p(v)\cos\omega_n v dv\right\}$$

$$+\frac{2}{p}\sum_{n=1}^{\infty}\left\{(\sin\omega_n x)\int_{-\frac{p}{2}}^{\frac{p}{2}} f_p(v)\sin\omega_n v dv\right\} \tag{12-9}$$

여기서 $\Delta\omega \cong \omega_{n+1} - \omega_n = \dfrac{2(n+1)\pi}{p} - \dfrac{2n\pi}{p} = \dfrac{2\pi}{p}$ 라고 가정한다.

$$\therefore \frac{\Delta\omega}{\pi} = \frac{2}{p} \tag{12-10}$$

이를 정리하면 다음과 같다.

$$f_p(x) = \frac{1}{p}\int_{-\frac{p}{2}}^{\frac{p}{2}} f_p(v)dv + \frac{1}{\pi}\sum_{n=1}^{\infty}\left\{(\cos\omega_n x)\int_{-\frac{p}{2}}^{\frac{p}{2}} f_p(v)\cos\omega_n v dv\right\}\Delta\omega$$

$$+\frac{1}{\pi}\sum_{n=1}^{\infty}\left\{(\sin\omega_n x)\int_{-\frac{p}{2}}^{\frac{p}{2}} f_p(v)\sin\omega_n v dv\right\}\Delta\omega \qquad \textbf{(12-11)}$$

$f(x)$함수가 $f_p(x)$함수의 주기 p에 극한 개념을 도입하면 다음과 같이 정의된다.

$$\lim_{p\to\infty} f_p(x) = f(x) \qquad \textbf{(12-12)}$$

이때 $p\to\infty$이면, $\Delta\omega\to0$이므로, 2번째, 3번째 항의 무한급수형태이므로 0에서 ∞까지 적분구간을 갖는 정적분 형태로 다음과 같이 정의될 수 있다.

여기서 $\lim_{p\to\infty}\frac{1}{p}\int_{-\frac{p}{2}}^{\frac{p}{2}} f_p(v)dv = 0$이 된다. 또한 $\sum_{n=1}^{\infty}\Delta\omega$가 $\int_0^{\infty} d\omega$으로 된다는 것을 고려하면 12-11식은 다음식과 같이 된다.

$$f(x) = \frac{1}{\pi}\int_0^{\infty}\left\{\cos\omega x(\int_{-\infty}^{\infty} f(v)\cos\omega v dv) + \sin\omega x(\int_{-\infty}^{\infty} f(v)\sin\omega v dv)\right\}d\omega$$

$$f(x) = \int_0^{\infty}\left\{\cos\omega x\frac{1}{\pi}(\int_{-\infty}^{\infty} f(v)\cos\omega v dv) + \sin\omega x\frac{1}{\pi}(\int_{-\infty}^{\infty} f(v)\sin\omega v dv)\right\}d\omega$$

위 식에서 $A(\omega)$, $B(\omega)$는 푸리에 적분계수로서 다음과 같이 정의한다.

$$A(\omega) = \frac{1}{\pi}\int_{-\infty}^{\infty} f(v)\cos\omega v dv \qquad \textbf{(12-13)}$$

$$B(\omega) = \frac{1}{\pi}\int_{-\infty}^{\infty} f(v)\sin\omega v dv \qquad \textbf{(12-14)}$$

이를 $f(x)$식에 대입하면 푸리에 적분식은 다음과 같다.

$$f(x) = \int_0^{\infty}\{(\cos\omega x)A(\omega) + (\sin\omega x)B(\omega)\}d\omega$$

$$\therefore f(x) = \int_0^{\infty} \{A(\omega)(\cos\omega x) + B(\omega)(\sin\omega x)\}d\omega \qquad (12\text{-}15)$$

위 식을 주기가 무한대인 비주기함수 $f(x)$에 대한 산술평균을 나타내고 푸리에 적분이라고 정의하며, 푸리에 급수와 마찬가지로 $f(x)$가 불연속적인 점에서의 푸리에 적분값은 그 점에서의 $f(x)$의 좌극한과 우극한의 산술평균값과 같다는 것을 의미한다.

예제1) $f(x) = 1\ (|x| < 1)$, $f(x) = 0\ (|x| > 1)$에 대해서 푸리에 적분을 구하라.

풀이)
푸리에 적분계수 $A(\omega)$, $B(\omega)$를 구하면 다음과 같다.

$$A(\omega) = \frac{1}{\pi}\int_{-\infty}^{\infty} f(v)\cos\omega v dv$$

$$= \frac{1}{\pi}\int_{-1}^{1} \cos\omega v dv = \frac{1}{\pi}\left[\frac{\sin\omega v}{\omega}\right]_{-1}^{1} = \frac{2\sin\omega}{\pi\omega}$$

$$B(\omega) = \frac{1}{\pi}\int_{-\infty}^{\infty} f(v)\sin\omega v dv$$

$$= \frac{1}{\pi}\int_{-1}^{1} \sin\omega v dv = \frac{1}{\pi}\left[-\frac{\cos\omega v}{\omega}\right]_{-1}^{1} = 0$$

따라서 푸리에 적분식 $f(x)$는 다음과 같다.

$$f(x) = \int_0^{\infty} \{A(\omega)(\cos\omega x) + B(\omega)(\sin\omega x)\}d\omega$$

$$= \int_0^{\infty} \left\{\left(\frac{2\sin\omega}{\pi\omega}\right)(\cos\omega x) + 0\right\}d\omega$$

$$= \int_0^\infty \left(\frac{2\sin\omega}{\pi\omega}\right)(\cos\omega x)d\omega = \frac{2}{\pi}\int_0^\infty \left(\frac{\sin\omega\cos\omega x}{\omega}\right)d\omega$$

와 같이 주어진 $f(x)=1\,(|x|<1)$, $f(x)=0\,(|x|>1)$함수에 대한 푸리에 적분식을 구할 수 있다. 또한 주어진 함수에서 $x=0$일 때, $f(x)=1$이라는 것을 알 수 있다. 이를 푸리에 적분식에 대입하면 다음이 구해진다.

$$f(x) = \frac{2}{\pi}\int_0^\infty \left(\frac{\sin\omega\cos\omega x}{\omega}\right)d\omega$$

$$f(0) = \frac{2}{\pi}\int_0^\infty \left(\frac{\sin\omega\cos\omega 0}{\omega}\right)d\omega = \frac{2}{\pi}\int_0^\infty \left(\frac{\sin\omega}{\omega}\right)d\omega = 1$$

이를 정리하면 다음과 같다.

$$\int_0^\infty \left(\frac{\sin\omega}{\omega}\right)d\omega = \frac{\pi}{2}$$

와 같이 된다. 이와 같이 비주기함수에 대해서 푸리에 적분함수를 구할 수 있다.

예제2) $f(x) = \begin{cases} 0 & (x<0, x>a) \\ x & (0<x<a) \end{cases}$ 의 함수에 대해서 푸리에 적분을 구하라.

풀이)
푸리에 적분식은 다음과 같고,

$$f(x) = \int_0^\infty \{A(\omega)(\cos\omega x) + B(\omega)(\sin\omega x)\}d\omega$$

계수 $A(\omega)$, $B(\omega)$를 구하면 다음과 같다.

$$A(\omega) = \frac{1}{\pi}\int_0^a x\cos\omega x dx = \frac{1}{\pi}\left(\frac{a\sin\omega a}{\omega} + \frac{\cos\omega a - 1}{\omega^2}\right)$$

$$B(\omega) = \frac{1}{\pi}\int_0^a x\sin\omega x dx = \frac{1}{\pi}\left(-\frac{a\cos\omega a}{\omega} + \frac{\sin\omega a}{\omega^2}\right)$$

$$\therefore \quad f(x) = \frac{1}{\pi}\int_0^\infty \left[\left\{\frac{a\sin\omega a}{\omega} + \frac{\cos\omega a - 1}{\omega^2}\right\}\cos\omega x + \left\{-\frac{a\cos\omega a}{\omega} + \frac{\sin\omega a}{\omega^2}\right\}\sin\omega x\right] d\omega$$

예제3) 다음 함수에 대해서 푸리에 적분을 구하라.

$$f(x) = \begin{cases} k - x & (0 < x < k) \\ 0 & (x < 0, x > k) \end{cases}$$

풀이)

푸리에 적분식은 다음과 같고,

$$f(x) = \int_0^\infty \{A(\omega)(\cos\omega x) + B(\omega)(\sin\omega x)\} d\omega$$

계수 $A(\omega)$, $B(\omega)$를 구하면 다음과 같다.

$$A(\omega) = \frac{1}{\pi}\int_0^k (k-x)\cos\omega x dx = \frac{1}{\pi}\left(\frac{1-\cos\omega k}{\omega^2}\right)$$

$$B(\omega) = \frac{1}{\pi}\int_0^k (k-x)\sin\omega x dx = \frac{1}{\pi}\left(\frac{k}{\omega} - \frac{\sin\omega k}{\omega^2}\right)$$

$$\therefore \quad f(x) = \frac{1}{\pi}\int_0^\infty \left\{\left(\frac{1-\cos\omega k}{\omega^2}\right)\cos\omega x + \frac{1}{\omega}\left(k - \frac{\sin\omega k}{\omega}\right)\sin\omega x\right\} d\omega$$

12.1.2 푸리에 사인 및 코사인 정리

푸리 급수에서 다룬 바와 같이 푸리에 적분식에서도 $f(x)$가 우함수 또는 기함수인 경우 푸리에 계수들을 구하는데 편리하다는 것을 다음과 같이 확인할 수 있다.
푸리에 적분에서도 $f(v)$가 우함수이면 $A(\omega)$와 $B(\omega)$는 다음과 같다.

$$A(\omega)=\frac{1}{\pi}\int_{-\infty}^{\infty}f(v)\cos\omega v dv$$

$$=\frac{1}{\pi}\int_{-\infty}^{\infty}(\text{우함수})\times(\text{우함수})dv$$

$$=\frac{1}{\pi}\int_{-\infty}^{\infty}(\text{우함수})dv$$

$$=\frac{2}{\pi}\int_{0}^{\infty}f(v)\cos\omega v dv \tag{12-16}$$

$$B(\omega)=\frac{1}{\pi}\int_{-\infty}^{\infty}f(v)\sin\omega v dv \tag{12-17}$$

$$=\frac{1}{\pi}\int_{-\infty}^{\infty}(\text{우함수})\times(\text{기함수})dv$$

$$=\frac{1}{\pi}\int_{-\infty}^{\infty}(\text{기함수})dv=0$$

$$\therefore f(x)=\int_{0}^{\infty}A(\omega)(\cos\omega x)d\omega \tag{12-18}$$

$$\because A(\omega)=\frac{2}{\pi}\int_{0}^{\infty}f(v)\cos\omega v dv \tag{12-19}$$

이와 같이 $f(v)$가 우함수이면 $f(x)$가 우함수가 되어 이렇게 구한 푸리에 적분을 코사인 적분이라고 일컫는다.

마찬가지로 푸리에 적분에서도 $f(v)$가 기함수이면 $A(\omega)$와 $B(\omega)$는 다음과 같다.

$$A(\omega)=\frac{1}{\pi}\int_{-\infty}^{\infty}f(v)\cos\omega v dv$$

$$= \frac{1}{\pi}\int_{-\infty}^{\infty}(\text{기함수})\times(\text{우함수})dv$$

$$= \frac{1}{\pi}\int_{-\infty}^{\infty}(\text{기함수})dv = 0$$

$$B(\omega) = \frac{1}{\pi}\int_{-\infty}^{\infty} f(v)\sin\omega v dv$$

$$= \frac{1}{\pi}\int_{-\infty}^{\infty}(\text{기함수})\times(\text{기함수})dv$$

$$= \frac{1}{\pi}\int_{-\infty}^{\infty}(\text{우함수})dv$$

$$= \frac{2}{\pi}\int_{0}^{\infty} f(v)\sin\omega v dv$$

$$\therefore f(x) = \int_{0}^{\infty} B(\omega)(\sin\omega x)d\omega \tag{12-20}$$

$$\because B(\omega) = \frac{2}{\pi}\int_{0}^{\infty} f(v)\sin\omega v dv \tag{12-21}$$

이와 같이 $f(v)$가 기함수이면 $f(x)$가 우함수가 되어 이렇게 구한 푸리에 적분을 푸리에 사인 적분이라고 일컫는다. 이와 같이 푸리에 급수와 마찬가지로 $f(v)$함수가 우함수이냐 기함수이냐에 따라서 전부 계산하지 않아도 푸리에 코사인 적분이나 푸리에 사인 적분만을 구하여 푸리에 적분함수를 좀 더 간단하게 구할 수 있다.

예제4) 다음 함수의 푸리에 코사인 적분과 푸리에 사인 적분을 구하라.

$$f(x) = \begin{cases} x & (0 < x < 1) \\ 0 & (x > 1, x < 0) \end{cases}$$

풀이)

주어진 함수에서 푸리에 코사인 적분으로 나타내려면 먼저 계수인 $A(\omega)$를 구해야 한다. $A(\omega)$는 다음과 같다.

$$A(\omega) = \frac{2}{\pi}\int_0^1 x\cos\omega x dx = \frac{2(\cos\omega - 1 + \omega\sin\omega)}{\pi\omega^2}$$

$$\rightarrow \quad f(x) = \frac{2}{\pi}\int_0^\infty \frac{\cos\omega - 1 + \omega\sin\omega}{\omega^2}\cos x\omega d\omega$$

주어진 함수에서 푸리에 사인 적분으로 나타내려면 먼저 계수인 $B(\omega)$를 구해야 한다. $B(\omega)$는 다음과 같다.

$$B(\omega) = \frac{2}{\pi}\int_0^1 x\sin\omega x dx = \frac{2(\sin\omega - \omega\cos\omega)}{\pi\omega^2}$$

$$\rightarrow \quad f(x) = \frac{2}{\pi}\int_0^\infty \frac{\sin\omega - \omega\cos\omega}{\omega^2}\sin x\omega\, d\omega$$

따라서 푸리에 코사인 적분과 푸리에 사인 적분은 다음과 같다.

$$\therefore \quad f(x) = \frac{2}{\pi}\int_0^\infty \frac{\cos\omega - 1 + \omega\sin\omega}{\omega^2}\cos x\omega d\omega \text{ (푸리에 코사인 적분 } FCI\text{)}$$

$$f(x) = \frac{2}{\pi}\int_0^\infty \frac{\sin\omega - \omega\cos\omega}{\omega^2}\sin x\omega\, d\omega \text{ (푸리에 사인 적분 } FSI\text{)}$$

12.2 복소수형 푸리에 적분

앞 절에서는 실수형 푸리에 적분을 살펴보았지만 본 절에서는 복소수형 푸리에 적분에 대해서 알아보기로 한다. 다음의 복소수형 푸리에 적분식은 푸리에 적분식을 오일러 공식으로 변환하여 복소수 형태로 적분식을 만든다.

$$f(x) = \int_0^\infty \{A(\omega)\cos\omega x + B(\omega)\sin\omega x\}d\omega \tag{12-22}$$

$\cos\omega x, \sin\omega x$를 오일러 공식을 이용하여 지수함수 형태로 만들면 다음과 같다.

$$f(x)=\int_{0}^{\infty}\left\{A(\omega)(\frac{e^{j\omega x}+e^{-j\omega x}}{2})+B(\omega)(\frac{e^{j\omega x}-e^{-j\omega x}}{2j})\right\}d\omega$$

여기에 대괄호 안을 정리하면

$$f(x)=\int_{0}^{\infty}\left[\frac{1}{2}[A(\omega)-jB(\omega)]e^{j\omega x}+\frac{1}{2}[A(\omega)+jB(\omega)]e^{-j\omega x}\right]d\omega$$

위 수식에서 푸리에 계수는 다음의 관계에서 $A(\omega)$와 $B(\omega)$는 각각 우함수와 기함수라는 것을 알 수 있다.

$$A(-\omega)=\frac{1}{\pi}\int_{-\infty}^{\infty}f(v)\cos(-\omega v)dv$$

$$=\frac{1}{\pi}\int_{-\infty}^{\infty}f(v)\cos\omega v dv=A(\omega)$$

$$B(-\omega)=\frac{1}{\pi}\int_{-\infty}^{\infty}f(v)\sin(-\omega v)dv$$

$$=-\frac{1}{\pi}\int_{-\infty}^{\infty}f(v)\sin\omega v dv=-B(\omega)$$

여기서 $C(\omega)=\frac{1}{2}\{A(\omega)-jB(\omega)\}$로 놓으면, $C(-\omega)=\frac{1}{2}\{A(-\omega)+jB(-\omega)\}$로 되고, 함수의 우함수, 기함수 특징에 따라서 $A(-\omega)=A(\omega)$, $B(-\omega)=-B(\omega)$의 관계가 있다. 따라서 다음의 관계가 성립한다.

$$C(-\omega)=\frac{1}{2}\{A(-\omega)-jB(-\omega)\}=\frac{1}{2}\{A(\omega)+jB(\omega)\}$$

그러므로 $f(x)$는 다음과 같다.

$$f(x)=\int_0^{\infty}\left[C(\omega)e^{j\omega x}+C(-\omega)e^{-j\omega x}\right]d\omega$$

$$=\int_0^{\infty}C(\omega)e^{j\omega x}d\omega+\int_{-\infty}^{0}C(\omega)e^{+j\omega x}d\omega$$

$$=\int_{-\infty}^{\infty}C(\omega)e^{j\omega x}d\omega$$

따라서

$$C(\omega)=\frac{1}{2}\{A(\omega)-jB(\omega)\}$$

$$=\frac{1}{2}\left\{\frac{1}{\pi}\int_{-\infty}^{\infty}f(v)\cos\omega v dv-\frac{j}{\pi}\int_{-\infty}^{\infty}f(v)\sin\omega v dv\right\}$$

$$=\frac{1}{2\pi}\left\{\int_{-\infty}^{\infty}f(v)(\cos\omega v-j sin\omega v)dv\right\}$$

$$=\frac{1}{2\pi}\left\{\int_{-\infty}^{\infty}f(v)e^{-j\omega v}dv\right\}$$

따라서 다음과 같은 식을 얻을 수 있다.

$$\therefore f(x)=\int_{-\infty}^{\infty}C(\omega)e^{j\omega x}d\omega \tag{12-23}$$

$$\because C(\omega)=\frac{1}{2\pi}\left\{\int_{-\infty}^{\infty}f(v)e^{-j\omega v}dv\right\} \tag{12-24}$$

여기서 $f(x)$를 복소수형 푸리에 적분식이라 하고, $C(\omega)$를 복소수형 푸리에 적분 계수라고 한다.

예제5) 다음 함수의 복소 푸리에 적분식을 구하라.

$$f(x) = \begin{cases} k - x & (0 < x < k) \\ 0 & (x < 0, x > k) \end{cases}$$

풀이)

복소수형 푸리에 적분식 $f(x)$와 복소수형 푸리에 적분계수 $C(\omega)$라고 하면,

$$f(x) = \int_{-\infty}^{\infty} C(\omega) e^{j\omega x} d\omega$$

$$C(\omega) = \frac{1}{2\pi}\left\{\int_{-\infty}^{\infty} f(v) e^{-j\omega v} dv\right\}$$

먼저 $C(\omega)$를 이용하여 $f(x)$에 대해서 구간을 적용하여 구하면 다음과 같다.

$$C(\omega) = \frac{1}{2\pi}\int_{0}^{k} (k-v) e^{-j\omega v} dv = \frac{1}{2\pi\omega j}\left\{k - \frac{1}{j\omega}(e^{-j\omega k} - 1)\right\}$$

$$\therefore \quad f(x) = \frac{1}{2\pi j}\int_{-\infty}^{\infty} \frac{1}{\omega}\left\{k + \frac{1}{j\omega}(e^{-jk\omega} - 1)\right\} e^{jx\omega} d\omega$$

12.3 푸리에 변환

여러 공학적인 문제들은 시간영역이기 때문에 다소 복잡한 측면이 있다. 따라서 시간영역(x)의 문제를 주파수 영역(ω)으로 변환하여 해석하면 컴퓨터 연산과정에서 매우 편리하다. 이러한 변환에는 푸리에 변환과 앞에서 살펴본 시간함수의 라플라스변환이 대표적이며, 덧붙여 이산함수에 대해서 주파수 영역으로 변환하는 Z변환도 있다.

푸리에 변환의 정의는 다음 식과 같이 함수 $f(x)$에 e^{-jwx}를 곱하고, 적분구간 $-\infty$에서 $+\infty$까지 적분하는 것을 의미한다. 푸리에 변환을 $F\{f(x)\}$로 표기하기로 한다.

$$F\{f(x)\} \cong F(\omega) = \int_{-\infty}^{\infty} f(x) e^{-j\omega x} dx$$

앞에서 구한 식을 정리하여 다시 쓰면 다음과 같다.

$$f(x)=\int_{-\infty}^{\infty} C(\omega)e^{j\omega x}d\omega$$

$$C(\omega)=\frac{1}{2\pi}\left\{\int_{-\infty}^{\infty} f(v)e^{-j\omega v}dv\right\}$$

$$f(x)=\frac{1}{\sqrt{2\pi}}\int_{-\infty}^{\infty}\left\{\frac{1}{\sqrt{2\pi}}\int_{-\infty}^{\infty} f(v)e^{-j\omega v}dv\right\}e^{j\omega x}d\omega$$

$$f(x)=\frac{1}{\sqrt{2\pi}}\int_{-\infty}^{\infty} F(\omega)e^{j\omega x}d\omega$$

여기서 중괄호 부분에서 변수 v를 x로 바꾸면 다음과 같다.

$$F\{f(x)\}=F(\omega)=\frac{1}{\sqrt{2\pi}}\int_{-\infty}^{\infty} f(x)e^{-j\omega x}dx \qquad \textbf{(12-25)}$$

라면 $f(x)$는 다음과 같이 쓸 수 있다.

$$f(x)=\frac{1}{\sqrt{2\pi}}\int_{-\infty}^{\infty} F(\omega)e^{j\omega x}d\omega \qquad \textbf{(12-26)}$$

이와 같이 $F(\omega)$식은 변수가 x인 식으로, $f(x)$식은 변수가 ω식으로 변환되었다. 여기서 $F(\omega)$식이 푸리에 변환식을 나타내고, $f(x)$식은 푸리에 역변환을 나타낸다.

예제6) $f(x)=1\,(|x|<1)$, $f(x)=0\,(|x|>1)$에 대해서 푸리에 변환을 구하라.

풀이)
푸리에 변환식을 적용하면 다음과 같다.

$$F\{f(x)\}\cong F(\omega)=\frac{1}{\sqrt{2\pi}}\int_{-\infty}^{\infty} f(x)e^{-j\omega x}dx=\frac{1}{\sqrt{2\pi}}\int_{-1}^{1} 1\cdot e^{-j\omega x}dx$$

$$= \frac{1}{\sqrt{2\pi}} \int_{-1}^{1} 1 \cdot e^{-j\omega x} dx = \frac{1}{\sqrt{2\pi}} \left[-\frac{1}{j\omega} e^{-j\omega x} \right]_{-1}^{1} = \frac{1}{\sqrt{2\pi}} \frac{1}{j\omega} \left(e^{j\omega} - e^{-j\omega} \right)$$

$$= \sqrt{\frac{2}{\pi}} \frac{\sin\omega}{\omega} \quad \left[\because \sin\omega a = \frac{1}{2j} (e^{j\omega a} - e^{-j\omega a}) \right]$$

$$= 2\sin C(\omega)$$

$\because \sin C(\omega) \cong \dfrac{\sin\omega}{\omega}$의 관계가 있다.

그 의미는 $\omega \to 0$일 때 $\sin C(\omega)$의 극한을 취하면 다음과 같다.

$\lim_{\omega \to 0} \dfrac{\sin\omega}{\omega} = 1$ ($\because$ 상수는 우함수)

이 식의 도식적인 의미는 $|\omega|$값이 커지면 $\sin C(\omega)$값은 작아지는 것을 의미한다. $\sin C(\omega)$는 기함수인 $\sin(\omega)$와 달리 우함수이다.

예제7) $f(x) = e^{-x}\ (x > 0)$, $f(x) = 0\ (x < 0)$에 대해서 푸리에 변환을 구하라.

풀이)
푸리에 변환식을 적용하면 다음과 같다.

$$F\{f(x)\} \cong F(\omega) = \frac{1}{\sqrt{2\pi}} \int_{-\infty}^{\infty} f(x) e^{-j\omega x} dx = \frac{1}{\sqrt{2\pi}} \int_{0}^{\infty} e^{-x} \cdot e^{-j\omega x} dx$$

$$= \frac{1}{\sqrt{2\pi}} \int_{0}^{\infty} e^{-(1+j\omega)x} dx$$

$$= \frac{1}{\sqrt{2\pi}} \left[-\frac{1}{1+j\omega} e^{-(1+j\omega)x} \right]_{0}^{\infty}$$

$$= \frac{1}{\sqrt{2\pi}} \frac{1}{1+j\omega}$$

12.3.1 주파수 스펙트럼 구하기

주파수 스펙트럼에 대한 정의는 어떤 함수를 푸리에 변환해서 절대값을 취하여 구한다.
앞에서 살펴본 함수 $f(x)=1\,(|x|<1),\, f(x)=0\,(|x|>1)$에 대한 주파수 스펙트럼을 구하면 다음과 같다.
주어진 함수 $f(x)$를 푸리에 변환하면 다음과 같다.

$$F(\omega) = \frac{1}{\sqrt{2\pi}} \int_{-\infty}^{\infty} f(x) e^{-j\omega x} dx = \frac{1}{\sqrt{2\pi}} \int_{-1}^{1} 1 \cdot e^{-j\omega x} dx$$

$$= \frac{1}{\sqrt{2\pi}} \left[-\frac{1}{j\omega} e^{-j\omega x} \right]_{-1}^{1}$$

$$= \frac{1}{j\omega\sqrt{2\pi}} (e^{j\omega} - e^{-j\omega}) \quad \left[\because \sin\omega a = \frac{1}{2j}(e^{j\omega a} - e^{-j\omega a}) \right]$$

$$\therefore |F(\omega)| = \left| \sqrt{\frac{2}{\pi}} \frac{\sin\omega}{\omega} \right| = \sqrt{\frac{2}{\pi}} \frac{|\sin\omega|}{\omega}$$

를 얻는다. 여기서 주파수 스펙트럼의 값은 분석 범위를 줄여 1 사분면에서만 분석하기 위해서 푸리에 변환값에 절대값을 취하여 얻는다는 것을 명심하기 바란다. 푸리에 변환은 신호처리 분야에서 중요하게 사용되는 도구이다.

12.3.2 푸리에 변환 제정리

푸리에 변환은 주기함수뿐만 아니라 비주기적인 함수에도 사용할 수 있는데, 주기함수의 주파수 스펙트럼 해석은 이산적인 불연속적인 값으로 나타나고, 비주기 함수의 주파수 스펙트럼의 값은 연속적인 값으로 해석된다. 라플라스 변환과 마찬가지로 푸리에 변환에도 선형 정리, 시간스케일링 정리, 제1이동정리, 제2이동정리, 미분정리, 쌍대성정리, 델타함수의 정리, 곱함수의 푸리에 변환 정리 등의 정리가 일반적으로 사용되지만, 여기서는 그 상세한 적용 예는 생략하기로 한다.

(1) 푸리에 변환의 선형성

$F\{f(x)\}=F(\omega)$, $F\{g(x)\}=G(\omega)$라면

$$F\{k_1 f(x)+k_2 g(x)\}=\int_{-\infty}^{\infty}\{k_1 f(x)+k_2 g(x)\}e^{-j\omega x}dx$$

$$=k_1\int_{-\infty}^{\infty}f(x)e^{-j\omega x}dx+k_2\int_{-\infty}^{\infty}g(x)e^{-j\omega x}dx$$

$$=k_1 F\{f(x)\}+F\{g(x)\} \qquad (12\text{-}27)$$

(2) 푸리에 변환의 시간스케일링

$F\{f(x)\}=F(\omega)$라면

$$F\{f(ax)\}=\frac{1}{|a|}F(\frac{\omega}{a}) \qquad (12\text{-}28)$$

(3) 푸리에 변환의 제1이동정리

$F\{f(x)\}=F(\omega)$라면

$$F\{e^{j\omega_0 x}f(x)\}=\int_{-\infty}^{\infty}e^{j\omega_0 x}f(x)e^{-j\omega x}dx$$

$$=\int_{-\infty}^{\infty}f(x)e^{-j(\omega-\omega_0)x}dx$$

$$=F(\omega-\omega_0) \qquad (12\text{-}29)$$

(4) 푸리에 변환의 제2이동정리

$F\{f(x)\}=F(\omega)$이고, $y\cong x-x_0$로 변수변환하여 정리하면

$$F\{f(x-x_0)\}=\int_{-\infty}^{\infty}f(x-x_0)e^{-j\omega x}dx$$

$$= \int_{-\infty}^{\infty} f(y) e^{-j\omega(y+x_0)} dy$$

$$= e^{-j\omega x_0} \int_{-\infty}^{\infty} f(y) e^{-j\omega y} dy$$

$$= e^{-j\omega x_0} F(\omega) \tag{12-30}$$

(5) 도함수의 푸리에 변환

$f(x) = \dfrac{1}{\sqrt{2\pi}} \displaystyle\int_{-\infty}^{\infty} F(\omega) e^{j\omega x} d\omega$에서 양변을 미분하고, 푸리에 역변환의 관계식을 이용하면 다음과 같다.

$$\frac{d}{dx} f(x) = \frac{d}{dx} \left\{ \frac{1}{\sqrt{2\pi}} \int_{-\infty}^{\infty} F(\omega) e^{j\omega x} d\omega \right\}$$

$$= \frac{1}{\sqrt{2\pi}} \int_{-\infty}^{\infty} \frac{\partial}{\partial x} \{ F(\omega) e^{j\omega x} \} d\omega$$

$$= \frac{1}{\sqrt{2\pi}} \int_{-\infty}^{\infty} j\omega F(\omega) e^{j\omega x} d\omega$$

$$= j\omega \frac{1}{\sqrt{2\pi}} \int_{-\infty}^{\infty} F(\omega) e^{j\omega x} d\omega$$

$$\therefore F\left\{ \frac{d}{dx} f(x) \right\} = j\omega F(\omega) \tag{12-31}$$

n계 도함수의 푸리에 변환은 다음과 같다.

$$F\left\{ \frac{d^n}{dx^n} f(x) \right\} = (j\omega)^n F(\omega)$$

다음 $y(x)$함수인 미분 방정식 $y' + 2y = e^{-x} u(x)$의 푸리에 변환 $Y(\omega)$를 구하면

다음과 같다.

$$F\{y'+2y\}=\{e^{-x}u(x)\}$$

$$j\omega Y(\omega)+2Y(\omega)=\frac{1}{j\omega+1}$$

$$\therefore Y(\omega)=\frac{1}{(j\omega+1)(j\omega+2)}$$

이를 부분분수로 전개하면

$$Y(\omega)=\frac{1}{(j\omega+1)(j\omega+2)}=\frac{A}{(j\omega+1)}+\frac{B}{(j\omega+2)}$$

$$A=\frac{1}{(j\omega+2)}\Big|_{j\omega=-1}=1$$

$$B=\frac{1}{(j\omega+1)}\Big|_{j\omega=-2}=-1$$

$$Y(\omega)=\frac{1}{(j\omega+1)}-\frac{1}{(j\omega+2)}$$

여기서 $y(x)$를 구하기 위해서 $Y(\omega)$함수의 역변환을 취하면 다음과 같다.

$$y(x)=F\ -1\{Y(\omega)\}=F\ -1\left\{\frac{1}{(j\omega+1)}\right\}\ -\ F\ -1\left\{\frac{1}{(j\omega+2)}\right\}$$

$$\therefore y(x)=(e^{-x}-e^{-2x})u(x)$$

이와 같이 푸리에 변환을 이용하여 주어진 미분 방정식에 대해서 해를 구할 수 있다.

(6) 푸리에 변환의 쌍대성

다음과 주어진 푸리에 변환식에서

$$f(x)=\frac{1}{\sqrt{2\pi}}\int_{-\infty}^{\infty}F(\omega)e^{j\omega x}d\omega$$

$$F(\omega)=\frac{1}{\sqrt{2\pi}}\int_{-\infty}^{\infty}f(x)e^{-j\omega x}dx$$

적분변수 ω를 다른 적분 변수로 바꾸어도 적분값에는 영향이 없다. 이를 쌍대성 원리라고 한다.

$$f(x)=\frac{1}{\sqrt{2\pi}}\int_{-\infty}^{\infty}F(z)e^{jzx}d\omega \tag{12-32}$$

(7) 델타함수의 푸리에 변환

임펄스 함수 $\delta(x)$에 대한 푸리에 변환은 다음과 같다.

$$\delta(x)=\begin{cases}\infty & (x=0)\\ 0 & (x\neq 0)\end{cases}$$

$$F\ -1\{\delta(x)\}=\int_{-\infty}^{\infty}\delta(x)e^{-j\omega x}dx=1 \tag{12-33}$$

$\delta(x)$함수에 대해서 제2이동정리를 적용하면 다음과 같다.

$$F\{\delta(x-a)\}=e^{-ja\omega}F\{\delta(x)\}=e^{-ja\omega}$$

되는 것을 알 수 있다

(8) 합성곱의 푸리에 변환

합성함수의 푸리에 변환과 역변환은 다음과 같이 표현된다.

$$F\{f(x)*g(x)\}=F(\omega)G(\omega)$$

$$f(x)*g(x)=F\ -1\{F(\omega)G(\omega)\} \tag{12-34}$$

12.3.3 푸리에 코사인 변환과 푸리에 사인 변환

푸리에 코사인 적분과 푸리에 사인 적분의 식을 이용하여 푸리에 코사인 및 사인 변환을 얻을 수 있다.

앞에서 구한 푸리에 코사인 적분식 $f(x)$에 푸리에 계수항 $A(\omega)$를 대입하면 다음과 같다.

$$f(x) = \int_0^\infty A(\omega)(\cos\omega x)d\omega = \int_0^\infty \left\{\frac{2}{\pi}\int_0^\infty f(v)\cos\omega v dv\right\}(\cos\omega x)d\omega$$

$$\left(\because A(\omega) = \frac{2}{\pi}\int_0^\infty f(v)\cos\omega v dv\right)$$

따라서 다음과 같이 정의된다.

$$f(x) = \int_0^\infty \left\{\frac{2}{\pi}\int_0^\infty f(v)\cos\omega v dv\right\}\cos\omega x d\omega$$

$$= \sqrt{\frac{2}{\pi}}\int_0^\infty \left\{\sqrt{\frac{2}{\pi}}\int_0^\infty f(v)\cos\omega v dv\right\}\cos\omega x d\omega$$

여기서 변수 v를 x로 변환하여 중괄호를 푸리에 코사인 변환 $F_c(\omega)$이라고 하면 $f(x)$는 다음과 같다.

$$F_c(\omega) = \sqrt{\frac{2}{\pi}}\int_0^\infty f(x)\cos\omega x dx \tag{12-35}$$

$$f(x) = \sqrt{\frac{2}{\pi}}\int_0^\infty F_c(\omega)\cos\omega x d\omega \tag{12-36}$$

마찬가지로 앞에서 구한 푸리에 사인 적분식 $f(x)$에 푸리에 계수항 $B(\omega)$를 대입하면 다음과 같다.

$$f(x) = \int_0^\infty B(\omega)(\sin\omega x)d\omega$$

$$B(\omega)=\frac{2}{\pi}\int_0^\infty f(v)\sin\omega v dv$$

$$f(x)=\int_0^\infty\left\{\frac{2}{\pi}\int_0^\infty f(v)\sin\omega v dv\right\}\sin\omega x d\omega$$

$$=\sqrt{\frac{2}{\pi}}\int_0^\infty\left\{\sqrt{\frac{2}{\pi}}\int_0^\infty f(v)\sin\omega v dv\right\}\sin\omega x d\omega$$

여기서 변수 v를 x로 변환하여 중괄호를 푸리에 사인 변환 $F_s(\omega)$이라고 하면 $f(x)$는 다음과 같다.

$$F_s(\omega)=\sqrt{\frac{2}{\pi}}\int_0^\infty f(x)\sin\omega x dx \tag{12-37}$$

$$f(x)=\sqrt{\frac{2}{\pi}}\int_0^\infty F_s(\omega)\sin\omega x d\omega \tag{12-38}$$

예제8) 다음 함수에서 푸리에 코사인 변환과 푸리에 사인 변환을 구하고, 주파수 스펙트럼 분석을 구하라.

$$f(x)=\begin{cases}k & (0<x<a)\\ 0 & (x>a, x<0)\end{cases}$$

풀이)
푸리에 코사인 변환 $F_c(\omega)$이라고 하면 $f(x)$는 다음과 같다.

$$F_c(\omega)=\sqrt{\frac{2}{\pi}}\int_0^\infty f(x)\cos\omega x dx$$

$$f(x)=\sqrt{\frac{2}{\pi}}\int_0^\infty F_c(\omega)\cos\omega x d\omega$$

따라서

$$F_c(\omega) = \sqrt{\frac{2}{\pi}} \int_0^{\infty} f(x) \cos\omega x dx = \sqrt{\frac{2}{\pi}} \int_0^{a} k \cos\omega x dx$$

$$= \sqrt{\frac{2}{\pi}} k \left| \frac{1}{\omega} \sin\omega x \right|_0^a = \sqrt{\frac{2}{\pi}} \frac{k}{\omega} \sin\omega a$$

와 같이 푸리에 코사인변환을 구할 수 있다.
푸리에 사인 변환 $F_s(\omega)$이라고 하면 $f(x)$는 다음과 같다.

$$F_s(\omega) = \sqrt{\frac{2}{\pi}} \int_0^{\infty} f(x) \sin\omega x dx$$

$$f(x) = \sqrt{\frac{2}{\pi}} \int_0^{\infty} F_s(\omega) \sin \omega x d\omega$$

따라서

$$F_s(\omega) = \sqrt{\frac{2}{\pi}} \int_0^{\infty} f(x) \sin\omega x dx = \sqrt{\frac{2}{\pi}} \int_0^{a} k \sin\omega x dx$$

$$= \sqrt{\frac{2}{\pi}} k \left| -\frac{1}{\omega} \cos\omega x \right|_0^a = \sqrt{\frac{2}{\pi}} \frac{k}{\omega} (1 - \cos\omega a)$$

와 같이 푸리에 사인변환을 구할 수 있다.
푸리에 코사인과 사인의 스펙트럼 분석은 각각 다음과 같다.
푸리에 코사인 주파수 스펙트럼 :

$$|F_c(\omega)| = \sqrt{\frac{2}{\pi}} \frac{k}{\omega} |\sin\omega a|$$

푸리에 사인 주파수 스펙트럼 :

$$|F_s(\omega)| = \sqrt{\frac{2}{\pi}} \frac{k}{\omega} |(1 - \cos\omega a)|$$

연 습 문 제

1. 다음 함수들의 푸리에 적분을 구하라.

① $f(x)=\begin{cases}1 & (|x|<b)\\0 & (|x|>b)\end{cases}$

② $f(x)=\begin{cases}0 & (x<0, x>b)\\x & (0<x<b)\end{cases}$

③ $f(x)=\begin{cases}0 & (x<0,\ x>b)\\-x & (0<x<b)\end{cases}$

2. 다음 함수들의 푸리에 코사인 적분(*FCI*)과 푸리에 사인 적분(*FSI*)을 구하라.

① $f(x)=\begin{cases}1 & (0<x<1)\\0 & (x>1, x<0)\end{cases}$

② $f(x)=\begin{cases}x & (0<x<1)\\0 & (x>1)\end{cases}$

③ $f(x)=\begin{cases}x^2 & (0<x<1)\\0 & (x>1, x<0)\end{cases}$

3. 함수 $f(t)=e^{-t}\,(t>0)$, $f(t)=0\,(t<0)$에 대해서 푸리에 변환을 구하시오.

4. 다음 함수들의 푸리에 변환을 구하라.

① $f(x)=e^{-ax^2}\,(a>0)$

② $f(x)=\begin{cases}1-x^2 & (|x|<1)\\0 & (|x|>1)\end{cases}$

5. 함수 $f(x)=e^{-bx}$에서

① $b=1$일 때 푸리에 코사인 변환 $F_c(\omega)$를 구하라.

② $b=\pi$일 때 푸리에 사인 변환 $F_s(\omega)$를 구하라.

13장 편미분방정식

물리계를 수식으로 모델링시 독립변수가 하나일 때는 상계수 미분방정식으로 표현되고, 독립변수가 두 개 이상인 경우에는 편미분방정식으로 나타난다.
실제 사회 현상 뿐만 아니라 물리계에서는 변수가 복수 개인 경우가 대부분이므로, 이러한 분야에 대해서 모델링된 수식의 해석에 편미분방정식이 적용된다고 할 수 있다.
이 장에서는 편미분 방정식의 기본 개념과 파동방정식을 통하여 편미분 방정식의 해법을 이해하고자 한다.
상미분 방정식에 비해서 다소 복잡해 보이지만 편미분 방정식은 상미분 방정식과 다른 개념이 아니라 확장된 개념으로 생각할 수 있다.

13.1 편미분 방정식의 기본 개념

상미분 방정식의 경우와 같이 미지수 함수 $u(x, y, z, t)$에 대해서 편도함수로 표현되는 방정식을 편미분 방정식이라고 하고, 편도함수의 표현이 1차이면 선형 편미분 방정식이고, 그렇지 않으면 비선형편미분 방정식이라고 정의된다.

다음은 공학분야에서 중요하게 많이 사용되는 편미분 방정식의 형태를 보이고 있다.

(1) 1차원 파동 방정식

$$\frac{\partial^2 u}{\partial t^2} = c^2 \frac{\partial^2 u}{\partial x^2} \qquad \text{(13-1)}$$

(2) 1차원 열전도방정식

$$\frac{\partial u}{\partial t} = c^2 \frac{\partial^2 u}{\partial x^2} \qquad \text{(13-2)}$$

(3) 2차원 라플라스 방정식

$$\frac{\partial^2 u}{\partial x^2}+\frac{\partial^2 u}{\partial y^2}=0 \tag{13-3}$$

(4) 2차원 푸아송 방정식

$$\frac{\partial^2 u}{\partial x^2}+\frac{\partial^2 u}{\partial y^2}=f(x,y) \tag{13-4}$$

(5) 2차원 파동 방정식

$$\frac{\partial^2 u}{\partial t^2}=c^2\left(\frac{\partial^2 u}{\partial x^2}+\frac{\partial^2 u}{\partial y^2}\right) \tag{13-5}$$

(6) 3차원 라플라스 방정식

$$\frac{\partial^2 u}{\partial x^2}+\frac{\partial^2 u}{\partial y^2}+\frac{\partial^2 u}{\partial z^2}=0 \tag{13-6}$$

(7) 4차원 라플라스 방정식

$$\frac{\partial^2 u}{\partial x^2}+\frac{\partial^2 u}{\partial y^2}+\frac{\partial^2 u}{\partial z^2}+\frac{\partial^2 u}{\partial t^2}=0 \tag{13-7}$$

(8) 전송케이블의 전위 u의 전송방정식

$$\frac{\partial^2 u}{\partial x^2}=A\frac{\partial^2 u}{\partial t^2}+B\frac{\partial u}{\partial t}+Cu=0,\ \text{여기서}\ A, B, C\text{는 상수이다.} \tag{13-8}$$

위와 같이 독립변수를 늘림으로써 얼마든지 차원을 확대할 수 있다는 것을 알 수 있다.
따라서 이 절에서는 대표적으로 사용되는 1차원의 파동 방정식에 대해서 살펴보기로 한다.

다음은 편미분 방정식의 해를 구하기 위한 간단한 예제를 소개하기로 한다.

$$\frac{\partial u(x,y)}{\partial x} = 0 \tag{13-9}$$

위의 방정식의 해를 구하기 위한 과정은 다음과 같다.
양변을 적분변수 x로 적분하면

$$\int \frac{\partial u(x,y)}{\partial x} dx = \int 0 dx$$

로 되고, 정리하면

$$u(x,y) = c(y) \tag{13-10}$$

로 되고, 여기서 피적분함수 가운데 변수 x 이외의 값은 상수로 되기 때문에 이를 나타내는 $c(y)$는 적분 상수로 정의된다.
이 방정식 $u(x,y) = c(y)$를 다시 x로 편미분하면 다음과 같이 된다.

$$\frac{\partial u(x,y)}{\partial x} = 0 \tag{13-11}$$

여기서 $c(y)$는 y변수를 포함하는 상수로서 x로 편미분하면 0으로 된다.
그리고, 편미분 방정식 표시법에서 $\frac{\partial u(x,y)}{\partial x} = 0$는 $u_x(x,y) = 0$로 나타낼 수 있고, $\frac{\partial^2 u(x,t)}{\partial x \partial t} = 0$는 $u_{x,t}(x,t) = 0$로 간단히 표시한다.

또한 $\frac{\partial^2 u(x,t)}{\partial x \partial t} = 0$의 해를 구하는 과정은 $\frac{\partial u(x,t)}{\partial x} = p(x)$라면, $\frac{\partial p}{\partial t} = 0$로 되고, $\frac{\partial u(x,t)}{\partial x} = p(x)$를 x로 양변을 적분하여 정리하면, $u = \int p(x) dx + Q(t)$로 되고,

$$u(x,t) = P(x) + Q(t) \quad \left(\because P(x) = \int p(x) dx \right) \tag{13-12}$$

의 해를 얻는다.

다음은 편도함수 방정식 $\frac{\partial^2 u(x,y)}{\partial x^2} = u(x,y)$의 해를 구하는 과정은 다음과 같다. 요약하면 편미분방정식의 해는 상미분방정식의 해를 구해서 활용하여 구한다.
$\frac{\partial^2 u(x,y)}{\partial x^2} = u(x,y)$ 방정식에서 2계 편미분항은 변수 x에 대한 2계 편미분방정식이므로 $u'' - u = 0$의 상미분 방정식 형태의 해를 구하여 활용할 수 있다. 즉 특성방정식은 $(\lambda^2 - 1) = (\lambda - 1)(\lambda + 1) = 0$ 로 되어, $\lambda_1 = 1, \lambda_2 = -1$, 상미분방정식의 일반해는 $u = u(x,y) = A_1 e^x + A_2 e^{-x}$로 되는데, 상수 A_1, A_2는 x의 편도함수만을 포함하므로, y를 포함하는 상수로 취급되기 때문에 일반해가 $u(x,y) = A_1 e^x + A_2 e^{-x}$에서

$$u(x,y) = A_1(y)e^x + A_2(y)e^{-x} \tag{13-13}$$

로 되어야 한다.

예제1) 다음 편미분 방정식의 해를 구하라.

$$\frac{\partial^2 u(x,y)}{\partial y^2} = -4u(x,y)$$

풀이)

$\frac{\partial^2 u}{\partial y^2} + 4u = 0$ 특성방정식은 $\lambda^2 + 4 = 0$, $\lambda = \pm j2$ 이고, 공액 복소수의 해 $u = c_1 \cos 2y + c_2 \sin 2y$ 인데, $u = u(x,y)$이므로, 여기서 y에 대한 편도함수이므로 x는 상수로 취급할 수 있다. 따라서 상수 $c_1(x), c_2(x)$를 x변수를 포함하는 상수를 나타낸다.

$$\therefore \quad u(x,y) = c_1(x)\cos 2y + c_2(x)\sin 2y$$

예제2) 다음 편미분 방정식의 해를 구하라.

$$\frac{\partial^2 u(x,y)}{\partial y^2} + 6\frac{\partial u(x,y)}{\partial y} + 9u(x,y) = 0$$

풀이)
주어진 편미분 방정식 $u_{yy}+6u_y+9u=0$ 의 특성방정식은

$$\lambda^2+6\lambda+9=(\lambda+3)^2=0,\quad \lambda=-3\,(\text{중근})$$

$$\therefore \quad u(x,y)=\{c_1(x)+c_2(x)y\}e^{-3y}$$

예제3) 다음 편미분 방정식의 해를 구하라.

$$\frac{\partial}{\partial y}\left(\frac{\partial u}{\partial x}\right)+\frac{\partial u}{\partial x}=0$$

풀이)
주어진 편미분방정식은 $u_{xy}+u_x=0$로 되고, 또한 편미분 방정식에서 공통항인 $\frac{\partial u}{\partial x}=u_x=p$로 두고 정리하면 다음과 같다.

$$\frac{\partial p}{\partial y}+p=0$$

이를 변수 분리하여 해를 구하면

$$\frac{\partial p}{p}=-\partial y \quad \text{적분하면} \quad \ln p=-y+A(x)$$

$$p=e^{-y+A(x)}=e^{A(x)}e^{-y}=B(x)e^{-y}$$

$p=\frac{\partial u}{\partial x}$ 에서 $(\because \partial u=p\,\partial x)$ 양변을 적분하면

$$u=\int p dx=\int B(x)e^{-y}dx=e^{-y}\int B(x)dx$$

여기서, $\int B(x)dx=f(x)+C(y)$로 두면 다음과 같이 된다.

$$\therefore u(x,y)=f(x)e^{-y}+g(y)\quad (\because g(y)=e^{-y}C(y))$$

13.2 1차원 파동방정식의 변수분리법 적용 예

$u(x,t)=X(x)T(t)$로 구성된 함수를 다음의 1차원 파동 방정식의 해라고 가정하여 해법은 다음과 같다. 여기서는 공간 (x,y,z)에서 x만을 사용하므로 이를 1차원이라고 정의한다.

$$\frac{\partial^2 u}{\partial t^2}=c^2\frac{\partial^2 u}{\partial x^2} \tag{13-14}$$

여기서 $u(x,t)=X(x)T(t)$를 해라고 가정하고, 이를 x로 편미분하면, $\frac{\partial u}{\partial x}=X'T$, $\frac{\partial^2 u}{\partial x^2}=X''T$로 된다.

또한 $u(x,t)=X(x)T(t)$를 t로 편미분하면, $\frac{\partial u}{\partial t}=XT'$, $\frac{\partial^2 u}{\partial t^2}=XT''$로 된다.

이를 $\frac{\partial^2 u}{\partial t^2}=c^2\frac{\partial^2 u}{\partial x^2}$에 대입하여 정리하면 다음과 같다.

$$X''T=\frac{1}{c^2}XT'' \tag{13-15}$$

이를 변수 분리하면

$$\frac{X''}{X}=\frac{1}{c^2}\frac{T''}{T} \tag{13-16}$$

로 되고, 여기서

$$\mu=\frac{X''}{X}=\frac{1}{c^2}\frac{T''}{T} \tag{13-17}$$

여기서 μ는 $\mu=\frac{X''}{X}$와 $\mu=\frac{1}{c^2}\frac{T''}{T}$로 표현되어 변수 x와 변수 t에 독립된 변수를 의미하는 것은 상수이어야 한다는 것을 의미한다. 즉 도함수하여 시간함수와 위치함수가 같아지려면 상수계수이어야 한다.

따라서 $\mu = \frac{X''}{X}$에서 $X'' = \mu X$로서 $X'' - \mu X = 0$되고, $\mu = \frac{1}{c^2}\frac{T''}{T}$에서 $T'' = \mu c^2 T$로서 $T'' - \mu c^2 T = 0$의 상미분 방정식 형태가 되어 μ의 형태 (>, =, < 0)에 따라서 해를 구할 수 있다. 1차원 파동방정식을 변수분리하여 상미분 방정식으로 변환하였다.

$$X'' - \mu X = 0 \tag{13-18}$$

$$T'' - \mu c^2 T = 0 \tag{13-19}$$

여기서 식 (13-18)과 식 (13-19)에서 각각 X, T에 대해서 해를 구할 수 있으며, 이를 앞에서 가정한 해 $u(x,t) = X(x)T(t)$에 대입하면 주어진 편미분 방정식의 해를 구할 수 있다.

13.3 탄성 스트링에 대한 1차원 파동방정식의 특이해

훅크의 법칙을 만족하는 탄성스트링이 있다. 현의 길이는 L이라고 한다. 이때 균일한 인장력 F에 의하여 당겨진다고 하고, 힘을 놓았을 때 스트링은 진동하게 된다. 이때 현의 어떤 한 점의 위치를 P라고 할 때, 점 P의 위치는 양 끝 지점으로부터의 거리와 시간 t에 따라서 결정된다. 변위 $u(x, t)$의 임의의 시간에서의 값은 $u(x, t) = f(x, t)$로 표현되며 x는 지점 0으로부터의 거리이다. 이 때 운동 방정식은 다음의 1차원 파동 방정식으로 정의된다.

$$\frac{\partial^2 u}{\partial x^2} = \frac{1}{c^2}\frac{\partial^2 u}{\partial t^2} \quad \text{혹은} \quad c^2\frac{\partial^2 u}{\partial x^2} = \frac{\partial^2 u}{\partial t^2} \tag{13-20}$$

경계조건과 초기 조건은 다음과 같다.

1) 스트링의 양 끝은 고정되어 $x = 0$와 $x = L$지점은 시간 t에 관계없고, $u(x,t)$는 다음과 같고, 이를 경계 조건이라고 정의한다.

$$u(0,t) = 0 \tag{13-21}$$

$$u(L,t) = 0$$

모든 시간 $t \geq 0$에서 만족한다.

2) 초기지점$(t = 0)$ P의 편향을 $f(x)$로 표시하면 $u(x,0) = f(x)$이다.

3) P지점에서 초기속도를 $g(x)$라 하면 다음과 같다.

$$\left[\frac{\partial u}{\partial t}\right]_{t=0} = g(x) \tag{13-22}$$

또한, 앞에서와 같이 처음에 가정하는 해의 형태를 $u(x,t) = X(x)T(t)$라 하자. 이를 파동 방정식으로 변수 분리 형태로 하면 다음과 같다.

$$\frac{X''}{X} = \frac{1}{c^2}\frac{T''}{T} \tag{13-23}$$

양변을 μ의 등식 형태로 하면 $\mu = \dfrac{X''}{X}$에서 $X'' = \mu X$로서 $X'' - \mu X = 0$되고, $\dfrac{1}{c^2}\dfrac{T''}{T} = \mu$의 관계로부터 $T'' = \mu c^2 T$로서 $T'' - \mu c^2 T = 0$의 상미분 방정식 형태가 된다.

여기서 현의 경계조건 $u(0,t) = 0, u(L,t) = 0$을 $u(x,t) = X(x)T(t)$에 적용하면

$$u(0,t) = X(0)T(t) = 0$$

$$u(L,t) = X(L)T(t) = 0$$

같이 된다. 이 등식에서 $T(t) = 0$이면 모든 x의 위치에서 0이 되므로, 무의미한 해가 된다. 따라서 $T(t) \neq 0$이고, $X(0) = 0$, $X(L) = 0$이 되어야 한다.

이러한 조건을 $X'' - \mu X = 0$에 대입하면, 상수 μ의 형태에 따라서 해 $X(x)$의 값이 다르게 된다. 그러므로 μ의 형태 ($>$, $=$, < 0)에 따라서 해를 구할 수 있다는 것을 알 수 있었다.

다음은 μ의 세가지 형태에 대해서 해를 결정할 수 있다.

경우1) $\mu > 0$ 경우(양수)

편의상 $\mu = p^2$라 하고, p는 실수의 상수라고 하면, 주어진 방정식에서

$T'' - \mu c^2 T = 0$와 $X'' - \mu X = 0$는

$T'' - p^2c^2T = 0$와 $X'' - p^2X = 0$로 된다.

여기서 두 방정식의 해의 형태는 각각
$T'' - p^2c^2T = 0$에서 특성 방정식 및 특성근은 $(\lambda^2 - p^2c^2) = (\lambda - pc)(\lambda + pc) = 0$, $\lambda_1 = pc, \lambda_2 = -pc$이므로 일반해는 다음과 같다.

$$T = Ae^{pct} + Be^{-pct} \tag{13-24}$$

$X'' - p^2X = 0$에서 특성 방정식 및 특성근은 $(\lambda^2 - p^2) = (\lambda - p)(\lambda + p) = 0$, $\lambda_1 = p, \lambda_2 = -p$ 이므로 일반해는 다음과 같다.

$$X = Ce^{px} + De^{-px} \tag{13-25}$$

주어진 문제에서 $x = 0$에서 $X = 0$이므로 $X = Ce^{px} + De^{-px}$에서 $X = C + D = 0$로 되고 $C = -D$의 관계가 있다.
$x = L$지점에서는 마찬가지로 양쪽 고정단이므로 $X = 0$이므로 $X = Ce^{px} + De^{-px}$에서 $X = Ce^{pL} + De^{-pL} = 0$이므로 다음의 관계가 있다.

$$X = Ce^{pL} + De^{-pL} = Ce^{pL} - Ce^{-pL} = C(e^{pL} - e^{-pL}) = 0$$

$X = C(e^{pL} - e^{-pL}) = 0$의 관계에서 등식이 성립하려면, 만약 $(e^{pL} - e^{-pL}) \neq 0$라면 $C = 0$이 되어야 한다. 또한 $C = -D$의 관계에서 $C = 0$이면 $D = 0$이 되어야 한다. 이는 스트링이 정지한 상태에 해당하며 이는 진동하지 않는 경우를 말하는 해가 되기 때문에 이를 무시한다.

경우2) $\mu = 0$ 경우

주어진 경우에 대해서 식 $T'' - p^2c^2T = 0$와 $X'' - p^2X = 0$는 $T'' = 0$와 $X'' = 0$이다. 여기서 $X'' = 0$되는 X의 일반해는 $X = ax + b$가 된다.
그러나 어떤 시간에 현의 위치는 $T(t) \neq 0$라고 하고, 위의 경우를 만족하기 위해서는 $X'' = 0$이므로, $X' = a$가 되어야 하고, $X = ax + b$, 여기서 a, b는 상수이다. 그러나 $x = 0$에서 $X = 0$이므로, $b = 0$이 되어야 하고, 또한 $X = ax$이고, $x = L$에서 $X = 0$이므로 $X = aL + b = 0$에서 $a = 0, b = 0$이어야 등식이 성립한다. 따라서 해는 비진동이고, 따라서 구한 해는 무시한다.

경우3) $\mu < 0$ 경우(음수)

편의상 $\mu = -p^2$라 하고, p는 실수의 상수라고 하면, 주어진 방정식

$T'' - \mu c^2 T = 0$와 $X'' - \mu X = 0$는

각각 $T'' + p^2 c^2 T = 0$와 $X'' + p^2 X = 0$로 되고, 특성근은 $\lambda = \pm jpc$와 $\lambda = \pm jp$가 되고, 여기서 두 방정식의 해의 형태는 각각

$$T = A\cos pct + B\sin pct$$

$$X = C\cos px + D\sin px$$

로 된다. 여기서 처음에 제시한 해 형태는 $u(x,t) = X(x)T(t)$이므로

$$u = XT = (C\cos px + D\sin px)(A\cos pct + B\sin pct) \tag{13-26}$$

로 된다.

위에서 구한 식에 다음의 경계조건을 적용하면

$$u(0,t) = 0$$
$$u(L,t) = 0$$

이고, 모든 시간 $t \geq 0$에서 만족한다.

1) $u(0,t) = 0$는 $x = 0$에서 모든 t값에 대해서

$$u(0,t) = XT = (C\cos px + D\sin px)(A\cos pct + B\sin pct)$$

$$= (C\cos 0 + D\sin 0)(A\cos pct + B\sin pct) \quad (\because x = 0)$$

$$= C(A\cos pct + B\sin pct) = 0$$

$C = 0$ ($\because A\cos pct + B\sin pct \neq 0$ 라면)이 되어야 한다.

따라서 이를 일반식으로 표현하면 다음과 같다.

$$u(0,t) = XT = (0 + D\sin px)(A\cos pct + B\sin pct)$$

$$= D\sin px(A\cos pct + B\sin pct) \qquad \textbf{(13-27)}$$

2) 마찬가지로 $u(L,t) = 0$는 $x = L$에서 모든 t값에 대해서

$$u(L,t) = XT = (0 + D\sin pL)(A\cos pct + B\sin pct) = 0$$

$$= D\sin pL(A\cos pct + B\sin pct) = 0$$

여기서 $D \neq 0$ 이고, $u(L,t) = 0$는 항등적으로 0이다.
따라서 $pL = 0$, 즉 $pL = n\pi$ 또는 $p = \dfrac{n\pi}{L}$의 관계가 있어야 한다.
여기서 n은 양의 정수값이다.
이 관계를 앞에서 구한 $u(x,t) = D\sin px(A\cos pct + B\sin pct)$에 대입하면

$$u(x,t) = D\sin\frac{n\pi x}{L}\left(A\cos\frac{n\pi ct}{L} + B\sin\frac{n\pi ct}{L}\right)$$

이를 정리하면

$$u(x,t) = \sin\frac{n\pi x}{L}\left(A_n\cos\frac{n\pi ct}{L} + B_n\sin\frac{n\pi ct}{L}\right) \qquad \textbf{(13-28)}$$

여기서 $A_n = DA, B_n = DB$의 관계가 있다.
이상과 같이 파동방정식의 해는 n에 의존한다.
위 식을 일반화시키면 다음과 같고, 이를 파동 방정식의 일반해라고 정의 한다.

$$\frac{\partial^2 u}{\partial x^2} = \frac{1}{c^2}\frac{\partial^2 u}{\partial t^2} \quad : \text{파동 방정식}$$

$$u(x,t) = X(x)T(t) = u_n(x,t) = \sum_{n=1}^{\infty}\left\{\sin\frac{n\pi x}{L}\left(A_n\cos\frac{n\pi ct}{L} + B_n\sin\frac{n\pi ct}{L}\right)\right\}$$

$$(\because n = 1, 2, 3, 4, \ldots, \mu = \text{음수}) \qquad \textbf{(13-29)}$$

여기에 초기 조건을 대입하면 A_n, B_n을 구할 수 있다.

다음에 초기조건을 대입하여 상계수 A_n, B_n을 구하여 특수해를 구하는 과정을 살펴보기로 한다.

(1) A_n 정의 : $t=0$**일 때,**

$u(x,0)=f(x), 0 \le x \le L$ 이다.

따라서 위에서 구한 일반해는 다음과 같다.

$$u_n(x,0)=f(x)=\sum_{n=1}^{\infty}\left\{\sin\frac{n\pi x}{L}(A_n\cos\frac{n\pi c0}{L}+B_n\sin\frac{n\pi c0}{L})\right\}$$

$$=\sum_{n=1}^{\infty}\left\{A_n\sin\frac{n\pi x}{L}\right\} \text{ (≒ 푸리에 사인 급수와 같은 형태)} \tag{13-30}$$

위의 결과로부터 푸리에 사인급수와 같은 형태임을 알 수 있다. 따라서 위 식에서 계수인 A_n은 푸리에 사인급수의 계수로 생각할 수 있고, 푸리에 사인 급수의 계수를 나타내는 식을 적용하면 다음과 같이 나타낼 수 있다.

A_n은 $f(x)\sin\frac{n\pi x}{L}$의 평균값의 2배이며 구간 $0 \le x \le L$ 사이에서 정의된다.
이를 다시 쓰면

$$A_n=\frac{2}{L}\int_0^L f(x)\sin\frac{n\pi x}{L}dx, n=1,2,3,... \tag{13-31}$$

(2) B_n 정의 : **또한** $t=0$**에서 초기속도가 정의될 때,**

$\left[\frac{\partial u}{\partial t}\right]_{t=0}=g(x),\ 0 \le x \le L$ 이다.

$u_n(x,t)=f(x)=\sum_{n=1}^{\infty}\left\{\sin\frac{n\pi x}{L}(A_n\cos\frac{n\pi ct}{L}+B_n\sin\frac{n\pi ct}{L})\right\}$를 시간 t에 대하여

미분하면 아래와 같다.

$$\frac{\partial u}{\partial t}=\sum_{n=1}^{\infty}\left\{\sin\frac{n\pi x}{L}\,(A_n\,(-\frac{n\pi c}{L}\sin\frac{n\pi ct}{L})+B_n\,(\frac{n\pi c}{L}\cos\frac{n\pi ct}{L}))\right\}=g(x) \tag{13-32}$$

여기서 u를 t로 미분하여 $t=0$일 때,

$$g(x)=\sum_{n=1}^{\infty}\left\{\sin\frac{n\pi x}{L}\left[A_n\left(-\frac{n\pi c}{L}\sin\frac{n\pi ct}{L}\right)+B_n\left(\frac{n\pi c}{L}\cos\frac{n\pi ct}{L}\right)\right]\right\}$$

$$=\sum_{n=1}^{\infty}\left\{\sin\frac{n\pi x}{L}\left[A_n\left(-\frac{n\pi c}{L}\sin\frac{n\pi c0}{L}\right)+B_n\left(\frac{n\pi c}{L}\cos\frac{n\pi c0}{L}\right)\right]\right\}$$

$$=\sum_{n=1}^{\infty}\left\{\sin\frac{n\pi x}{L}\,B_n\left(\frac{n\pi c}{L}\right)\right\}$$

$$\therefore\ g(x)=\left(\frac{\pi c}{L}\right)\sum_{n=1}^{\infty}\left\{B_n n\sin\frac{n\pi x}{L}\right\}\ (\fallingdotseq \text{푸리에 사인 급수와 같은 형태}) \tag{13-33}$$

푸리에 급수식에서 다음과 같다.

즉, B_n는 $g(x)\sin\frac{n\pi x}{L}$의 평균값의 2배이며 구간 $0\le x\le L$사이에서 정의된다.

이를 다시 쓰면

$$B_n=\frac{L}{cn\pi}\left(\frac{2}{L}\right)\int_0^L g(x)\sin\frac{n\pi x}{L}dx,\ n=1,2,3,\dots$$

$$=\frac{2}{cn\pi}\int_0^L g(x)\sin\frac{n\pi x}{L}dx,\ n=1,2,3,\dots \tag{13-34}$$

위의 결과로부터 주어진 탄성 스트링의 파동방정식에 대한 특이해는 다음과 같다.

$$u_n(x,0)=f(x)=\sum_{n=1}^{\infty}\left\{\sin\frac{n\pi x}{L}\,(A_n\cos\frac{n\pi ct}{L}+B_n\sin\frac{n\pi ct}{L})\right\}$$

$$\because A_n = \frac{2}{L}\int_0^L f(x)\sin\frac{n\pi x}{L}dx, n = 1, 2, 3, ...$$

$$B_n = \frac{2}{cn\pi}\int_0^L g(x)\sin\frac{n\pi x}{L}dx, n = 1, 2, 3, ... \tag{13-35}$$

이와 같이 파동방정식의 특수해를 구할 수 있었다.

예제4) 1차원 파동방정식의 해가 다음 식과 같다고 하자.

$$u(x, t) = \sum_{n=1}^{\infty}(A_n\cos n\pi t + B_n \sin n\pi t)\sin n\pi x$$

초기속도가 0 이고, $t=0$에서 초기변위가 다음과 같을 때의 해를 구하라.

$$f(x) = \begin{cases} x & \left(0 < x < \frac{1}{2}\right) \\ 1-x & \left(\frac{1}{2} < x < 1\right) \end{cases}$$

풀이)

다음의 주어진 1차원 파동방정식의 해에서

$$u(x, t) = \sum_{n=1}^{\infty}(A_n\cos n\pi t + B_n \sin n\pi t)\sin n\pi x$$

이고, $t=0$일 때, B_n계수 항은 0이 된다. 따라서 파동방정식의 특이해는 다음과 같다.

$$u(x, t) = \sum_{n=1}^{\infty} A_n\cos n\pi t sin n\pi x$$

$$\therefore u(x, t) = \frac{1}{2}\sum_{n=1}^{\infty} A_n\{\sin n\pi(t+x) - \sin n\pi(t-x)\}$$

$$u(x,0)=\frac{1}{2}\sum_{n=1}^{\infty}A_n\,2\sin n\pi x$$

주어진 문제에서 초기변위가 $u(x,0)=\sum_{n=1}^{\infty}A_n\sin n\pi x=f(x)$ 이므로 푸리에 사인 급수식으로부터 다음과 같이 된다.

$$A_n=\frac{2}{L}\int_0^L f(x)\sin\frac{n\pi x}{L}dx$$

이는 푸리에 사인 급수식 형태로 적용된다.
주어진 문제에서 $L=1$로 놓고, 적분 구간은 각각 다음과 같이 할 수 있다.

이를 부분적분법으로 계산하면

$$\begin{aligned}A_n&=\frac{2}{L}\int_0^L f(x)\sin\frac{n\pi x}{L}dx\\&=2\left\{\int_0^{1/2}x\sin n\pi x dx-\int_{1/2}^{1}(x-1)\sin n\pi x dx\right\}\\&=\frac{4}{n^2\pi^2}\sin\frac{n\pi}{2}\end{aligned}$$

A_n에서 $\sin\frac{n\pi}{2}$는 홀수항 $n=1,3,5,\ldots$ 에서는 $1,-1,1,-1,\ldots$이고, 짝수항에서는 0이 된다.

A_n을 1차원파동방정식의 일반해 $u(x,t)$에 대입하여 정리하면 다음과 같다.

$$u(x,t)=\sum_{n=1}^{\infty}A_n\cos n\pi t\sin n\pi x$$

에 A_n을 대입하면 다음과 같다.

$$u(x,t)=\sum_{n=1}^{\infty}A_n\cos n\pi t\sin n\pi x=\sum_{n=1}^{\infty}\frac{4}{n^2\pi^2}\sin\frac{n\pi}{2}\cos n\pi t\sin n\pi x$$

$$\therefore \quad u(x, t) = \frac{4}{\pi^2}\left(\sin\pi x \cos\pi t - \frac{1}{3^2}\sin 3\pi x \cos 3\pi t + \cdots\right)$$

연 습 문 제

1. 다음 편미분방정식의 해를 구하라.

① $\dfrac{\partial u}{\partial y}+2yu=0$　　② $\dfrac{\partial u}{\partial x}-2xu=0$

③ $\dfrac{\partial u}{\partial x}+2xyu=0$　　④ $\dfrac{\partial^2 u}{\partial x^2}=0$

⑤ $\dfrac{\partial^2 u}{\partial x\partial y}=0$　　⑥ $\dfrac{\partial^2 u}{\partial x^2}+4u=0$

⑦ $\dfrac{\partial u}{\partial x}=-\dfrac{\partial^2 u}{\partial x\partial y}$　　⑧ $u_{yy}+4u_y+4u=0$

2. 변수분리법으로 다음 방정식의 해 $u(x,\, y)$를 구하라.

① $u_x=u_y$

② $xu_x-yu_y=0$

③ $u_x+u_y=2(x+y)u$

3. 편미분방정식 $\dfrac{\partial u(x,\, y)}{\partial x}+3\dfrac{\partial u(x,\, y)}{\partial y}=0$에 대해 다음 물음에 답하라.

① f가 미분 가능한 함수일 때, $u(x,\, y)=f(y-5x)$가 됨을 보여라.
(매개변수 t를 사용하여 $y-5x=t$로 놓고, $f(t)$를 이용한다.)

② 조건 $u(0,y)=2\cos y$를 만족하는 특수해를 구하라.

4. 편미분방정식 $u_{xy}-x^2y=0$에 대해 물음에 답하라.

① 위의 편미분방정식의 해를 구하라.

② 조건 $u(x,\,0)=x^2$, $u(1,\,y)=\cos y$를 만족하는 특수해를 구하라.

5. 1차원 파동방정식의 해가 다음 식과 같다고 하자.

$$u(x, t) = \sum_{n=1}^{\infty} (A_n \cos n\pi t + B_n \sin n\pi t) \sin n\pi x$$

초기속도는 $t=0$에서 초기 위치가 다음과 같을 때의 해를 구하라.

$$f(x) = A \sin 3\pi x \quad (A\text{는 상수})$$

6. 1차원 파동방정식의 해가 다음 식과 같다고 하자.

$$u(x, t) = \sum_{n=1}^{\infty} (A_n \cos n\pi t + A_n \sin n\pi t) \sin n\pi x$$

초기속도는 $t=0$에서 초기위치가 다음과 같을 때의 해를 구하라.

$$f(x) = \begin{cases} x & \left(0 < x < \frac{1}{2}\right) \\ 1-x & \left(\frac{1}{2} < x < 1\right) \end{cases}$$

14장 복소수와 복소함수의 미분법

복소수는 세상에서 가장 늦게 탄생된 수의 개념으로서 르네상스 시대인 16세기부터 이탈리아에서 처음 사용된 수의 개념이다.

복소수는 허수 $(i = \sqrt{-1},\ i^2 = -1)$를 사용하여 $\dot{z} = 실수부 + j허수부 = x + jy = x + jy = (x, y)$으로 표시하는 형태를 말하고, 허수를 사용한 복소수와 복소수를 변수로 사용한 복소함수는 많은 분야에서 사용되고 있지만, 특히 위상과 주기함수를 설명하는 전기공학에서도 문제를 해결하는데 기본 도구로 사용되고 있다. 전기 회로의 해석뿐 만 아니라 복소 변수를 사용해야 하는 함수 해석에도 유용하게 사용할 수 있다.

특히 전기공학에서는 전류를 i로 표시하기 때문에 복소수 i와 혼란을 피하기 위해서 편의상 허수부를 j로 표시한다. 따라서 이 책에서는 허수 표시를 j로 표시함을 유념하기 바란다.

14.1 복소수의 기본 개념

복소수는 허수$(j = \sqrt{-1}, j^2 = -1)$를 사용하여 $\dot{z} = 실수부 + j허수부 = x + jy = (x, y)$으로 표시하는 형태를 말하고, 편의상 복소수 z라고도 표시한다.

복소수의 정의: $\dot{z} = 실수부 + j허수부 = x + jy = (x, y)$

복소수의 실수부값 $Re(\dot{z}) = x$

복소수의 허수부값 $Im(\dot{z}) = y$

복소평면은 가로축을 실수축으로, 세로축을 허수축으로 배정하여 복소수를 나타내기 위한 평면이다.

공액 복소수의 정의: $\bar{z} = x - jy = (x, -y)$ **(14-1)**

복소수의 표시방법과 연산

복소수는 여러 가지 표기 방법으로 표시한다. 이유는 연산을 쉽게하기 위해서 다양한 표시방법을 사용한다. 복소수의 덧셈과 뺄셈에 유리한 표시 방법은 직각좌표형식, 곱셈과 나눗셈 연산에는 극형식방법, 미분과 적분에 유리한 방법은 지수함수 표시법으로 변환하여 연산하면 편리하다. 삼각함수 표시법은 직각좌표형식을 지수함수형식으로 변환하기 위해서 필요하다. 각각의 표시법의 장점을 잘 활용할 수 있도록 응용하여야 한다.

- **직각좌표형식** : $\dot{z}=x+jy$ **(14-2)**

- **삼각함수 형식** : $\dot{z}=r(\cos\theta+j\sin\theta) \quad \left(\because r=\sqrt{x^2+y^2}\right)$ **(14-3)**

- **극좌표 형식** : $\dot{z}=(r,\theta)$ **(14-4)**

- **극형식** : $\dot{z}=z\angle\theta=|\dot{z}|\angle\theta$ **(14-5)**

- **지수함수 표시법** : $\dot{z}=ze^{\pm j\theta}$ (오일러 공식 $e^{\pm j\theta}=\cos\theta\pm j\sin\theta$를 이용) **(14-6)**

복소수 $\dot{z}=x+jy$의 크기 및 편각(Argument angle)은 다음과 같다.

크기: $z=|\dot{z}|=\sqrt{x^2+y^2}$, 편각: $\theta=\arg(\dot{z})=\tan^{-1}\dfrac{y}{x}$ **(14-7)**

예제1) $\dot{z}_1=1-j2=(1,2)$, $\dot{z}_2=4+j3=(4,3)$의 복소수에 대해 다음을 구하라.

① $\dot{z}_1+\dot{z}_2$ ② $\dot{z}_1-\dot{z}_2$ ③ $\dot{z}_1\cdot\dot{z}_2$ ④ $\dfrac{\dot{z}_1}{\dot{z}_2}$

풀이)

① $\dot{z}_1+\dot{z}_2=(1-j2)+(4+j3)=5+j$

② $\dot{z}_1-\dot{z}_2=(1-j2)-(4+j3)=-3-j5$

③ $\dot{z}_1\cdot\dot{z}_2=(1-j2)\cdot(4+j3)=4-j\cdot j6+j3-j8=10-j5$

④ $\dfrac{\dot{z}_1}{\dot{z}_2} = \dfrac{1-j2}{4+j3} = \dfrac{(1-j2)(4-j3)}{(4+j3)(4-j3)} = \dfrac{4-6-j8-j3}{25} = \dfrac{-2-j11}{25}$

예제2) 다음 직각좌표 형식의 복소수를 극좌표 형식, 삼각함수 형식, 지수함수형식으로 나타내라.

$\dot{z} = 1 - j2$

풀이)

$\dot{z} = 1 - j2$ (제4사분면)의 크기와 편각

$$\begin{cases} z = |\dot{z}| = \sqrt{실수부^2 + 허수부^2} = \sqrt{1^2 + 2^2} = \sqrt{5} \\ \theta = \arg(\dot{z}) = \tan^{-1}\dfrac{허수부}{실수부} = \tan^{-1}(\dfrac{-2}{1}) = -63.4° = \dfrac{-63.4°}{360°}2\pi \end{cases}$$

극좌표 형식 $z = |\dot{z}| \angle -63.4°$

삼각함수 형식 $z = |\dot{z}|(\cos\theta + j\sin\theta) = \sqrt{5}\{(\cos 63.4° - j\sin 63.4°)\}$

지수함수 형식 $z = |\dot{z}| e^{j\frac{-63.4°}{360°}2\pi}$

와 같이 표시할 수 있다.

- **회전연산자**:

$j\dot{A}$ - 복소수 $\dot{A}$에서 반시계 방향으로 90° 회전한 값

$j^2\dot{A}$ - 복소수 $\dot{A}$에서 반시계 방향으로 180° 회전한 값

.

.

.

$-j\dot{A}$ - 복소수 $\dot{A}$에서 90° 시계 방향으로 회전한 값

$-j^2\dot{A}$ - 복소수 $\dot{A}$에서 180° 시계 방향으로 회전한 값

.
.
.

DeMoivre **공식**: $\dot{A}^n = A^n(\cos\theta + j\sin\theta)^n = A^n(\cos n\theta + j\sin n\theta)$ **(14-8)**

- 복소수의 n 거듭제곱 (Square):

$$\dot{A}^n = (Ae^{\pm j\theta})^n = A^n e^{\pm jn\theta} = A^n \angle \pm n\theta \quad (\because A^n = |\dot{A}^n|) \tag{14-9}$$

예제3) 다음의 주어진 식을 계산하라.

$$\left(\cos\frac{2\pi}{3} + j\sin\frac{2\pi}{3}\right)^3$$

풀이)

복소수의 n거듭제곱 계산은 다음과 같으며,

$$\dot{A}^n = (Ae^{j\theta})^n = A^n e^{jn\theta} = A^n \angle n\theta \quad (\because A = |\dot{A}| = 1)$$

주어진 문제는

$$\left(\cos\frac{2\pi}{3} + j\sin\frac{2\pi}{3}\right)^3 = \cos 2\pi + j\sin 2\pi = 1$$

으로 계산된다.

- 복소수의 n 제곱근 (Root square): $\dot{w} = \dot{z}^{\frac{1}{n}} = \sqrt[n]{\dot{z}}$

DeMoivre공식을 이용하여 거듭제곱근을 구하는 문제에 대해 살펴보자.

$\dot{z}$가 0이 아닐 때 $\dot{w}^n = \dot{z}$를 만족하는 복소수 $\dot{w}$를 $\dot{z}$의 n 제곱근이라고 정의한다. 복소수 $\dot{z}$가 다음과 같이 주어져 있다고 가정하고, $\dot{z}$의 n제곱근을 구해 본다.

$$\dot{z} = r(\cos\theta + j\sin\theta) \tag{14-10}$$

다음의 방정식을 만족하는 $\dot{w}$의 삼각형식을 $\dot{w} = R(\cos\phi + j\sin\phi)$라고 가정하자.

$$\dot{w}^n = \dot{z} \text{ 또는 } \dot{w} = \dot{z}^{\frac{1}{n}} = \sqrt[n]{\dot{z}} \tag{14-11}$$

위 식에서 $\dot{w}$와 $\dot{z}$를 각각 대입하면

$$\{R(\cos\phi + j\sin\phi)\}^n = r(\cos\theta + j\sin\theta) \tag{14-12}$$

$$R^n(\cos n\phi + j\sin n\phi) = r(\cos\theta + j\sin\theta) \tag{14-13}$$

의 관계식으로부터 다음 식을 얻을 수 있다.

$$R^n = r$$

$$\cos n\phi = \cos\theta, \ \sin n\phi = \sin\theta$$

위의 두 식으로부터 다음의 식을 얻을 수 있다.

$$R = r^{\frac{1}{n}} = \sqrt[n]{r}$$

$$n\phi = \theta + 2k\pi, \ \therefore \phi = \frac{\theta + 2k\pi}{n} \tag{14-14}$$

여기서 $n\phi = \theta + 2k\pi$는 회전연산자의 주기성으로 이해할 수 있으며, k는 정수이다. 그러나 실제로는 ϕ가 무수히 많이 존재하는 것은 아니고 1회전 주기를 나누는 것으로 이해할 수 있다. 실제로는 k가 $0 \le k \le n-1$범위에서만 독립인 해를 가지게 된다. 따라서 복소수 $\dot{w} = R(\cos\phi + j\sin\phi)$의 n제곱근은 다음과 같이 표현된다.

$$\dot{w} = r^{\frac{1}{n}}\left(\cos\frac{\theta + 2k\pi}{n} + j\sin\frac{\theta + 2k\pi}{n}\right) \tag{14-15}$$

$$\because \dot{w} = R^n(\cos\phi + j\sin\phi)$$

여기서, $k = 0, 1, 2, 3, \ldots, n-1$이다. 위 식은 1주기에 대해서 n개의 연속된 k값에 대해서만 독립인 해를 제공하므로 다음과 같은 식으로 n 제곱근을 구할 수 있다.

$$\dot{w} = \sqrt[n]{\dot{z}} = r^{\frac{1}{n}}\left(\cos\frac{\theta+2k\pi}{n} + jsin\frac{\theta+2k\pi}{n}\right), \quad k = 0, 1, 2, 3, \ldots, n-1 \qquad \textbf{(14-16)}$$

여기서 $k=0$인 경우의 제곱근을 주근이라고 하고, 나머지 제곱근을 부근이라고 정의한다.

예제4) 복소수 $\dot{z}^3 = 1$에 대해서 복소수 $\dot{z}$의 3 제곱근을 구해보면 다음과 같다.

풀이)

(1) 좌변을 드 므와브르의 정리에 의해서 극형식으로 변환한다.

$$\dot{z}^3 = z^3(\cos 3\phi + jsin 3\phi)$$

(2) 우변을 극형식으로 변환하고, 각을 일반각으로 한다.

$$1 = 1\angle(0+2k\pi) = 1 \cdot (\cos 2k\pi + jsin 2k\pi) \quad (\because \theta = 0)$$

(3) 두 식의 등식 관계에 의해 근의 복소수 $\dot{z}$의 크기와 편각을 구한다.

복소수 $\dot{z}$의 크기 : $z^3 = 1 \;\therefore z = 1^{\frac{1}{3}} = 1$

복소수 $\dot{z}$의 편각 : $3\phi = \theta + 2k\pi \;\therefore \phi = \dfrac{0+2k\pi}{3} = \dfrac{2k\pi}{3}$

(4) $\dot{z} = z\angle\phi = z(\cos\phi + j\sin\phi)$에 대입한다.

$$\therefore \dot{z}_k = 1\cdot\left(\cos\frac{2k\pi}{3} + j\sin\frac{2k\pi}{3}\right), \; k = 0, 1, 2, 3, \ldots, n-1$$

(5) 복소수 $\dot{z}$는 다음과 같이 구해진다.

$k=0: \quad \dot{z}_0=1$ (주근)

$k=1: \quad \dot{z}_1=\cos\frac{2\pi}{3}+j\sin\frac{2\pi}{3}$ (부근)

$$=-\frac{1}{2}+j\frac{\sqrt{3}}{2}$$

$k=2: \quad \dot{z}_2=\cos\frac{4\pi}{3}+j\sin\frac{4\pi}{3}$ (부근)

$$=-\frac{1}{2}-j\frac{\sqrt{3}}{2}$$

14.2 복소수의 미분과 적분

복소수 $\dot{A}=a+jb$의 미분과 적분은 지수함수의 형식을 이용한다. 그러므로 복소수 $\dot{A}$의 지수함수 형식의 표현이

$$\dot{A}=a+jb=A\angle\theta=Ae^{j\theta}$$

일 때, 먼저 복소수 $\dot{A}=Ae^{j\theta}$를 θ에 대해 미분하면

$$\frac{d\dot{A}}{d\theta}=\frac{d}{d\theta}(Ae^{j\theta})=jAe^{j\theta}=j\dot{A} \quad (\because j: \text{반시계 방향으로 } 90^\circ \text{ 회전 의미})$$

가 된다. 따라서 임의의 복소수를 미분한 결과는 원 복소수 $\dot{A}$에 허수 단위, 즉 회전연산자 j를 곱한 것과 같으므로, 이는 기하학적으로 복소평면상에서 원 복소수 $\dot{A}$를 반시계 방향으로 90° 회전시키는 것을 의미한다.

또한, 여기서 복소수 $\dot{A}=a+jb=A\angle\theta=Ae^{j\theta}$를 θ에 대해서 적분하면

$$\int \dot{A}\, d\theta = \int A e^{j\theta}\, d\theta = \frac{Ae^{j\theta}}{j} = \frac{\dot{A}}{j} = -j\dot{A} \quad (\because -j : \text{시계 방향으로 } 90^\circ \text{ 회전 의미})$$

가 된다. 따라서 임의의 복소수를 적분한 결과는 원 복소수 $\dot{A}$를 허수단위, 즉 회전연산자 j로 나눈 것과 같으므로, 이는 기하학적으로 원 복소수 $\dot{A}$를 시계 방향으로 90° 회전시키는 것으로 의미한다.

14.3 복소변수함수 및 복소함수의 도함수

복소수 $\dot{w}$, $\dot{z}$, ...를 변수로 포함하는 함수를 복소함수 또는 복소변수함수라고 정의하고, $f(\dot{w}), f(\dot{z}), \ldots$로 복소함수를 표시한다. 여기부터는 편의상 복소수를 $\dot{w}$, $\dot{z}$라고 문자 위에 점을 표시하지 않고 w 또는 z 라고 표시하기로 한다. 실함수의 개념과 유사하게 복소변수함수 $f(z)$는 복소평면상에 위치한 정의역 S 위의 모든 복소수 z에 대해 또 다른 복소수 $w = f(z)$를 대응시키는 개념으로 복소함수의 개념을 자연스럽게 확장할 수 있다. 즉, z-평면에서 정의된 정의역 S위의 모든 복소수 z에 대해 대응되는 집합인 치역 $f(S)$를 얻을 수 있다. 복소변수함수 $f(z)$의 치역에 속하는 복소수 w는 실수부가 u, 허수부가 v로 표기할 수 있는데, u, v는 x, y에 따라 달라지므로 u, v는 x, y의 함수가 된다. 따라서 복소함수 $w = f(z)$는 다음과 같이 표현된다.

$$w = f(z) = u(x, y) + jv(x, y) \tag{14-17}$$

즉, 복소변수함수 $f(z)$는 두 개의 실변수 $u(x, y)$와 $v(x, y)$로 표현될 수 있다는 것을 의미한다.

다음의 복소변수함수 $f(z) = z^2 + z\bar{z}$에서 $z = x + jy$ 일 때, 실수부와 허수부를 구하고, 또한 $z = j$일 때, $f(z) = z^2 + z\bar{z}$의 복소변수함수값은 얼마인가.

$$f(z) = z^2 + z\bar{z} = (x + jy)^2 + (x + jy)(x - jy) = 2x^2 + j2xy$$

이므로 실수부 $u(x, y) = 2x^2$이고, 허수부 $v(x, y) = 2xy$이다.
또한 $z = j$에서 함수값 $f(z) = z^2 + z\bar{z} = j^2 + (j)(-j) = 0$이 된다.

복소함수의 활용 예로서 복소평면에서 복소함수를 이용하여 원판과 환형을 정의할

수 있다. 원판의 정의는 $|z-z_0|=\rho$로서 반지름이 ρ인 원판을 정의한다. 경계를 포함하지 않는 열린 원판은 $|z-z_0|<\rho$, 경계를 포함하는 닫힌 원판은 $|z-z_0|\le\rho$로, 원의 외부는 $|z-z_0|>\rho$로 표현할 수 있다. 또한 $\rho_1<|z-z_0|<\rho_2$는 경계를 포함하지 않는 환형을 정의할 수 있다. 여기서 $z=x+jy$, $z_0=x_0+jy_0$이다.

다음은 복소함수 $f(z)$가 정의역에서 $z=z_0$의 부근($|z-z_0|<\rho$)에서 다음의 함수값이 존재할 때, 즉 극한 관계를 만족하는 경우 $f(z)$는 $z=z_0$에서 연속이라고 한다.

$$\lim_{z\to z_0} f(z)=f(z_0) \tag{14-18}$$

연속일 때, 점 $z=z_0$에서 복소함수의 도함수는 다음과 같다.

$$f'(z_0)=\lim_{\Delta z\to 0}\frac{f(z_0+\Delta z)-f(z_0)}{\Delta z} \tag{14-19}$$

이 때 $z=z_0$에서 복소변수 함수 $f(z)$는 미분가능하다고 정의한다. 연속적이라는 것은 미분 경로에 상관없이 동일한 값을 가져야 한다는 것이다.
위 식에서 $\Delta z=z-z_0$의 관계를 도입하여 정리하면 다음과 같이 되고, $\Delta z=0$이면, $z=z_0$의 관계가 성립한다.

$$f'(z_0)=\lim_{z\to z_0}\frac{f(z)-f(z_0)}{z-z_0} \tag{14-20}$$

이와 같이 복소변수함수의 미분은 실변수함수의 미분법칙과 완전히 일치한다.

$$\frac{d}{dz}\{kf(z)\}=kf'(z)$$

$$\frac{d}{dz}\{f(z)+g(z)\}=f'(z)+g'(z)$$

$$\frac{d}{dz}\{f(z)g(z)\}=f'(z)g(z)+f(z)g'(z)$$

$$\frac{d}{dz}\left\{\frac{g(z)}{f(z)}\right\}=\frac{g'(z)f(z)-g(z)f'(z)}{\{f(z)\}^2}$$

$$\frac{d}{dz}\{f(g(z))\}=f'(z)(g(z))g'(z) \tag{14-21}$$

다음 복소변수함수 $f(z)=z^2+2z$의 도함수를 구하면 다음과 같다.

$f'(z)=\lim\limits_{\Delta z\to 0}\dfrac{f(z+\Delta z)-f(z)}{\Delta z}$의 정의에 의하여

$$=\lim_{\Delta z\to 0}\frac{(z+\Delta z)^2+2(z+\Delta z)-(z^2+2z)}{\Delta z}$$

$$=\lim_{\Delta z\to 0}\frac{2z(\Delta z)+(\Delta z)^2+2(\Delta z)}{\Delta z}$$

$$=\lim_{\Delta z\to 0}\frac{2z(\Delta z)+(\Delta z)^2+2(\Delta z)}{\Delta z}$$

$$=\lim_{\Delta z\to 0}2z+\Delta z+2$$

$$=2z+2$$

이와 같이 복소변수함수의 도함수는 일반 실수함수의 도함수와 일치하는 것을 확인할 수 있다.

또한 함수 $f(z)$가 임의의 정의역 내의 점 $z=z_0$를 포함한 부근의 모든 점에서 미분가능하면, 점 $z=z_0$에서 함수 $f(z)$는 해석적이라 하고, 정의역 내부의 모든 점에서 해석적이면 해석함수라 한다.

예제5) 복소함수 $f(z)=4z^2+z$의 도함수를 구하라.

풀이)

주어진 $f(z)=4z^2+z$함수의 도함수는 다음과 같다.

$$f'(z)=\lim_{\Delta z\to 0}\frac{f(z+\Delta z)-f(z)}{\Delta z}$$

$$=\lim_{\Delta z\to 0}\frac{\{4(z+\Delta z)^2+(z+\Delta z)\}-(4z^2+z)}{\Delta z}$$

$$=\lim_{\Delta z\to 0}\frac{(8z\Delta z+4\Delta z^2+\Delta z)}{\Delta z}$$

$$=\lim_{\Delta z\to 0}(8z+4\Delta z+1)$$

$$=8z+1$$

$$\therefore f'(z)=8z+1$$

위의 예제와 달리 다음에 보이는 예와 같이 미분이 불가능한 예를 하나 살펴보자. 복소함수 $f(z)=\bar{z}=x-jy$인 경우, 즉 $z=x+jy$의 공액복소수인 경우가 불연속적이어서 해석적이지 않은 경우가 존재한다.

$f(z)=\bar{z}=x-jy$에 대해서 다음과 같이 되고,

$$\frac{f(z+\Delta z)-f(z)}{\Delta z}=\frac{(\overline{z+\Delta z})-\bar{z}}{\Delta z}=\frac{\overline{\Delta z}}{\Delta z}=\frac{\Delta x-j\Delta y}{\Delta x+j\Delta y}$$

이를 도함수의 정의식을 적용하면

$$f'(z_0)=\lim_{\Delta z\to 0}\frac{\Delta x-j\Delta y}{\Delta x+j\Delta y}$$

가 된다. 위 식에서 $\Delta z \to 0$은 $\Delta x \to 0$, $\Delta y \to 0$을 의미한다. 여기서 경로가 두가지가 된다. 하나는 $\Delta y \to 0$가 먼저 적용되고, $\Delta x \to 0$가 적용되는 경우이고, 다른 하나는 $\Delta x \to 0$가 먼저 적용되고, 다음에 $\Delta y \to 0$이 적용되는 경로이다.

$$f'(z_0) = \lim_{\Delta z \to 0} \frac{\Delta x - j\Delta y}{\Delta x + j\Delta y} = \lim_{\substack{\Delta y \to 0 \\ \Delta x \to 0}} \frac{\Delta x - j\Delta y}{\Delta x + j\Delta y} = \lim_{\Delta x \to 0} \frac{\Delta x}{\Delta x} = 1 \quad (\because \Delta y = 0)$$

$$f'(z_0) = \lim_{\Delta z \to 0} \frac{\Delta x - j\Delta y}{\Delta x + j\Delta y} = \lim_{\substack{\Delta x \to 0 \\ \Delta y \to 0}} \frac{\Delta x - j\Delta y}{\Delta x + j\Delta y} = \lim_{\Delta y \to 0} \frac{-j\Delta y}{j\Delta y} = -1 \quad (\because \Delta x = 0)$$

이와 같이 경로에 따라서 도함수의 값이 달라지므로 복소함수 $f(z)$의 도함수는 존재하지 않고 미분 불가능한 경우가 된다.

14.4코시-리만 방정식

앞에서 함수 $f(z)$가 임의의 정의역 내의 점 $z = z_0$를 포함한 부근의 모든 점에서 미분가능하면, 점 $z = z_0$에서 함수 $f(z)$는 해석적이라 하고, 정의역 내부의 모든 점에서 해석적이면 해석함수라는 것을 알았다. 이러한 해석적인 조건을 만족하는 방정식을 코시-리만 편미분 방정식이라고 정의한다. 경로에 상관없이 같은 미분값을 갖는 조건을 코시-리만 방정식이라고 하고 이를 만족하면 해석적이라고 판단한다.

함수 $f(z) = u(x, y) + jv(x, y)$에 대해서 점 $z = z_0$에서 복소함수의 도함수는 다음과 같다.

$$f'(z) = \lim_{\Delta z \to 0} \frac{f(z + \Delta z) - f(z)}{\Delta z} \tag{14-22}$$

여기서 $\Delta z = \Delta x + j\Delta y$로 하면

$$f'(z) = \lim_{\Delta z \to 0} \frac{u(x + \Delta x, y + \Delta y) + jv(x + \Delta x, y + \Delta y) - \{u(x, y) + jv(x, y)\}}{\Delta x + j\Delta y} \tag{14-23}$$

$f(z)$가 z에서 미분가능하다는 것은 우변의 극한이 존재한다는 것을 의미한다. 따라서 Δz를 어떤 방향에서도 0으로 접근시킨다고 해도 극한값은 같아야 한다. 만일 Δz가 실수축과 수평적으로 0으로 접근한다면 $\Delta y=0$이라는 것을 의미하므로 Δz는 다음과 같다.

$$\Delta z=\Delta x+j\Delta y=\Delta x\ (\text{수평적으로 0으로 접근} \because \Delta y=0\text{를 의미})$$

이를 이용하면 다음과 같이 x방향으로의 변화율에 의존하는 값이 된다.

$$f'(z)=\lim_{\Delta x\to 0}\frac{u(x+\Delta x,y)-u(x,y)}{\Delta x}+j\lim_{\Delta x\to 0}\frac{v(x+\Delta x,y)-v(x,y)}{\Delta x}$$

$$=\frac{\partial u}{\partial x}+j\frac{\partial v}{\partial x}$$

$$\therefore f'(z)=\frac{\partial u}{\partial x}+j\frac{\partial v}{\partial x} \qquad \textbf{(14-24)}$$

또한 다음으로 Δz가 허수축인 방향에서 즉, 수직적으로 0으로 접근한다면 $\Delta x=0$이므로 Δz는 다음과 같고,

$$\Delta z=\Delta x+j\Delta y=j\Delta y$$

$f'(z)$는 다음과 같다.

$$f'(z)=\lim_{\Delta y\to 0}\frac{u(x,y+\Delta y)-u(x,y)}{j\Delta y}+j\lim_{\Delta y\to 0}\frac{v(x,y+\Delta y)-v(x,y)}{j\Delta y}$$

$$=-j\frac{\partial u}{\partial y}+j\left(-j\frac{\partial v}{\partial y}\right)=\frac{\partial v}{\partial y}-j\frac{\partial u}{\partial y}$$

극한의 개념은 어디서 접근해도 같아야하므로 이를 적용하면 다음의 관계가 성립한다.
이를 코시-리만 편미분 방정식이라고 부른다.

$$\frac{\partial u}{\partial x}+j\frac{\partial v}{\partial x}=\frac{\partial v}{\partial y}-j\frac{\partial u}{\partial y} \tag{14-25}$$

이 조건을 만족하려면 다음의 코시-리만 방정식의 관계가 성립한다. 즉 실수부=실수부, 허수부=허수부가 되어야 한다.

$$\frac{\partial u}{\partial x}=\frac{\partial v}{\partial y}$$

$$\frac{\partial v}{\partial x}=-\frac{\partial u}{\partial y} \tag{14-26}$$

이와 같이 복소변수함수 $f(z)=u(x,y)+jv(x,y)$가 어떤 영역 D전체에서 해석적이면 실수함수 $u(x,y), v(x,y)$는 위의 코시-리만 방정식을 만족해야 한다. 여기에 각각의 편도함수들이 연속적이어야 한다는 조건이 추가되어야 해석적이라는 것을 명심하기 바란다.

다음의 주어진 함수 $f(z)=u(x,y)+jv(x,y)=\frac{x}{x^2+y^2}-j\frac{y}{x^2+y^2}$ 가 해석적이라는 것을 보이고 $f'(z)$를 구하면 다음과 같다.

$$\frac{\partial u}{\partial x}=\frac{x^2+y^2-2x^2}{(x^2+y^2)^2}=\frac{y^2-x^2}{(x^2+y^2)^2} \qquad \left(\because \left(\frac{g}{f}\right)'=\frac{g'f-gf'}{f^2}\right)$$

$$\frac{\partial v}{\partial y}=-\frac{x^2+y^2-2y^2}{(x^2+y^2)^2}=\frac{y^2-x^2}{(x^2+y^2)^2}$$

에서 $\frac{\partial u}{\partial x}=\frac{\partial v}{\partial y}$의 관계가 성립하고,

$$\frac{\partial u}{\partial y}=\frac{-2xy}{(x^2+y^2)^2}$$

$$\frac{\partial v}{\partial x}=\frac{2xy}{(x^2+y^2)^2}$$

에서 $\frac{\partial v}{\partial x} = -\frac{\partial u}{\partial y}$의 관계가 성립한다.

따라서, 주어진 복소변수함수의 미분 $f'(z)$는 다음과 같다.

$$\therefore f'(z) = \frac{\partial u}{\partial x} + j\frac{\partial v}{\partial x} = \frac{y^2 - x^2}{(x^2+y^2)^2} + j\frac{2xy}{(x^2+y^2)^2}$$

예제6) 다음의 주어진 복소함수가 해석적임을 보이고, 도함수를 구하라.

$$f(z) = u(x,y) + jv(x,y)$$

$$u(x,y) = x^3 - 3xy^2,\ v(x,y) = 3x^2y - y^3$$

풀이)

주어진 함수에서 코시-리만 조건을 적용하면 다음과 같다.

$$\frac{\partial u}{\partial x} = 3x^2 - 3y^2,\ \frac{\partial u}{\partial y} = -6xy$$

$$\frac{\partial v}{\partial x} = 6xy,\ \frac{\partial v}{\partial y} = 3x^2 - 3y^2$$

코시-리만 방정식은

$$\therefore \frac{\partial u}{\partial x} = \frac{\partial v}{\partial y},\ \frac{\partial u}{\partial y} = -\frac{\partial v}{\partial x}$$

따라서 주어진 함수는 모든 점에서 코시-리만 방정식이 만족되고, u, v와 u, v의 1차 편도함수들이 연속적이므로 $f(z)$는 해석함수라고 할 수 있다. $f'(z)$는 다음의 관계로부터 도함수를 구할 수 있다.

$$\therefore f'(z) = \frac{\partial u}{\partial x} + j\frac{\partial v}{\partial x} = (3x^2 - 3y^2) + j6xy$$

다음은 극형식을 이용하여 표현되는 복소수가 $z = r(\cos\theta + j\sin\theta)$이므로 이러한 복소수의 복소변수함수 $f(z)$는 다음과 같다.

$$f(z)=u(r,\theta)+jv(r,\theta)$$

이러한 극형식에 대한 코시-리만 방정식은 다음과 같다. 여기서 $dx \to dr$, $dy \to rd\theta$를 적용하여 코시-리만방정식을 정리하면 다음과 같고, 이를 이용하여 해석성을 판단한다.

$$\frac{\partial u(r,\theta)}{\partial r}=\frac{1}{r}\frac{\partial v(r,\theta)}{\partial\theta},\ \frac{1}{r}\frac{\partial u(r,\theta)}{\partial\theta}=-\frac{\partial v(r,\theta)}{\partial r}$$

(∵ 직각좌표를 극좌표로 변환하면 $dx \to dr, y \to rd\theta$)

다음은 라플라스 방정식 $\nabla^2 u=0$에 코시-리만 방정식이 적용되는 것을 보이고 있다.

$$\frac{\partial u}{\partial x}=\frac{\partial v}{\partial y},\ \frac{\partial v}{\partial x}=-\frac{\partial u}{\partial y} \tag{14-27}$$

$\nabla^2 u$를 적용하면 다음과 같다.

$$\nabla^2 u=\frac{\partial^2 u}{\partial x^2}+\frac{\partial^2 u}{\partial y^2}=\frac{\partial}{\partial x}\left(\frac{\partial u}{\partial x}\right)+\frac{\partial}{\partial y}\left(\frac{\partial u}{\partial y}\right)$$

$$=\frac{\partial}{\partial x}\left(\frac{\partial v}{\partial y}\right)+\frac{\partial}{\partial y}\left(-\frac{\partial v}{\partial x}\right)$$

$$=\frac{\partial^2 v}{\partial x\partial y}-\frac{\partial^2 v}{\partial y\partial x}=0$$

이는 라플라스 방정식 형태를 제시하고 있다.
마찬가지로 $\nabla^2 v$를 적용하면 다음과 같다.

$$\nabla^2 v=\frac{\partial^2 v}{\partial x^2}+\frac{\partial^2 v}{\partial y^2}=\frac{\partial}{\partial x}\left(\frac{\partial v}{\partial x}\right)+\frac{\partial}{\partial y}\left(\frac{\partial v}{\partial y}\right)=0$$

여기에 코시리만 조건을 적용하면 다음과 같다.

$$\nabla^2 v = \frac{\partial}{\partial x}\left(\frac{\partial v}{\partial x}\right) + \frac{\partial}{\partial y}\left(\frac{\partial v}{\partial y}\right) = \frac{\partial}{\partial x}\left(-\frac{\partial u}{\partial y}\right) + \frac{\partial}{\partial y}\left(\frac{\partial u}{\partial x}\right) = 0$$

$$\nabla^2 v = \frac{\partial^2 v}{\partial x^2} - \frac{\partial^2 v}{\partial y^2} = \frac{\partial^2 u}{\partial x\,\partial y} - \frac{\partial^2 u}{\partial y\,\partial x} = 0 \tag{14-28}$$

위와 같이 라플라스 방정식이 코시-리만 조건을 만족하고 있다. 일반적으로 포텐셜 이론에서 라플라스 방정식을 만족하는 해를 조화함수라고 정의한다. 이들 관계식으로부터 해석함수 $f(z)$의 실수부 $u(x,y)$와 허수부 $v(x,y)$는 조화함수라는 것을 의미한다.

더 나아가서 만일 어떤 영역 D에서 조화함수 $u(x,y)$가 주어졌을 때 $u(x,y) + jv(x,y)$가 영역 D에서 해석함수가 되는 조화함수 $v(x,y)$가 영역 D에서 존재하게 되면 이 둘의 관계는 공액조화함수의 관계가 있다고 정의할 수 있다.

예제7) 다음의 주어진 함수 $u(x,y)$가 조화함수임을 보이고, 공액조화함수 $v(x,y)$을 구하라.

$$u(x,y) = 4xy^3 - 4x^3y + x$$

풀이)

공액조화함수를 구하기 위해서 주어진 함수에서 라플라스 방정식을 적용하면 다음과 같다.

$$\frac{\partial u}{\partial x} = 4y^3 - 12x^2y + 1,\ \frac{\partial^2 u}{\partial x^2} = -24xy$$

$$\frac{\partial u}{\partial y} = 12xy^2 - 4x^3,\ \frac{\partial^2 u}{\partial y^2} = 24xy$$

$$\nabla^2 u = \frac{\partial^2 u}{\partial x^2} + \frac{\partial^2 u}{\partial y^2} = -24xy + 24xy = 0$$

따라서 $u(x,y)$는 라플라스 방정식을 만족하므로 조화함수이다. 코시-리만 방정식으로부터 다음의 방정식을 얻을 수 있다.

$$\frac{\partial v}{\partial x} = -\frac{\partial u}{\partial y} = -12xy^2 + 4x^3$$

$$\frac{\partial v}{\partial y} = \frac{\partial u}{\partial x} = 4y^3 - 12x^2y + 1$$

위 식에서 $v(x,y)$는 적분을 하면 다음과 같이 구해진다.

$$\int \frac{\partial v}{\partial x} dx = \int (-12xy^2 + 4x^3) dx$$

$$\therefore v(x,y) = -6x^2y^2 + x^4 + h(y)$$

여기서 $h(y)$는 적분상수 이다.
$v(x,y)$를 y로 편미분하여 비교하면 다음과 같다.

$$\frac{\partial v}{\partial y} = -12x^2y + h'(y) = 4y^3 - 12x^2y + 1$$

여기서 $h'(y) = 4y^3 + 1$ 이므로, 이를 적분하면 다음과 같이 된다.

$$h(y) = \int (4y^3 + 1) dy = y^4 + y + c$$

따라서 공액 조화함수 $v(x,y)$는 다음과 같이 결정된다.

$$\therefore v(x,y) = -6x^2y^2 + x^4 + y^4 + y + c$$

14.5초월함수의 복소함수

초월함수라고 하는 것은 이 장에서 소개하는 지수함수, 로그함수, 삼각함수, 쌍곡선함수 등의 기본함수와 그 합성함수로 구성된 함수를 말한다. 이 절에서는 이들 초월 함수들이 복소함수형태로 표현되는 함수에 대해서 살펴보기로 한다.

(1) 복소지수함수 (e^z)

복소지수함수 e^z는 실수함수에서의 지수함수 e^x를 확장하여 다음과 같이 정의된다.

$$\exp(z) = e^z = e^{x+jy} = e^x \cdot e^{jy} = e^x(\cos y + j\sin y) \tag{14-29}$$

여기서, 허수부분 e^{jy}는 다음과 같다.

$$e^{jy} = \cos y + j\sin y \tag{14-30}$$

실함수에서 맥노린급수 전개와 같은 방법으로 e^{jy}의 급수전개는

$$f(x) = \sum_{n=0}^{\infty} C_n x^n = C_0 x^0 + C_1 x^1 + C_2 x^2 + \ldots$$

$$e^{jy} = \sum_{n=0}^{\infty} \frac{(jy)^n}{n!} = 1 + (jy) + \frac{(jy)^2}{2!} + \frac{(jy)^3}{3!} + \ldots$$

$$= \left(1 + \frac{(jy)^2}{2!} + \frac{(jy)^4}{4!} + \ldots\right) + \left((jy) + \frac{(jy)^3}{3!} + \frac{(jy)^5}{5!} + \ldots\right)$$

$$= \left(1 - \frac{(y)^2}{2!} + \frac{(y)^4}{4!} + \ldots\right) + j\left((y) - \frac{(y)^3}{3!} + \frac{(y)^5}{5!} + \ldots\right)$$

$$= \cos y + j\sin y$$

$e^z = e^x\cos y + je^x\sin y$와 같은 관계로부터 복소지수함수의 미분 형태는 다음과 같다.

$$\frac{d}{dz}(e^z) = \frac{\partial}{\partial x}(e^x\cos y) + j\frac{\partial}{\partial x}(e^x\sin y)\left(\because f'(z) = \frac{\partial u}{\partial x} + j\frac{\partial v}{\partial x}\text{: 코시 − 리만 방정식}\right)$$

$$= e^x\cos y + je^x\sin y$$

$$= e^z$$

또한, 다음의 복소 지수함수에서 관계가 성립한다.

$$e^{z_1}e^{z_2} = e^{z_1 + z_2}$$

$$e^{j2\pi} = \cos 2\pi + j\sin 2\pi = 1$$

$$e^{z + j2\pi} = e^z \cdot e^{j2\pi} = e^z$$

$$e^{z + j2n\pi} = e^z \cdot e^{j2n\pi} = e^{z - j2n\pi} = e^z \cdot e^{-j2n\pi} = e^z \ (n\text{은 정수}) \quad \textbf{(14-31)}$$

$e^{z+j2\pi} = e^z \cdot e^{j2\pi} = e^z$라는 의미는 e^z의 주기가 2π라는 것을 의미하고, 특히 허수축 영역 $-\pi <$ 허수축영역 $< \pi$영역에서 주어진 점 z에 대해서 $z+j2\pi, z-j2\pi$, $z+j4\pi, z-j4\pi$에서 계산해 보면 e^z가 되어 모두 같은 값을 갖는다. 즉, 허수축은 주기성을 나타내고 반복하는 것으로 이해하면 된다.

(2) 복소로그함수 ($\ln z$)
복소로그함수는 다음과 같이 정의된다.

$$\ln z = \ln|z| + j\arg(z) \qquad (\because z = x + jy) \quad \textbf{(14-32)}$$

여기서 편각 $\arg(z)$는 주기함수로서 표시이지만, 하나의 값을 정의하는 개념으로 주편각 $Arg(z)$을 사용한다. 따라서 주편각 $Arg(z)$을 사용한다는 의미로서 복소로그함수 $\ln(z)$의 복소로그함수 주치 $\text{Ln}(z)$ $[\because -\pi < Arg(z) \le \pi]$라고 정의하며 다음과 같이 표기한다.

$$\text{Ln}z = \ln|z| + jArg(z) \qquad [\because -\pi < Arg(z) \le \pi] \quad \textbf{(14-33)}$$

주편각과 편각의 개념은 다음과 같이 표기할 수 있다.

$$\arg(z) = Arg(z) + 2n\pi, \ (n\text{은 정수})$$

$$\ln z = \ln|z| + j\arg(z) = \ln|z| + j\{Arg(z) + 2n\pi\}$$

$$= \ln|z| + j\,Arg(z) + j2n\pi$$

$$= \mathrm{Ln}z + j2n\pi$$

따라서 복소로그함수는 주기함수라는 것을 보여주고 있다. 여기서 주편각 $Arg(z)$는 $-\pi < Arg(z) \le \pi$의 범위이기 때문에 주치 $\mathrm{Ln}(z)$는 $z=0$과 $Arg(z)=-\pi$에서 정의되지 않는다. 이를 가지축(Branch cut)이라고 하며, 이 영역에서는 불연속적이기 때문에 해석적이지 않다.

예제8) 다음의 주어진 복소수에서 $\ln z$과 $\mathrm{Ln}z$를 계산하시오.
① $z = 1+j$ ② $z = -1-j$

풀이)
① $z = 1+j$

$z = 1+j$의 절대값 $r = |z| = \sqrt{1^2+1^2} = \sqrt{2}$

$\arg(z) = \dfrac{\pi}{4} + 2k\pi,\ k = 0, 1, 2, 3, \ldots$ 이므로

$$\therefore \ln(1+j) = \ln\sqrt{2} + j\arg(z) = \frac{1}{2}\ln 2 + j\left(\frac{\pi}{4} + 2k\pi\right)$$

여기서 주편각 $Arg(z) = \dfrac{\pi}{4}$ 이므로

$$\therefore \text{ 주치 } \mathrm{Ln}\,z = \ln|z| + j\,Arg(z) = \frac{1}{2}\ln 2 + j\frac{\pi}{4}$$

② $z = -1-j$

$z = -1-j$의 절대값 $r = |z| = \sqrt{1^2+1^2} = \sqrt{2}$

$\arg(z) = -\frac{3}{4}\pi + 2k\pi, k = 0, 1, 2, 3, \ldots$ 이므로

$$\therefore \ln(-1-j) = \ln\sqrt{2} + j\arg(z) = \frac{1}{2}\ln 2 + j\left(-\frac{3\pi}{4} + 2k\pi\right)$$

여기서 주편각 $Arg(z) = -\frac{3\pi}{4}$ 이므로

$\therefore$ 주치 $\mathrm{Ln}\, z = \ln|z| + j\,Arg(z) = \frac{1}{2}\ln 2 - j\frac{3\pi}{4}$

예제9) 복소로그함수의 도함수가 $\frac{d}{dz}(\ln z) = \frac{1}{z}$이 되는 것을 보여라.

풀이)

복소미분은 코시-리만 편미분 방정식을 이용하며, 코시-리만 조건을 만족하여야 한다. 주어진 복소 로그함수는 다음과 같이 정리되어,

$\ln z = u + jv = \ln|z| + j\arg(z)$ 로 두면,

$$f'(z) = \frac{\partial u}{\partial x} + j\frac{\partial v}{\partial x} = \frac{\partial v}{\partial y} - j\frac{\partial u}{\partial y}$$

$$u = \ln|z| = \ln\sqrt{x^2+y^2} \rightarrow \frac{\partial u}{\partial x} = \frac{x}{x^2+y^2}, \frac{\partial u}{\partial y} = \frac{y}{x^2+y^2}$$

$$\frac{d}{dz}\ln z = \frac{\partial u}{\partial x} - j\frac{\partial u}{\partial y} = \frac{x-jy}{x^2+y^2} = \frac{1}{x+jy} = \frac{1}{z}$$

$$\therefore \frac{d}{dz}\ln z = \frac{1}{z}$$

---

(3) 복소삼각함수

우리는 이미 실수변수 x에서 함수 $\cos x$와 $\sin x$를 오일러공식을 통해서 다음과 같이 정의할 수 있다.

$$\sin x = \frac{e^{jx} - e^{-jx}}{2j}, \quad \cos x = \frac{e^{jx} + e^{-jx}}{2} \tag{14-34}$$

복소삼각함수는 다음과 같이 정의할 수 있다.

$$e^{\pm jy} = \cos y \pm j \sin y$$

이를 복소수 z에 대해서 확장하면 다음과 같다.

$$\sin z = \frac{e^{jz} - e^{-jz}}{2j}, \quad \cos z = \frac{e^{jz} + e^{-jz}}{2} \tag{14-35}$$

이를 미분식으로 확장하면 다음과 같이 실수변수와 다르지 않다.

$$\frac{d}{dz}\cos z = (\cos z)' = -\sin z$$

$$\frac{d}{dz}\sin z = (\sin z)' = \cos z$$

$$\frac{d}{dz}\tan z = (\tan z)' = \sec^2 z \tag{14-36}$$

예제10) $\cos z$의 함수에 대해서 실수부가 $u(x, y) = \cos x \cosh y$이고,
허수부가 $v(x, y) = -\sin x \sinh y$가 됨을 보여라.

풀이)
주어진 함수는 복소함수이므로 $z = x + jy$라고 하면, $\cos z$는 다음과 같이 정의된다. 여기서 오일러 공식을 이용하면,

$$\cos z = \frac{1}{2}(e^{jz} + e^{-jz}) = \frac{1}{2}(e^{j(x+jy)} + e^{-j(x+jy)})$$

$$= \frac{1}{2}(e^{-y}e^{jx} + e^{y}e^{-jx})$$

$$= \frac{1}{2}e^{-y}(\cos x + j\sin x) + \frac{1}{2}e^{y}(\cos x - j\sin x)$$

$$= \frac{1}{2}(e^{-y} + e^{y})\cos x + j\frac{1}{2}(e^{-y} - e^{y})\sin x$$

따라서 $\cosh y = \frac{1}{2}(e^{-y} + e^{y}), \ -\sinh y = \frac{1}{2}(e^{-y} - e^{y})$이므로,

$\therefore \cos z = \cos x \cosh y - j \sin x \sinh y$

---

(4) 복소 쌍곡선함수

x가 실수변수함수일 때 쌍곡선함수 $\sinh x$와 $\cosh x$는 다음과 같이 정의된다.

$$\sinh x = \frac{e^{x} - e^{-x}}{2}, \quad \cosh x = \frac{e^{x} + e^{-x}}{2} \tag{14-37}$$

실수함수에서와 마찬가지로 복소변수함수에서의 $\sinh z$와 $\cosh z$는 다음과 같다.

$$\sinh z = \frac{e^{z} - e^{-z}}{2}, \quad \cosh z = \frac{e^{z} + e^{-z}}{2} \tag{14-38}$$

이를 미분식으로 확장하면 다음과 같이 실수변수와 다르지 않다.

$$\frac{d}{dz}\sinh z = \frac{1}{2}\frac{d}{dz}\left(e^{z} - e^{-z}\right) = \frac{1}{2}\left(e^{z} + e^{-z}\right) = \cosh z$$

$$\frac{d}{dz}\cosh z = \frac{1}{2}\frac{d}{dz}\left(e^{z} + e^{-z}\right) = \frac{1}{2}\left(e^{z} - e^{-z}\right) = \sinh z \tag{14-39}$$

다음은 복소삼각함수와 복소쌍곡선함수와의 관계를 보면 다음과 같다.

$\cosh jz = \cos z$, $\sinh jz = j\sin z$

$\cos jz = \cosh z$, $\sin jz = j\sinh z$ **(14-40)**

예제11) 주어진 함수 $\cosh z$에 대해서 실수부 $u(x,y)$와 $v(x,y)$를 구하라.

풀이)
복소 쌍곡선함수의 정의식으로부터

$\cosh z = \cos(jz)$

이므로,

$\cosh z = \cos(jx - y) = \cos(jx)\cos y + \sin(jx)\sin y$

$= \cosh x \cos y + j\sinh x \sin y$

로 되어 수부 $u(x,y)$와 $v(x,y)$는 다음과 같다.

$\therefore u(x,y) = \cosh x \cos y$
$\quad v(x,y) = \sinh x \sin y$

14.6복소함수의 거듭제곱 Z^{α}

실변수함수에서 x^{α}는 다음과 같이 표현할 수 있다.

$x^{\alpha} = e^{\alpha \ln x}$, 여기서 x, α는 실수이다. ($\because \cosh z = \cos jz$)

마찬가지로 복소함수의 복소거듭제곱도 다음과 같이 표현될 수 있다.

$z^{\alpha} = e^{\alpha \ln z}$, 여기서 α는 실수이고, $z \neq 0$이다.

여기서 $\ln z$는 다음과 같이 정의된다.

$$\ln z = \ln r + jarg(z) \ (\because r = |z| = \sqrt{x^2 + y^2}\ ) \tag{14-41}$$

$\ln z$는 $\arg(z)$가 무수히 많은 값을 가지기 때문에 z^{α}도 무수히 많은 값을 가진다. 만일 $z^{\alpha} = e^{\alpha \ln z}$에서 $\ln z$대신에 $\mathrm{Ln}\, z$로 대체한다면 z^{α}의 주근(Principal value)은 다음과 같이 구해진다.

$$z^{\alpha}\text{의 주근} = e^{\alpha \mathrm{Ln}\, z} \tag{14-42}$$

여기서 $\mathrm{Ln}\, z = \ln r + j\, Arg(z)$이며, $-\pi < Arg(z) \le \pi$이다. $\mathrm{Ln}\, z$ 함수도 허수축을 따라서 주기성을 갖는 함수이다.

예제12) 복소함수의 거듭제곱 j^{2j}의 주근을 구하라.

풀이)

주어진 식에서 $z = j, \alpha = 2j$이므로, z^{α}의 주근은 다음과 같다.

$$z^{\alpha}\text{의 주근} = j^{2j}\text{의 주근} = e^{2j \mathrm{Ln}(j)}$$

여기서 $\mathrm{Ln}(j)$는 정의에 의해서 다음과 같이 계산되고, $\mathrm{Ln}\, z = \ln r + j\, Arg(z)$이며, $-\pi < Arg(z) \le \pi$이다.

$$\mathrm{Ln}(j) = \ln 1 + j\frac{\pi}{2} = 0 + j\frac{\pi}{2} = j\frac{\pi}{2} \ \left(\because j = \frac{\pi}{2}\right)$$

$$\therefore j^{2j}\text{의 주근} = e^{2j \mathrm{Ln}(j)} = e^{2j(j\frac{\pi}{2})} = e^{-\pi}$$

연 습 문 제

1\. $z_1 = 1 - j2$, $z_2 = 2 + j3$인 복소수에 대해 다음을 구하라.

① $z_1 \cdot z_2$

② $(z_1 + z_2)^2$

③ $1/z_2$

④ z_2/z_1

⑤ $Im\,(z_2/z_1)$

⑥ $Re\,(z_2/z_1)$

⑦ $Im\,(z_2/\overline{z_1})$

⑧ $(z_1 - z_2)/(z_1 + z_2)$

2\. 다음 복소수들을 극형식으로 표현하라.

① $1 - j$

② $3 + j4$

③ -4

④ $-j\sqrt{2}$

3\. 다음 각 복소수의 편각을 구하라.

① -8

② $-2 - j2$

③ $1 + j\sqrt{3}$

④ $-j2$

4. 다음 복소수에 대해서 세제곱근, 네제곱근을 구하라.

① $z^3 = 2$

② $z^3 = j2$

③ $z^4 = -16$

5. 다음 각 함수에 대해서 주어진 점에서의 도함수 값을 구하라.

① $f(z) = (z^2 - j)^2$, 점 $3 - j2$

② $f(z) = 1/z^2$, 점 $j2$

③ $f(z) = (z + j)/(z - j)$, 점 $-j$

6. 드 므아브르의 공식을 이용하여 다음을 확인하시오.

① $\cos 3\theta = \cos^3\theta - 3\cos\theta\sin^2\theta$

② $\sin 3\theta = 3\cos^2\theta\sin\theta - \sin^3\theta$

7. 다음 복소함수들이 코시-리만 방정식을 이용하여 해석적인지 판정하라.

① $f(z) = \dfrac{x}{x+y} - j\dfrac{y}{x+y}$

② $f(z) = e^x(\cos y + j\sin y)$

③ $f(z) = \dfrac{j}{z^4}\ (\because z \neq 0)$

15장 복소적분법

15.1 복소평면에서의 선적분

실수 변수함수 즉 실수함수의 선적분과 마찬가지로 복소수 변수함수 즉 복소함수 $f(z)$의 선적분도 복소평면에서 곡선 C를 따라서 정의할 수 있다.

실변수 t를 매개변수로 하여 2차원 벡터 평면에서의 곡선을 표현하면 다음과 같다.

실수변수 또는 벡터함수 경로 $C:\ \boldsymbol{r}(t) = x(t)\boldsymbol{a}_x + y(t)\boldsymbol{a}_y,\ a \le t \le b$ **(15-1)**

마찬가지로 복소평면에서의 곡선 C를 표현하면 다음과 같다. 즉, C의 변위를 실수부와 허수부로 표현할 수 있다.

복소 변수함수 경로 $C: z(t) = x(t) + jy(t),\ a \le t \le b$ **(15-2)**

주어진 복소함수 $f(z)$가 $z(t) = x(t) + jy(t),\ (a \le t \le b)$에 의해 정의된 연속곡선 C의 모든 점에서 정의된다면, 이를 각각 n개의 $z_{0,} z_1, z_2, \dots, z_n$으로 등분할 수 있다고 한다.
점과 점사이의 등분점을 $z_1^*, z_2^*, z_3^*, \dots, z_m^*$라면, 사이의 한 점에서

$$\Delta z_m = z_m - z_{m-1},\ m = 1, 2, \dots, n-1$$

각 등분상의 한 점 z_m^*에서 $f(z)$의 함수값 $f(z_m^*)$를 계산한 다음 부분합 S_n은 다음과 같다. 여기서 Δz_m은 미소선분의 길이를 의미한다.

$$S_n = \sum_{m=1}^{n} f(z_m^*)\Delta z_m \tag{15-3}$$

여기서 $n \to \infty$로 하면 부분합 S_n은 다음과 같다.

$$\lim_{n \to \infty} S_n = \lim_{n \to \infty} \sum_{m=1}^{n} f(z_m^*) \Delta z_m$$

위 식을 곡선 C에 따르는 복소함수 $f(z)$의 복소 선적분이라 정의하고 다음과 같다.

$$\lim_{n \to \infty} \sum_{m=1}^{n} f(z_m^*) \Delta z_m = \int_C f(z) dz$$

곡선 C가 폐곡선이라고 가정하면 복소선적분은 다음과 같다.

$$\int_C f(z) dz = \oint_C^{\text{반시계방향}} f(z) dz \qquad \textbf{(15-4)}$$

복소선적분의 성질 - 일반 정적분과 유사

$$\int_C \{k_1 f(z) + k_2 g(z)\} dz = k_1 \int_C f(z) dz + k_2 \int_C g(z) dz$$ - 선형성

$$\oint_C^{\text{반시계방향}} f(z) dz = -\oint_C^{\text{시계방향}} f(z) dz$$ - 방향성

$$\int_C f(z) dz = \int_{C_1} f(z) dz + \int_{C_2} f(z) dz$$ - 경로분할

복소선적분의 계산은 실수함수의 선적분계산과 유사하며, 곡선 C의 경로가 다음과 같다.

$$C: z(t) = x(t) + jy(t),\ a \le t \le b$$

여기서, 적분경로 C를 따라서 정의된 복소변수함수 $f(z)$의 복소선적분은 다음과 같이 매개변수 t에 대한 정적분으로 변환하여 계산할 수 있다.

$$\int_C f(z) dz = \int_a^b f(z(t)) \frac{dz}{dt} dt = \int_a^b f(z(t)) z'(t) dt \qquad \textbf{(15-5)}$$

여기서, $z'(t) = x'(t) + jy'(t)$이다.

예제1) 다음 복소함수의 선적분을 계산하시오.

$$\oint_C^{반시계방향} \bar{z}dz, \text{ 적분경로 } C: z(t) = t + jt^2 \ (1 \le t \le 2, \text{ 폐곡신 아님})$$

풀이)

주어진 함수와 적분경로에 대해서 함수와 미분은 다음과 같다.

$$\bar{z}(t) = t - jt^2$$

$$z'(t) = \frac{dz}{dt} = 1 + 2jt$$

따라서 주어진 함수는

$$\oint_C^{반시계방향} \bar{z}dz = \oint_1^2 \bar{z}z'dt = \oint_1^2 (t - jt^2)(1 + 2jt)dt = \oint_1^2 (t - jt^2 + 2jt^2 + 2t^3)dt$$

$$= \oint_1^2 (2t^3 + jt^2 + t)dt = \left[\frac{2t^4}{4} + j\frac{t^3}{3} + \frac{t^2}{2}\right]_1^2 = 9 + j\frac{7}{3}$$

예제2) 다음 복소함수의 선적분을 계산하시오. (단, 적분 경로는 폐곡선 아님)

$$\oint_C^{반시계방향} \frac{1}{z}dz, \text{ 적분경로 } C: z(t) = 3\cos t + j3\sin t \ (0 \le t \le 2\pi)$$

풀이)

주어진 함수와 적분경로에 대해서 적분경로는 오일러 공식에 의해서 다음과 같다.

$$z(t) = 3\cos t + j3\sin t = 3e^{jt}$$

복소함수 $z(t)$를 미분하면 $z'(t) = 3je^{jt}$이므로, 주어진 복소 선적분은 다음과 같이 정적분 구간 $(0 \le t \le 2\pi)$에서 정의될 수 있다.

$$\therefore \oint_C^{\text{반시계방향}} \frac{1}{z} dz = \int_0^{2\pi} \frac{1}{3e^{jt}} 3je^{jt} dt = j\int_0^{2\pi} dt = 2\pi j$$

15.2 코시 적분정리

코시(A.L.B. Cauchy, 1789~1857 Fr.)에 의해서 제안된 정리로서 복소해석학의 기본이 되고 있다.

복소해석 공간은 단순연결영역에서 단순폐곡선으로 정의될 때 복소선적분이 정의된다 즉 해석적이다. 다시말해서 단일 연결공간에서 해석적이다. 복소변수함수 $f(z)$가 단순연결영역 D에서 해석적이면, D안에 있는 모든 단순폐곡선 C에 대하여 다음의 관계가 성립하는데 이를 코시적분정리라고 한다.

$$\oint_C f(z)dz = 0 \tag{15-6}$$

이에 대한 증명은 다음과 같다.

$f(z)$가 실수부 $u(x, y)$와 허수부 $v(x, y)$라고 하면

$$f(z) = u(x,y) + jv(x,y)$$

이 되고, $z(t) = x(t) + jy(t)$, $(a \le t \le b)$이므로 dz는 다음과 같다.

$$dz(t) = dx(t) + jdy(t)$$

이를 정리하면

$$\oint_C f(z)dz = \oint_C \{u(x,y) + jv(x,y)\}(dx + jdy)$$

$$= \oint_C (udx - vdy) + j\left(\oint_C (vdx + udy)\right) = 0$$

(∵ 실수부와 허수부가 0이 되어야 $\oint_C f(z)=0$이 된다.)

이 된다. 복소함수 $f(z)$는 어떤 영역 D에서 해석적이라면 $u(x,y)$, $v(x,y)$는 다음의 코시-리만 방정식을 만족한다.

$$\frac{\partial u}{\partial x}=\frac{\partial v}{\partial y},\ \frac{\partial u}{\partial y}=-\frac{\partial v}{\partial x} \tag{15-7}$$

여기서 그린 정리를 적용하면 다음과 같다.

$$\oint_C (udx-vdy)=\iint_R \left(-\frac{\partial v}{\partial x}-\frac{\partial u}{\partial y}\right)dxdy$$

$$\oint_C (vdx+udy)=\iint_R \left(\frac{\partial u}{\partial x}-\frac{\partial v}{\partial y}\right)dxdy \tag{15-8}$$

로 된다. 여기서 영역 R은 적분 경로 C로 둘러싸인 영역이다.
위 식에 코시-리만 방정식을 대입하면

$$\iint_R \left(-\frac{\partial v}{\partial x}-\frac{\partial u}{\partial y}\right)dxdy=0$$

$$\iint_R \left(\frac{\partial u}{\partial x}-\frac{\partial v}{\partial y}\right)dxdy=0 \tag{15-9}$$

로 되어, 다음의 관계가 성립한다.

$$\oint_C f(z)dz=0$$

여기서 u, v가 연속적이고 1차 편도함수가 정의되어야 위의 관계식이 성립한다.

예제3) 코시적분정리를 이용하여 다음 복소함수의 선적분을 계산하라.

$$\oint_C \frac{1}{z^2}dz, \quad C: |z-1| = \frac{1}{3}$$

풀이)

주어진 함수에서 피적분함수 $\frac{1}{z^2}$은 $z=0$을 제외한 모든 영역에서 해석적인 함수이다. 여기서 적분경로 C는 1을 중심으로 반지름이 $\frac{1}{3}$인 원이므로 C의 내부의 모든 점에서 $\frac{1}{z^2}$은 해석적이므로 코시 적분정리에 의해서

$$\oint_C \frac{1}{z^2}dz = 0$$

이 된다.

경로의 독립성

만일, $f(z)$가 단순연결영역 D에서 해석적이라고 하면, D에 속한 두 점 A와 B를 연결하는 경로 C_1과 C_2, $-C_1$과 $-C_2$로 구성된 단순폐곡선 K를 다음과 같이 정의한다.

$$K \fallingdotseq C_1 \cup (-C_2)$$

위의 가정에서 $f(z)$는 단순연결영역 D에서 해석적이라 하였으므로 코시의 적분정리에 의해

$$\oint_K f(z)dz = 0$$

로 된다. 이에 대한 증명은 다음과 같다. 즉 복소 선적분의 경로분할 성질을 이용하여 적분경로 K에 대해서

$$\oint_K f(z)dz = \oint_{C_1} f(z)dz + \oint_{-C_2} f(z)dz$$

$$= \oint_{C_1} f(z)dz - \oint_{C_2} f(z)dz = 0$$

여기서

$$\oint_{C_1} f(z)dz = \oint_{C_2} f(z)dz$$

로 된다. 결론적으로 $f(z)$가 단순연결영역 D에서 해석적이면 $f(z)$의 복소선적분은 경로에 무관하다는 것을 의미한다. 즉 해석적 공간에서 $f(z)$의 복소선적분은 경로에 독립한다는 것을 의미한다.

경로변형의 원리

만약 $f(z)$가 다중 연결영역 D에서 해석적이라고 가정하면 D내의 모든 폐곡선 C 대해서 다음의 관계와 같이 코시 적분정리가 성립할 수는 없다.

$$\oint_C f(z)dz \neq 0$$

따라서 경로를 K로 변형하여 적분을 해야 된다.

$$\oint_K f(z)dz = 0$$

즉, D가 이중연결영역이고, C_1은 D안의 구멍을 둘러싸는 단순폐곡선이라 하자. 한편 선분 AB로 폐곡선을 절단하면 경로 K에 의해 둘러싸인 영역은 단순영역이 된다. 선분AB와 A'B'는 같은 선분이며, 경로 K에 의해 둘러싸인 영역을 나타낸다. 경로 K는 다음과 같은 4개의 경로로 구성된다.

$$K \fallingdotseq C \cup \overline{AB} \cup (-C_1) \cup \overline{B'A'}$$

$-C_1$은 C_1과 방향이 반대인 경로를 나타내며 A와 A', B와 B'은 같은 점을 나타낸다. 여기서, $f(z)$는 K에 의해 둘러싸인 단순연결영역에서 해석적이므로 코시 적분정리에 의해 다음과 같다.

$$\oint_K f(z)dz = 0$$

위 식은 복소선적분의 경로분할 성질에 의해 분할된 경로에 대한 적분의 합으로 다음과 같이 표현할 수 있다.

$$\oint_K^{\text{반시계}} f(z)dz = \oint_C^{\text{반시계}} f(z)dz + \oint_A^B f(z)dz + \oint_{-C_1}^{\text{시계방향}} f(z)dz + \oint_{B'}^{A'} f(z)dz = 0$$

우변의 세 번째 항에서 다음의 관계가 성립한다.

$$\oint_{-C_1}^{\text{시계방향}} f(z)dz = -\oint_{C_1}^{\text{반시계방향}} f(z)dz$$

따라서

$$\oint_C^{\text{반시계방향}} f(z)dz - \oint_{C_1}^{\text{반시계방향}} f(z)dz = 0$$

$$\therefore \oint_C^{\text{반시계방향}} f(z)dz = \oint_{C_1}^{\text{반시계방향}} f(z)dz$$

위의 결과를 살펴보면, 경로 C를 연속적으로 변형하여 경로 C_1을 얻은 것이므로 경로 변형의 원리라고 할 수 있으며, 이를 응용하여 계산을 단순화할 수 있다.

예제4) 반시계 방향의 적분경로 C가 원점이 중심인 반지름이 2인 원이라 할 때, 다음의 복소선적분을 계산하시오.

$$\oint_C^{\text{반시계방향}} \frac{3z+1}{(z-1)(z-3)}dz$$

풀이)

주어진 식에서 피적분함수는 $z=1, z=3$에서는 해석적이 아니므로, 두 점 중에서 적분경로 C에 포함되는 점은 $z=1$이다. 주어진 피적분함수를 부분분수로 전개하면 다음과 같다.

$$\frac{3z+1}{(z-1)(z-3)} = \frac{A}{(z-1)} + \frac{B}{(z-3)}$$

$$A = (z-1)\frac{3z+1}{(z-1)(z-3)}|_{z=1} = \frac{4}{-2} = -2$$

$$B = (z-3)\frac{3z+1}{(z-1)(z-3)}|_{z=3} = \frac{10}{2} = 5$$

$$\therefore \oint_C^{\text{반시계방향}} \frac{3z+1}{(z-1)(z-3)}dz = \oint_C^{\text{반시계방향}} \left\{-\frac{2}{(z-1)} + \frac{5}{(z-3)}\right\}dz$$

$$= -2\oint_C^{\text{반시계방향}} \frac{1}{(z-1)}dz + 5\oint_C^{\text{반시계방향}} \frac{1}{(z-3)}dz$$

우변의 첫 항에 대한 적분 경로변형의 원리에 의해서 점 1을 중심으로 반경이 1인 단위원을 경로로 하는 경로 C^*를 선정하여 적분을 하면 다음과 같다.

$$C^*: z-1 = e^{jt}, 0 \le t \le 2\pi$$

$$\oint_C^{\text{반시계방향}} \frac{1}{(z-1)}dz = \oint_{C^*}^{\text{반시계방향}} \frac{1}{(z-1)}dz = \oint_0^{2\pi} \frac{1}{e^{jt}} je^{jt}dt = 2\pi j$$

우변의 둘째 항에 대한 적분은 피적분함수 $\frac{1}{(z-3)}$이 C의 내부의 모든 점에 대해서만 해석적이므로 코시 적분정리를 적용하면 다음과 같다.

$$\oint_C^{\text{반시계방향}} \frac{1}{(z-3)}dz = 0$$

즉 적분경로가 C밖에 있으므로 선적분 결과는 0이 된다.
따라서 전체적으로 주어진 선적분은 다음과 같다.
첫 항만 고려되어 다음과 같은 결과가 된다.

$$\therefore \oint_C^{반시계방향} \frac{3z+1}{(z-1)(z-3)}dz = -2(2\pi j)+5(0) = -4\pi j$$

($\because$ 단일해석공간에서와 같이 코시적분정리 값이 0이 아니다)

지금까지 경로변형의 원리를 설명하였으나 마찬가지로 삼중연결영역 및 사중연결영역 D에 대해서도 같은 방법으로 복소적분을 정의 할 수 있다.

15.3 코시의 적분 공식

코시의 적분공식은 복소적분을 계산하는데 있어서 유용할 뿐만 아니라 해석함수는 모든 차수의 도함수를 가진다는 공식이다.
즉, $f(z)$가 단순연결 열린영역 D에서 해석적이면, D영역 안에 있는 임의의 점 z_0와 z_0를 둘러싸는 임의의 단순폐곡선 C에 대하여 다음의 관계가 성립한다.

$$\oint_C^{반시계방향} \frac{f(z)}{z-z_0}dz = 2\pi j f(z_0) \tag{15-10}$$

위 식에 대한 증명은 다음과 같다. $f(z)=f(z_o)+(f(z)-f(z_0))$의 형태로 표현할 수 있으므로

$$\oint_C^{반시계방향} \frac{f(z)}{z-z_0}dz = \oint_C^{반시계방향} \frac{\{f(z_0)-(f(z)-f(z_0))\}}{z-z_0}dz$$

$$= \oint_C^{반시계방향} \frac{f(z_0)}{z-z_0}dz + \oint_C^{반시계방향} \frac{f(z)-f(z_0)}{z-z_0}dz$$

$$= f(z_0)\oint_C^{반시계방향} \frac{1}{z-z_0}dz + \oint_C^{반시계방향} \frac{f(z)-f(z_0)}{z-z_0}dz$$

이고, 여기서 $f(z_o)$는 상수이다.

위 식에서 우변의 첫 번째 적분은 적분 경로의 변형에 의해 다음과 같이 계산할 수 있다. 만약 첫 번째식이 해석적이면 $=0$이 되고, 해석적이지 않으면 다음과 같이 계산되고, 해석적이지 않으면 코시-리만 방정식을 적용하면 다음과 같이 검증된다.

$$\frac{1}{z-z_0}=\frac{1}{(x+jy)-(x_0+jy_0)}=\frac{1}{(x-x_0)+j(y-y_0)}=\frac{(x-x_0)-j(y-y_0)}{(x-x_0)^2+(y-y_0)^2}$$

$$=\frac{(x-x_0)}{(x-x_0)^2+(y-y_0)^2}-\frac{j(y-y_0)}{(x-x_0)^2+(y-y_0)^2}=\text{실수부}\,u(x,y)+j\text{허수부}\,v(x,y)$$

코시-리만 방정식을 적용하면

$$u_x=\frac{\partial u}{\partial x}=\frac{(x-x_0)'\left\{(x-x_0)^2+(y-y_0)^2\right\}-(x-x_0)\left\{(x-x_0)^2+(y-y_0)^2\right\}'}{\left\{(x-x_0)^2+(y-y_0)^2\right\}^2}$$

$$=\frac{\left\{(x-x_0)^2+(y-y_0)^2\right\}-(x-x_0)\{2(x-x_0)\}}{\left\{(x-x_0)^2+(y-y_0)^2\right\}^2}$$

$$v_y=\frac{\partial v}{\partial y}=-\frac{(y-y_0)'\left\{(x-x_0)^2+(y-y_0)^2\right\}-(y-y_0)\left\{(x-x_0)^2+(y-y_0)^2\right\}'}{\left\{(x-x_0)^2+(y-y_0)^2\right\}^2}$$

$$=-\frac{\left\{(x-x_0)^2+(y-y_0)^2\right\}-(y-y_0)\{2(y-y_0)\}}{\left\{(x-x_0)^2+(y-y_0)^2\right\}^2}$$

여기서 $u_x \neq v_y$이므로 비해석적이다. 따라서 첫 번째 적분식은 $z-z_o=re^{jt}$, $dz=jre^{jt}dt$ 관계로부터 다음과 같이 계산된다.

$$f(z_0)\oint_C^{\text{반시계방향}}\frac{1}{z-z_0}dz=f(z_0)\oint_{C^*}^{\text{반시계}}\frac{1}{z-z_0}dz=f(z_0)\int_0^{2\pi}\frac{1}{re^{jt}}jre^{jt}dt=2\pi jf(z_0)$$

여기서 C^*는 $z=z_0+re^{jt}$로 정의되는 z_0를 중심으로 하는 원이다.
다음으로 두 번째 적분식을 계산하면 다음과 같다.
먼저 두 번째 적분항의 피적분함수가 해석적인지 다음과 같이 검증해야 한다.
만약 단순연결영역 D에서 피적분함수가 해석적이라면 $f'(z)$가 존재한다.
즉 다음 식이 존재한다.

$$f'(z)=\lim_{z\to z_0}\frac{f(z)-f(z_0)}{z-z_0}$$

이 식에서 분모가 분자보다 0에 근접하는 속도가 빠르면 발산되고, 반대로 분자가 빠르게 0에 접근하면 속도에 따라서 어떤 값에 수렴하게 된다. 여기서 해석적이라고 하는 것은 발산은 아니고, 어떤 값에 수렴하는 것을 의미하기 때문에 $f(z)\to f(z_0)$로 가는 속도가 $z\to z_0$로 가는 속도 보다 빠르다는 것을 의미하며, 다음과 같이 두 번째 피적분함수를 생각할 수 있다.
즉 두 번째 적분의 피적분 함수는 $z=z_0$를 제외한 모든 점에서 해석적이므로 경로변형의 원리를 적용하면 적분값이 변동 없이 중심이 z_0이고 반지름이 r인 작은 원 K에 대한 적분으로 대체가 가능하다. 즉

$$\oint_C^{\text{반시계방향}}\frac{f(z)-f(z_0)}{z-z_0}dz=\oint_K^{\text{반시계방향}}\frac{f(z)-f(z_0)}{z-z_0}dz$$

여기서 K는 다음과 같이 정의되는 적분 경로이다.

$$K: z-z_0=re^{jt}, 0\le t\le 2\pi$$

그런데 여기서 $f(z)$는 해석적이라 가정하였기 때문에 $z=z_0$에서 연속이다. 따라서 임의의 $\epsilon>0$에 대해 $|z-z_0|<\frac{\delta}{2}=\rho$이면 $|f(z)-f(z_0)|<\epsilon$이 성립하는 $\delta>0$가 존재한다.
만일 적분경로 K의 반지름 r을 δ보다 작게 선정하면, 예를 들어 $r=\frac{\delta}{2}$로 하면 다음의 관계가 만족한다.

$$\left|\frac{f(z)-f(z_0)}{z-z_0}\right| \le \frac{\epsilon}{\rho} = \frac{\epsilon}{\left(\frac{\delta}{2}\right)} = \frac{2\epsilon}{\delta}$$

여기서 ML-부등식에 의해서

$$\left|\oint_K^{\text{반시계방향}} \frac{f(z)-f(z_0)}{z-z_0}dz\right| = \oint_K^{\text{반시계방향}} \left|\frac{f(z)-f(z_0)}{z-z_0}\right|dz$$

$$= \oint_K^{\text{반시계방향}} \frac{|f(z)-f(z_0)|}{|z-z_0|}dz = \oint_K^{\text{반시계방향}} \frac{\epsilon}{\rho}dz$$

$$= \oint_K^{\text{반시계방향}} \frac{2\epsilon}{\delta}dz \le \frac{2\epsilon}{\delta}\left(2\pi \times \frac{\delta}{2}\right) = 2\pi\epsilon$$

이 되므로, 위 식에서 ϵ을 충분히 작게 선택할 수 있으므로 극한의 개념을 도입하여 다음과 같이 적분값은 0이 된다.

$$\oint_C^{\text{반시계방향}} \frac{f(z)-f(z_0)}{z-z_0}dz = \lim_{\epsilon\to 0}\oint_K^{\text{반시계방향}} \frac{f(z)-f(z_0)}{z-z_0}dz = \lim_{\epsilon\to 0} 2\pi\epsilon = 0$$

따라서 다음의 코시 적분공식이 성립한다.

$$\oint_C^{\text{반시계방향}} \frac{f(z)}{z-z_0}dz = 2\pi j f(z_0)$$

<u>ML-부등식</u>

복소 선적분의 크기를 추정해야 할 경우 매우 유용한 부등식이 ML-부등식이다. ML-부등식은 다음과 같이 표현된다.

$$\left|\int_C f(z)dz\right| \le ML$$

여기서 M은 적분경로 C 위의 모든 점에서 $|f(z)|$의 최댓값을 의미하며, L은 C의 길이를 나타낸다. 위 식은 다음의 과정으로 유도된다.

$$|f(z)| \le M, \quad z \in C$$

복소선적분의 정의에서 부분합 S_n의 절댓값은 삼각부등식에 의해 다음과 같이 표현된다.

$$|S_n| = \left| \sum_{m=1}^{n} f(z_m^*) \Delta z_m \right|$$

$$\le \sum_{m=1}^{n} |f(z_m^*)| |\Delta z_m| \le M \sum_{m=1}^{n} |\Delta z_m|$$

여기서 $|\Delta z_m|$은 끝점이 z_{m-1}과 z_m과의 길이를 나타내므로 $n \to \infty$일 때 $\sum_{m=1}^{n} |\Delta z_m|$은 곡선의 길이 L에 수렴하므로 다음과 같이 표현된다.

$$|S_n| = M \sum_{m=1}^{n} |\Delta z_m| = \left| \oint_C^{\text{반시계방향}} f(z) dz \right| \le ML$$

예제5) $\oint_C^{\text{반시계방향}} \frac{z^2+4}{(z-j)} dz$, $C: |z| = 2$의 경로에 대하여 복소선적분을 계산하시오.

풀이)

코시 적분공식에서 $f(z) = z^2 + 4$이므로, $f(z)$는 복소평면 전체에서 해석적인함수로 정의된다. 따라서 복소선적분 값은 다음과 같이 정의된다.

$$\therefore \oint_C^{\text{반시계방향}} \frac{z^2+4}{(z-j)} dz = 2\pi j f(j) = 2\pi j (j^2+4) = 6\pi j$$

15.4 복소해석함수의 n계 도함수와 상한 M과 관계

복소해석함수가 모든 차수의 도함수를 가진다는 것은 매우 놀라운 사실이다. 본 절에서는 코시 적분정리를 이용하여 복소해석함수 $f(z)$는 모든 차수의 도함수를 가진다는 것은 $f(z)$가 한점 z_0에서 해석적이면 $f'(z), f''(z), \ldots$등도 z_0에서 해석적이라는 것을 의미한다.

$f(z)$가 단순연결영역 D에서 해석적이고 C는 D의 내부의 단순폐곡선이라고 가정하자. 만일 z_0가 C의 내부에 있는 임의의 점이라면 다음의 관계가 성립한다. 단, C는 반시계방향의 적분경로이다.

$$f^{(n)}(z_0) = \frac{n!}{2\pi j}\oint_C^{\text{반시계방향}} \frac{f(z)}{(z-z_0)^{n+1}}dz,\ n = 1, 2, \ldots \tag{15-11}$$

위 식은 $n=1$일 때, $f'(z_0)$의 정의와 코시 적분공식으로부터 다음의 관계가 성립하고, 수학적 귀납법을 이용하여 모든 n계 도함수에 대해 성립한다는 것을 보임으로써 증명할 수 있다.

$$f'(z_0) = \frac{1}{2\pi j}\oint_C^{\text{반시계방향}} \frac{f(z)}{(z-z_0)^2}dz$$

위의 공식은 다음의 공식으로 변형하여 활용할 수 있다.

$$\oint_C^{\text{반시계방향}} \frac{f(z)}{(z-z_0)^{n+1}}dz = \frac{2\pi j}{n!}f^{(n)}(z_0) \quad (\because n \in N)$$

예제6) 적분경로 C에 점 πj가 적분경로에 포함되지 않는 경우

$\oint_C^{\text{반시계방향}} \frac{\cos z}{(z-\pi j)^2}dz$의 선적분의 값을 구하시오.

풀이)

먼저 경로 C에 적분경로에 점 πj가 포함되지 않으므로 주어진 식의 선적분 값은 다음과 같다.

$$\therefore \oint_C^{\text{반시계방향}} \frac{\cos z}{(z-\pi j)^2} dz = 0$$

예제7) 적분경로 C에 점 πj가 적분경로에 포함되는 경우

$\oint_C^{\text{반시계방향}} \frac{\cos z}{(z-\pi j)^2} dz$의 선적분의 값을 구하시오.

풀이)

먼저 경로 C의 적분경로에 점 πj가 포함되므로 주어진 식의 선적분 값은 다음과 같다.

$\oint_C^{\text{반시계방향}} \frac{\cos z}{(z-z_0)^2} dz = 2\pi j f^{(n)}(z_0)$의 관계에 의해서

$$\therefore \oint_C^{\text{반시계방향}} \frac{\cos z}{(z-\pi j)^2} dz = 2\pi j f'(\pi j) = 2\pi j(\cos \pi j)'$$

$$= 2\pi j(-\sin \pi j)$$

$$= 2\pi \sin h\pi$$

예제8) 적분경로 C에 점 1이 적분경로에 포함되는 경우

$\oint_C^{\text{반시계방향}} \frac{e^z}{(z-1)^2(z^2+4)} dz$의 선적분의 값을 구하시오.

풀이)

먼저 경로 C의 적분경로에 점 1이 포함되므로 $z_0 = 1$으로 생각하여 주어진 식의 선적분 값은 다음과 같다.

$$\oint_C^{\text{반시계방향}} \frac{e^z}{(z-1)^2(z^2+4)}dz = \oint_C^{\text{반시계방향}} \frac{f(z)}{(z-1)^2}dz$$

$$\oint_C^{\text{반시계방향}} \frac{f(z)}{(z-1)^2}dz = 2\pi j f'(z_0)$$

여기서

$$f(z) = \frac{e^z}{(z^2+4)}$$

$$f'(z) = \frac{e^z}{(z^2+4)} = \frac{(e^z)'(z^2+4) - e^z(z^2+4)'}{(z^2+4)^2}$$

$$f'(1) = \frac{(e^z)'(z^2+4) - e^z(z^2+4)'}{(z^2+4)^2} = \frac{e^z(z^2+4) - e^z(2z^2)}{(z^2+4)^2} = \frac{3e^1}{25}$$

$$\therefore \oint_C^{\text{반시계방향}} \frac{f(z)}{(z-1)^2}dz = 2\pi j f'(z_0) = 2\pi j \frac{3e^1}{25} = \frac{6\pi j e}{25}$$

다음은 함수 $f'(z_0) = \dfrac{1}{2\pi j}\oint_C^{\text{반시계방향}} \dfrac{f(z)}{(z-z_0)^2}dz$에서 적분 경로 C는 중심이 z_0 이고 반지름이 r인 원이며, C위에서 $|f(z)| \le M$이다. n계 도함수의 절대값의 크기에 대한 부등식으로 코시 부등식은 다음과 같이 된다.

$$\left|f^{(n)}(z_0)\right| = \left|\frac{n!}{2\pi j}\oint_C^{\text{반시계방향}} \frac{f(z)}{(z-z_0)^{n+1}}dz\right|$$

$$\le \frac{n!}{2\pi}\oint_C^{\text{반시계방향}} \left|\frac{f(z)}{(z-z_0)^{n+1}}\right| |dz|$$

$$\le \frac{n!}{2\pi}\frac{M}{r^{n+1}}2\pi r = \frac{n!M}{r^n}$$

$$\therefore \left|f^{(n)}(z_0)\right| \le \frac{n!M}{r^n} \tag{15-12}$$

어떤 완전해석함수 $f(z)$의 절대값이 유계이면 $f(z)$는 반드시 상수함수이고, 이를 루이빌 정리라고 한다.
루이빌 정리는 코시 부등식을 사용하여 증명할 수 있다. 즉, $|f(z)| \le M$ (M은 상수로서 상한이라고 정의한다.)라 가정하면 위 식에서 $n=1$인 경우 다음의 관계가 성립한다.

$$|f'(z_0)| \le \frac{M}{r} \tag{15-13}$$

위 식에서 r은 $f(z)$가 완전해석함수이므로 아무리 큰 값을 갖더라도 부등식은 항상 성립한다. 따라서 큰 r에 대하여 다음의 관계가 성립된다.

$$f'(z_0) = 0$$

위 식에서 z_0는 임의의 점이므로 복소평면상의 모든 점 z에서 $f'(z_0)=0$이므로 $f(z)$는 상수함수이다.

여기서, 경로 C 위의 모든 z에 대해서 $|f(z)| \le M$이고, C의 길이가 L일 때, 다음의 식이 성립한다.

$$|f(z)| \le ML$$

이를 ML 부등식이라고 한다.

유계 함수(Bounded Function)의 정의
어떤 함수 $f(x)$가 모든 x에 대하여 다음의 관계를 만족하는 상수 K를 갖는다면 $f(x)$는 유계되어 있다고 말한다.

$$|f(x)| < K$$

예를들어, $f(x)=\sin x$의 경우 K를 1보다 큰 값으로만 정하면 항상 다음의 관계가 만족되므로 $\sin x$는 유계함수이다.

$$|\sin(x)| < K$$

그러나 $f(x)=e^x$인 경우를 생각해 보면 모든 x에 대해 다음의 관계를 만족하는 K는 존재하지 않는다는 것을 알 수 있다. 따라서 $f(x)=e^x$는 유계함수가 아니다.

$$|e^x| < K$$

상계(Upper Bound)와 최소상계(Supremum) 또는 상한의 정의
어떤 함수 $f(x)$의 상계는 다음의 부등식을 만족하는 K를 의미한다.

$$|f(x)| < K$$

여기서 $|f(x)|$는 함수 f의 정의역 D에 있는 모든 $x\in D$에 대해 계산된다. $|f(x)| < K$의 식에서 알 수 있는 바와 같이 함수 $f(x)$의 상계는 유일하게 하나로 결정되는 것이 아니라 무수히 많다. 예를 들어 $f(x)=\sin x$라고 하면 $\sin x$의 상계는 2, 3, 4, ... 등 무수히 많다는 것을 쉽게 알 수 있다. 따라서 어떤 함수 $f(x)$의 상계를 하나 찾으면 그것보다 큰 것은 모두 $f(x)$의 상계가 되므로 우리의 관심은 무수히 많은 상계들 중에서 가장 작은 상계가 무엇인지를 아는 것이다. 상계들 중에서 가장 작은 상계를 최소상계 또는 상한이라고 부른다.

예제9) 적분경로 C가 $z=-1$를 중심으로 반지름이 2인 원이라고 할 때 $\oint_C^{\text{반시계방향}} \frac{e^z}{z+1}dz$의 선적분의 절대값에 대한 상한을 구하시오.

풀이)
먼저 경로 C에서 피적분함수의 절대값에 대한 상한 M을 구해 보자.

$$\left|\frac{e^z}{z+1}\right| = \left|\frac{e^x e^{jy}}{2e^{jt}}\right| = \frac{e^x}{2}$$

여기서, 상한 M을 구하기 위해서 함수값이 가장 크게 되는 경우를 생각해 보면 $e^{jy} = e^{jt}$이고, 적분경로 C에서 x의 값이 가장 클 때가 $x = 1$일 때 이므로

$$\left|\frac{e^z}{z+1}\right| \le \frac{e}{2} \quad (\because \text{상한}\, M = \frac{e}{2})$$

이므로, 다음과 같이 ML 부등식관계에 의해서 주어진 선적분 함수의 상한을 구하면 다음과 같다.

$$\therefore \left|\oint_C^{\text{반시계방향}} \frac{e^z}{z+1} dz\right| \le \oint_C^{\text{반시계방향}} \left|\frac{e^z}{z+1}\right| |dz| \le \frac{1}{2} e(2\pi \cdot 2) = 2\pi e$$

주어진 선적분의 상한 값은 $2\pi e$이다.

15.5 복소함수의 테일러급수

일반 실수함수의 급수식은

$$f(x) = \sum_{n=0}^{\infty} c_n x^n = c_0 + c_1 x + c_2 x^2 + \dots$$

여기서 $x = 0$일 때 계수 $c_0, c_1, \dots$는 $f(x)$를 미분하여 $x = 0$에서 구하여 원식에 대입하면 다음과 같은 맥노린 급수가 전개 된다.

$$f(x) = f(0) + f'(0)x + \frac{f''(0)}{2!} x^2 + \dots \tag{15-14}$$

마찬가지로 $x = a$일 때의 실수함수의 급수식은 다음과 같다.

$$f(x) = \sum_{n=0}^{\infty} c_n (x-a)^n = c_0 + c_1 (x-a) + c_2 (x-a)^2 + \dots$$

여기서 $x = a$일 때 계수 $c_0, c_1, \dots$는 $f(x)$를 미분하여 $x = a$에서 구하여 원식에 대

입하면 다음과 같은 테일러 급수가 전개 된다.

$$f(x)=f(a)+f'(a)(x-a)+\frac{f''(a)}{2!}(x-a)^2+\dots \tag{15-15}$$

도함수에 대한 코시 적분공식은 함수 $f(z)$가 점 z_0에서 해석적이면 그 점에서 모든 차수의 도함수가 존재한다는 것을 말한다. 이러한 결과에 의해 $f(z)$를 한 점 z_0에서 z에 대한 멱급수로 전개할 수 있다. 즉 해석함수는 멱급수 형태의 거듭제곱의 급수로 전개할 수 있다. 결국 복소 테일러 급수는 실수함수에서 이미 이루어졌던 테일러 급수를 자연스럽게 복소수 영역까지 확장한 개념으로 이해하면 될 것이다.

결론적으로 해석함수 $f(z)$의 복소 테일러 급수의 정리는 다음과 같다. 즉, $f(z)$는 영역 D에서 해석적이고, z_0를 D 안에 있는 한 점이라고 하면 $f(z)$는 D안에 존재하는 중심이 z_0이고 수렴반경이라고 하는 반지름이 R인 가장 큰 원 C에서 유효한 다음의 멱급수로 전개할 수 있다.

$$f(z)=\sum_{n=0}^{\infty}\frac{f^{(n)}(z_0)}{n!}(z-z_0)^n \tag{15-16}$$

수렴반경

테일러 급수의 수렴반경 R이 무엇을 의미하는지 다음의 급수로부터 살펴보자.
수렴 반경을 구하는 방법은 여러 가지가 있지만, 기본 개념은 아래 급수식에서 양변의 등식이 성립되는 z의 최대 값을 수렴 반경이라고 정의한다.

$$\frac{1}{1-z}=1+z+z^2+\dots$$

위 식에서 좌변은 함수이고 우변은 무한 급수이다. 결국 테일러 급수전개란 좌변의 함수 $1/(1-z)$를 무한급수 형태로 펼쳐 놓은 것으로 이해할 수 있을 것이다. 아무튼 위 식에서 $z=0$을 대입하면 $1=1$식이 되어 등식이 성립된다. 다음으로 $z=1/2$을 대입하면 다음과 같다.

$$\frac{1}{1-\frac{1}{2}}=1+\frac{1}{2}+\left(\frac{1}{2}\right)^2+\dots$$

위식의 좌변은 2가 되고, 우변은 무한등비급수의 합의 공식에 의해서 2가 된다. 결국 위 식은 좌변은 우변 무한등비급수의 합을 나타내므로 $z=1/2$에 대해서도 등식이 성립된다.
이번에는 $z=2$를 대입해 보면

$$\frac{1}{1-2}=1+2+2^2+\ldots$$

이 된다. 좌변은 음의 값이 되고, 우변은 양수들의 무한급수이므로 합이 음이 나올 수 없다. 결국 $z=2$에서는 테일러급수 표현이 등식이 성립되지 않는다.
따라서 우리는 유효한 z범위를 찾아야하며, 이를 수렴영역이라 부른다. 한편, 수렴영역의 최대 반경을 수렴반경이라고 정의한다.
결국 수렴영역이 없는 테일러 급수는 무의미하며 적절한 수렴영역 내에서만 테일러 급수는 유효하다.

예제10) 함수 $f(z)=\dfrac{1}{1-z}$에 대해서 $z=0$에서의 테일러급수를 결정하고, 수렴반경을 구하시오.

풀이)
$f(z)$를 연속으로 미분하여 $z=0$을 대입하면
주어진 함수 $f(z)=\dfrac{1}{1-z}$의 도함수는 $z=0$에서

$f'(z)=\dfrac{1}{(1-z)^2}$ 되고, $z=0$에서

$$f'(0)=\frac{1}{(1-0)^2}=1$$

$f''(z)=\dfrac{-2(1-z)(-1)}{(1-z)^4}=\dfrac{2}{(1-z)^3}$ 되고, $z=0$에서

$$f''(0)=\frac{2}{(1-z)^3}=\frac{2}{(1-0)^3}=2$$

$$f'''(z)=\frac{-2\cdot 3(1-z)^2(-1)}{(1-z)^6}=\frac{6}{(1-z)^4}$$ 되고, $z=0$에서

$$f'''(0)=\frac{6}{(1-z)^4}=\frac{6}{(1-0)^4}=6$$

위의 식에서 $f^{(n)}(z)$는 다음과 같다.

$$f^{(n)}(z)=\frac{n!}{(1-z)^{n+1}}$$ 되고, $z=0$에서

$$f^{(n)}(0)=\frac{n!}{(1-z)^{n+1}}=n! \qquad (\because z=0)$$

따라서 $f(z)=\frac{1}{1-z}$에 대해서 $z=0$에서의 테일러급수($z=0$ 인 경우 맥노린 급수)는 다음과 같다.

$$f(z)=\frac{1}{1-z}=\sum_{n=0}^{\infty}\frac{f^{(n)}(0)}{n!}z^n=\sum_{n=0}^{\infty}\frac{n!}{n!}z^n \quad (\because f^{(n)}(0)=n!)$$

$$\therefore f(z)=\frac{1}{1-z}=1+z+z^2+\dots$$

수렴반경 R은 테일러급수의 중심 $z=0$에서 가장 가까운 해석적이지 않은 특이점까지의 거리는 1이므로 $R=1$이 된다. 여기서, $f(z)=\frac{1}{1-z}$의 특이점은 $z=1$이다. 만일 테일러급수를 $z=0$이 아닌 $z=-1$에서 전개하였다면 $R=2$가 된다. $z=j$점에서 전개하였다면 $R=\sqrt{2}$가 된다.

다음의 식에서

$$f(z)=e^z=1+z+\frac{z^2}{2!}+\frac{z^3}{3!}+\dots$$

가 되는 과정은 다음과 같다.

$f(z)=e^z$의 n계 도함수는 $f^{(n)}(z)=e^z$이므로 $f^{(n)}(0)=e^0=1$, $n\in N(1,2,3,\dots)$ 이므로 $f(z)=e^z$함수에 대해서 $z=0$에서 테일러급수는

$$e^z=\sum_{n=0}^{\infty}\frac{f^{(n)}(z_0)}{n!}(z-z_0)^n=\sum_{n=0}^{\infty}\frac{f^{(n)}(0)}{n!}(z-0)^n=\sum_{n=0}^{\infty}\frac{f^{(n)}(0)}{n!}z^n=\sum_{n=0}^{\infty}\frac{1}{n!}z^n$$

$$=1+z+\frac{z^2}{2!}+\frac{z^3}{3!}+\dots$$

와 같이 된다.

수렴 반경 R은 $f(z)=e^z$가 복소평면 전 구역에서 해석적인 완전해석함수이고, $z=0$에서 가장 가까운 특이점까지의 거리가 ∞라면, 수렴반경은 ∞이다.

함수 $f(z)$의 테일러 급수에서 급수의 중심이 특히 원점인 테일러 급수를 맥노린 급수라고 부른다. 테일러 급수를 구하기 위해서는 연속적인 미분연산을 수행해야 하므로 시간이 많이 걸린다. 그러나 실제적으로 직접미분하지 않고 다른 방법을 통해 구할 수 있으며 다음의 예제를 통하여 확인하여 보자.

예제11) 함수 $f(z)=\dfrac{1}{1-z^2}$을 $z=0$에서 맥노린 급수로 전개하시오.

풀이)

일반 급수식은

$$f(x)=\sum_{n=0}^{\infty}c_nx^n=c_0+c_1x+c_2x^2+\dots$$

여기서 $x=0$일 때 계수 $c_0, c_1, \dots$는 $f(x)$를 미분하여 $x=0$에서 구하여 원식에 대

입하면 다음과 같은 맥노린 급수가 전개 된다.

$$f(x) = f(0) + f'(0)x + \frac{f''(0)}{2!}x^2 + \ldots$$

이상의 방법으로 앞에서 구한 다음의 관계를 이용하여

$$\frac{1}{1-z} = 1 + z + z^2 + \ldots$$

이므로 z를 z^2으로 바꾸면

$$\frac{1}{1-z^2} = 1 + (z^2) + (z^2)^2 + \ldots$$

$$\therefore f(z) = \frac{1}{1-z^2} = 1 + z^2 + z^4 + \ldots$$

예제12) 함수 $f(z) = e^{4z}$을 $z = 0$에서 맥노린 급수로 전개하시오.

풀이)
위에서 구한 급수식을 이용하면

$$f(z) = e^z = 1 + z + \frac{z^2}{2!} + \frac{z^3}{3!} + \ldots$$

이므로 z대신에 $4z$를 대입하면 다음과 같다.

$$\therefore f(z) = e^{4z} = 1 + 4z + \frac{(4z)^2}{2!} + \frac{(4z)^3}{3!} + \ldots$$

15.6 로렌트(Laurent) 급수

테일러급수는 $f(z)$를 해석적인 점에서만 전개가 가능하므로 $f(z)$가 해석적이지 않은 특이점에서는 적용을 할 수가 없다. 따라서 해석적이지 않은 특이점에서도 적용할 수 있는 로렌트 급수라는 새로운 급수의 개념이 필요하다. 로렌트 급수는 테일러급수와 같은 형태인 $(z-z_0)$의 양의 멱급수 부분과 새로운 형태인 음의 멱급수 부분의 합으로 표현된다. 로렌트 급수는 유수정리와 상관관계가 있다.
함수 $f(z)$가 다음과 같다면,

$$f(z)=\frac{e^z}{z^2} \tag{15-17}$$

위 식 $f(z)$는 $z=0$에서 해석적이지 않으므로 $z=0$에서 테일러 또는 맥노린 급수로 전개될 수 없다. 그러나 e^z는 완전해석함수이므로 다음과 같이 $z=0$에서 테일러 급수로 전개할 수 있다.

$$e^z=1+z+\frac{z^2}{2!}+\frac{z^3}{3!}\cdots$$

이를 z^2으로 나누면 다음을 얻을 수 있다.

$$\frac{e^z}{z^2}=\frac{1}{z^2}+\frac{1}{z}+\frac{1}{2!}+\frac{z}{3!}+\ldots=(\text{음의 멱급수})\frac{1}{z^2}+\frac{1}{z}+(\text{양의 멱급수})\frac{1}{2!}+\frac{z}{3!}+\ldots$$

위 식에서 우변의 식은 음의 멱급수와 양의 멱급수가 합해진 새로운 형태의 급수 표현으로 로렌트급수라고 부르며, $z=0$인 점을 제외한 모든 복소평면을 수렴영역으로 가진다.
예를 들어 $f(z)$가 중심이 z_0인 두 동심원 C_1과 C_2 그리고 그 사이의 원환에서 해석적이면, $f(z)$는 양의 멱급수와 음의 멱급수를 가지는 로렌트 급수로 다음과 같이 전개할 수 있다.

$$f(z)=\sum_{n=0}^{\infty}a_n(z-z_0)^n+\sum_{n=1}^{\infty}\frac{b_n}{(z-z_0)^n} \tag{15-18}$$

$$= a_0 + a_1(z-z_0) + \dots + \frac{b_1}{z-z_0} + \frac{b_2}{(z-z_0)^2} + \dots$$

$f(z)$에 대한 로렌트 급수의 계수 a_n과 b_n은 다음과 같다.

$$a_n = \frac{1}{2\pi j}\oint_C^{\text{반시계방향}} \frac{f(z)}{(z-z_0)^{n+1}}dz$$

$$b_n = \frac{1}{2\pi j}\oint_C^{\text{반시계방향}} (z-z_0)^{n+1}f(z)dz$$

여기서 z는 복소수를 의미하고, 적분경로 C는 C_1과 C_2사이의 원환내부에 있으면서 내부 원을 둘러싸는 임의의 단순폐곡선이며, 적분은 C를 따라 반시계방향으로 고려한다.
이를 간단히 하나의 계수로 표현하면 다음과 같다.

$$f(z) = \sum_{n=-\infty}^{\infty} a_n(z-z_0)^n$$

$$a_n = \frac{1}{2\pi j}\oint_C^{\text{반시계방향}} \frac{f(z)}{(z-z_0)^{n+1}}dz, \qquad 0 < |z-z_0| < R$$

마찬가지로, b_n은 내부 원 밖의 영역에서 해석된다. 일반적으로 로렌트 급수는 주어진 원환으로부터 $f(z)$의 특이점으로 만날 때까지 연속적으로 외부 원 C_1을 확대시키고, 내부 원 C_2를 축소시켜서 얻어진 열린 원환에서 수렴한다.

예제13) 함수 $f(z) = \dfrac{1}{z(1-z)}$에 대해서 중심이 0인 Laurent 급수를 전개하고 수렴영역을 구하시오.

풀이)

먼저 $\dfrac{1}{(1-z)}$함수에 대해서 맥노린 급수로 전개하면 $\dfrac{1}{(1-z)} = 1 + z + z^2 + z^3 + \dots$로 되어 주어진 식은 다음과 같이 된다.

$$f(z)=\frac{1}{z(1-z)}=\frac{1}{z}\{1+z+z^2+z^3+...\}$$

$$=z^{-1}+1+z+z^2+z^3+...$$

주어진 $\frac{1}{(1-z)}$의 테일러급수는 $|z|<1$에서 수렴하기 때문에 수렴영역은 $0<|z|<1$이 된다.

15.7 특이점과 영점

함수 $f(z)$가 해석적이지 않은 점을 특이점이라고 정의한다. 좀 더 정확하게 정의하면 $f(z)$가 $z=z_0$에서 해석적이지 않지만 z_0 근방의 모든점에서 $f(z)$가 해석적일 때 함수 $f(z)$는 특이성을 가진다고 하고 z_0의 근방에서 오로지 z_0만이 특이점일 때 그 특이점을 고립된 특이점이라고 부른다.
예를 들어 다음의 함수 $f(z)$를 살펴보자.
$f(z)=\frac{1}{z(z-1)(z-2)}$는 $z=0$에서 해석적이지 않고, 또한 $z=0$를 제외한 $|z|<\frac{1}{2}$로 정의된 근방의 모든 점에서 해석적이므로 $z=0$는 고립된 특이점이다.
또한 $z=1$과 $z=2$도 마찬가지로 고립된 특이점이다.
다음의 함수 $g(z)$를 살펴보자.

$$g(z)=\mathrm{Ln}\,(z) \tag{15-19}$$

$\mathrm{Ln}\,(z)$는 원점과 음의 실수축에 위치한 점들에서는 해석적이 아니다. 그러나 고립된 특이점은 아니다. 왜냐하면 특이점 등의 어떤 근방이라도 해석적이지 않은 특이점을 무수히 많이 포함하고 있기 때문이다.
$z=0$과 $z=z_0$는 고립된 특이점이 아니다. $z=0$과 $z=z_0$의 근방에는 자신 외에도 무수히 많은 특이점들이 $z=0$과 $z=z_0$의 근방에 존재하기 때문이다. 특이점의 종류에 대해서 살펴보면 다음과 같다.
$z=z_0$를 함수 $f(z)$의 고립된 특이점이라고 하면 $f(z)$는 영역 $0<|z-z_0|<R$에서 유효한 로렌트 급수로 다음과 같이 전개된다.

$$f(z) = \sum_{n=0}^{\infty} a_n (z-z_0)^n + \sum_{n=1}^{\infty} \frac{b_n}{(z-z_0)^n} \tag{15-20}$$

위 식의 양의 멱급수를 $f(z)$의 해석부, 음의 멱급수를 주요부라고 부른다. 식에서 알 수 있듯이 $f(z)$의 특이성은 주요부에 의해서 결정된다. 고립된 특이점은 $f(z)$의 주요부의 항의 개수에 따라서 다음과 같이 나눈다.

- 제거할 수 있는 특이점

$f(z)$의 주요부가 0이면, 즉 $f(z)$가 해석부만으로 전개될 때 $z=z_0$를 제거할 수 있는 특이점이라 한다.

$$f(z) = \sum_{n=0}^{\infty} a_n (z-z_0)^n \tag{15-21}$$

- m차 극점

$f(z)$의 주요부가 0이 아닌 항을 포함하면 $z=z_0$를 극점이라 한다. 만일 b_m이 마지막으로 0이 아닌 계수라면 $z=z_0$를 m차 극점이라 하며, $m=1$인 경우를 단순극점이라 부른다.

$$f(z) = \sum_{n=0}^{\infty} a_n (z-z_0)^n + \sum_{n=1}^{m} \frac{b_n}{(z-z_0)^n} \tag{15-22}$$

- 본질적인 특이점

$f(z)$의 주요부가 0이 아닌 항을 무한개 포함하면 $z=z_0$를 본질적인 특이점이라고 부른다.

$$f(z) = \sum_{n=0}^{\infty} a_n (z-z_0)^n + \sum_{n=1}^{\infty} \frac{b_n}{(z-z_0)^n} \tag{15-23}$$

예제14) 함수 $f(z) = \dfrac{\cos z}{z}$에 대해서 $z=0$이 어떤 점인가를 설명하시오.

풀이)

먼저 $z=0$에서 $\cos z$의 테일러급수를 구하고 그 결과를 z로 나누면 Laurent의 급수를 얻을 수 있다.

$$\frac{\cos z}{z}=\frac{1}{z}\left\{1-\frac{z^2}{2!}+\frac{z^4}{4!}-\frac{z^6}{6!}+\dots\right\}$$

$$\frac{\cos z}{z}=\left\{\frac{1}{z}-\frac{z}{2!}+\frac{z^3}{4!}-\frac{z^5}{6!}+\dots\right\}$$

따라서 $f(z)$의 주요부의 항이 하나 존재하므로 1차 극점을 갖는다. 즉 단순 극점을 갖는다.

- 영점

다음으로 해석함수 $f(z)$의 영점에 대해 살펴보자. 만일 $z=z_0$에서 $f(z_0)=0$이면 $f(z)$는 $z=z_0$에서 영점을 갖는다고 정의한다. 극점에서 차수를 정의하는 것처럼 영점의 차수도 정의할 수 있으며, 다음과 같이 정의한다.
함수 $f(z)$가 다음을 만족하는 경우 m차 영점 z_0를 가진다고 말한다.

$$f(z_0)=0, f'(z_0)=0, \dots, f^{(m-1)}(z_0)=0$$

$$f^{(m)}(z_0)\neq 0$$

즉, 위 식에서 m차 영점 z_0는 $(m-1)$차 도함수까지는 함수값을 0으로 만들지만 m차 도함수의 함수값은 0이 아닌 값을 가지는 것을 의미한다.
예를 들어, $f(z)=(z-1)^4$이라 하면 $z=1$에 대해서

$$f(1)=0, f'(1)=0, f''(1)=0, f'''(1)=0, f^{(4)}(1)=24\neq 0$$

이 성립하고, $z=1$은 $f(z)$의 4차 영점이다.

예제15) 다음 함수 $f(z)=\dfrac{(z+2)(z+3)^2}{(z+1)^2(z-1)^3(z+4)}$의 영점과 극점을 구하고 각각의 차수를 설명하시오.

풀이)
주어진 함수에서 분수함수의 극점은 분모를 0으로 만드는 점을 말하고 해당항의 차수가 극점의 차수를 말한다. 분수함수의 영점은 분자를 0으로 만드는 점을 말하고 해당항의 차수가 영점의 차수를 말한다.

주어진 $f(z)$는 분모항이 영이 되는 극점 $z=-1$에서 2차 극점,
분모항이 영이 되는 극점 $z=1$에서 3차 극점,
분모항이 영이 되는 극점 $z=-4$에서 단순 극점,

또한, 주어진 $f(z)$는 분자항이 영이 되는 극점 $z=-2$에서 단순 영점,
분자항이 영이 되는 극점 $z=-3$에서 2차 영점을 갖는다.

15.8 유수정리

앞 절에서는 복소함수의 선적분 값을 계산하기 위해서는 코시적분 공식을 이용하거나 코시적분 공식의 도함수식을 이용하여 선적분 값을 구할 수 있었다.
본 절에서는 복소함수에 대해서 유수의 개념을 도입하여 복소함수의 적분을 계산할 수 있는 새로운 간단한 방법에 대해 소개한다.

(1) 유수의 정의 및 계산

앞에서 $f(z)$가 z_0에서 고립된 특이점을 가지면 $f(z)$는 $0<|z-z_0|<R$에서 다음과 같은 Laurent로 급수로 전개될 수 있다.

$$f(z)=\text{음의 멱급수}+\text{양의 멱급수}=\ldots+\frac{b_2}{(z-z_0)^2}+\frac{b_1}{(z-z_0)}+a_0+a_1(z-z_0)+a_2(z-z_0)^2+\ldots$$

이 식에서 $f(z)$를 단순폐곡선 C에 대해서 적분하면 $b_1/(z-z_0)$항을 제외한 모든 항이 0이 되기 때문에 관심의 대상이 $1/(z-z_0)$의 계수 b_1인데, 이것을 $z=z_0$에서 $f(z)$의 유수(Residue)정의라고 하며, 다음과 같이 표기할 수 있다.

$$b_1=Res(f(z), z_0) \qquad \textbf{(15-24)}$$

유수라는 의미는 영이 아닌 나머지 항만 남기고 전부 0이 되는 것을 의미한다.

먼저, 다음과 같이 단순 극점에서 $f(z)$를 계산하면, 다음의 Laurent급수표현을 가진다.

$$f(z) = \frac{b_1}{(z-z_0)} + a_0 + a_1(z-z_0) + a_2(z-z_0)^2 + \ldots$$

양변에 $(z-z_0)$를 곱하고 $z \to z_0$에 대한 극한을 취하면

$$\lim_{z \to z_0}(z-z_0)f(z) = \lim_{z \to z_0}\{b_1 + a_0(z-z_0) + a_1(z-z_0)^2 + \ldots\} = b_1$$

이 되므로 극점 z_0에서 $f(z)$의 유수는 다음과 같이 정의된다.

$$Res(f(z), z_0) = \lim_{z \to z_0}(z-z_0)f(z)$$

마찬가지로 n차 극점에서 같은 방법을 적용하여 $n-1$번 미분하면 극점 z_0에서 $f(z)$의 유수는 다음과 같이 일반화할 수 있다.

$$Res(f(z), z_0) = \frac{1}{(n-1)!}\lim_{z \to z_0}\frac{d^{n-1}}{dz^{n-1}}\{(z-z_0)^n f(z)\} \tag{15-25}$$

유수정리식의 증명은 다음과 같다.

$$f(z) = \sum_{n=0}^{\infty} a_n(z-z_0)^n + \sum_{n=1}^{\infty}\frac{b_n}{(z-z_0)^n}$$

위 식에서 선적분식을 도입하여 계산식을 세우면 다음과 같다.

$$\oint_C^{\text{반시계방향}} f(z)dz = \oint_C^{\text{반시계방향}} \sum_{n=0}^{\infty} a_n(z-z_0)^n dz + \oint_C^{\text{반시계방향}} \sum_{n=1}^{\infty}\frac{b_n}{(z-z_0)^n}dz$$

$$= \sum_{n=0}^{\infty} a_n \oint_C^{\text{반시계방향}} (z-z_0)^n dz + \sum_{n=1}^{\infty} b_n \oint_C^{\text{반시계방향}} \frac{1}{(z-z_0)^n}dz$$

우변의 각 항에서 적분항을 각각 계산하면 다음과 같다. 먼저 첫 번째 항의 적분

항을 계산하면 다음과 같다.

$$\oint_C^{\text{반시계방향}} (z-z_0)^n dz = \oint_C^{\text{반시계방향}} z^* dz^*$$

라면 z^*와 dz^*는 나음과 같이 정의된다.

$$\begin{pmatrix} \because\ z^* = z - z_0 = re^{j\theta} \\ dz = dz^* = jre^{j\theta} \end{pmatrix}$$

$$\oint_C^{\text{반시계방향}} z^* dz^* = \int_0^{2\pi} (re^{j\theta})^n \cdot jre^{j\theta} d\theta = jr^{n+1} \int_0^{2\pi} e^{j\theta(n+1)} d\theta$$

$$jr^{n+1} \cdot \frac{1}{j(n+1)} \cdot \left[e^{j\theta(n+1)}\right]_0^{2\pi} = \frac{r^{n+1}}{(n+1)}\left(e^{j2\pi(n+1)} - e^0\right) = \frac{r^{n+1}}{(n+1)}\left(e^{j2\pi(n+1)} - 1\right)$$

$$\frac{r^{n+1}}{(n+1)}\{\cos(2\pi(n+1)) + j\sin(2\pi(n+1)) - 1\} = 0$$

두 번째 항의 적분항을 계산하면 다음과 같다.

$$\oint_C^{\text{반시계방향}} \frac{1}{(z-z_0)^n} dz = \oint_C^{\text{반시계방향}} \frac{1}{z^*} dz^* = \int_0^{2\pi} \frac{1}{(re^{j\theta})^n} jre^{j\theta} d\theta$$

$$\int_0^{2\pi} \frac{1}{(re^{j\theta})^n} jre^{j\theta} d\theta = jr(re^{j\theta})^{-n} \int_0^{2\pi} e^{j\theta} d\theta = jr^{(1-n)} \int_0^{2\pi} e^{j\theta(1-n)} d\theta$$

$$jr^{(1-n)} \int_0^{2\pi} e^{j\theta(1-n)} d\theta = jr^{(1-n)} \cdot \frac{1}{j(1-n)} \cdot \left[e^{j\theta(1-n)}\right]_0^{2\pi}$$

$$jr^{(1-n)} \cdot \frac{1}{j(1-n)} \cdot \left[e^{j\theta(1-n)}\right]_0^{2\pi} = \frac{r^{(1-n)}}{(1-n)} \cdot \left(e^{j2\pi(1-n)} - 1\right)$$

$$r^{(1-n)}\frac{0}{(1-n)}=0 \begin{pmatrix} \because n \neq 1\text{인 경우 } 0 \\ n=1\text{인 경우 } \frac{0}{0}\text{이므로 부정형} \end{pmatrix}$$

부정형의 경우 로피탈 정리를 이용하여 극한값을 구할 수 있다.

$$\lim_{n\to 1} r^{(1-n)}\frac{e^{j2\pi(1-n)}-1}{(1-n)}=\lim_{n\to 1} r^{(1-n)}\frac{e^{j2\pi(1-n)}-1}{(1-n)}$$

$$\lim_{n\to 1} r^{(1-n)}\frac{\frac{d}{dn}\left[e^{j2\pi(1-n)}-1\right]}{\frac{d}{dn}(1-n)}=\lim_{n\to 1} r^{(1-n)}\frac{-2\pi j e^{j2\pi(1-n)}}{-1}=\lim_{n\to 1} 1\cdot\frac{-2\pi j}{-1}=2\pi j$$

따라서 위의 결과를 대입하여 정리하면 다음과 같다.

$$\oint_C^{\text{반시계방향}} f(z)dz=\sum_{n=0}^{\infty} a_n \oint_C^{\text{반시계방향}} (z-z_0)^n dz+\sum_{n=1}^{\infty} b_n \oint_C^{\text{반시계방향}} \frac{1}{(z-z_0)^n}dz$$

$$=\sum_{n=0}^{\infty} a_n\cdot 0+\sum_{n=1}^{\infty} b_n\cdot 2\pi j$$

$$=\sum_{n=1}^{\infty} b_n\cdot 2\pi j$$

여기서 b_n을 유수라고 정의한다. 유수를 이용하여 복소함수의 선적분식을 표현하면 다음과 같이 일반식으로 표현할 수 있다.

$$Res(f(z), z_0)=\lim_{z\to z_0}(z-z_0)f(z)$$

$$Res(f(z), z_0)=\frac{1}{(n-1)!}\lim_{z\to z_0}\frac{d^{n-1}}{dz^{n-1}}\left\{(z-z_0)^n f(z)\right\}$$

예제16) 다음 함수 $f(z)$에서 $z=1$과 $z=2$ 극점에서 유수를 구하시오.

$$f(z)=\frac{z+1}{(z-1)^2(z-2)}$$

풀이)

$z=1$은 $f(z)$의 2차 극점이고 $z=2$는 $f(z)$의 단순 극점이다.

$$Res(f(z),1)=\frac{1}{(2-1)!}\lim_{z\to 1}\frac{d}{dz}\left\{(z-1)^2\frac{(z+1)}{(z-1)^2(z-2)}\right\}$$

$$=\lim_{z\to 1}\frac{(z-2)-(z+1)}{(z-2)^2}=-3$$

$$\therefore Res(f(z),2)=\lim_{z\to 2}(z-2)f(z)=\lim_{z\to 2}\frac{(z+1)}{(z-1)^2}=3$$

(2) Cauchy의 유수정리

다음 Cauchy의 유수정리는 어떤 조건하에서 $f(z)$를 단순 폐곡선을 따라 적분한 것은 경로의 내부에 고립된 특이점에서의 유수들의 합과 같다는 것이다.

함수 $f(z)$가 적분경로 내부의 한 점 z_0를 제외한 모든 영역에서 해석적인 경우, 영역 $0<|(z-z_0)|<R$에서 Laurent급수로 $f(z)$를 전개된다.

$$f(z)=\sum_{n=0}^{\infty}a_n(z-z_0)^n+\frac{b_1}{(z-z_0)}+\frac{b_2}{(z-z_0)^2}+\ldots \tag{15-26}$$

이를 적분경로에 대해서 선적분하면 두 번째 적분항만 남게 되고, 나머지 항은 0이 된다. z_0는 단순 극점이기 때문에 그 항만 선적분 값이 0이 되지 않는다.

$$\oint_C f(z)dz=\oint_C\frac{b_1}{z-z_0}dz=\int_0^{2\pi}\frac{b_1}{Re^{jt}}jRe^{jt}dt=2\pi jb_1 \quad (\because b_1=Res(f(z),z_0))$$

$$\oint_C f(z)dz=\oint_C\frac{b_1}{z-z_0}dz=2\pi jRes(f(z),z_0) \quad : \text{Cauchy 유수 정리}$$

$b_1 = Res(f(z), z_0)$을 유수라고 정의하고, 위 식을 Cauchy 유수 정리라고 한다. 특이점 수 만큼 유수를 고려하여 간단하게 선적분 값을 계산할 수 있다. 따라서 주어진 복소함수의 유수만 구하면 선적분을 쉽게 계산할 수 있다.

$$\oint_C f(z)dz = \oint \frac{b_1}{z-z_0}dz = 2\pi j Res(f(z), z_0) = 2\pi j(b_1 + b_2 + \dots) \tag{15-27}$$

예제17) 적분경로 C가 원점을 중심으로 하는 반지름이 2인 원이라고 할 때 다음의 선적분을 계산하시오.

$$\oint_C^{\text{반시계}} \frac{z^2+4}{z(z-1)^2}dz$$

풀이)

주어진 함수에서 피적분함수 $f(z)$는 $z=0$에서 단순극점, $z=1$에서 2차 극점을 가지고 있고, C의 내부에 $z=0$와 $z=1$이 모두 포함되므로 각 특이점에서 유수를 계산하면 다음과 같다.

$$Res(f(z), 0) = \lim_{z\to 0}\frac{z^2+4}{(z-1)^2} = 4$$

$$Res(f(z), 1) = \lim_{z\to 1}\frac{d}{dz}\left((z-1)^2\frac{z^2+4}{z(z-1)^2}\right) = \lim_{z\to 1}\frac{d}{dz}\left(\frac{z^2+4}{z}\right)$$

$$= \lim_{z\to 1}\frac{2z\cdot z-(z^2+4)}{z^2} = \lim_{z\to 1}\frac{z^2-4}{z^2} = -3$$

따라서 유수정리의 의하여 주어진 함수의 선적분 값은 다음과 같다.

$$\therefore \oint_C^{\text{반시계}} \frac{z^2+4}{z(z-1)}dz = 2\pi j(4-3) = 2\pi j$$

이상과 같이 유수를 전부 더한 것에 $2\pi j$를 곱하면 복소함수의 선적분 값을 구할 수 있다.

연 습 문 제

1. 다음의 복소 선적분을 계산하라.

① $\oint_C \frac{z}{z^2 - \pi^2} dz$; $|z| = 4$

② $\oint_C \frac{1}{z-1} dz$; $|z-1| = 3$

2. 다음 선적분을 주어진 경로에 대해서 계산하라.

$$\oint_C \frac{z+1}{z(z-9)} dz$$

① 적분경로 C가 중심이 원점인 단위원 (∵ 반경 = 1)

② 적분경로 C가 $|z-9| = 3$인 원 (∵ 반경 = 3)

3. 다음 함수를 $z=0$에서 맥노린 급수로 전개하고 수렴영역과 수렴반경을 구하라.

① $f(z) = \frac{z+3}{1-z^2}$

② $f(z) = \frac{z}{1-z}$

4. 다음 선적분을 계산하라. 여기서 적분경로 C는 중심이 $z = 2j$이고 반지름 1인 원으로서 시계방향이다.

$$\oint_C \frac{1}{zsinz} dz$$

5. 다음의 선적분을 유수의 정리를 이용하여 계산하라.

$$\oint_C^{\text{반시계}} \frac{z+3}{(z+1)^2(z+2)} dz$$

① 적분경로 C는 $|z| = 4$

② 적분경로 C는 $|z| = \frac{3}{2}$

③ 적분경로 C는 $|z+2| = \frac{1}{2}$

16장 이산신호 및 차분방정식과 z 변환

16.1 이산 신호의 생성과 표현

연속신호란 독립변수가 시간에 따라서 연속적인 신호를 나타내는 것을 말한다. 그러나 시간과 관련된 신호는 시스템을 설명하는 전기전자 분야에서는 연속신호 이외에 이산신호를 처리하는 경우가 편리할 때가 있다. 이산신호는 독립변수가 이산적인 값인 $n = 0, 1, 2, \ldots$에서만 값이 존재하는 신호를 의미한다.

16.1.1 이산신호의 생성

이산신호는 태생적으로 이산적인 것도 있지만 공학분야에서는 자연에 존재하는 연속신호의 값을 추출(샘플링)하여 이산신호를 생성하여 처리하는 경우에도 발생한다.

연속신호 $x(t)$가 있다고 하자. 이 신호의 값을 등간격의 시간인 샘플링주기 T_s에서 값을 얻는다고 하면, $x(0), x(T_s), x(2T_s), x(3T_s), \ldots$가 될 것이다.

여기서 T_s를 $1[\mathrm{sec}]$마다 생성된다고 하면 $x(0), x(1), x(2), x(3), \ldots$로 표현 할 수 있으며, 이를 이산신호 또는 디지털 신호라 한다.

이러한 이산신호를 수식으로 표현하면 다음과 같다.

$$x_s(t) = \sum_{n=0}^{\infty} x(t)\delta(t - nT_s) \;\Rightarrow\; x[n] \qquad \text{(16-1)}$$

이산신호를 처리하는 시스템을 이산 시스템이라고 한다. 하지만 인간은 연속신호를 감지하고 이해하기 때문에 이산적으로 처리한 신호를 다시 연속적인 신호로 변환해야한다. 따라서 신호처리에서 아나로그 신호를 디지털 신호로 디지털 신호를 다시 아나로그 신호로 변환하여 이용하는 경우가 많다.

16.1.2 이산신호의 표현

연속시간신호를 $x(t), y(t), k(t)$ 등으로 표현하는 것처럼 이산신호는 $x[n], y[n], k[n]$와 같이 표기하고 연속신호의 독립변수 t가 연속적인 값을 가지는 반면에 이산신호의 독립변수 n은 정수 값만을 가진다. 즉 이산신호의 독립변수는 이산적인 값 $n = \ldots, -1, 0, 1, 2, \ldots$을 갖는다.

16.1.3 수열과 급수

수열은 이산신호의 일종이다. 수열은 어떤 규칙에 의해 만들어진 숫자 또는 어떤 항들의 집합이다. 그래서 이산신호를 종종 수열이라고도 부른다. 이 수열들의 합을 급수라고 한다. 이산신호를 다루기 위해서는 수열과 급수에 대한 이해가 필요하다. 수열은 $x[n]$형태로 표현되며 독립변수인 n은 n번째를 나타내며, $x[n]$는 n번째 수열의 값을 나타낸다.

여기서 급수 $\sum_{k=0}^{n} x[k]$는 수열 $x[k]$의 합을 나타내며 $x[k]$는 k로 표현되는 수식으로 나타내거나 단순히 숫자의 나열일 수도 있다. 따라서 수열은 $x[0]$, $x[1]$, $x[2]$, ...의 기호로 표시한다.

등차수열

등차수열은 인접한 두 항의 차가 일정한 수열이다. 즉, 초항의 값 a에 대해서

$a, (a)+d, (a+d)+d, (a+2d)+d, \ldots, (a+kd)+d, \ldots$

의 관계가 있다.

두 항의 차 d를 공차라고 한다.

$x[n] = x[n-1] + d$

등차수열의 합은 다음과 같다.

$$S_n = \frac{n(2a+(n-1)d)}{2} \quad \textbf{(16-2)}$$

예제1) 수열 $3, 7, 13, 21, 31, \ldots$이 있다. 1000번째 항의 값을 구하라.

풀이)

일반항 a_n을 구하면 다음과 같다.

$a_1 = 3$, $a_2 = 7$, $a_3 = 13$, $a_4 = 21$, ... 이라 하면,

$a_2 = a_1 + 4$, $a_3 = a_2 + 6$, $a_4 = a_3 + 8$, ...가 됨을 알 수 있다.
따라서 이 수열의 일반항은 $a_n = a_{n-1} + 2n$ 이다.
이를 다시 표현하면

$a_n = a_{n-1} + 2n$, $a_{n-1} = a_{n-2} + 2(n-1)$, $a_{n-2} = a_{n-3} + 2(n-2)$, ...
$a_2 = a_1 + 2 \cdot 2$, $a_1 = 3$이 된다.

양변을 더하면 다음과 같다.

$$a_n = 2n + 2(n-1) + \cdots + 2 \cdot 2 + 3$$

따라서

$$a_n = 2\{n + (n-1) + (n-2) + \cdots + 2 + 1\} + 1 = 2\frac{n(n+1)}{2} + 1 = n^2 + n + 1$$

이다. 여기서 제1항이 a, 공차가 d일 때, 제1항부터 제 n항까지의 등차수열의 합 공식은 $S_n = \dfrac{n\{2a + (n-1)d\}}{2}$ 이다.

$\therefore n = 1000$이면 $a_n = 1000^2 + 1000 + 1 = 1001001$

등비수열
등비수열은 인접한 두 항의 비가 일정한 수열이다. 초항의 값 a에 대해서

$$a, ar, ar^2, \ldots, ar^k, \ldots$$

의 관계가 있다.

두 항의 비 r을 공비라고 한다.

$$x[n] = rx[n-1]$$

등비수열의 합은 다음과 같다.

$$S_n = \sum_{k=0}^{n} ar^k = \frac{a(1-r^{n+1})}{1-r}, r \neq 1 \qquad (\because n = 0, 1, \ldots, n-1, n) \tag{16-3}$$

여기서 또한, $S_n = \sum_{n=0}^{\infty} ar^n = \frac{a(1-r^{n+1})}{1-r} = \frac{a}{1-r}, r < 1$로도 된다.

예제2) 등비수열의 합이 $S_n = \sum_{k=0}^{n} ar^k = \frac{a(1-r^{n+1})}{1-r}$임을 증명하라.

여기서, 초항은 a, 공비는 r이고, $r \neq 1$인 경우이다.

풀이)

등비수열의 각항의 합은 S_n이라고 하면 다음과 같다.

$$S_n = a + ar + ar^2 + \ldots + ar^n$$

여기서 양변에 r을 곱하면 다음과 같다.

$$rS_n = ra + ar^2 + ar^3 + \ldots + ar^{n+1}$$

위의 두식에서 다음의 관계가 성립한다.

$$S_n - rS_n = (1-r)S_n = a(1-r^{n+1})$$

$$\therefore S_n = a\frac{1-r^{n+1}}{1-r}$$

예제3) 등비수열 $S_n = \sum_{k=0}^{n} ar^k$에서 다음의 경우에 등비수열의 합을 구하시오.

① $r = 1$ ② $r < 1$

풀이)

① $r=1$인 경우

$$S_n = \sum_{k=0}^{n} ar^k = \sum_{k=0}^{n} a(1)^k = a+a+\ \dots\ +a = (n+1)a$$

② $r<1$인 경우

$$S_n = \sum_{k=0}^{n} ar^k = \frac{a(1-r^{n+1})}{1-r} = \frac{a}{1-r}\ (\because r<1, n=\infty)$$

예제4) 다음의 순환소수를 분수로 표현하시오.

$p = 0.1666\dots$

풀이)

$p=0.1666\dots$이므로

$100p = 16+(p+0.5)$이 된다.

$99p = 16.5$

$$\therefore p = \frac{16.5}{99} = \frac{1}{6}$$

예제5) 등비수열 $S_n = \sum_{k=m}^{n} ar^k$에서 $r \neq 1$의 경우에 등비수열의 합을 구하시오.

풀이)

등비수열에서 어느 중간 항에서 다른 중간 항까지의 합을 구하는 문제로서

$$S_n = \sum_{k=m}^{n} ar^k = \sum_{k=0}^{n} ar^k - \sum_{k=0}^{m-1} ar^k \text{를 구하면 된다.}$$

$$S_n = \sum_{k=m}^{n} ar^k = \sum_{k=0}^{n} ar^k - \sum_{k=0}^{m-1} ar^k = \frac{a(1-r^{n+1})}{1-r} - \frac{a(1-r^m)}{1-r} = \frac{a(r^m - r^{n+1})}{1-r}$$

$$\therefore S_n = \sum_{k=m}^{n} ar^k = \frac{ar^m(1-r^{n+1-m})}{1-r}$$

예제6) 다음의 등비수열 $S_n = \sum_{n=0}^{9} e^{j\pi n/2}$의 값을 계산하시오.

풀이)

여기서, $e^{j\pi/2} = j, e^{j5\pi} = e^{j\pi}$의 관계를 이용하면 다음과 같다.

$$S_n = \sum_{n=0}^{9} e^{j\pi n/2} = \sum_{n=0}^{9} (e^{j\pi/2})^n = \frac{1-(e^{j\pi/2})^{10}}{1-e^{j\pi/2}} = \frac{1-e^{j5\pi}}{1-j} = \frac{2}{1-j} = \frac{2(1+j)}{2} = 1+j$$

$$\therefore S_n = \sum_{n=0}^{9} e^{j\pi n/2} = 1+j$$

예제7) 다음의 등비수열 $S_n = \sum_{n=0}^{\infty} \left(\frac{1}{2}\right)^n e^{j\pi n/2}$의 값을 계산하시오.

풀이)

여기서, $\left(\frac{1}{2}e^{j\pi/2}\right)^n = \left(\frac{1}{2}e^{j\pi/2}\right)^\infty = 0$의 관계를 이용하면 다음과 같다.

$$S_n = \sum_{n=0}^{\infty} \left(\frac{1}{2}\right)^n e^{j\pi n/2} = \frac{1-0}{1-\frac{1}{2}e^{j\pi/2}} = \frac{1}{1-j0.5} = 0.8 + j0.4$$

$$\therefore S_n = \sum_{n=0}^{\infty}\left(\frac{1}{2}\right)^n e^{j\pi n/2} = 0.8 + j0.4$$

예제8) 어떤 수열 $x[n]$이 다음과 같이 표현될 때 수열의 일반식을 구하시오.

$$x[n] = \left\{1, \frac{1}{2}, \frac{1}{4}, \frac{1}{8}, \ldots\right\}$$

풀이)
주어진 문제에서

$$x[0] = 1,\ x[1] = \frac{1}{2}x[0],\ x[2] = \frac{1}{4} = \frac{1}{2}x[1],\ x[3] = \frac{1}{8} = \frac{1}{2}x[2],\ \ldots$$

이므로, 수열의 일반식은 다음과 같다.

$$\therefore x[n] = \left(\frac{1}{2}\right)^n u[n]$$

여기서, $u[n]$은 단지 수열이라는 것을 표시하는 기호를 나타낸다.

16.2 기본 이산신호

전기전자공학 분야에서 자주 다루는 기본 신호로는 지수신호, 복소지수신호, 삼각함수신호, 단위계단신호, 단위 임펄스 신호 등이 있다. 특히 연속신호와 이산신호의 해석에서 이러한 기본 함수들에 대한 입력과 출력의 관계를 다룬다.

16.2.1 이산지수신호와 이산복소 지수신호

이산지수 신호는 $x[n] = C\alpha^n$으로 표현하고, 이산복소 지수 신호는 C와 α가 복소수인 경우를 말한다.

복소수 $\alpha = e^{j\omega_0}$는 이산 복소 지수신호로써 연속시간의 복소 지수 신호 $\alpha = e^{j\omega_0 t}$와 구분되는 신호이다.

$$x[n] = e^{j\omega_0 n} \tag{16-4}$$

이산 신호는 연속신호를 샘플링하여 얻어진다. 예를 들어서 연속신호 $\sin(\omega_0 t)$를 이산신호로 만들려면 시간 t를 적당한 샘플링 주기 T_s로 자른다.

$$\sin(\omega_0 t) \rightarrow \sin(\omega_0 n T_s) \rightarrow \sin(\breve{\omega}_0 n)$$

즉 이산신호의 주파수는 $\breve{\omega}_0 = \omega_0 T_s = 2\pi \dfrac{T_s}{T}$, $T = 1/f$는 연속신호의 주기이다.

16.2.2 이산 복소 지수함수의 주기성

이산 복소 지수함수는 다음과 같은 특징이 있다.

(a) 복소 지수함수의 주기성 (1)

$$x[n+N] = e^{j\omega_0(n+N)} = e^{j\omega_0 n} \times e^{j\omega_0 N} = e^{j\omega_0 n} \tag{16-5}$$

여기서, $\omega_0 N = 2m\pi$ 에서 $\omega_0/2\pi = m/N$ 의 유리수가 된다.

따라서 이산신호의 주파수 ω_0는 π의 배수이어야 한다.

(b) 복소 지수함수의 주기성 (2)

$x[n] = e^{j\omega_0 n}$에서 이산신호는 주파수가 2π로 제한되기 때문에 다음의 관계가 성립한다.

$$e^{j(\omega_0 + 2\pi)n} = e^{j\omega_0 n} \times e^{j2\pi n} = e^{j\omega_0 n} \quad (\because 0 \le \omega_0 \le 2\pi \text{ 또는 } -\pi \le \omega_0 \le \pi) \tag{16-6}$$

(c) 이산신호의 주파수는 연속신호의 주파수와 다른 개념

이산신호의 주파수 개념은 다음과 같은 개념으로 정의된다.

$0 \le \omega_0 = 2\pi \breve{f} \le 2\pi$는 $0 \le \breve{f} \le 1$ 라는 의미를 갖는다.

마찬가지로 $-\pi \le \omega_0 = 2\pi \breve{f} \le \pi$는 $-0.5 \le \breve{f} \le 0.5$ 라는 의미를 갖는다.

16.2.3 이산 삼각함수

이산 삼각함수 신호인 $\cos(\omega_0 n), \sin(\omega_0 n)$에서도 다음의 오일러 항등식이 성립한다.

$x[n] = e^{j\omega_0 n} = \cos(\omega_0 n) + j\sin(\omega_0 n)$

$$\cos(\omega_0 n) = \frac{e^{j\omega_0 n} + e^{-j\omega_0 n}}{2}, \quad \sin(\omega_0 n) = \frac{e^{j\omega_0 n} - e^{-j\omega_0 n}}{j2} \tag{16-7}$$

16.2.4 이산 단위 계단함수

이산 단위 계단함수인 $u[n]$은 시간함수 $t=0$에서는 정의되지 않는다. 다만 $n=0$에서 정의된다.

$$u[n] = \begin{Bmatrix} 1, & n \geq 0 \\ 0, & n < 0 \end{Bmatrix} \tag{16-8}$$

16.2.5 이산 단위 임펄스 함수

이산 단위 임펄스함수인 $\delta[n]$은 $n=0$에서만 1인 함수로 정의된다.

$$\delta[n] = \begin{Bmatrix} 1, & n = 0 \\ 0, & n \neq 0 \end{Bmatrix} \tag{16-9}$$

연속 함수의 임펄스 함수 $\delta(t)$의 정의는 앞에서 살펴보았듯이 다음과 같다.

$$\int_{0^-}^{0^+} \delta(t)dt = 1 \tag{16-10}$$

16.3 차분방정식의 개요

차분방정식은 이산 변수를 갖는 방정식으로서 연속적인 변수를 갖는 미분방정식과 구분된다. 라플라스변환은 미분방정식의 해를 구하는데 유용하지만 z변환은 차분방정식의 해를 구하는데 유용하다. 또한 s($s=\sigma \pm j\omega$)평면에서 정의되는 라플라스 변환과 z($z = x \pm jy$)평면에서 정의되는 z변환은 상호 변환이 가능하여 유용하게 활용된다.

미분방정식의 활용가치는 말로 표현하기가 어려울 정도로 전 공학분야에서 방대하고 중요하지만, z변환 역시 마이크로프로세서나 컴퓨터를 활용한 이산시간 성분을 포함하는 제어장치 등에서 중요하게 활용되고 있는 실정이다.

다음은 차분방정식의 예로서 n개의 화소를 처리하는 마이크로프로세서에서 영상처리에 필요한 사이클 수를 i라 할 때 사용되는 방정식이다. 여기서 i는 종속변수이고, n은 화소수를 나타낸다거나 하는 이산 값으로서 독립변수이다. 또한 n은 양의 정수로서 $n \in N$의 관계에 있다. 만일 n개 항목의 데이터가 있다면 사용된 사이클 수는 $i[n]$이다. 예를 들어서 $n+1$개 항목들의 데이터가 있고, 사용된 사이클의 수는 $10n+1$씩 증가하는 경우라면 방정식으로 표현하면 다음과 같다.

$$i[n+1] = i[n] + 10n + 1 \qquad (\because i : \text{종속변수}, n : \text{독립변수})$$

여기서 다음의 관계가 성립한다.

$$n=0,\ i[0+1] = i[0] + 10 \cdot 0 + 1 = 1 \qquad (\because i[0] = 0)$$

$$n=1,\ i[1+1] = i[1] + 10 \cdot 1 + 1 = 12 \qquad (\because i[1] = 1)$$

$$n=2,\ i[2+1] = i[2] + 10 \cdot 2 + 1 = 33 \qquad (\because i[2] = 12)$$

$\cdots$

이상과 같이 차분방정식은 이산 변수 n이 증가함에 따라서 숫자의 열을 발생시킨다.
다른 예의 차분방정식은 다음과 같다.

$$x[n+1] - x[n] = 10$$

$$y[k+1] - y[k] = 3k + 10$$

차분방정식의 해는 대상의 독립변수 각각의 값에 대한 종속변수로부터 구해지며, 해는 수열의 형태를 갖는다. 차분방정식을 만족하는 해는 수많은 다양한 수열이 존재한다. 일반해는 모든 수열로서 차분방정식으로부터 얻을 수 있는 모든 가능한 해를 포함한다. 차분 방정식의 일반식은 다음과 같이 표현한다.

$$\sum_{k=0}^{N} a_k y[n-k] = \sum_{k=0}^{N} b_k x[n-k] \tag{16-11}$$

차분 방정식은 현재부터 지연이 작은 순서로 전개한다.

$$a_0 \cdot y[n] + a_1 y[n-1] + a_2 y[n-2] + \cdots = b_0 \cdot x[n] + b_1 x[n-1] + b_2 x[n-2] + \cdots \tag{16-12}$$

차분 방정식은 형태에 따라서 선형, 비선형, 제차(또는 동차), 비제차(또는 비동차) 등으로 나눌 수 있으며 미분 방정식의 분류와 유사하다.

예제9) 차분 방정식 $y[n] - \frac{1}{2}y[n-1] = x[n]$, $x[n] = \delta[n] = 1$의 해를 구하라.
단, $y[-1] = 0$이다.

풀이)
주어진 문제에서 $x[n] = \delta[n]$의 의미는 단위 임펄스 함수로서 $n = 0$에서만 $x[n] = \delta[n] = 1$으로서 $x[0] = \delta[0] = 1$이 되는 값이다. 즉, $\int_{0^-}^{0^+} \delta(t)dt = 1$, 또는 $\int_{0^-}^{0^+} \delta(n)dn = 1$을 의미한다.

$n = 0, 1, 2, \ldots,$ 이라면

$y[n] = x[n] + \frac{1}{2}y[n-1]$에서

$y[0] = x[0] + \frac{1}{2}y[0-1] = x[0] + \frac{1}{2}y[-1] = x[0] + \frac{1}{2}\cdot 0 = x[0] = 1$이고,

$y[0] = x[0] = 1$로 된다.

$y[1] = x[1] + \frac{1}{2}y[1-1] = 0 + \frac{1}{2}y[0] = \frac{1}{2}$,

$y[2] = x[2] + \frac{1}{2}y[2-1] = 0 + \frac{1}{2}y[1] = \frac{1}{2}\cdot\frac{1}{2} = \frac{1}{4}$,

$$y[3]=x[3]+\frac{1}{2}y[3-1]=0+\frac{1}{2}y[2]=\frac{1}{2}\cdot\frac{1}{4}=\frac{1}{8},\ldots$$

의 관계가 있다.

$y[n]$ 해를 일반식으로 나타내면

$y[n]=\left(\frac{1}{2}\right)^n u[n]$로 표현할 수 있다.

예제10) 차분 방정식 $y[n]-3y[n-1]=0$의 해를 구하라. 단 $y[-1]=1$이다.

풀이)

$n=0,1,2,\ldots,$ 이라면

$y[0]-3y[0-1]=0$에서

$y[0]=3y[-1]=3,$

$y[1]=3y[0]=3\cdot3=9,$

$y[2]=3y[1]=3\cdot9=27,$

$y[3]=3y[2]=3\cdot27=81,\ldots$

의 관계가 있다.

일반식으로는

$y[n]=3\times3^n\cdot u[n]$ 이다.

여기서 $u[n]$는 이산 단위 계단 함수이다. 각각 $n=0,1,2,\ldots$에서 1인 값을 의미한다.

예제11) A가 상수일 때 $x[n]=A2^n$가 차분방정식 $x[n+1]-2x[n]=0$의 일반해임을 증명하고, $x[0]=2$의 초기조건을 이용하여 특수해를 구하라.

풀이)

$x[n]=A2^n$이므로

$$x[n+1]-2x[n]=x[n+1]-2A2^n=x[n+1]-A2^{n+1}=0$$

$x[n+1]=A2^{n+1}$이 되고, 이를 원식에 대입하면

$$x[n+1]-2x[n]=A2^{n+1}-2A2^n=0$$

가 되어 $x[n]=A2^n$가 주어진 차분방정식의 해이다.

만약 위의 차분방정식에서 초기값이 $n=0$에서 $x[0]=2$라면 상수 A를 다음과 같이 구할 수 있다. 일반해 $x[n]=A2^n$에서

$$n=0,\ x[0]=A2^0=A=2$$

따라서 차분방정식의 특수해는

$$\therefore\ x[n]=A2^n=2\cdot 2^n u[n] \quad (\because u[n]\text{는 수열을 의미, 생략가능})$$

독립변수가 아닌 종속변수가 다음과 같이 1차 멱곱에서만 있다면 방정식은 선형차분방정식이다.

$$3x[n+1]-x[n]=5$$

$$y[n+1]-3y[n-1]=n^2$$

$$kz[k+2]+2z[k]=z[k-1]$$

독립변수가 아닌 종속변수가 다음과 같이 1차 멱곱 이외의 경우에 있다면 방정식은 비선형차분방정식이다.

$$(2x[n+1])^2 - x[n] = 5$$

$$y[n+1] = \sqrt{y[n-1]}$$

$$z[k+1]2z[k] = n^2 + 10$$

$$\sin x[n] = x[n-1]$$

sin항은 그 자체로서 비선형이다.

차분방정식의 차수는 종속변수 안의 가장 높은 독립변수와 가장 낮은 독립변수 사이의 차이를 말한다.

$$2x[n+2] - x[n+1] - 6x[n] = \delta[n]$$

에서 차분방정식의 차수는 $n+2$와 n의 차가 2이기 때문에 2차이다.

$$2x[n+2]x[n-1] = 6x[n]$$

에서 차분방정식의 차수는 $n+2$와 $n-1$의 차가 3이기 때문에 3차이다.
차분방정식에서 독립변수가 한번만 나오는 경우를 영차수라고 하고 비순환이라고 정의하고 반복적으로 사용되는 독립변수를 순환 차분방정식이라고 정의한다.
다음은 영차수이고 비순환 차분방정식을 나타낸다.

$$x[n] = n^2 + n + 1$$

또한 차분방정식에서 종속변수를 왼쪽으로 정리하여 우변이 0이 되는 차분방정식을 동차라고 정의하고, 0이 아닌 차분방정식을 비동차 차분방정식이라고 정의한다.

비동차 $3nx[n+1]-x[n-1]=2n^3$

동차 $3nx[n+1]-x[n-1]=0$

또한 $3nx[n+1]-x[n-1]=0$ 차분방정식에서 종속변수인 x의 계수 $3n$과 -1을 차분방정식의 계수라고 정의안다.

일반적으로 $x[n]$과 $x[n-1]$의 차이는 n다음에 $n-1$이 일어나는 것을 나타내는 것으로 시간지연이 있다는 것을 의미한다.

16.4 z 변환

16.4.1 z변환의 정의

앞에서 연속 시간 함수로 표현되는 미분방정식을 대수 방정식으로 표현하기 위해서 다음의 라플라스 변환을 살펴보았다.

$$F(s)=\mathcal{L}[f(t)]=\int_0^{\infty} f(t)e^{-st}dt, \ (\because s=\sigma+j\omega) \tag{16-13}$$

본 절에서는 종속변수와 독립변수가 $f[k], k\in N$와 같이 수열이라고 할 때, 이러한 수열은 연속신호를 표본화함으로써 발생할 수 있다. 수열 $f[k]$의 z변환은 다음과 같이 양방향 z변환과 단방향 z변환으로 정의된다. 뒤에서 나오겠지만 차분방정식의 표현에서는 일반적으로 단방향 z변환을 의미한다.

$$F(z)=Z\{f[k]\}=\sum_{k=-\infty}^{\infty} f[k]z^{-k}, \ (\because z=re^{j\omega}) \text{ 양방향 } z\text{변환} \tag{16-14}$$

$$F(z)=Z\{f[k]\}=\sum_{k=0}^{\infty} f[k]z^{-k}, \text{ 단방향 } z\text{변환} \tag{16-15}$$

이를 z변환이라고 하고, 라플라스변환의 이산시스템 표현이다. 여기서 $Z\{f[k]\}$는 수열의 항들로 구성되는 무한급수이다.

$$Z\{f[k]\}=f[0]+\frac{f[1]}{z}+\frac{f[2]}{z^2}+\ldots \tag{16-16}$$

무한급수라고해서 열린 상태가 아니라 닫혀진 상태로 표현하는 것이 가능하다. 즉 절대수렴의 반경내에 존재하는 z값들이 유의미하다. 이를 수렴영역 ROC $(Region\ of\ Convergence)$이라고 명명한다.
라플라스변환의 역변환은

$$f(t) = \frac{1}{j2\pi}\int_{\sigma - j\omega}^{\sigma + j\omega} F(s)e^{st}ds \tag{16-17}$$

로서, 복소 적분함수이고, 마찬가지로 z변환의 역변환은

$$x[n] = \frac{1}{j2\pi}\oint X(z)e^{n-1}dz \tag{16-18}$$

로써 직접 계산하는 것은 어렵기 때문에 라플라스 변환에서와 마찬가지로 z변환표를 이용하여 역변환을 구한다.

예제12) 다음의 수열함수에 대해서 z변환을 구하라.
$f[n] = (3, 4, 5, 6)$

풀이)
$f[n]$는 4개의 값을 갖고, $f[0] = 3$이다. 따라서,

$$F(z) = Z\{f[n]\} = \sum_{n=-\infty}^{\infty} f[n]z^{-n}$$

식을 이용하여 n이 음의 범위에는 존재하지 않으므로

$$\therefore F(z) = Z\{f[n]\} = \sum_{n=0}^{3} f[n]z^{-n} = 3 + 4z^{-1} + 5z^{-2} + 6z^{-3}$$

예제13) 다음의 수열함수에 대해서 z변환을 구하라.

$f[n] = u[n]$

풀이)

$f[n] = u[n]$는 양의 각 점에서 1인 값을 의미한다. 따라서,

$$F(z) = Z\{f[n]\} = \sum_{n=-\infty}^{\infty} u[n]z^{-n} = \sum_{n=0}^{\infty}(1)z^{-n} = 1 + z^{-1} + z^{-2} + \ldots$$

로 되고, $|z^{-1}| > 1$이면 이 수열은 수렴하지 않아서(발산) 무의미하다.

$|z^{-1}| < 1$일 때, 다음과 같다.

$$F(z) = \sum_{n=0}^{\infty}(1)z^{-n} = 1 + z^{-1} + z^{-2} + \ldots = \frac{1}{1 - z^{-1}}$$

$$\therefore F(z) = Z\{f[n]\} = \sum_{n=0}^{\infty}(1)z^{-n} = \frac{1}{1 - z^{-1}} = \frac{z}{z - 1}$$

예제14) 다음의 수열함수에 대해서 z변환을 구하라. 단방향으로만 고려한다.

$f[n] = a^n u[n]$

풀이)

$|r| < 1$에 대해서 등비수열의 합 $\sum_{n=0}^{\infty}(r)^n = \frac{1}{1-r}$인 관계를 이용하여 $f[n] = a^n u[n]$의 z변환은 다음과 같다.

$$F(z) = Z\{f[n]\} = \sum_{n=-\infty}^{\infty} f[n]z^{-n} = \sum_{n=0}^{\infty} a^n u[n]z^{-n} = \sum_{n=0}^{\infty} a^n(1)z^{-n} = \sum_{n=0}^{\infty}(az^{-1})^n$$

로 되고, $|az^{-1}|>1$이면 이 수열은 수렴하지 않아서 무의미하다.
$|az^{-1}|<1$일 때, 즉 수렴영역 $|a|<|z|$범위에서 다음과 같이 정의된다.

$$F(z)=\sum_{n=0}^{\infty}(az^{-1})^n \equiv \frac{1}{1-az^{-1}}=\frac{z}{z-a}$$

$$\therefore F(z)=Z\{f[n]\}=\sum_{n=0}^{\infty}a^n u[n]z^{-n}=\frac{1}{1-az^{-1}}=\frac{z}{z-a}, (\because |z|>|a| \text{ 수렴영역})$$

어떤 수열함수가 z변환 값을 갖기 위해서는 라플라스 변환과 마찬가지로 수렴영역의 설정이 필요하다.

예제15) 다음의 수열함수 $x[n]=\left(\frac{1}{2}\right)^n u[n]$에 대해서 z변환을 구하고, 수렴영역을 구하라.

풀이)

먼저 $x[n]=\left(\frac{1}{2}\right)^n u[n]$의 z변환은 다음과 같다.

$$X(z)=Z\{x[n]\}=\sum_{n=-\infty}^{\infty}x[n]z^{-n}=\sum_{n=0}^{\infty}\left(\frac{1}{2}\right)^n u[n]z^{-n}=\sum_{n=0}^{\infty}\left(\frac{1}{2}\right)^n (1)z^{-n}$$

$$=\sum_{n=0}^{\infty}\left(\frac{1}{2}z^{-1}\right)^n=\frac{1}{1-\frac{1}{2}z^{-1}}=\frac{z}{z-\frac{1}{2}} \quad \left(\because |z|>\frac{1}{2}\text{의 수렴 범위에서 성립}\right)$$

$$\therefore X(z)=\frac{1}{1-\frac{1}{2}z^{-1}}=\frac{z}{z-\frac{1}{2}}$$

예제16) 다음의 수열함수 $y[n]=-\left(\frac{1}{2}\right)^n u[-n-1]$에 대해서 z변환을 구하고, 수렴영역을 구하라.

풀이)

$y[n]=-\left(\frac{1}{2}\right)^n u[-n-1]$의 z변환은 다음과 같다.

$$Y(z)=Z\{y[n]\}=\sum_{n=-\infty}^{\infty} y[n]z^{-n}=\sum_{n=-\infty}^{\infty}-\left(\frac{1}{2}\right)^n u[-n-1]z^{-n}=-\sum_{n=-\infty}^{-1}\left(\frac{1}{2}\right)^n(1)z^{-n}$$

여기서 n을 $-m$으로 치환하면 다음과 같다.

$$-\sum_{n=-\infty}^{-1}\left(\frac{1}{2}\right)^n z^{-n}=-\sum_{m=\infty}^{1}\left(\frac{1}{2}\right)^{-m} z^{+m}=-\sum_{m=\infty}^{1}2^{+m}z^{+m}$$

$$=-\sum_{m=\infty}^{1}(2z)^m=-\sum_{m=1}^{\infty}(2z)^m=-\sum_{m=0}^{\infty}(2z)^m+1$$

$$=-\frac{1}{1-2z}+1=-\frac{1}{1-2z}+\frac{1-2z}{1-2z}=\frac{-2z}{1-2z}$$

이를 다시 정리하면 다음과 같다.

$$\therefore\ Y(z)=\frac{-2z}{1-2z}=\frac{1}{1-\frac{1}{2}z^{-1}}=\frac{z}{z-\frac{1}{2}}$$

$\left(\because\ \left|\frac{1}{2}z^{-1}\right|<1\text{일 때, 즉 }|z|>\frac{1}{2}\text{의 수렴 범위에서 성립}\right)$

예제 15와 예제 16의 z변환 결과는 같지만 수렴 영역만 차이가 있다는 것을 기억하기 바란다.

16.4.2 시간 지연 수열 함수의 z변환

시간 지연이 있는 수열 함수의 z변환은 다음과 같다.

$$X(z) = \sum_{n=0}^{\infty} x[n-n_0]z^{-n}, \ (\because k = n-n_0, n = k+n_0)$$

$$X(z) = \sum_{k+n_0=0}^{\infty} x[k]z^{-(k+n_0)} = z^{-n_0}\sum_{k=-n_0}^{\infty} x[k]z^{-k}$$

$$= z^{-n_0}\sum_{k=0}^{\infty} x[k]z^{-k} + z^{-n_0}\sum_{k=-n_0}^{-1} x[k]z^{-k}$$

$$= z^{-n_0}X(z) + z^{1-n_0}x[-1] + z^{2-n_0}x[-2] + \dots + x[-n_0] \quad \text{(16-19)}$$

따라서 $x[n]$의 z변환을 $X(z)$이라할 때, $x[n-1]$의 z변환은 $z^{-1}X(z)+x[-1]$이 되고, $x[n-2]$의 z변환은 $z^{-2}X(z)+z^{-1}x[-1]+x[-2]$이 되며, 초기조건 $x[-1], x[-2]$가 주어지면 차분방정식의 특수해도 쉽게 구할 수 있다.

16.4.3 단방향 z변환

차분방정식의 풀이에서 이용되는 단방향 z변환은 $n \geq 0$인 경우에 해당된다.

$$F(z) = Z\{f[k]\} = \sum_{k=0}^{\infty} f[k]z^{-k} = f[0] + f[1]z^{-1} + f[2]z^{-2} + \dots$$

다시 말해서 단방향 z변환의 경우를 말한다.

16.4.4 수열함수의 z변환 적용 예

차분 방정식의 풀이에 이용되는 단방향 z변환은 $n \geq 0$인 경우로 정의된다.

$$X(z) = \sum_{n=0}^{\infty} x[n]z^{-n} = x[0] + z^{-1}x[1] + z^{-2}x[2] + \dots \tag{16-20}$$

다음의 예제를 통하여 적용 예를 살펴보면 다음과 같다.

예제17) 다음의 수열함수에 대해서 z변환을 구하라.

$$f[k] = \begin{cases} 1 & k = 0 \\ 0 & k \neq 0 \end{cases}$$

풀이)

$$F(z) = Z\{f[k]\} = \sum_{k=0}^{\infty} f[k]z^{-k}$$

$$= f[0] + \frac{f[1]}{z} + \frac{f[2]}{z^2} + \dots$$

$$= 1 + \frac{0}{z} + \frac{0}{z^2} + \dots$$

$$= 1$$

$$\therefore F(z) = 1$$

이를 크로네커 델타 수열이라고 하고, $\delta[k]$라고도 표시한다.

예제18) 다음의 수열함수에 대해서 z변환을 구하라.

$f[k] = 1$ (모든 k는 수열)

풀이)

$$F(z) = Z\{f[k]\} = \sum_{k=0}^{\infty} f[k]z^{-k}$$

$$= f[0] + \frac{f[1]}{z} + \frac{f[2]}{z^2} + \ldots$$

$$= 1 + \frac{1}{z} + \frac{1}{z^2} + \ldots$$

이는 1인 첫 항과 공비 $\frac{1}{z}$인 등비수열이다. 이 수열은 수렴영역이 $|z| > 1$인 경우라면 무한급수의 합은 다음과 같다.

$$\frac{1}{1-1/z} = \frac{z}{z-1}$$

따라서 $F(z) = \frac{1}{1-1/z} = \frac{z}{z-1}$는 수렴영역 $|z| > 1$에서 수렴한다. 즉 $|z| > 1$에서 $F(z) = \frac{z}{z-1}$이다.

예제19) 단위램프 수열함수 $f[k] = k$, k는 수열 N이라 할 때 $F(z)$을 구하라.

풀이)

$$F(z) = Z\{f[k]\} = \sum_{k=0}^{\infty} f[k] z^{-k} = \sum_{k=0}^{\infty} k z^{-k}$$

$$= 0 + \frac{1}{z} + \frac{2}{z^2} + \frac{3}{z^3} \cdots$$

$$= \frac{1}{z} + \frac{2}{z^2} + \frac{3}{z^3} \cdots$$

$$= \frac{1}{z}\left\{1 + \frac{2}{z} + \frac{3}{z^2} \cdots\right\}$$

여기서 $\left|\frac{1}{z}\right| < 1$인 $|z| > 1$의 조건에서 이항정리를 이용하면

$\left\{1+\frac{2}{z}+\frac{3}{z^2}\cdots\right\}=\left(1-\frac{1}{z}\right)^{-2}$의 관계가 있으므로 $F(z)=Z\{f[k]\}$는

$$\therefore\ F(z)=Z\{f[k]\}=\frac{1}{z}\left(1-\frac{1}{z}\right)^{-2}=\frac{z}{(z-1)^2}\quad(|z|>1)$$

예제20) 상수 A를 포함하는 경우의 수열함수 $f[k]=Ak,\ k\in$수열 N이라면 $F(z)$을 구하라.

풀이)

$$F(z)=Z\{f[k]\}=\sum_{k=0}^{\infty}f[k]z^{-k}=\sum_{k=0}^{\infty}Akz^{-k}$$

$$=A\left(0+\frac{1}{z}+\frac{2}{z^2}+\frac{3}{z^3}\cdots\right)$$

$$=A\left(\frac{1}{z}+\frac{2}{z^2}+\frac{3}{z^3}\cdots\right)$$

$$=A\left[\frac{1}{z}\left\{1+\frac{2}{z}+\frac{3}{z^2}\cdots\right\}\right]$$

여기서 $\left|\frac{1}{z}\right| < 1$인 $|z| > 1$의 조건에서 이항정리를 이용하면

$\left\{1+\frac{2}{z}+\frac{3}{z^2}\cdots\right\}=\left(1-\frac{1}{z}\right)^{-2}$의 관계가 있으므로 $F(z)=Z\{f[k]\}$는

$$\therefore\ F(z)=Z\{f[k]\}=\frac{A}{z}\left(1-\frac{1}{z}\right)^{-2}=\frac{Az}{(z-1)^2}\quad(|z|>1)$$

다음은 기본 수열함수들에 대한 z변환표를 보이고 있으며 활용하기 바란다.

또한, $f[k]$의 z변환은 $F(z)$이고, 시간 지연이 있는 $f[k-1]$의 z변환은 $z^{-1}F(z)-z^{0}y[-1]$의 관계가 있고, $f[k-2]$의 z변환은 $z^{-2}F(z)-z^{-1}y[-1]-z^{0}y[-2]$의 관계가 있으며, 이외에 z변환의 제 정리가 16.6절에 잘 정리되어 있으니 활용하기 바란다.

표1. 기본 수열함수들의 z변환

$f[k]$	$F(z)$	$f[k]$	$F(z)$
$\delta[k]=\begin{cases}1 & k=0\\ 0 & k\neq 0\end{cases}$	1	k^2	$\dfrac{z(z+1)}{(z-1)^3}$
$u[k]=\begin{cases}1 & k\geq 0\\ 0 & k<0\end{cases}$	$\dfrac{z}{z-1}$	k^3	$\dfrac{z(z^2+4z+1)}{(z-1)^4}$
k	$\dfrac{z}{(z-1)^2}$	$\sin ak$	$\dfrac{z\sin a}{z^2-2z\cos a+1}$
e^{-ak}	$\dfrac{z}{z-e^{-a}}$	$\cos ak$	$\dfrac{z(z-\cos a)}{z^2-2z\cos a+1}$
a^k	$\dfrac{z}{z-a}$	$e^{-ak}\sin bk$	$\dfrac{ze^{-a}\sin b}{z^2-2ze^{-a}\cos b+e^{-2a}}$
ka^k	$\dfrac{az}{(z-a)^2}$	$e^{-ak}\cos bk$	$\dfrac{z^2-ze^{-a}\cos b}{z^2-2ze^{-a}\cos b+e^{-2a}}$
k^2a^k	$\dfrac{az(z+a)}{(z-a)^3}$	$Ae^{-ak}\cos bk$	$\dfrac{A(z^2-ze^{-a}\cos b)}{z^2-2ze^{-a}\cos b+e^{-2a}}$

예제21) 다음 함수들의 z변환을 구하라.

① $\sin 2k$ ② $e^{2k}\cos 3k$

풀이)

① 수열 함수 $f[k]=\sin 2k$이므로 $F(z)=\dfrac{z\sin a}{z^2-2z\cos a+1}$ 식을 이용하면

$$F(z)=\frac{z\sin a}{z^2-2z\cos a+1}=\frac{z\sin 2}{z^2-2z\cos 2+1}$$

가 된다.

② 수열 함수 $f[k]= e^{2k}\cos 3k$이므로

$f[k]=e^{-ak}\cos bk$ 는 $F(z)=\dfrac{ze^{-a}\sin b}{z^2-2ze^{-a}\cos b+e^{-2a}}$로 z 변환되므로

$a=-2, b=3$라고 하면 다음과 같이 변환된다.

$$F(z)=\frac{z^2-ze^2\cos 3}{z^2-2ze^2\cos 3+e^4}$$

가 된다.

16.5 z함수의 역변환

z변환은 지수신호의 합으로 표현되며 역변환은 복소적분을 계산하여야 한다. 하지만 z변환의 역변환은 라플라스 역변환과 마찬가지로 복소함수를 계산하지 않고 변환표를 역으로 이용하여 역변환 값을 구한다. 즉 z변환은 $X(z)=B(z)/A(z)$와 같이 다항식으로 표현되므로 직접 나누거나 부분분수 법으로 변환하여 계산한다.

$$x[n] = Z^{-1}\{X(z)\} = \frac{1}{j2\pi}\oint X(z)z^{n-1}dz$$

16.5.1 역 z변환 직접 구하기

역 z변환을 직접 구하는 경우는 간단한 함수 이외에는 극히 사용이 제한되지만, 적용 예는 다음과 같다. 즉, $X(z)=\dfrac{1}{1-az^{-1}}$을 직접 무한급수 형태로 나타내면 다음과 같다.

$$X(z)=1+az^{-1}+a^2z^{-2}+a^3z^{-3}+\ldots$$

여기서, $X(z)=\sum_{n=0}^{\infty}x[n]z^{-n}=\sum_{n=0}^{\infty}a^nz^{-n}=\sum_{n=0}^{\infty}(az^{-1})^n$이므로, $x[n]=a^n$으로 유추할 수 있다.

16.5.2 미정계수법과 부분 분수법

라플라스 역변환과 마찬가지로 z변환의 역변환도 미정계수법이나 부분 분수법을 이용하여 구한다. 차이는 z변환의 역변환에는 z의 지수에는 z^{-n}의 형태로 되어 있다는 점이다.

예제22) 다음의 z변환 함수 $X(z)=\dfrac{1}{1-\frac{3}{2}z^{-1}+\frac{1}{2}z^{-2}}$ 역변환 수열함수를 구하시오.

풀이)

먼저 $X(z)=\dfrac{1}{1-\frac{3}{2}z^{-1}+\frac{1}{2}z^{-2}}$에서 분모를 인수분해하여 부분분수를 만들어 미정계수를 구하여 z변환 함수의 역변환 함수를 구할 수 있다.

$$X(z)=\frac{1}{1-\frac{3}{2}z^{-1}+\frac{1}{2}z^{-2}}=\frac{1}{(1-\frac{1}{2}z^{-1})(1-z^{-1})}=\frac{A}{(1-\frac{1}{2}z^{-1})}+\frac{B}{(1-z^{-1})}$$

에서 $A(1-z^{-1})+B(1-\frac{1}{2}z^{-1})=1$이므로, $A=-1, B=2$이다.

$$X(z)=\frac{-1}{(1-\frac{1}{2}z^{-1})}+\frac{2}{(1-z^{-1})}=\frac{-z}{(z-\frac{1}{2})}+\frac{2z}{(z-1)}$$

$$\therefore x[n]=-\left(\frac{1}{2}\right)^n u[n]+2u[n]$$

16.6 z 변환의 제 성질

라플라스변환이나 푸리에 변환처럼 선형성, 시간이동, 주파수 이동, 공액 대칭, 컨볼루션 등의 성질이 있다.

$$f[k] \leftarrow \begin{Bmatrix} z\text{ 변 환} \\ z\text{ 역변환} \end{Bmatrix} \rightarrow X(z)$$

- 선형 정리

만일 $f[k]$와 $g[k]$가 수열이고, c가 상수이면 다음의 관계가 성립한다.

$$Z\{f[k]+g[k]\} = Z\{f[k]\} + Z\{g[k]\} \qquad \textbf{(16-21)}$$

$$Z\{cf[k]\} = cZ\{f[k]\}$$

- 시간이동 정리 (1)

양방향 시간 이동은

$$\sum_{n=-\infty}^{\infty} x[n-n_0]z^{-n} = \sum_{m=-\infty}^{\infty} x[m]z^{-(n_0+m)} = z^{-n_0}\sum_{n=-\infty}^{\infty} x[m]z^{-m} \text{ 이므로,}$$

$$Z\{f[n-n_0]u[n-n_0]\} = z^{-n_0}F(z),\ (n_0\text{는 양의 정수})$$

마찬가지로 $f[k]$는 수열이고, $f[k]$의 z변환은 $F(z)$라면,

$$Z\{f[k-i]u[k-i]\} = z^{-i}F(z),\ (i\text{는 양의 정수}) \qquad \textbf{(16-22)}$$

차분 방정식의 풀이에 사용하는 단방향 z변환은 $\sum_{n=0}^{\infty} x[n-n_0]z^{-n}$ 에서

$n-n_0=m$으로 치환하면 $n=n_0+m$이다. 이를 $\sum_{n=0}^{\infty} x[n-n_0]z^{-n}$ 이 대입하면 가음과 같다.

$$\sum_{n=0}^{\infty} x[n-n_0]z^{-n} = \sum_{m+n_0=0}^{\infty} x[m]z^{-(n_0+m)} = z^{-n_0}\sum_{m=0}^{\infty} x[m]z^{-m} + z^{-n_0}\sum_{m=-1}^{-n_0} x[m]z^{-m}$$

이를 다시 쓰면 다음과 같다.

$$\sum_{n=0}^{\infty} x[n-n_0]z^{-n} = z^{-n_0}X(z) + z^{1-n_0}x[-1] + z^{2-n_0}x[-2] + \dots + x[-n_0]$$

예제23) 다음의 수열함수 $x[n-2]$의 단방향 z변환을 구하시오.

풀이)

먼저 $\sum_{n=0}^{\infty} x[n-n_0]z^{-n} = z^{-n_0}X(z) + z^{1-n_0}x[-1] + z^{2-n_0}x[-2] + \dots + x[-n_0]$에서

$n_0 = 2$이므로,

$$\therefore \sum_{n=0}^{\infty} x[n-2]z^{-n} = z^{-2}X(z) + z^{-1}x[-1] + z^{0}x[-2]$$

- 시간이동 정리 (2)

만일 $f[k]$는 수열이고, $f[k]$의 z변환은 $F(z)$라면,

$$Z\{f[k+i]\} = z^{i}F(z) - (z^{i}f[0] + z^{i-1}[1] + \dots + zf[i-1]), (i\text{는 양의 정수}) \quad \textbf{(16-23)}$$

여기서, $i = 1$이라면

$$Z\{f[k+1]\} = zF(z) - zf[0]$$

만일 $i = 2$라면

$$Z\{f[k+2]\} = z^{2}F(z) - z^{2}f[0] - zf[1]$$

- 시간 반전 정리

시간 반전 정리는 다음과 같은 경우를 말한다.

$$\sum_{n=-\infty}^{\infty} x[-n]z^{-n} = \sum_{-m=-\infty}^{-m=\infty} x[m]z^{m} = \sum_{m=-\infty}^{\infty} x[m]\left(\frac{1}{z}\right)^{-m} = X\left(\frac{1}{z}\right) \tag{16-24}$$

예제24) 다음의 수열함수 $x[n+n_0]$의 단방향 z변환을 구하시오.

풀이)

먼저 주어진 수열의 z변환은 다음과 같다.

$\sum_{n=0}^{\infty} x[n+n_0]z^{-n}$에서 $m=n+n_0$로 치환하면, $n=m-n_0$이므로

$\sum_{n=0}^{\infty} x[n+n_0]z^{-n} = \sum_{m-n_0=0}^{\infty} x[m]z^{-(m-n_0)} = z^{n_0}\sum_{m=n_0}^{\infty} x[m]z^{-m}$이고,

$\sum_{m=n_0}^{\infty} x[m]z^{-m} = \sum_{m=0}^{\infty} x[m]z^{-m} - \sum_{m=0}^{n_0-1} x[m]z^{-m}$이 된다.

$$\therefore \sum_{n=0}^{\infty} x[n+n_0]z^{-n} = z^{n_0}X(z) - z^{n_0}x[0] - z^{n_0-1}x[1] - z^{n_0-2}x[2] - \dots - z^{1}x[n_0-1]$$

- **시간 확장 정리**

시간 확장 정리는 연속시간의 라플라스 변환에서의 스케일 정리와 모양은 같지만 개념은 다르다.

$$\mathcal{L}\,[x(at)] = X(s) = \frac{1}{a}X(\frac{s}{a}) \tag{16-25}$$

즉, 이산시간의 지수 n은 정수이므로 $x[an]$에서 값 an이 정수이어야 하므로 a가 정수가 되어야 한다. 다시 말해서 $a<1$(시간 압축)는 불가능 하다. 따라서 $a>1$인 경우에만 정의가 가능하다. 예를 들어 $x[2n]$은 $x[n]$의 짝수 번 째 샘플만으로 구성된다.

정수 k에 대하여 $x_{(k)}[n]$가 다음과 같을 때

$$x_{(k)}[n] = \begin{Bmatrix} x[\frac{n}{k}],\ n = km \\ 0,\ n \neq km \end{Bmatrix}$$

z변환은 다음과 같다.

$$\sum_{n=-\infty}^{\infty} x_{(k)}[n]z^{-n} = X(z^k) \tag{16-26}$$

- 컨볼루션 대칭 정리(공액 대칭정리)

공액 대칭 정리는 다음과 같다.

$$\sum_{n=-\infty}^{\infty} x^*[n]z^{-n} = \sum_{n=-\infty}^{\infty} x^*[n](z^*)^{-n})^* = \left\{ \sum_{n=-\infty}^{\infty} x[n](z^*)^{-n}) \right\}^*$$

여기서

$\left\{ \sum_{n=-\infty}^{\infty} x[n](z)^{-n}) \right\}^* = X^*(z)$ 이므로, 다음의 관계가 성립한다.

$$\sum_{n=-\infty}^{\infty} x^*[n]z^{-n} = X^*(z^*) \tag{16-27}$$

- 복소평행이동 정리 또는 주파수 이동 정리

만일 $f[k]$는 수열이고, $f[k]$의 z변환은 $F(z)$라면,

$$Z\{e^{-bk}f[k]\} = F(e^b z) \tag{16-28}$$

- 미분 정리

미분 정리의 정의는 다음과 같다.

$$\frac{dX(z)}{dz} = \frac{d}{dz}\sum_{n=-\infty}^{\infty} x[n]z^{-n} = -\sum_{n=-\infty}^{\infty} nx[n]z^{-n-1} = -\frac{1}{z}\sum_{n=-\infty}^{\infty} nx[n]z^{-n}$$

$$\therefore \sum_{n=-\infty}^{\infty} nx[n]z^{-n} = -z\frac{dX(z)}{dz} \tag{16-29}$$

- 컨볼루션 정리

$$\sum_{n=-\infty}^{\infty} \{x^*[n]h[n]\}z^{-n} = X(z)H(z) \tag{16-30}$$

표2. z변환의 제 정리

z변환 제 정리 종류	$f[k]$	$F(z)$
선형 정리	$Z\{f[k]+g[k]\}$	$F(z)+G(z)$
시간이동 정리(1)	$x[n-n_0]$	$z^{-n_0}X(z)+z^{1-n_0}x[-1]+z^{2-n_0}x[-2]+...+x[-n_0]$
시간이동 정리(2)	$x[n+n_0]$	$z^{n_0}X(z)-(z^{n_0}f[0]+z^{n_0-1}[1]+...+zf[n_0-1])$
시간반전 정리	$x[-n]$	$X\left(\frac{1}{z}\right)$
시간확장 정리	$x_{(k)}[n]$	$X(z^k)$
공액대칭 정리	$x^*[n]$	$X^*(z^*)$
주파수이동 정리	$e^{j\omega_0 n}x[n]$	$X(e^{-j\omega_0}z)$
미분정리	$nx[n]$	$-z\frac{dX(z)}{dz}$
공액정리	$x^*[n]h[n]$	$X(z)H(z)$
1차 차분 정리	$x[n]-x[n-1]$	$(1-z^{-1})X(z)$
합산 정리	$\sum_{k=-\infty}^{n} x[k]$	$\frac{1}{1-z^{-1}}X(z)$

예제25) 수열 $f[k]$의 z변환이 $F(z)=\frac{z+2}{z-2}$일 때, 수열 $f[k]$를 구하라.

풀이)

주어진 $F(z)$는 부분분수 전개에 의해서 다음과 같이 정리된다.

$$F(z)=\frac{z+2}{z-2}=\frac{z}{z-2}+\frac{2}{z-2}$$

z변환 표에 의해서

$$Z\{2^k\} = \frac{z}{z-2}$$

로 된다. 따라서 역변환식으로 쓰면

$$Z^{-1}\left\{\frac{z}{z-2}\right\} = 2^k$$

로 쓸 수 있다. 또한 두 번째 항은 다음과 같이 된다.

$$\frac{2}{z-2} = \frac{2}{z}\frac{z}{z-2} = 2z^{-1}\frac{z}{z-2}$$

이는 시간이동정리(1)에 의해서

$$Z\{2(2)^{k-1}u[k-1]\} = 2z^{-1}\frac{z}{z-2}$$

이를 정리하면 다음과 같이 된다.

$$Z^{-1}\left\{\frac{z+2}{z-2}\right\} = Z^{-1}\left\{\frac{z}{z-2}\right\} + Z^{-1}\left\{2z^{-1}\frac{z}{z-2}\right\}$$

$$\therefore f[k] = 2^k + 2(2)^{k-1}u[k-1]$$

예제26) 차분방정식 $y[k+1] - 2y[k] = 0,\ y[0] = 2$를 만족하는 해를 구하라.

풀이)
방정식의 양단을 z변환하면 다음과 같다.

$$Z\{y[k+1] - 2y[k]\} = Z\{0\} = 0$$

$Z\{0\}=0$이므로 선형성의 성질을 이용하면 다음과 같다.

$$Z\{y[k+1]\}-2Z\{y[k]\}=0$$

좌변의 첫 항에 시간이동정리(2) 이론을 적용하면

$$zZ\{y[k]\}-2z-2Z\{y[k]\}=0$$

이 된다. $Z\{y[k]\}=Y(z)$로 쓰면 다음과 같이 정리된다.

$$zY(z)-2z-2Y(z)=0$$

$$(z-2)Y(z)=2z$$

이 된다. 따라서 z변환은 다음과 같다.

$$Y(z)=\frac{2z}{(z-2)}$$

이의 역변환은 z변환 표를 참조하면

$$y[k]=2(2)^k$$

의 수열 값을 얻는다.

16.7 차분방정식의 응용

16.7.1 차분 방정식의 일반식

연속시스템에서 입력 $x(t)$, 출력 $y(t)$인 시스템을 표현하는 상수 계수의 미분 방정식의 일반식은

$$\sum_{k=0}^{N} a_k \frac{d^k y(t)}{dt^k}=\sum_{k=0}^{M} b_k \frac{d^k x(t)}{dt^k} \quad \text{(16-31)}$$

이 미분 방정식은 항상 도함수의 최고계수를 기준으로 전개한다.

$$a_N \cdot \frac{d^N y(t)}{dt^N} + a_{N-1} \cdot \frac{d^{N-1} y(t)}{dt^{N-1}} + \ldots = b_M \cdot \frac{d^M y(t)}{dt^M} + b_{M-1} \cdot \frac{d^{M-1} y(t)}{dt^{M-1}} + \ldots$$

이에 대응하는 차분 방정식은 다음과 같다.

$$\sum_{k=0}^{N} a_k y[n-k] = \sum_{k=0}^{M} b_k x[n-k] \qquad (16\text{-}32)$$

이제 차분 방정식을 지연이 작은 순서부터 전개하면 다음과 같다.

$$a_0 \cdot y[n] + a_1 y[n-1] + a_2 y[n-2] + \ldots = b_0 \cdot y[n] + b_1 y[n-1] + b_2 y[n-2] + \ldots$$

앞에서 설명하였듯이 차분 방정식은 형태에 따라서 선형, 비선형, 제차, 비제차 등으로 나눌 수 있으며 미분 방정식의 분류와 동일하다고 앞에서 설명하였다. 다음의 예제는 앞에서 수열의 특성을 이용하여 차분 방정식의 해를 구하였지만, 여기서는 z변환을 이용하여 차분 방정식의 해를 구하는 방법을 소개한다.

예제27) z변환을 이용하여 차분 방정식 $y[n]-3y[n-1]=0$의 해를 구하라. 단, $y[-1]=1$이다.

풀이)

z변환을 이용하면

$Z(y[n]) = Y(z)$ 이고, $Z(y[n-1]) = z^{-1}Y(z) + y[-1]$이므로 주어진 식은 z변환하여 초기값을 적용하면 다음과 같다.

$$Y(z) - 3(z^{-1}Y(z) + y[-1]) = Y(z) - 3z^{-1}Y(z) - 3 = 0$$

$$\because Y(z) = \frac{3}{1-3z^{-1}} = \frac{3z}{z-3}$$

이를 역변환하면 다음과 같이 해를 구한다.

$\therefore y[n] = 3 \times (3)^n u[n]$

예제28) z변환을 이용하여 차분 방정식 $y[n] - \frac{1}{2}y[n-1] = x[n]$, $x[n] = \delta[n]$의 해를 구하라. 단, $y[-1] = 0$이다.

풀이)
z변환을 이용하면
$Z(y[n]) = Y(z)$ 이고, $Z(y[n-1]) = z^{-1}Y(z) + y[-1]$이므로 주어진 식은 z변환하여 초기값을 적용하면 다음과 같다.

$y[n] - \frac{1}{2}y[n-1] = x[n]$의 z변환은

$$Y(z) - \frac{1}{2}(z^{-1}Y(z) + y[-1]) = X(z) = Z(\delta[n]) = 1$$

$$\therefore Y(z) = \frac{1}{1 - \frac{1}{2}z^{-1}} = \frac{z}{z - \frac{1}{2}}$$

이를 역변환하면 다음과 같이 해를 구한다.

$\therefore y[n] = (\frac{1}{2})^n u[n]$

예제29) z변환을 이용하여 차분 방정식 $y[n] - \frac{1}{2}y[n-1] = x[n]$, $x[n] = u[n]$의 해 $y[n]$을 구하라. 단, $y[-1] = 1$이다.

풀이)

z변환을 이용하면

$Z(u[n]) = \dfrac{1}{1-z^{-1}}$ 이고, $Z(y[n-1]) = z^{-1}Y(z) + y[-1]$이므로 주어진 식은 z변환하여 초기값을 적용하면 다음과 같다.

$y[n] - \frac{1}{2}y[n-1] = x[n]$의 z변환은

$$Y(z) - \frac{1}{2}(z^{-1}Y(z) + y[-1]) = Y(z) - \frac{1}{2}z^{-1}Y(z) - \frac{1}{2} = X(z)$$

$$Y(z)\left\{1 - \frac{1}{2}z^{-1}\right\} = X(z) + \frac{1}{2}$$

$$\because Y(z) = \frac{X(z)}{1-\frac{1}{2}z^{-1}} + \frac{\frac{1}{2}}{1-\frac{1}{2}z^{-1}} = \frac{1}{\left(1-\frac{1}{2}z^{-1}\right)\left(\frac{1}{1-z^{-1}}\right)} + \frac{\frac{1}{2}}{1-\frac{1}{2}z^{-1}}$$

이를 부분분수로 분해하면 다음과 같다.

$$Y(z) = \frac{1}{\left(1-\frac{1}{2}z^{-1}\right)\left(\frac{1}{1-z^{-1}}\right)} + \frac{\frac{1}{2}}{1-\frac{1}{2}z^{-1}}$$

$$= \frac{2}{\left(1-\frac{1}{2}z^{-1}\right)} - \frac{1}{\left(\frac{1}{1-z^{-1}}\right)} + \frac{\frac{1}{2}}{1-\frac{1}{2}z^{-1}}$$

이를 역변환하면 다음과 같이 해를 구한다.

$$\therefore y[n] = 2u[n] - (\frac{1}{2})^n u[n] + \frac{1}{2}(\frac{1}{2})^n u[n] = 2u[n] - \frac{1}{2}(\frac{1}{2})^n u[n]$$

예제30) z변환을 이용하여 차분 방정식 $y[n]-5y[n-1]+6y[n-2]=0$의 해 $y[n]$을 구하라. 단, $y[-1]=0,\ y[-2]=1$이다.

풀이)
z변환을 이용하면
$Z(y[n-1])=z^{-1}Y(z)+y[-1]$, $\quad Z(y[n-2])=z^{-2}Y(z)+z^{-1}y(-1)+y[-2]$이므로
주어진 식은 z변환하여 초기값을 적용하면 다음과 같다.

$y[n]-5y[n-1]+6y[n-2]=0$의 z변환은

$$Y(z)-5(z^{-1}Y(z)+y[-1])+6(z^{-2}Y(z)+z^{-1}y[-1]+y[-2])=0$$

이 된다. 이를 정리하면 다음과 같다.

$$Y(z)(1-5z^{-1}+6z^{-2})=5y[-1]-6(z^{-1}y[-1]+y[-2])=-6$$

$$\because Y(z)=-\frac{6}{(1-5z^{-1}+6z^{-2})}=\frac{12}{(1-2z^{-1})}-\frac{18}{(1-3z^{-1})}$$

이를 역변환하면 다음과 같이 해를 구한다.

$$\therefore y[n]=12(2)^n u[n]-18(3)^n u[n]$$

16.7.2 차분 방정식의 응용 예

일반적으로 차분 방정식은 공학 분야뿐만 아니라 금융 수학에서도 응용되고 있다. 예로서 적금의 복리 계산을 하거나 만기가 되어 받게 되는 적금 총액의 계산과 대출금에 대해서 매달 원금과 이자를 갚을 때 상환 원금과 이자를 결정하는 경우에 응용된다.
이러한 경우 이자는 복리로 계산되며 연 이율 $r[\%]$를 12개월로 나누어 월 단위로 이자를 계산하게 된다. 시간은 연속적이지만 이자 계산은 월 단위로 이산적인 구간에 대해서 계산한다.

예제31) 매달 1만원씩 불입하여 3년 후에 적금을 타려고 한다. 이자는 연 12%이고, 복리로 계산된다. 월 불입액을 $x[n]=10{,}000$원, 적금 총액은 $y[n]$이라고 하자.

① 적금 총액을 계산하는 수식을 세우시오.

② 5년(60개월) 후 적금 총액을 구하시오.

풀이)

①

적금 총액 = 월 불입액 + 전달까지의 적금 총액 + 전달까지 적금 총액 × 이자로서 $y[n+1]=x[n]+y[n]+y[n]\times\frac{r}{12}$로 나타낼 수 있다. 따라서 적금 총액 공식은 다음과 같은 차분 방정식이 된다.

$$y[n+1]=x[n]+y[n]+y[n]\times\frac{r}{12}=\left(1+\frac{r}{12}\right)y[n]+x[n]=a\cdot y[n]+x[n]$$

여기서, 이자는 연 12%이므로 $a=1+\frac{0.12}{12}$이다.

먼저, 차분 방정식 $y[n+1]=a\cdot y[n]+x[n]$의 해는 다음과 같다.

$$y[n]=\text{일반해(제차해)}+\text{특수해(비제차해)}=y_h[n]+y_p[n]$$

$y[n+1]-a\cdot y[n]=x[n]$에서 제차해 $y_h[n]$는 $x[n]=0$으로 놓고, 차수 조정하면 다음과 같이 된다.

$$y_h[n]-a\cdot y_h[n-1]=0$$

여기서, $y_h[n]=Ka^n$이고, K는 상수이다.

다음에 비제차해의 해법은 다음과 같다. 비제차해는 상수이므로 $y_p[n]=1000A$이므로 주어진 식은 다음과 같이 정리할 수 있다.

$$y_p[n]-y_p[n-1]=x[n]=A(10000)-aA(10000)=10000$$

$$\because A=\frac{1}{1-a}$$

따라서 $y[n]$는 다음과 같다.

$$y[n]=\frac{10000}{1-a}+Aa^n$$

$$\because y[1]=\frac{10000}{1-a}+Aa=10000$$

따라서 $A=\dfrac{10000}{a-1}$

그러므로 적금 총액을 계산하는 수식은 다음과 같다.

$$\therefore y[n]=10000\left(\frac{1}{a-1}\right)a^n+\frac{10000}{1-a}$$

② 5년(60개월) 후 적금 총액은 다음과 같다.

$y[n]=10000\left(\dfrac{1}{a-1}\right)a^n+\dfrac{10000}{1-a}$ 에서

$n=60$이므로

$$y[60]=10000\left(\frac{1}{1.01-1}\right)1.01^{60}-\frac{10000}{1-1.01}=866{,}697\text{ 원}$$

예제32) 주택 구입비로 1억원을 대출하고 매달 원금과 이자를 상환하려 한다. 연이율은 15%이고 30년에 걸쳐서 상환한다. 매달 납부액은 원금의 일부(균등 상환)와 잔액에 대한 이자의 합이다.
① 매달 상환해야하는 금액을 계산하는 수식을 세우시오.
② 30년간 상환해야하는 총 이자와 월 불입액을 계산하시오.

풀이)

①

첫 달 잔액은 $y[0]$, 이번 달 잔액은 $y[n]$이라 하면, 매달 정해진 불입액은 다음과 같다.

$$P = \text{지난달까지의 잔액} + \text{지난달 잔액에 대한 이자} - \text{이번달까지의 잔액}$$

월 이자는 $r = \dfrac{0.15}{12} = 0.0125$

매달 불입액 P식은 다음과 같다.

$$P = ry[n-1] + y[n-1] - y[n] = 1.0125y[n-1] - y[n]$$

$$\therefore y[n] + 1.0125y[n-1] = -P$$

다음 $y[n] + 1.0125y[n-1] = -P$ 차분방정식의 일반해는 다음과 같다.

$$y[n] = y_h[n] + y_p[n]$$

여기서 제차해는 $y_h[n] = K(1.0125)^n$이다.

또한 비제차해는 P가 상수이므로 $y_p[n] = AP$이므로 이를 월상환식에 대입하면 다음과 같다.

$$AP[n] + 1.0125AP[n-1] = -P$$

여기서 상수 A를 구하면 다음과 같다.

$$A = \frac{1}{0.0125} = 80 = \frac{1}{r}$$

여기서 일반해는 다음과 같다.

$$y[n] = y_h[n] + y_p[n] = K(1.0125)^n + 80P = K(1.0125)^n + \frac{P}{r}$$

또한, 상수 K는 $y[0] = 1$억 $= 10^8$ (원금)이므로 다음의 식이 성립한다.

$$y[0] = 1\text{억} = 10^8 = 80P + K(1.0125)^{n=0}$$

$$\because K = 10^8 - 80P$$

따라서 일반해는 다음과 같이 쓸 수 있다.

$$y[n] = y_h[n] + y_p[n] = K(1.0125)^n + 80P = (10^8 - 80P)(1.0125)^n + \frac{P}{r}$$

$$\because A = \frac{1}{0.0125} = 80 = \frac{1}{r}$$

$$y[n] = (10^8 - 80P)(1.0125)^n + 80P = 10^8(1.0125)^n + 80P(1 - 1.0125^n)$$

따라서 매달 상환해야하는 금액을 계산하는 수식은 다음과 같다.

$$\therefore y[n] = 10^8(1.0125)^n + 80P(1 - 1.0125^n)$$

②
30년(360개월) 동안 상환하는 이자와 원금 상환 총액은 상환기간 360개월이 지난 후에는 불입액이 0이므로 다음 식과 같이 쓸 수 있다.

$$y[360] = 10^8(1.0125)^{360} + 80P(1 - 1.0125^{360}) = 0$$

따라서 매월 상환액 P는 다음과 같다.

$$P = \frac{-10^8(1.0125)^{360}}{80(1-1.0125^{360})} = 1,264,444\text{원}$$

따라서 상환 원금 총액은 다음과 같다.

$$360\text{개월} \times P = 360\text{ 개월} \times 1,264,444 = 455,199,847\text{원}$$

상환 기간 중 납입 이자액은 다음과 같다.

$$360\text{개월} \times P - 1\text{억원} = (360\text{ 개월} \times 1,264,444) - 10^8 = 355,199,847\text{원}$$

16.8 연속신호의 표본화

어떤 데이터를 $0 \le t$에서 정의된 연속신호 $f(t)$가 시간 T의 간격으로 수집한다고 가정하자. 즉 수집된 수열은 $f[0]$, $f[1]$, $f[2]$, ... , $f[k]$, ... 으로 이산 신호이다. 이때 샘플링 시간과 함수값의 곱을 델타함수의 근사법을 이용하여 가중치가 적용된 표본화한 수식은 다음과 같이 정의된다.

$$f^*(t) = \sum_{k=0}^{\infty} f[k]\delta(t-kT) \tag{16-33}$$

따라서 함수를 이산적인 시간구간들에서 표본화된 것으로 간주한다면 다음 예제에서 보는 바와 같이 연속함수 $f(t)$에 z변환을 직접 적용할 수 있다.

예제33) 다음의 시간 t마다 샘플링 되는 연속함수 $f(t)$에서 z변환을 구하라.
① $f(t) = e^{-t}$에 대해서 샘플링시간 $t = 0, 1, 2, \dots$
② $f(t) = e^{-t}$에 대해서 샘플링시간 $t = 0, 0.01, 0.02, \dots$
③ 가중치가 적용된 임펄스급수로 앞의 ①, ② 문제를 표현하라.

풀이)

① 샘플링 시간 $t = 0, 1, 2, \dots$에서 표본화된 수열은

$f(t)=e^{-t}$에서 $1, e^{-1}, e^{-2}, \dots$

이므로, 수열로 표현하면

$f[k]=e^{-1\cdot k},\ k\in N,\ T=1\,[\mathrm{sec}]$

표1.을 이용하여 z변환은 $F(z)=\dfrac{z}{z-e^{-1}}$이다.

② 샘플링 시간 $t=0, 0.01, 0.02, \dots$에서 표본화된 수열은

$f(t)=e^{-t}$에서 $1, e^{-0.01}, e^{-0.02}, \dots$

이므로, 수열로 표현하면

$f[k]=e^{-0.01\cdot k},\ k\in N,\ T=0.01\,[\mathrm{sec}]$

표를 이용하여 z변환은 $F(z)=\dfrac{z}{z-e^{-0.01}}$이다.

③ $T=1$일 때, 임펄스함수의 가중치가 주어진 수열식은

$$f^*(t)=\sum_{k=0}^{\infty}f[k]\delta(t-kT)=\sum_{k=0}^{\infty}e^{-1\cdot k}\delta(t-1\cdot k)$$

$$=1\delta(t)+e^{-1}\delta(t-1)+e^{-2}\delta(t-2)+\dots$$

$T=0.01$일 때, 임펄스함수의 가중치가 주어진 수열식은

$$f^*(t)=\sum_{k=0}^{\infty}f[k]\delta(t-kT)=\sum_{k=0}^{\infty}e^{-0.01\cdot k}\delta(t-0.01\cdot k)$$

$$=1\delta(t)+e^{-0.01}\delta(t-0.01)+e^{-0.02}\delta(t-0.02)+\dots$$

16.9 z 변환과 라플라스 변환과의 관계

z변환은 라플라스 변환의 이산적인 등가로 알려져 있으며 밀접한 관계가 있다. 만약 연속신호 $f(t)$에 대해서 샘플링시간 T간격으로 표본화되었다면 표본값은 $f[k]$, $k \in N$의 수열함수를 얻는다. 이 수열함수는 다음의 임펄스 가중치로 표현될 수 있다.

$$f^*(t) = \sum_{k=0}^{\infty} f[k]\delta(t-kT) \tag{16-34}$$

이 수열함수를 라플라스변환하고, 가산($\sum$)과 적분순서($\int$)를 바꿀 수 있다면 다음과 같이 정리된다.

$$\mathcal{L}\,[f^*(t)] = \int_0^{\infty} e^{-st} \sum_{k=0}^{\infty} f[k]\delta(t-kT)dt$$

$$= \sum_{k=0}^{\infty} f[k] \int_0^{\infty} e^{-st}\delta(t-kT)dt$$

앞에서 델타함수 $\delta(t-kT)$의 라플라스 변환은 e^{-skT}이므로

$$\mathcal{L}\,[f^*(t)] = \sum_{k=0}^{\infty} f[k]e^{-skT}$$

여기서 $z = e^{sT}$라고 놓으면

$$\mathcal{L}\,[f^*(t)] = \sum_{k=0}^{\infty} f[k]z^{-k} = F^*(s) \tag{16-35}$$

이 되고, z변환이 기본식이 된다. $\mathcal{L}\,[f^*(t)]$를 $F^*(s)$로 표기한다.

예제34) 함수 $f(t)=u(t)e^{-t}$에 대해서 $f(t)$는 $k=0,\ 1,\ 2,\ 3,\ \ldots$ 에 대한 수열 $f[k]=e^{-kT}$에서 주어진 간격 T로 샘플링된 모델식이라고 할 때 다음 문제를 풀어라.

① $f[k]=e^{-kT}$의 z변환을 구하라.

② $z=e^{sT}$를 이용하여 $F^*(s)$를 구하라.

③ 샘플링시간 T가 충분히 작고 $TF^*(s)$는 라플라스변환 $F(s)$에 근사됨을 증명하라.

풀이)

① $F(z)=Z\{f[k]\}=\dfrac{z}{z-e^{-T}}$

② $z=e^{sT}$로 놓으면 $F^*(s)=\dfrac{z}{z-e^{-T}}=\dfrac{e^{sT}}{e^{sT}-e^{-T}}$로 되고, 이를 e^{sT}로 나누면

$$\therefore\ F^*(s)=\frac{1}{1-e^{-T(1+s)}}$$

③ 문제에서 주어진 $f(t)=u(t)e^{-t}$함수의 라플라스 변환은 $F(s)=\dfrac{1}{s+1}$이다.

또한 $TF^*(s)$를 구하기 위해서 앞에서 구한 $F^*(s)=\dfrac{1}{1-e^{-T(1+s)}}$를 다음의 관계를 이용하여 정리할 수 있다.

$\because\ e^x=1+x+\dfrac{x^2}{2!}+\ldots$ 이므로, 이를 이용하여

여기에서 T가 작을 때에는 $e^{-T(1+s)}$를 $1-T(1+s)$로 근사시킬 수 있고, 다음과 같이 된다.

$$F^*(s)=\frac{1}{1-e^{-T(1+s)}}\fallingdotseq\frac{1}{1-(1-T(1+s))}\ (\because\ T\to 0)$$

$$= \frac{1}{T(1+s)}$$

따라서 다음의 관계가 성립한다.

$$\therefore \ TF^*(s) = F(s) = \frac{1}{s+1}$$

라플라스변환을 이산적인 등가 변환인 z변환으로 상호 변환할 수 있다는 것을 잘 보여주고 있다.

16.10 s평면에서 z평면으로의 사상

지금까지 살펴본 바와 같이 이산시스템은 z평면에서 연속시스템인 s평면으로의 변환은 다음의 관계로 정의된다. 또한 연속 신호 및 시스템들은 s평면에서 다항식들의 단순비를 갖는 라플라스변환을 갖는다.

$$F^*(s) = \mathcal{L}\,[f^*(t)] = \sum_{k=0}^{\infty} f[k]e^{-skT} = \sum_{k=0}^{\infty} f[k]z^{-k} = F^*(s) \quad (\because z = e^{sT}) \tag{16-36}$$

예제35) 연속 함수 $f(t) = \cos\left(\frac{\pi}{2}t\right)$는 $t=0$에서 1초 간격으로 샘플링되어 표본화 되었다.

① 표본화된 신호 $f^*(t)$의 라플라스변환을 구하라.

② $F^*(s)$가 무한개의 극점을 갖는 것을 보여라.

③ 표본화된 신호의 z변환을 구하고, z변환은 단지 두 개의 극점을 갖는 것을 보여라.

풀이)

① 1초 간격으로 표본화된 연속신호 함수 $f(t) = \cos\left(\frac{\pi}{2}t\right)$는 수열 값 $1, 0, -1, 0, 1, 0, -1 \ldots$을 발생시킨다는 것을 알 수 있다.

여기에서 표본화된 함수 $f^*(t)$함수를 라플라스변환하면

$$F^*(s) = \mathcal{L}\,[f^*(t)] = \int_0^\infty e^{-st} \sum_{k=0}^{\infty} f[k]\delta(t-kT)dt$$

$$= \sum_{k=0}^{\infty} f[k]e^{-skT} = \sum_{k=0}^{\infty} f[k]e^{-sk} \quad (\because \text{ 표본화시간 } T\text{는 } 1)$$

이다. 따라서

$$F^*(s) = 1 + 0 - e^{-2s} + 0 + e^{-4s} + 0 - e^{-6s} + \ldots$$

$$= 1 - e^{-2s} + e^{-4s} - e^{-6s} + \ldots$$

무한 급수형태로서 공비는 $-e^{-2s}$의 등비수열이고, 이들의 합은 일반식으로서 다음과 같이 근사시킬 수 있다.

$$F^*(s) = \frac{1}{1-(-e^{-2s})} = \frac{1}{1+e^{-2s}}$$

② 주어진 문제에서 $F^*(s)$의 극점은 $1+e^{-2s}=0$일 때 발생한다. 여기서 $s=\sigma+j\omega$이기 때문에 $1+e^{-2(\sigma+j\omega)}=0$이 된다. 따라서 $e^{-2(\sigma+j\omega)}=-1$의 관계가 된다. 여기에서 -1은 지수함수로 $e^{j(2n-1)\pi}$이고, n은 정수이다. 즉, $e^{j(2n-1)\pi} = \cos(2n-1)\pi + j\sin(2n-1)\pi$으로 되어, n이 정수일 때 항상 -1 이 된다.

따라서 이들 관계를 정리하면 다음과 같다.

$$e^{-2s} = e^{-2(\sigma+j\omega)} = e^{j(2n-1)\pi} = -1$$

위 식에서 비교하면 $\sigma=0$이고, $\omega=-\frac{1}{2}(2n-1)\pi$의 관계가 된다. 따라서 s는 다음과 같다.

$$s = -j\frac{1}{2}(2n-1)\pi \quad (n\text{은 정수})$$

n이 음의 정수 및 양의 정수이므로 허수축을 따라서 무한개의 극을 갖는다.

③ 표본화 신호의 z변환은

표본화 신호 $f^*(t) = \{1, 0, -1, 0, 1, 0, -1, \ldots\}$가 되고, 이의 z 변환은 $Z\{f^*(t)\} = \sum_{k=0}^{\infty} f^*(t) z^{-k}$ 되므로, 다음과 같이 정리된다.

$$Z\{f^*(t)\} = 1 + \frac{0}{z} - \frac{1}{z^2} + \frac{0}{z^3} + \frac{1}{z^4} + \ldots$$

$$= \frac{1}{1-(-1/z^2)}$$

$$= \frac{z^2}{z^2+1}$$

이 된다. 따라서 극점은 $z = \pm j$인 점으로 두 개가 존재한다.

위의 예제 문제에서 살펴본 바와 같이 연속신호를 표본화하여 라플라스 변환하면 극점이 무한의 극들로 변환된다는 사실을 보여주었다. 또한 연속신호를 표본화하여 z변환하면 극점이 유한의 극들로 변환된다는 사실을 보여 주었다. 이를 자세히 살펴보면 다음과 같다.

연속 신호 $f(t)$함수의 라플라스 변환은 부분분수로 전개하면 단순극 $a_0, a_1, \ldots, a_n$으로 된 일련의 최대 $n+1$개의 항들로 쪼개진다.

이의 증명은 다음과 같다.

$$F(s) = \frac{A_0}{s-a_0} + \frac{A_1}{s-a_1} + \frac{A_2}{s-a_2} + \ldots + \frac{A_n}{s-a_n} \qquad \textbf{(16-37)}$$

이를 시간 함수로 바꾸면

$$f(t) = A_0 e^{a_0 t} + A_1 e^{a_1 t} + \ldots + A_n e^{a_n t} \qquad \textbf{(16-38)}$$

연속함수를 표본화된 신호 $f^*(t)$의 라플라스변환을 하면, 식에서 t는 이산 시간 표본화되어 삭제되었다.

$$F^*(s) = \mathcal{L}\left[f^*(t)\right] = \sum_{k=0}^{\infty} f[k] e^{-skT} \quad (\text{표본화시간 } T)$$

$$= \sum_{k=0}^{\infty}\left(A_0 e^{a_0} + A_1 e^{a_1} + \dots + A_n e^{a_n}\right) e^{-skT}$$

$$= A_0 \sum_{k=0}^{\infty} e^{a_0} e^{-skT} + A_1 \sum_{k=0}^{\infty} e^{a_1} e^{-skT} + \dots + A_n \sum_{k=0}^{\infty} e^{a_n} e^{-skT}$$

$$= A_0 \sum_{k=0}^{\infty} e^{-kT(s-a_0)} + A_1 \sum_{k=0}^{\infty} e^{-kT(s-a_1)} + \dots + A_2 \sum_{k=0}^{\infty} e^{-kT(s-a_2)}$$

위의 식에서 각 항은 다음과 같이 독립적으로 변환할 수 있다.

$$\sum_{k=0}^{\infty} e^{-kT(s-a_0)} = 1 + e^{-T(s-a_0)} + e^{-2T(s-a_0)} + \dots$$

$$= \frac{1}{1 - e^{-T(s-a_0)}}$$

따라서 각 항을 정리하면 다음과 같다.

$$F^*(s) = \frac{A_0}{1 - e^{-T(s-a_0)}} + \frac{A_1}{1 - e^{-T(s-a_1)}} + \dots + \frac{A_n}{1 - e^{-T(s-a_n)}}$$

$F^*(s)$에서 각각의 단순극점에 대해 무한개의 극이 있다는 것을 반증한다.
$s = a_0$에서의 극은 $F^*(s)$식에서 다음의 항과 관련이 있다.

$$\frac{A_0}{1 - e^{-T(s-a_0)}}$$

이 항은 $1 - e^{-T(s-a_0)} = 0$ 즉, $e^{-T(s-a_0)} = 1$에서 극이 존재한다. 이는 다음의 관

계가 있다.

$$T(s-a_0)=j2\pi m$$

여기서 m은 정수이다.

$$s-a_0=j\frac{2\pi m}{T}$$
$$s=a_0+j\frac{2\pi m}{T}$$

이와 같이 표본화의 결과는 각 항별로 정수에 해당하는 무한개의 극점을 나타낸다. 이와 같이 이산시스템은 s평면의 설계기술로는 분석할 수 없다. 다행한 것은 연속시스템을 s평면에서 특성을 분석하는 방법과 마찬가지로 이산시스템에서는 z평면에서 특성을 분석할 수 있다.

앞에서 설명하였듯이 $z=e^{sT}$라고 정의한 바와 같이 s평면에서 z평면의 점 등을 사상(mapping)하는 것이 가능하다. z평면의 장점은 이산시스템에서 극점과 영점이 무한히 반복되는 것을 제거할 수 있다는 것이다. 이것은 s평면의 허수축이 어떻게 z평면에 사상되는 것을 보이면 된다. z평면에서 $\sigma=0$이므로 $z=e^{sT}=e^{jwT}$가 된다. ω가 $-\frac{\pi}{T}$와 $\frac{\pi}{T}$의 사이를 값을 갖는다면 z값은 원점이 중심이 되고, 반지름이 1인 원이다. ω가 0에서 $\frac{\pi}{T}$ 사이의 값을 갖는다면 z값은 단위원의 상부 반원이 되고, ω가 0에서 $-\frac{\pi}{T}$ 사이의 값을 갖는다면 z값은 단위원의 하부 반원이 된다. 즉, s평면에서 반복되는 극점과 영점은 z평면에서 겹쳐지게 되는 것이다. 이상과 같이 이산시스템에서는 z평면의 분석이 필수적이다.

연 습 문 제

1. 다음의 차분방정식에 대해서 차수, 선형성, 동차관계에 대해서 설명하라.

① $2x[n]-3nx[n-1]+x[n-2]=-n^2$

② $\dfrac{1}{2}(x[n+1]-x[n-1])=x[n]$

③ $x[n+2](2n-x[n-1])=n+1$

2. 다음 함수에 대해서 z변환을 하라.

① $\cos 3k$

② e^k

③ $e^{-2k}\cos k$

④ 2^k

⑤ $\sin\left(\dfrac{\pi}{2}k\right)\dfrac{z}{z^2+1}$

3. 다음 함수에 대해서 역 z변환을 하여 수열 $f[k]$를 구하라.

① $F(z)=\dfrac{4z}{z-4}$

② $F(z)=\dfrac{z+3}{z-2}$

③ $F(z)=\dfrac{2z}{(z-2)(z-3)}$

4. z변환을 이용하여 다음의 차분 방정식의 해를 구하라.

① $y[k+1]-3y[k]=-6,\ y[0]=1$

② $2y[k+1]-y[k]=2^k,\ y[0]=2$

③ $y[k+1]+y[k]=2k+1,\ y[0]=0$

④ $y[k+2]-8y[k+1]+16y[k]=0,\ y[0]=10, y[1]=20$

⑤ $y[k+2]-y[k]=0,\ y[0]=0, y[1]=1$

부록1 연습문제 해답

1장

1.① $x = 1$ 또는 4 ② $x = 3$ (중근) ③ $x = 1/3, 2$ ④ $x = \dfrac{-b \pm \sqrt{b^2 - 4ac}}{2a}$

2.① $x = \dfrac{-7 \pm \sqrt{145}}{6}$ ② $\lambda = 1, 2$ ③ $x = \dfrac{3 \pm \sqrt{-15}}{3}$

3.① $x^2 - 4x - 1 = 0$ ② $x^2 - 2\alpha x + \alpha^2 + \beta = 0$

4.① $x = \dfrac{1 \pm \sqrt{-3}}{2}, -1$ ② $x = \dfrac{\pm \sqrt{-2}}{2}, -1$ ③ $y = \pm \sqrt{\dfrac{1 \pm \sqrt{5}}{2}}$
④ $x = 2 \pm \sqrt{-2}$, $x = 4 \pm \sqrt{10}$

5.① $f'(x) = 5x^4 + 6x^2 - 2x$ ② $f'(x) = \dfrac{3}{(x+2)^2}$
③ $f'(x) = 2e^{-2x}(-\sin 2x + \cos 2x)$ ④ $f'(x) = 36x^3 - 18x^2 - 10x + 2$
⑤ $f'(x) = 4\omega \sin^3 \omega x \cos \omega x$ ⑥ $f'(x) = \dfrac{2x+3}{x^2+3x+2}$ ⑦ $f'(x) = -ab \sin bt e^{\cos bt}$
⑧ $f'(x) = \dfrac{-x \sin x - \cos x}{x^2}$

6.① $f(x) = \dfrac{2}{5}(x+2)^2\sqrt{x+2} - \dfrac{4}{3}(x+2)\sqrt{x+2} + C$
② $f(x) = -x\cos x + \sin x + C$ ③ $f(x) = \dfrac{1}{9}x^3(3\ln x - 1) + C$
④ $f(x) = 8x \sin\dfrac{x}{2} - 2\cos\dfrac{x}{2}(8 - x^2) + C$ ⑤ $f(y) = \dfrac{1}{12}(y^2+2)^6 - \dfrac{1}{5}(y^2+2)^5 + C$
⑥ $f(x) = \dfrac{1}{10}(1-2x)^2\sqrt{1-2x} - \dfrac{1}{6}(1-2x)\sqrt{1-2x} + C$ ⑦ $f(x) = 2e^{x^2} + C$

⑧ $f(y)=\frac{1}{3}\sin^3 y+C$

7.① $f(x)=x^2+3x+3$ ② $f(x)=\frac{2}{3}x\sqrt{x}+x^3+\frac{16}{3}$ ③ $f(x)=\sin x-\cos x+2$

④ $f(x)=2e^{2x}+x+2(1-e^2)$

8.① $y=-\frac{\pi}{2}[rad]$ ② $y=-\frac{\pi}{4}[rad]$

9.① $A+B=x, A-B=y$일 때, $\sin x+\cos y=2\sin(\frac{x+y}{2})\cos(\frac{x+y}{2})$

② $\sin\alpha\cos\frac{\pi}{2}+\cos\alpha\sin\frac{\pi}{2}=\cos\alpha$

10.① $\sin(\alpha+\frac{\pi}{3})$ ② $6\sin(\alpha-\frac{\pi}{3})$

11.① 2 ② 2 ③ 3/2 ④ $\frac{7}{4}$

12.① 5 ② $\sqrt{2}$ ③ 16 ④ $3^{-2}=\frac{1}{9}$

2장

1.① 1계 1차 제차 선형 상미분방정식, 일반해임 ② 1계 1차 제차 선형 상미분방정식, 일반해가 아님 ③ 1계 1차 제차 선형 상미분방정식, 일반해가 아님 ④ 1계 1차 제차 선형 상미분방정식, 일반해임

2.① $y=\sin x+C$ ② $i=\frac{1}{2}e^{2t}+C$ ③ $y=x\sin x+\cos x+\pi-1$

3.① $y=Ce^{2x}$ ② $y^2+\frac{x^2}{3}=C$ ③ $y=Cx$ ④ $y=2mx^m$ ⑤ $x^2+\frac{y^2}{2}=8$

⑥ $i(t)=Ce^{-\frac{B}{A}t}$ ⑦ $y^2=x+\frac{1}{2}\sin 2x+2$

4.① $e^x \sin y = C$ ② $x^2 y = C$ ③ $x^2 y + x - y^2 = C$ ④ $\frac{y}{x} = 1$

⑤ $x(e^x - e^y) = (e-1)$ ⑥ $x^3(y-1)^2 = -128$

5.① $y = xe^{2x} + Ce^{2x}$ ② $y = \frac{1}{4}e^{2x} + Ce^{-2x}$ ③ $y = -\frac{1}{2} + Ce^{-4x}$

④ $y = e^x \sin 2x + ce^{-2x}$

⑤ $y(x) = x + \frac{1}{x}$ ⑥ $y = \cos x\,(x^2 + 1)$

6.① $y^2 = 1 + ce^{-x^2}$ ② $y = \frac{1}{-x^2 + Cx}$ ③ $y^3 = \frac{1}{Ce^x - 2x - 1}$

3장

1.① $y = A_1 e^{2x} + A_2 e^{-2x}$ ② $y = A_1 e^{-2x} + A_2 e^x$ ③ $y = (A_1 + A_2 x)e^{-2x}$

④ $y = e^{-3x}(A_1 \cos 2x + A_2 \sin 2x)$ ⑤ $y = (A_1 + A_2 x)e^{-3x}$

⑥ $y = A_1 e^{\frac{-9+\sqrt{29}}{2}x} + A_2 e^{\frac{-9-\sqrt{29}}{2}x}$ ⑦ $y = A_1 e^{\omega x} + A_2 e^{-\omega x}$

⑧ $y = e^x(A_1 \cos 2x + A_2 \sin 2x)$ ⑨ $y = A_1 e^{2x} + A_2 e^{-x}$

2.① $y'' - \frac{9}{16}y = 0$ ② $y'' - 3y' + 2y = 0$ ③ $y'' - 4y' + 3y = 0$

④ $y'' - 2\sqrt{15}\,y' + 15y = 0$ ⑤ $y'' + 25y = 0$ ⑥ $y'' + 2\alpha y' + (\alpha^2 + \beta^2)y = 0$

3.① $y = A_1 e^x + A_2 e^{-3x}$ ② $y = (A_1 + A_2 x)e^{3x}$

③ $y = e^{-x}(A_1 \cos \sqrt{3}x + A_2 \sin \sqrt{3}x)$ ④ $y = A_1 e^{\frac{-5+\sqrt{17}}{2}x} + A_2 e^{\frac{-5-\sqrt{17}}{2}x}$ ⑤

$y = e^{-x}(\cos \sqrt{\omega}x + \frac{1}{\sqrt{\omega}} \sin \sqrt{\omega}x)$

⑥ $y = \frac{5}{2\sqrt{2}}e^{(-2+\sqrt{2})x} - \frac{5}{2\sqrt{2}}e^{(-2-\sqrt{2})x}$ ⑦ $y = \frac{34}{9}e^{\frac{1}{2}x} + \frac{20}{9}e^{-4x}$

⑧ $y = e^{-\frac{5}{2}x}(2\cos \frac{5\sqrt{3}}{2}x - \frac{1}{5\sqrt{3}} \sin \frac{5\sqrt{3}}{2}x)$

4.① $y = A_1x^4 + A_2x^{-3}$ ② $y = x\{A\cos(\ln x) + B\sin(\ln x)\}$

③ $y = (A_1 + A_2\ln x)x^3$ ④ $y = (A_1 + A_2\ln x)x^{-\frac{13}{5}}$

⑤ $y = x^{-\frac{3}{2}}(A\cos(\frac{\sqrt{15}}{2}\ln x) + B\sin(\frac{\sqrt{15}}{2}\ln x))$

⑥ $y = x^{\frac{1}{2}}(A\cos(\frac{\sqrt{47}}{2}\ln x) + B\sin(\frac{\sqrt{47}}{2}\ln x))$

5.① $y = x^{\frac{3}{2}}(A\cos(\frac{\sqrt{3}}{2}\ln x) + B\sin(\frac{\sqrt{3}}{2}\ln x))$

② $y = 3x^2(1 - \ln x)$

③ $y = 2\cos(3\ln x)$ ④ $y = x^{\frac{1-a}{2}}\{A_1 + A_2\ln x)\}$

6.① $y = A_1e^{2x} + A_2e^{-x} - \frac{3}{10}\cos x - \frac{1}{10}\sin x$

② $y = A_1\cos 2x + A_2\sin 2x + x^2 + e^{-2x}$

③ $y = A_1e^x + A_2e^{3x} + \frac{2}{3}e^{-2x}$

④ $y = A_1e^x + A_2e^{2x} - xe^x$

7.① $y = e^{-x}(A_1\cos 10x + A_2\sin 10x) + \frac{1}{10}e^x$ ② $y = (\frac{1}{2}x^2 - 1)e^{-x}$

③ $y_c = e^{0.5x} - 2\cos x + e^x$

4장

1.① $y^{(3)} - 7y' - 6y = 0$ ② $y^{(3)} + 7y'' + 15y' + 9y = 0$ ③ $y^{(4)} + 17y'' + 16y = 0$

④ $y^{(3)} + 6y'' + 12y' + 8y = 0$

2.① $y^{(4)} - 4y^{(3)} + y'' + 6y' = 0$ ② $y^{(3)} - y'' + 4y' - 4y = 0$

③ $y^{(4)} + 2y'' + y = 0$ ④ $y^{(3)} + 5y'' + 3y' - 9y = 0$

3. 계수값 계산하여 확인

① $y=\frac{13}{6}-\frac{3}{4}e^{-x}-\frac{3}{2}e^{2x}-\frac{7}{12}e^{3x}$ ② $y=\frac{6}{5}e^{x}+\frac{14}{5}\cos 2x+\frac{17}{5}\sin 2x$

③ $y=2\cos x+\sin x-x\cos x+x\sin x$

④ $y=\frac{5}{4}e^{x}+\frac{3}{4}e^{-3x}+xe^{-3x}$

4.① $y=A_1\cos x+A_2\sin x+A_3e^{-2x}$

② $y=(A_1+A_2x+A_3x^2+A_4x^3)e^0+\frac{5}{24}x^4$ ③ $y=(A_1+A_2x+A_3x^2)e^{-2x}$

④ $y=A_1e^{x}+A_2e^{-x}+Acos\,2x+Bsin\,2x$

⑤ $y=A_1\cos 2x+A_2\sin 2x+A_3x\cos 2x+A_4x\sin 2x$

5.① $y=5-\cos 3x$ ② $y=e^{x}+3\cos 10x+\sin 10x$

③ $y=\frac{1}{2}e^{2x}+\frac{1}{2}e^{-2x}-2\cos x=\cosh 2x-2\cos x$

6.① $y=A_1\cos 7x+A_2\sin 7x+A_3e^{-3x}+A_4e^{3x}-\frac{1}{50}\cosh x$

② $y=A_1e^{3x}+A_2e^{-3x}+Acos\,3x+B\sin 3x+\frac{1}{2x}$

③ $y=A_1e^{\frac{3}{2}x}+A_2e^{-\frac{3}{2}x}+A_3\cos 2x+A_4\sin 2x+\frac{1}{14}e^{2x}-\frac{14}{1000}\sin \pi x$

7.① $y=3+2e^{-x}-xe^{-x}+x^2$

② $y=3e^{-x}-25x^2e^{-x}+5x^3e^{-x}$

5장

1.① 고유값 $\lambda_1=-2, \lambda_2=2$, 고유벡터 $x^{(1)}=\begin{bmatrix}1\\-1\end{bmatrix}$, $x^{(2)}=\begin{bmatrix}1\\1\end{bmatrix}$

② 고유값 $\lambda_1=1, \lambda_2=-6$, 고유벡터 $x^{(1)}=\begin{bmatrix}1\\1\end{bmatrix}$, $x^{(2)}=\begin{bmatrix}1\\-\frac{2}{5}\end{bmatrix}$

③ 고유값 $\lambda_1=0, \lambda_2=2a$, 고유벡터 $x^{(1)}=\begin{bmatrix}1\\1\end{bmatrix}$, $x^{(2)}=\begin{bmatrix}1\\-1\end{bmatrix}$

④ 고유값 $\lambda_1=-4, \lambda_2=3$, 고유벡터 $x^{(1)}=\begin{bmatrix}1\\-1\end{bmatrix}$, $x^{(2)}=\begin{bmatrix}1\\\frac{5}{2}\end{bmatrix}$

2.① $x=-\frac{1}{2}(\cos t-\sin t)+C_1$ ② $y=A_1\begin{bmatrix}1\\1\end{bmatrix}e^{2t}+A_2\begin{bmatrix}1\\-3\end{bmatrix}e^{-2t}$

$y=\frac{1}{2}(\cos t+\sin t)+C_2$

③ $y=A_1\begin{bmatrix}1\\-0.2\end{bmatrix}e^{t}+A_2\begin{bmatrix}1\\-0.5\end{bmatrix}e^{-0.5t}$ ④ $y=A_1\begin{bmatrix}-3\\1\end{bmatrix}e^{-2t}+A_2\begin{bmatrix}-2\\1\end{bmatrix}e^{-t}$

3.① $y=A_1\begin{bmatrix}1\\1\end{bmatrix}e^{2t}+A_2\begin{bmatrix}1\\-1\end{bmatrix}e^{-2t}$

② $y=A_1\begin{bmatrix}-1\\1+\sqrt{3}\end{bmatrix}e^{-\sqrt{3}t}+A_2\begin{bmatrix}-1\\1-\sqrt{3}\end{bmatrix}e^{\sqrt{3}t}$

③ $y=A_1\begin{bmatrix}1\\\frac{13-3\sqrt{17}}{-8}\end{bmatrix}e^{\frac{7+3\sqrt{17}}{4}x}+A_2\begin{bmatrix}1\\\frac{13+3\sqrt{17}}{-8}\end{bmatrix}e^{\frac{7-3\sqrt{17}}{4}x}$

④ $y=A_1\begin{bmatrix}1\\-\frac{1}{2}\end{bmatrix}e^{-t}+A_2\begin{bmatrix}1\\-\frac{1}{3}\end{bmatrix}e^{-2t}$

4.① $y_1=\frac{1}{2}(e^t-e^{-t}), y_2=\frac{1}{2}(e^t+e^{-t})$ ② $y_1=e^{3t}, y_2=e^{3t}$

③ $y_1=0.8\cos t-4.5\sin t\quad y_2=4.5\sin t+0.8\cos t$

④ $y_1=-2e^t+e^{3t}, y_2=6e^t+3e^{3t}$

5.① $y_1=-\frac{1}{2}\cos t+\frac{1}{2}\sin t+C_1, y_2=\frac{1}{2}\cos t+\frac{1}{2}\sin t+C_2$

② $y_1=\frac{1}{2}e^t+C_1, y_2=-\frac{1}{2}e^{-t}+C_2$ ③ $y_1=C_1e^{-2t}+C_2e^t-1+5e^{2t}$

$y_2=-C_1e^{-2t}+\frac{1}{2}C_2e^t+3-e^{2t}$ ④ $y_1=A\cos t+B\sin t+t+1,$

$y_2=(B-A)\cos t-(A+B)\sin t-t$

⑤ $y=A_1\begin{bmatrix}1\\1\end{bmatrix}e^{4t}+A_2\begin{bmatrix}2\\-5\end{bmatrix}e^{-3t}+\begin{bmatrix}4\\-10\end{bmatrix}$

⑥ $y=A_1\begin{bmatrix}1\\\frac{1}{2}\end{bmatrix}e^{-9t}+A_2\begin{bmatrix}1\\1\end{bmatrix}e^{-4t}+\begin{bmatrix}-90\\-126\end{bmatrix}t+\begin{bmatrix}28\\14\end{bmatrix}$

6.① $y_1=12e^{-4t}-9e^{-2t}-t^2,\ y_2=3e^{-4t}-9e^{-2t}+3t$

② $y_1 = -\cos 2t + \sin 2t + 2.5$, $y_2 = \cos 2t + \sin 2t + 2$

③ $y_1 = 4e^{6t} + e^t + t^2 - 5$, $y_2 = e^{6t} - e^t - t$

④ $y_1 = e^{5t} - \frac{5}{3}e^{2t}$, $y_2 = e^{5t} - \frac{2}{3}e^{2t}$

6장

1.① $y = a_0 \sum_{m=0}^{\infty} \frac{(2x)^m}{m!}$ ② $y = a_0 \sum_{m=0}^{\infty} \frac{(-x)^m}{m!}$

③ $y = a_0 \sum_{m=0}^{\infty} \frac{x^{2m}}{m!} = a_0 \left(1 + x^2 + \frac{1}{2!}x^4 + \dots + \frac{1}{m!}x^{2m} + \dots\right)$

2.① $y = a_0 \sum_{m=0}^{\infty} \frac{x^{2m}}{(2m)!} + a_1 \sum_{m=0}^{\infty} \frac{x^{2m+1}}{(2m+1)!}$

$$= a_0\left(1 + \frac{x^2}{2!} + \frac{x^4}{4!} + \cdots\right) + a_1\left(x + \frac{x^3}{3!} + \frac{x^5}{5!} + \cdots\right)$$

② $y = a_0 \sum_{m=0}^{\infty} \frac{(-1)^m}{2^m m!} x^{2m} + a_1 \sum_{m=0}^{\infty} \frac{(-1)^m 2^m m!}{(2m+1)!} x^{2m+1}$

③ $y = a_0 \sum_{m=0}^{\infty} \frac{x^m}{m!}$

3. $y \approx 2 - x + x^2 + \frac{1}{4}x^4$

4. ① $y = a_0(1 - x + x^2 - x^3 + \cdots)$

② $y = x^2 - x + a_0(1 - x + x^2 - x^3 + \cdots)$

5.① $y = a_0 \sum_{m=0}^{\infty} x^m$ ② $y = \sum_{m=0}^{\infty} a_m x^m = a_0 (1 + x)$

6. ① $y_1(x) = A_0(1 - \frac{1}{3!}x^2 + \frac{1}{5!}x^4 - \frac{1}{7!}x^6 + \cdots)$,

$y_2(x) = u(x)y_1(x) = -A_0 \cot x\,(1 - \frac{1}{3!}x^2 + \frac{1}{5!}x^4 - \frac{1}{7!}x^6 + \cdots)$

② $y_1(x) = x^2,\ y_2(x) = -x$

③ $y_1(x) = x,\ y_2(x) = x\ln|x| + 1$

7장

1.① $F(s) = \frac{3}{s^2} + \frac{2}{s}$ ② $F(s) = \frac{24}{s^5} + \frac{2}{s^3} + \frac{1}{4s}$ ③ $F(s) = \frac{20}{s^2+4}$

④ $F(s) = \frac{2}{s+2}$

2.① $f(t) = \frac{1}{2}\sin 2t$ ② $f(t) = 9\cos 2t - \frac{1}{2}\sin 2t$ ③ $f(t) = \frac{e^{-at} + e^{-bt}}{-a+b}\ (a \neq b)$

④ $f(t) = 4 - 4e^{-2t}$ ⑤ $f(t) = \cosh 3t + \frac{1}{3}\sinh 3t$

3.① $F(s) = \frac{1}{2s} + \frac{1}{2}(\frac{s}{s^2+4})$ ② $F(s) = \frac{1}{2s} - \frac{1}{2}(\frac{s}{s^2+4\pi^2})$ ③ $F(s) = \frac{1}{(s+4)^2}$

④ $F(s) = \frac{2s}{(s^2-1)^2}$

4. $\sin^2 t = \frac{2}{s(s^2+4)}$, $\mathcal{L}[f'(t)] = sF(s) - f(0^+)$를 이용

5.① $f(t) = -\frac{1}{2}(e^{-2t} - 1)$ ② $f(t) = -\frac{1}{4}(1 - e^{-2t} - 2t)$

③ $f(t) = -\frac{1}{2}t + \frac{3}{4} - \frac{3}{4}e^{-2t}$ ④ $f(t) = -\frac{1}{2}t^2 - \frac{1}{3}t - \frac{1}{9} + \frac{1}{9}e^{3t}$

6.① $F(s) = \frac{1}{(s+2)^3}$ ② $F(s) = \frac{3}{(s-2)^2+9}$

③ $F(s) = 2\frac{2}{(s+2)^2+4} - \frac{s+2}{(s+2)^2+4}$ ④ $f(t) = 7te^{-2t}$ ⑤ $f(t) = e^{2t}$

⑥$f(t) = 2e^{-\omega t}\cos 3t$

7.① $y(t) = \cos\frac{t}{2} - 4\sin\frac{t}{2}$ ② $y(t) = 3te^{-t}$ ③ $y = e^t + \sinh t - t$

④ $y(t) = e^{-t}\cos t\, u(t) + e^{-(t-\pi)}\sin(t-\pi)\, u(t-\pi)$

8.① $F(s) = \frac{e^{-s}}{s^2}$ ② $F(s) = \left(\frac{2}{s^3} + \frac{4}{s^2} - \frac{4}{s}\right)e^{-2s}$

③ $F(s) = \frac{1}{s} - \frac{1}{s+1} - e^{-\pi s}\left(\frac{1}{s} - \frac{e^{-\pi}}{s+1}\right)$

9. 2 10. 8/3 11. 2

12. ① $f(t) = te^{-at}$ 또는 $f(t) = te^{-bt}$ ② $f(t) = 2e^{-4t}$

③ $f(t) = \frac{1}{2}\sin 4t$ ④ $f(t) = 2\cos 2t$ ⑤ $f(t) = 2(\cos 2t + \sin 2t)$

⑥ $f(t) = \frac{1}{3} - \frac{1}{3}e^{-3t}$ ⑦ $f(t) = 3 + e^{-t}$ ⑧ $f(t) = \frac{1}{2}e^{-t} + \frac{3}{2}e^{-3t}$

⑨ $f(t) = \sqrt{2}e^{-t}\sin\sqrt{2}t$ ⑩ $f(t) = -\frac{1}{2}e^{-\frac{3}{2}t} + e^{-t}$ ⑪ $f(t) = 2te^{-t} + e^{-t}$

⑫ $f(t) = 2e^{-t}t - 2e^{-t} + 2e^{-2t}$

⑬ $f(t) = 3t^2e^{5t}$

⑭ $f(t) = t\cos t$

13. $i(t) = \frac{E}{R}e^{-\frac{1}{RC}t}[A]$ $\left(\because \text{미분방정식} : Ri(t) + \frac{1}{C}\int i(t)dt = E\right)$

14. $i(t) = \frac{E}{R}\left(1 - e^{-\frac{R}{L}t}\right)[A]$ $\left(\because \text{미분방정식} : Ri(t) + L\frac{di(t)}{dt} = E\right)$

8장

1.① $A + B = \begin{bmatrix} -1 & 3 \\ 5 & 5 \end{bmatrix}$, $B + A = \begin{bmatrix} -1 & 3 \\ 5 & 5 \end{bmatrix}$ ② $A - B = \begin{bmatrix} 3 & 3 \\ -1 & -3 \end{bmatrix}$,

$B-A=\begin{bmatrix}-3 & -3 \\ 1 & 3\end{bmatrix}$ ③ $4A-2B=\begin{bmatrix}8 & 12 \\ 2 & -4\end{bmatrix}$, $2(2A-B)=\begin{bmatrix}8 & 12 \\ 2 & -4\end{bmatrix}$

④ $C-D=\begin{bmatrix}7 & 2 & 5 \\ 6 & 7 & -1\end{bmatrix}$, $B+C=$ 불능 ⑤ $-3(C-4D)=\begin{bmatrix}84 & -6 & 15 \\ 57 & 24 & 3\end{bmatrix}$,

$A+B+C+D=$ 불능

2.① $A+\frac{1}{2}B=\begin{bmatrix}0 & 3 \\ 3.5 & 3\end{bmatrix}$, $\frac{1}{2}(2A+B)=\begin{bmatrix}0 & 3 \\ 3.5 & 3\end{bmatrix}$

② $6A=A+5A=9A-3A=\begin{bmatrix}6 & 18 \\ 12 & 6\end{bmatrix}$ ③ $4(3D)=2(6D)=\begin{bmatrix}84 & 0 & 24 \\ 60 & 36 & 0\end{bmatrix}$

3.① $eh=\begin{bmatrix}0 & 6 & 8 \\ 0 & 0 & 0 \\ 4 & 3 & 4\end{bmatrix}$, $he=[\ 4\ ]$ ② $FG=$ 불능, $GF=\begin{bmatrix}4 & -3 \\ 6 & 3 \\ -1 & 1\end{bmatrix}$ ③

$Fh=$ 불능, $hF=[8\ \ 5]$ ④ $Gh=$ 불능, $hG=[4\ 6\ 5]$ ⑤ $hGF=[14\ \ 13]$

⑥ $ehG=\begin{bmatrix}8 & 12 & -4 \\ 0 & 0 & 0 \\ 20 & 2 & 5\end{bmatrix}=0$ ⑦ $ehGe=\begin{bmatrix}12 \\ 0 \\ 45\end{bmatrix}$ ⑧ $e^Te=[5]$, $ee^T=\begin{bmatrix}2 & 0 & 2 \\ 0 & 0 & 0 \\ 2 & 0 & 1\end{bmatrix}=0$

⑨ $G+G^T=\begin{bmatrix}8 & -1 & 1 \\ -1 & 4 & 3 \\ 1 & 3 & -2\end{bmatrix}$ ⑩ $FF^TG^T=\begin{bmatrix}4 & 6 & -1 \\ -9 & 9 & 3 \\ 11 & 9 & -3\end{bmatrix}$, $GFF^T=\begin{bmatrix}4 & -9 & 11 \\ 6 & 9 & 9 \\ -1 & 3 & -3\end{bmatrix}$

4.① $x=\frac{22}{9}$, $y=\frac{7}{9}$ ② $x=\frac{5}{2}$, $y=-\frac{3}{2}$ ③ $x=\frac{26}{9}$, $y=\frac{4}{15}$, $z=\frac{74}{45}$

④ $x=-\frac{6}{41}$, $y=-\frac{17}{41}$, $z=\frac{7}{41}$

5.① -25 ② $-\cos 2\alpha$ ③ 40528 ④ 8

6.① $A^{-1}=\begin{bmatrix}-2 & 1 \\ \frac{3}{2} & -\frac{1}{2}\end{bmatrix}$ ② $A^{-1}=\begin{bmatrix}\cos\beta & \sin\beta \\ -\sin\beta & \cos\beta\end{bmatrix}$

③ $A^{-1}=\begin{bmatrix}-0.1 & 0.1 & -0.1 \\ 0 & 0.5 & 0 \\ 0.3 & 0 & 0.1\end{bmatrix}$ ④ $A^{-1}=\begin{bmatrix}\frac{1}{4} & 0 & 0 \\ 0 & \frac{1}{2} & 0 \\ 0 & 0 & -\frac{1}{5}\end{bmatrix}$

9장

1. ① $\boldsymbol{a}=[3,-4,4]$, $|\boldsymbol{a}|=\sqrt{3^2+(-4)^2+4^2}=\sqrt{41}$

② $a=[1,0,0]$, $|\boldsymbol{a}|=\sqrt{1^2+0^2+0^2}=1$

2. ① $(\mathrm{a}+\mathrm{b})+\mathrm{c}=[5,4,0]$, $\mathrm{a}+(\mathrm{b}+\mathrm{c})=[5,4,0]$ ② $2(\mathrm{a}+\mathrm{b})-2\mathrm{c}=[-2,16,0]$, $2(\mathrm{a}+\mathrm{b}-\mathrm{c})=[-2,16,0]$

3. ① $\mathrm{a}\cdot\mathrm{b}=-24$, $\mathrm{b}\cdot\mathrm{c}=14$, $\mathrm{c}\cdot\mathrm{a}=-20$ ② $\mathrm{a}\cdot(\mathrm{b}-\mathrm{c})=-4$, $(\mathrm{a}-\mathrm{b})\cdot\mathrm{c}=-34$ ③ $\mathrm{a}\times\mathrm{b}=18\mathrm{i}-6\mathrm{j}-26\mathrm{k}$, $\mathrm{b}\times\mathrm{c}=6\mathrm{i}+9\mathrm{j}-5\mathrm{k}$, $\mathrm{c}\times\mathrm{a}=6\mathrm{i}+9\mathrm{j}+17\mathrm{k}$ ④ $\mathrm{c}\times(\mathrm{a}+\mathrm{b})=22\mathrm{k}$, $\mathrm{a}\times\mathrm{c}+\mathrm{b}\times\mathrm{c}=-22\mathrm{k}$ ⑤ $\mathrm{a}\cdot(\mathrm{b}\times\mathrm{c})=66$, $(\mathrm{a}\times\mathrm{b})\cdot\mathrm{c}=63$

4. ① $|\boldsymbol{u}'|=b$, $|\boldsymbol{u}''|=0$ ② $|\boldsymbol{u}'|=\sqrt{1+4t^2}$, $|\boldsymbol{u}''|=2$ ③ $|u'|=1$, $|u''|=1$ ④ $|\boldsymbol{u}'|=\sqrt{1+e^{-2t}}$, $|\boldsymbol{u}''|=e^{-t}$

5. ① 접선벡터 $\mathbf{r}'(\mathrm{t})=\mathrm{i}+2\mathrm{t}\mathbf{j}$, 단위 접선 벡터 $\mathrm{u}'(\mathrm{t})=\dfrac{\mathrm{i}+2\mathrm{j}}{\sqrt{5}}$

② 접선벡터 $\mathbf{r}'(\mathrm{t})=3\mathrm{i}-\mathbf{k}$, 단위 접선 벡터 $\mathrm{u}'(\mathrm{t})=\dfrac{3\mathrm{i}-\mathrm{k}}{\sqrt{10}}$

6. ① $\sinh 2-\sinh 0=\sinh 2$ ② $2\pi^2$

7. ① $\mathrm{grad}\,f(t)=y\boldsymbol{i}+x\boldsymbol{j}$ ② $\mathrm{grad}\,f(t)=3x^2\boldsymbol{i}+3y^2\boldsymbol{j}$ ③ $\mathrm{grad}\,f(t)=\frac{3}{2}x^2(x^3+y^3)^{-\frac{1}{2}}\boldsymbol{i}+\frac{3}{2}y^2(x^3+y^3)^{-\frac{1}{2}}\boldsymbol{j}$ ④ $\mathrm{grad}\,f(t)=e^x\sin y\boldsymbol{i}+e^x\cos y\boldsymbol{j}$ ⑤ $\mathrm{grad}\,f(t)=3(x+y+z)^2\boldsymbol{i}+3(x+y+z)^2\boldsymbol{j}+3(x+y+z)^2\boldsymbol{k}$

8. ① $\boldsymbol{n}=\dfrac{-4\boldsymbol{i}+3\boldsymbol{j}}{5}$ ② $\boldsymbol{n}=j$ ③ $\boldsymbol{n}=\dfrac{1}{\sqrt{2}}(i+j)$

9. ① $\mathrm{div}\,\mathrm{F}=12$ ② $\mathrm{div}\,\mathrm{F}=0$

10. ① $-2k$ ② xk ③ 0

10장

1. ① $-\frac{8}{3}$ ② $\frac{8}{3}$ ③ 4

2. $2\pi^2$

3. 3^6-1=728 (단, $1 \le t \le 3$)

4. ① 34 (단, $0 \le t \le 2$) ② 34 (단, $0 \le t \le 2$)

5. ① 34 (단, $0 \le t \le 2$) ② 34 (단, $0 \le t \le 2$)

6. ① $-\frac{4}{15}$ ② $\frac{1}{3}$

7. ① 8 ② $\frac{1}{16}(\pi-2)$ ③ $\frac{1}{8}(e^{32}-1)$

8. ① 16 ② $-\frac{\pi}{4}$ ③ 0 ④ $\frac{\pi^2}{8}(\sinh 2-2)$ ⑤ $-\frac{1}{3}$

9. ① 8 ② $\frac{66}{2}$ ③ 16π ④ 2

10. ① $3b^3$ ② $2b^2(e^b-1)$ ③ $-\frac{1}{6}$ ④ $8\pi^2$ ⑤ 36π

11. $\int_C^{\text{반시계}} \boldsymbol{F}\cdot d\boldsymbol{r}=4$, $\iint_S curl\,\boldsymbol{F}\cdot\boldsymbol{n}\,d\mathrm{A}=4$

11장

1. ① $f(x)=\frac{\pi}{4}+\sum_{n=1}^{\infty}\left\{\frac{1-(-1)^n}{n^2\pi}\cos nx+\frac{1}{n}(-1)^n\sin nx\right\}$

② $f(x)=\frac{4\pi^2}{3}+4(\cos x+\frac{1}{4}\cos 2x+\frac{1}{9}\cos 3x+\cdots)$
$-4(\pi\sin x+\frac{\pi}{2}\sin 2x+\frac{\pi}{3}\sin 3x+\cdots)$

③ $f(x)=\frac{1}{\pi}+\frac{1}{2}\sin x+\frac{2}{\pi}(\frac{1}{3}\cos 2x+\frac{1}{1\cdot 5}\cos 4x+\cdots)$

④ $f(x)=\frac{1}{\pi}(\frac{4}{5}\sin 2x+\frac{8}{17}\sin 4x+\cdots)$

2. ① $f(x)=\frac{3}{2}+\frac{6}{\pi}(\sin\frac{\pi}{5}x+\frac{1}{3}\sin\frac{3\pi}{5}x+\cdots)$

② $f(x)=\frac{12}{\pi}(\sin\frac{\pi}{5}x+\frac{1}{3}\sin\frac{3\pi}{5}x+\cdots)$

③ $f(x)=\frac{3}{4}-\frac{2}{\pi^2}(\cos\pi x+\frac{1}{9}\cos 3\pi x+\frac{1}{25}\cos 5\pi x+\ldots$
$-\frac{1}{\pi}(\sin\pi x+\frac{1}{2}\sin 2\pi x+\frac{1}{3}\sin 3\pi x+\ldots)$

④ $f(x)=\frac{4}{\pi}(\sin\frac{1}{2}\pi x+\frac{1}{2}\sin\frac{2}{2}\pi x+\frac{1}{3}\sin\frac{3}{2}\pi x+\ldots)$

3. ① 우함수 ② 기함수 ③ 우함수 ④ 우함수 ⑤ 우함수도 기함수도 아님

4. ① $(0<x<2)$: $FCS: f(x)=1$,
$FSS: f(x)=\frac{4}{\pi}(\sin\frac{\pi}{2}x+\frac{1}{3}\sin\frac{3\pi}{2}x+\ldots)$

② $(0<x<2)$: $FCS: f(x)=1-\frac{8}{\pi^2}(\cos\frac{\pi}{2}x+\frac{1}{9}\cos\frac{3\pi}{2}x+\ldots)$,
$FSS: f(x)=\frac{4}{\pi}\left(\sin\frac{\pi}{2}x-\frac{1}{2}\sin\frac{2\pi}{2}x+\frac{1}{3}\sin\frac{3\pi}{2}x-\ldots\right)$

③ $(0<x<1)$
$FCS: f(x)=\frac{1}{3}-\frac{4}{\pi^2}\left(\cos\pi x-\frac{1}{4}\cos 2\pi x+\frac{1}{9}\cos 3\pi x-\ldots\right)$
$FSS: f(x)=-2\left\{\left(\frac{4}{\pi^2}-\frac{1}{\pi}\right)\sin\pi x+\frac{1}{2\pi}\sin 2\pi x+\left(\frac{4}{3^3\pi^3}-\frac{1}{3\pi}\right)\sin 3\pi x+\ldots\right\}$

④ $(0<x<a)$: $FCS: f(x)=\frac{e^a-1}{a}+\sum_{n=1}^{\infty}\left[\frac{2a}{n^2\pi^2+a^2}\right]\{(-1)^n e^a-1\}\cos\frac{n\pi}{a}x$,

$$FCS : f(x) = \sum_{n=1}^{\infty}\left[\left(\frac{2n\pi}{n^2\pi^2+a^2}\right)(1-(-1)^n e^a)\right]\sin\frac{n\pi}{a}x$$

12장

1. ① $f(x) = \frac{2}{\pi}\int_0^{\infty}\left(\frac{\sin\omega b\cos\omega x}{\omega}\right)d\omega$

② $f(x) = \frac{1}{\pi}\int_0^{\infty}\left\{\left(\frac{b\sin\omega b}{\omega}+\frac{\cos\omega b-1}{\omega^2}\right)\cos\omega x+\left(-\frac{b\cos\omega b}{\omega}+\frac{\sin\omega b}{\omega^2}\right)\sin\omega x\right\}d\omega$

③ $f(x) = \frac{1}{\pi}\int_0^{\infty}\left\{\left(\frac{1-\cos\omega b}{\omega^2}\right)\cos\omega x+\frac{1}{\omega}\left(b-\frac{\sin\omega b}{\omega}\right)\sin\omega x\right\}d\omega$

2. ① $FCI : f(x) = \frac{2}{\pi}\int_0^{\infty}\frac{1}{\omega}\sin\omega\cos x\omega\, d\omega$,

$FSI : f(x) = \frac{2}{\pi}\int_0^{\infty}\frac{(1-\cos x)}{\omega}\sin x\omega\, d\omega$

② $FCI : f(x) = \frac{2}{\pi}\int_0^{\infty}\left(\frac{\omega\sin\omega+\cos\omega-1}{\omega^2}\right)\cos x\omega\, d\omega$,

$FSI : f(x) = \frac{2}{\pi}\int_0^{\infty}\left(\frac{\sin\omega-\omega\cos\omega}{\omega^2}\right)\sin x\omega\, d\omega$

③ $FCI : f(x) = \frac{2}{\pi}\int_0^{\infty}\left(\frac{\sin\omega}{\omega}+\frac{2\cos\omega}{\omega^2}-\frac{2\sin\omega}{\omega^3}\right)\cos\omega x\, d\omega$,

$FSI : f(x) = \frac{2}{\pi}\int_0^{\infty}\left(\frac{\cos\omega}{\omega}-\frac{2\sin\omega}{\omega^2}-\frac{2(\cos2\omega-1)}{\omega^3}\right)\cos\omega x\, d\omega$

3. ① $F(\omega) = \frac{1}{\sqrt{2\pi}(j\omega+1)}$

4. ① $F(\omega) = \sqrt{\frac{\pi}{a}}e^{-\frac{\omega^2}{4a}}$ ② $F(\omega) = \frac{1}{\omega^2}\sqrt{\frac{2}{2\pi}}\left(\frac{\sin\omega}{\omega}-\cos\omega\right)$

5. ① $F_c(\omega) = \sqrt{\frac{2}{\pi}}\frac{1}{\omega^2+1}$ ② $F_s(\omega) = \sqrt{\frac{2}{\pi}}\frac{\omega}{\omega^2+\pi^2}$

13장

1. ① $u(x,y)=C(x)e^{-y^2}$ ② $u(x,y)=C(y)e^{x^2}$ ③ $u(x,y)=C(y)e^{-x^2y}$

④ $u(x,y)=C_1(y)+C_2(y)x$ ⑤ $u(x,y)=f(x)+g(y)$

⑥ $u(x,y)=A(y)\cos 2x+B(y)\sin 2x$

⑦ $u(x,y)=\int B(x)e^{-y}dx\left(\because \int B(x)dx=f(x)+g(y)\right)$

⑧ $u(x,y)=A(x)e^{-2y}+B(x)ye^{-2y}$

2. ① $u(x,y)=A(y)B(x)e^{\mu(x+y)}$ ($\because \mu=$ 상수) ② $u(x,y)=A(y)B(x)(xy)^{\mu}$ ($\because \mu=$ 상수) ③ $u(x,y)=A(y)B(x)e^{x^2+\alpha x+y^2-\alpha y}$ ($\because \alpha=$ 상수)

3. ① $u(x,y)=y-5x$ 해가됨. ② $u(x,y)=2\cos(y-5x)$

4. ① $u(x,y)=\frac{1}{6}x^3y^2+A(x)+B(y)$

② $u(x,y)=\frac{1}{6}x^3y^2+x^2+\cos y-\frac{1}{6}y^2-1$

5. $u(x,t)=A\cos 3\pi t\sin 3\pi x$

6. $u(x,t)=\frac{4}{\pi^2}\left(\sin\pi x\cos\pi t-\frac{1}{9}\sin 3\pi x\cos 3\pi t+\ldots\right)$

14장

1. ① $z_1\cdot z_2=8-j$ ② $(z_1+z_2)^2=8+j6$ ③ $1/z_2=\frac{2-j3}{13}$

④ $z_2/z_1=\frac{-4+j7}{5}$

⑤ $Im(z_2/z_1)=\frac{7}{5}$ ⑥ $Re(z_2/z_1)=-\frac{4}{5}$ ⑦ $Im(z_2/\overline{z_1})=-\frac{1}{5}$

⑧ $(z_1-z_2)/(z_1+z_2)=\frac{-4-j7}{5}$

2. ① $1-j=\sqrt{2}\angle -45^\circ$ ② $3+j4=5\angle 53.13^\circ$ ③ $-4=4\angle 180^\circ$

④ $-j\sqrt{2}=\sqrt{2}\angle -90^\circ$

3. ① $z=8\angle 180^\circ$ ② $z=\sqrt{8}\angle -135^\circ$ ③ $z=2\angle 60^\circ$ ④ $z=2\angle -90^\circ$

4. ① 주근 $z_0=2^{\frac{1}{3}}$, 부근 $z_1=2^{\frac{1}{3}}(-\frac{1}{2}+j\frac{\sqrt{3}}{2})$, $z_2=2^{\frac{1}{3}}(-\frac{1}{2}-j\frac{\sqrt{3}}{2})$

② 주근 $z_0=2^{\frac{1}{3}}(\frac{\sqrt{3}}{2}+j\frac{1}{2})$, 부근 $z_1=2^{\frac{1}{3}}(-\frac{\sqrt{3}}{2}+j\frac{1}{2})$, $z_2=-j2^{\frac{1}{3}}$

③ 주근 $z_0=2^{\frac{1}{2}}(1+j)$, 부근 $z_1=2^{\frac{1}{2}}(-1+j)$, $z_0=2^{\frac{1}{2}}(-1-j)$, $z_0=2^{\frac{1}{2}}(1-j)$

5.① $f'(z)=-44-j196$ ② $f'(z)=\frac{1}{4j}$ ③ $f'(z)=-j\frac{1}{2}$

6. ① $\cos 3\theta=\cos^3\theta-3\cos\theta\sin^2\theta$ 성립 ② $\sin 3\theta=3\sin\theta\cos^2\theta-\sin^3\theta$ 성립

7. ① 비해석적 ② 해석적 ③ 해석적

15장

1. ① $\oint_C \frac{z}{z^2-\pi^2}dz=2\pi j$ ② $\oint_C \frac{1}{z-1}dz=2\pi j$

2. ① $-\frac{2}{9}\pi j$ ② $\frac{20}{9}\pi j$

3. ① $f(z)=\frac{z+3}{1-z^2}=\frac{2}{1-z}+\frac{1}{1+z}=3+z+3z^2+z^3+3z^4+\cdots$,
수렴영역:$-1<z<1$, 반경 : $R=1$

② $f(z)=\frac{z}{1-z}=z+z^2+z^3+\cdots$, 수렴영역:$-1<z<1$, 반경 : $R=1$

4. 0

5. ① 0 ② $-2\pi j$ ③ $2\pi j$

16장

1. ① 2차 선형 비동차 ② 2차 선형 동차 ③ 3차 비선형 동차

2. ① $\frac{z(z-\cos 3)}{z^2-2z\cos 3+1}$ ② $\frac{z}{z-e}$ ③ $\frac{z^2-ze^{-2}\cos 1}{z^2-2z^{-2}\cos 1+e^{-4}1}$ ④ $\frac{z}{z-e}$

⑤ $\frac{z}{z-2}$

3. ① $f[k]=4(4^k)$ ② $f[k]=2^k+3(2^k)u[k-1]$ ③ $f[k]=-2(2^k)+2(3^k)$

4. ① $y[k]=3-2(3^k)$ ② $y[k]=\frac{2^k}{3}+\frac{5(1/2)^k}{3}$ ③ $y[k]=k$

④ $y[k]=10(4^k)-5(k4^k)$ ⑤ $y[k]=\frac{u[k]-(-1)^k}{2}$

부록2 수학 기초 공식 및 공업수학 공식 모음

1. 인수분해 및 전개

① $(x+y)^2 = x^2 + 2xy + y^2$

② $(x-y)^2 = x^2 - 2xy + y^2$

③ $(x+y)^3 = x^3 + 3x^2y + 3xy^2 + y^3$

④ $(x-y)^3 = x^3 - 3x^2y + 3xy^2 - y^3$

⑤ $x^2 - y^2 = (x+y)(x-y)$

⑥ $x^3 - y^3 = (x-y)(x^2 + xy + y^2)$

⑦ $x^3 + y^3 = (x+y)(x^2 - xy + y^2)$

2. 급수식

① n=1,2,3,⋯

$n = 1 \cdot 2 \cdot 3 \cdot \cdots \cdot n$

② 등차수열의 n항 까지의 합 S_n, 일반항 a_n의 관계

$S_1 = a_1$
$S_2 = a_1 + a_2 = S_1 + a_2$
$S_3 = a_1 + a_2 + a_3 = S_2 + a_3$
…
$S_n = a_1 + a_2 + a_3 + \ldots + a_n = S_{n-1} + a_n$

$a_1 = S_1$
$a_2 = S_2 - S_1$
$a_3 = S_3 - S_2$
…
$a_n = S_n - S_{n-1}\ (n = 2, 3, 4, \ldots)$

제1항부터 제 n항까지의 등차수열의 합공식은 $S_n = \dfrac{n\{2a + (n-1)d\}}{2}$,

여기서 제1항이 a, 공차가 d이다.

③ 등비수열의 첫째항은 a, 공비는 r로 놓는다. 등비수열의 일반항을

$a_n = a \cdot r^{n-1},\ a_{n+1} = a_n \cdot r,\ r = \dfrac{a_{n+1}}{a_n}$

④ 등비중항 구하기

0이 아닌 세 수 a, b, c가 이 순서로 등비수열을 이루기 위한 필요충분조건

$\frac{b}{a} = \frac{c}{b},\ b^2 = a \cdot c$

⑤ 등비수열에서 첫째 a항부터 제 n항까지의 합

$S_n = a + ar + ar^2 + \dots + ar^{n-1}$

$rS_n = ar + ar^2 + ar^3 + \dots + ar^{n-1} + ar^n$

$(1-r)S_n = a - ar^n$

$S_n = \frac{a(1-r^n)}{(1-r)} = \frac{a(r^n-1)}{(r-1)}$

$(\because r \neq 1)$

⑥ $n = 1, 2, 3, \cdots$

$(x+y)^n = x^n + nx^{n-1}y + \frac{n(n-1)}{2!}x^{n-2}y^2 + \frac{n(n-1)(n-2)}{3!}x^{n-3}y^3 + \cdots + y^n$

⑦ $(x+y)^n = x^n + \binom{n}{1}x^{n-1}y + \binom{n}{2}x^{n-2}y^2 + \binom{n}{3}x^{n-3}y^3 + \cdots + \binom{n}{n}y^n$

⑧ $\binom{n}{k} = \frac{n(n-1)(n-2)\cdots(n-k+1)}{k!} = \frac{n!}{k!(n-k)!} = \binom{n}{n-k}$

⑨ $(x_1 + x_2 + \cdots + x_p)^n = \sum \frac{n!}{n_1!n_2!\cdots n_p!}x_1^{n_1}x_2^{n_2}\cdots x_p^{n_p}$

$n_1 + n_2 + \cdots + n_p = n$

⑩ $f(x) = \sum_{n=0}^{\infty} c_n x^n = c_0 + c_1 x + c_2 x^2 + \dots$ (맥노린 급수식)

$f(x) = c_0 + c_1 x + c_2 x^2 + \dots$

$f'(x) = c_1 + 2c_2 x + \dots$

....

$f(x) = f(0) + f'(0)x + \frac{f''(0)}{2!}x^2 + \frac{f'''(0)}{3!}x^3 + \dots$

⑪ $1 + x + \frac{1}{2!}x^2 + \frac{1}{3!}x^3 + \dots = \sum_{n=0}^{\infty}\frac{x^n}{n!} = e^x$

⑫ $1 - \frac{1}{2!}x^2 + \frac{1}{4!}x^4 - \dots = \sum_{n=0}^{\infty}(-1)^n\frac{x^{2n}}{(2n)!} = \cos x$

⑬ $x - \frac{1}{3!}x^3 + \frac{1}{5!}x^5 - \dots = \sum_{n=0}^{\infty}(-1)^n\frac{x^{2n+1}}{(2n+1)!} = \sin x$

⑭ $1+x+x^2+x^3+\ldots = \sum_{n=0}^{\infty} x^n = \frac{1}{1-x}$

⑮ n = 자연수

$$(a+b)^n = {}_nC_0a^n + {}_nC_1a^{n-1}b + \ldots + {}_nC_ra^{n-r}b^r + \ldots + {}_nC_{n-1}ab^{n-1} + {}_nC_nb^n$$

$$= \sum_{r=0}^{n} {}_nC_ra^{n-r}b^r$$

$\because {}_nC_r = \frac{n!}{r!(n-r)!}$, ${}_nC_m = \frac{{}_nP_m}{m!}$ (n개 중에서 m개 순열 조합)

3-A. 삼각함수

① $\sin A = \frac{a}{c}$ ⑦ $\sin A = \frac{y}{r}$

② $\cos A = \frac{b}{c}$ ⑧ $\cos A = \frac{x}{r}$

③ $\tan A = \frac{a}{b}$ ⑨ $\tan A = \frac{y}{x}$

④ $\cot A = \frac{b}{a}$ ⑩ $\cot A = \frac{x}{y}$

⑤ $\sec A = \frac{c}{b}$ ⑪ $\sec A = \frac{r}{x}$

⑥ $\csc A = \frac{c}{a}$ ⑫ $\csc A = \frac{r}{y}$

⑬ $1\,radian = \frac{180°}{\pi} = 57.2957795130\cdots°$

⑭ $1° = \frac{\pi}{180°} = 0.0174532925\cdots\cdots radians$

⑮ $\tan A = \frac{\sin A}{\cos A}$

⑯ $\cot A = \frac{1}{\tan A} = \frac{\cos A}{\sin A}$

⑰ $\sec A = \frac{1}{\cos A}$

⑱ $\csc A = \frac{1}{\sin A}$

⑲ $\sin^2 A + \cos^2 A = 1$

⑳ $\sec^2 A - \tan^2 A = 1$

㉑ $\csc^2 A - \cot^2 A = 1$

㉒ $y = \sin x$　　㉓ $y = \cos x$

㉔ $y = \tan x$　　㉕ $y = \cot x$

㉖ $\sin(-A) = -\sin A$　　㉗ $\cos(-A) = \cos A$

㉘ $\tan(-A) = -\tan A$　　㉙ $\csc(-A) = -\csc A$

㉚ $\sec(-A) = \sec A$　　㉛ $\cot(-A) = -\cot A$

㉜ $\sin(A \pm B) = \sin A \cos B \pm \cos A \sin B$

㉝ $\cos(A \pm B) = \cos A \cos B \mp \sin A \sin B$

㉞ $\tan(A \pm B) = \dfrac{\tan A \pm \tan B}{1 \mp \tan A \tan B}$

㉟ $\cot(A \pm B) = \dfrac{\cot A \cot B \mp 1}{\cot B \pm \cot A}$

㊱ $\sin 2A = 2\sin A \sin B$

㊲ $\cos 2A = \cos^2 A - \sin^2 A = 1 - 2\sin^2 A = 2\cos^2 A - 1$

㊳ $\tan 2A = \dfrac{2\tan A}{1 - \tan A}$

㊴ $\sin\dfrac{A}{2} = \pm\sqrt{\dfrac{1-\cos A}{2}}$

㊵ $\cos\dfrac{A}{2} = \pm\sqrt{\dfrac{1+\cos A}{2}}$

㊶ $\tan\dfrac{A}{2} = \pm\sqrt{\dfrac{1-\cos A}{1+\cos A}}$

㊷ $\sin 3A = 3\sin A - 4\sin^3 A$

㊸ $\cos 3A = 4\cos^3 A - 3\cos A$

㊹ $\tan 3A = \dfrac{3\tan A - \tan^3 A}{1 - 3\tan^2 A}$

㊺ $\sin^2 A = \dfrac{1}{2} - \dfrac{1}{2}\cos 2A$

㊻ $\cos^2 A = \dfrac{1}{2} + \dfrac{1}{2}\cos 2A$

㊼ $\sin A + \sin B = 2\sin\dfrac{1}{2}(A+B)\cos\dfrac{1}{2}(A-B)$

㊽ $\sin A - \sin B = 2\cos\dfrac{1}{2}(A+B)\sin\dfrac{1}{2}(A-B)$

㊾ $\cos A + \cos B = 2\cos\dfrac{1}{2}(A+B)\cos\dfrac{1}{2}(A-B)$

㊿ $\cos A - \cos B = 2\sin\dfrac{1}{2}(A+B)\sin\dfrac{1}{2}(A-B)$

3-B. 삼각함수

① $\sin A \sin B = \frac{1}{2}\{\cos(A-B) - \cos(A+B)\}$

② $\cos A \cos B = \frac{1}{2}\{\cos(A-B) + \cos(A+B)\}$

③ $\sin A \cos B = \frac{1}{2}\{\sin(A-B) + \sin(A+B)\}$

④ $\cos A \sin B = \frac{1}{2}\{-\sin(A-B) + \sin(A+B)\}$

⑤ $y = \sin^{-1}x$ ⑥ $y = \cos^{-1}x$ ⑦ $y = \tan^{-1}x$

⑧ $y = \cot^{-1}x$ ⑨ $y = \sec^{-1}x$ ⑩ $y = \csc^{-1}x$

⑪ $\frac{a}{\sin A} = \frac{b}{\sin B} = \frac{c}{\sin C}$

⑫ $c^2 = a^2 + b^2 - 2ab\cos C$

4. 오일러 공식

① $x + jy = r(\cos\theta + jsin\theta)$, $x = rcos\theta, y = rsin\theta$

5. 지수 로그 공식

① $a^p \cdot a^q = a^{p+q}$

② $a^p / a^q = a^{p-q}$

③ $(a^p)^q = a^{pq}$

④ $a^0 = 1, a \neq 0$

⑤ $a^{-p} = 1/a^p$

⑥ $(ab)^p = a^p b^p$

⑦ $\sqrt[n]{a} = a^{1/n}$

⑧ $\sqrt[n]{a^m} = a^{m/n}$

⑨ $\sqrt[n]{a/b} = \sqrt[n]{a} / \sqrt[n]{b}$

⑩ $\log_a MN = \log_a M + \log_a N$

⑪ $\log_a \frac{M}{N} = \log_a M - \log_a N$

⑫ $\log_a M^p = plog_a M$

⑬ $\log_a N = \frac{\log_b N}{\log_b a}$

⑭ $e^{j\theta} = \cos\theta + j\sin\theta,\ e^{-j\theta} = \cos\theta - j\sin\theta$

⑮ $\sin\theta = \dfrac{e^{j\theta} - e^{-j\theta}}{2j}$

⑯ $\cos\theta = \dfrac{e^{j\theta} + e^{-j\theta}}{2}$

⑰ $\tan\theta = \dfrac{e^{j\theta} - e^{-j\theta}}{j\left(e^{j\theta} + e^{-j\theta}\right)} = -j\left(\dfrac{e^{j\theta} - e^{-j\theta}}{e^{j\theta} + e^{-j\theta}}\right)$

⑱ $\cot\theta = j\left(\dfrac{e^{j\theta} + e^{-j\theta}}{e^{j\theta} - e^{-j\theta}}\right)$

⑲ $\sec\theta = \dfrac{2}{e^{j\theta} + e^{-j\theta}}$

⑳ $\csc\theta = \dfrac{2j}{e^{j\theta} - e^{-j\theta}}$

㉑ $e^{j(\theta + 2k\pi)} = e^{j\theta}$ $\quad k$=integer

㉒ $x + jy = r(\cos\theta + j\sin\theta) = re^{j\theta}$

㉓ $(r_1 e^{j\theta_1})(r_2 e^{j\theta_2}) = r_1 r_2 e^{j(\theta_1 + \theta_2)}$

㉔ $\dfrac{r_1 e^{j\theta_1}}{r_2 e^{j\theta_2}} = \dfrac{r_1}{r_2} e^{j(\theta_1 - \theta_2)}$

㉕ $(re^{j\theta})^p = r^p e^{jp\theta}$

㉖ $(re^{j\theta})^{1/n} = \left[re^{j(\theta + 2k\pi)}\right]^{1/n} = r^{1/n} e^{j(\theta + 2k\pi)/n}$

㉗ $\ln(re^{j\theta}) = \ln r + j\theta + 2k\pi j \quad k = integer$

6. 쌍곡선함수와 오일러공식

① $\sinh x = \dfrac{e^x - e^{-x}}{2}$

② $\cosh x = \dfrac{e^x + e^{-x}}{2}$

③ $\tanh x = \dfrac{e^x - e^{-x}}{e^x + e^{-x}}$

④ $\coth x = \dfrac{e^x + e^{-x}}{e^x - e^{-x}}$

⑤ $\operatorname{sech} x = \dfrac{2}{e^x + e^{-x}}$

⑥ $\text{csch}x = \dfrac{2}{e^x - e^{-x}}$

⑦ $\tanh x = \dfrac{\sinh x}{\cosh x}$

⑧ $\cosh x = \dfrac{1}{\tanh x} = \dfrac{\cosh x}{\sinh x}$

⑨ $\text{sech}x = \dfrac{1}{\cosh x}$

⑩ $\text{csch}x = \dfrac{1}{\sinh x}$

⑪ $\cosh^2 x - \sinh^2 x = 1$

⑫ $\text{sech}^2 x + \tanh^2 x = 1$

⑬ $\coth^2 x - \text{csch}^2 x = 1$

⑭ $\sinh(-x) = -\sinh x$

⑮ $\cosh(-x) = \cosh x$

⑯ $\tanh(-x) = -\tanh x$

⑰ $\text{csch}(-x) = -\text{csch}x$

⑱ $\text{sech}(-x) = \text{sech}x$

⑲ $\coth(-x) = -\coth x$

⑳ $\sinh(x \pm y) = \sinh x \cosh y \pm \cosh x \sinh y$

㉑ $\cosh(x \pm y) = \cosh x \cosh y \pm \sinh x \sinh y$

㉒ $\tanh(x \pm y) = \dfrac{\tanh x \pm \tanh y}{1 \pm \tanh x \tanh y}$

㉓ $\coth(x \pm y) = \dfrac{\coth x \coth y \pm 1}{\coth y \pm \coth x}$

㉔ $\sinh 2x = 2\sinh x cosh x$

㉕ $\cosh 2x = \cosh^2 x + \sinh^2 x = 1 + 2\sinh^2 x = 2\cosh^2 x - 1$

㉖ $\tanh 2x = \dfrac{2\tanh x}{1 + \tanh^2 x}$

㉗ $\sinh\dfrac{x}{2} = \pm\sqrt{\dfrac{\cosh x - 1}{2}}$, (+ if x>0, - if x<0)

㉘ $\cosh\dfrac{x}{2} = \sqrt{\dfrac{\cosh x + 1}{2}}$

㉙ $\tanh\dfrac{x}{2} = \pm\sqrt{\dfrac{\cosh x - 1}{\cosh x + 1}} = \dfrac{\sinh x}{\cosh x + 1} = \dfrac{\cosh x - 1}{\sinh x}$, (+ if x>0, - if x<0)

㉚ $\sinh 3x = 3\sinh x + 4\sinh^3 x$

㉛ $\cosh 3x = 4\cosh^3 x - 3\cosh x$

7. 근의 공식

이차방정식 $ax^2 + bx + c = 0$에서 근의 공식 적용

$$x = \frac{-b \pm \sqrt{b^2 - 4ac}}{2a}$$

8. 미분공식

① $\frac{dy}{dx} = \lim_{h \to 0} \frac{f(x+h) - f(x)}{h} = \lim_{\Delta x \to 0} \frac{f(x + \Delta x) - f(x)}{\Delta x}$

② $\frac{d}{dx}(c) = 0$

③ $\frac{d}{dx}(cx) = c$

④ $\frac{d}{dx}(cx^n) = ncx^{n-1}$

⑤ $\frac{d}{dx}(u \pm v \pm w \pm \cdots) = \frac{du}{dx} \pm \frac{dv}{dx} \pm \frac{dw}{dx} \pm \cdots$

⑥ $\frac{d}{dx}(cu) = c\frac{du}{dx}$

⑦ $\frac{d}{dx}(uv) = u\frac{dv}{dx} + v\frac{du}{dx}$

⑧ $\frac{d}{dx}(uvw) = uv\frac{dw}{dx} + uw\frac{dv}{dx} + vw\frac{du}{dx}$

⑨ $\frac{d}{dx}(\frac{u}{v}) = \frac{v(du/dx) - u(dv/dx)}{v^2}$

⑩ $\frac{d}{dx}(u^n) = un^{n-1}\frac{du}{dx}$

⑪ $\frac{dy}{dx} = \frac{dy}{du}\frac{du}{dx}$

⑫ $\frac{du}{dx} = \frac{1}{dx/du}$

⑬ $\frac{dy}{dx} = \frac{dy/du}{dx/du}$

⑭ $\frac{d}{dx}\sin u = \cos u \frac{du}{dx}$

⑮ $\dfrac{d}{dx}\cos u = -\sin u\dfrac{du}{dx}$

⑯ $\dfrac{d}{dx}\tan u = \sec^2 u\dfrac{du}{dx}$

⑰ $\dfrac{d}{dx}\cot u = -\csc^2 u\dfrac{du}{dx}$

⑱ $\dfrac{d}{dx}\sec u = \sec u\tan u\dfrac{du}{dx}$

⑲ $\dfrac{d}{dx}\csc u = -\csc u\cot u\dfrac{du}{dx}$

⑳ $\dfrac{d}{dx}\log_a u = \dfrac{\log_a e}{u}\dfrac{du}{dx}$, $a \neq 0,1$

㉑ $\dfrac{d}{dx}\ln u = \dfrac{d}{dx}\log_e u = \dfrac{1}{u}\dfrac{du}{dx}$

㉒ $\dfrac{d}{dx}a^u = a^u \ln a\dfrac{du}{dx}$

㉓ $\dfrac{d}{dx}e^u = e^u\dfrac{du}{dx}$

㉔ $\dfrac{d}{dx}u^v = \dfrac{d}{dx}e^{v\ln u} = e^{v\ln u}\dfrac{d}{dx}[v\ln u] = vu^{v-1}\dfrac{du}{dx} + u^v\ln u\dfrac{dv}{dx}$

㉕ $\dfrac{d}{dx}\sinh u = \cosh u\dfrac{du}{dx}$

㉖ $\dfrac{d}{dx}\cosh u = \sinh u\dfrac{du}{dx}$

㉗ $\dfrac{d}{dx}\tanh u = \mathrm{sech}^2 u\dfrac{du}{dx}$

㉘ $\dfrac{d}{dx}\coth u = -\mathrm{csch}^2 u\dfrac{du}{dx}$

㉙ $\dfrac{d}{dx}\mathrm{sech}\, u = -\mathrm{sech}\, u\tanh u\dfrac{du}{dx}$

㉚ $\dfrac{d}{dx}\mathrm{csch}\, u = -\mathrm{csch}\, u\coth u\dfrac{du}{dx}$

㉛ $\dfrac{d}{dx}\left(\dfrac{dy}{dx}\right) = \dfrac{d^2y}{dx^2} = f''(x) = y''$

㉜ $\dfrac{d}{dx}\left(\dfrac{d^2y}{dx^2}\right) = \dfrac{d^3y}{dx^3} = f'''(x) = y'''$

㉝ $\dfrac{d}{dx}\left(\dfrac{d^{n-1}y}{dx^{n-1}}\right) = \dfrac{d^ny}{dx^n} = f^{(n)}(x) = y^{(n)}$

㉞ $d(u \pm v \pm w \pm \cdots) = du \pm dv \pm dw \pm \cdots$

㉟ $d(uv) = udv + vdu$

㊱ $d\left(\frac{u}{v}\right) = \frac{vdu - udv}{v^2}$

㊲ $d(u^n) = u^{n-1}du$

㊳ $d(\sin u) = \cos u du$

㊴ $d(\cos u) = -\sin u du$

㊵ $\frac{\partial f}{\partial x} = \lim_{\Delta x \to 0} \frac{f(x+\Delta x, y) - f(x,y)}{\Delta x}$

㊶ $\frac{\partial f}{\partial y} = \lim_{\Delta y \to 0} \frac{f(x, y+\Delta y) - f(x,y)}{\Delta y}$

㊷ $\frac{\partial^2 f}{\partial x^2} = \frac{\partial}{\partial x}\left(\frac{\partial f}{\partial x}\right), \frac{\partial^2 f}{\partial y^2} = \frac{\partial}{\partial y}\left(\frac{\partial f}{\partial y}\right)$

㊸ $\frac{\partial^2 f}{\partial x \partial y} = \frac{\partial}{\partial x}\left(\frac{\partial f}{\partial y}\right), \frac{\partial^{2f}}{\partial y \partial x} = \frac{\partial}{\partial y}\left(\frac{\partial f}{\partial x}\right)$

㊹ $df = \frac{\partial f}{\partial x}dx + \frac{\partial f}{\partial y}dy$
$dx = \Delta x$ and $dy = \Delta y$

9. 적분공식

① $\int a\,dx = ax$

② $\int af(x)\,dx = a\int f(x)\,dx$

③ $\int (u \pm v \pm w \pm \cdots)\,dx = \int u\,dx \pm \int v\,dx \pm \int w\,dx \pm \cdots$

④ $\int u\,dv = uv - \int v\,du$

⑤ $\int f(ax)\,dx = \frac{1}{a}\int f(u)\,du$

⑥ $\int F\{f(x)\}\,dx = \int F(u)\frac{dx}{du}\,du = \int \frac{F(u)}{f'(x)}\,du$ 여기서 $u = f(x)$

⑦ $\int u^n\,dx = \frac{u^{n+1}}{n+1}, n \neq 1$

⑧ $\int \frac{du}{u} = \ln u = \ln|u|$ if u>0 or ln(-u) if u<0

⑨ $\int e^u\,du = e^u$

⑩ $\int a^u\,du = \int e^{u\ln a}du = \frac{e^{u\ln a}}{\ln a} = \frac{a^u}{\ln a},\ a>0, a\neq 1$

⑪ $\int \sec^2 u\,du = \tan u$

⑫ $\int \csc^2 u\,du = -\cot u$

⑬ $\int \tan^2 u\,du = \tan u - u$

⑭ $\int \cot^2 u\,du = -\cot u - u$

⑮ $\int \frac{du}{u^2+a^2} = \frac{1}{a}\tan^{-1}\frac{u}{a}$

⑯ $\int \frac{du}{u^2-a^2} = \frac{1}{2a}\ln\left(\frac{u-a}{u+a}\right) = -\frac{1}{a}\coth^{-1}\frac{u}{a},\ u^2>a^2$

⑰ $\int \frac{du}{a^2-u^2} = \frac{1}{2a}\ln\left(\frac{a+u}{a-u}\right) = -\frac{1}{a}\tanh^{-1}\frac{u}{a},\ u^2<a^2$

⑱ $\int \frac{du}{\sqrt{a^2-u^2}} = \sin^{-1}\frac{u}{a}$

⑲ $\int F(ax+b)\,dx = \frac{1}{a}\int F(u)\,du,\quad u=ax+b$

⑳ $\int F(\sqrt{ax+b})\,dx = \frac{2}{a}\int uF(u)\,du,\quad u=\sqrt{ax+b}$

㉑ $\int F(\sqrt[n]{ax+b})\,dx = \frac{n}{a}\int u^{n-1}F(u)\,du,\quad u=\sqrt[n]{ax+b}$

㉒ $\int F(e^{ax})\,dx = \frac{1}{a}\int \frac{F(u)}{u}du,\quad u=e^{ax}$

㉓ $\int F(\ln x)\,dx = \int F(u)e^u\,du,\quad u=\ln x$

㉔ $\int F(\sin^{-1}\frac{x}{a})\,dx = a\int F(u)\cos u\,du,\quad u=\sin^{-1}\frac{x}{a}$

㉕ $\int_{-\infty}^{\infty} e^{-x^2}dx = \sqrt{\pi}$

10-1. 공업수학을 위한 기초수학 공식

① $a_1x+a_0=0,\ x=-\frac{a_0}{a_1},\ (a_1\neq 0)$

② $ax^2+bx+c=0,\ x=\frac{-b\pm\sqrt{b^2-4ac}}{2a}$

③ $y' = \frac{dy}{dx} = \frac{dy}{du} \cdot \frac{du}{dx} = f'\{g(x)\} \cdot g'(x)$

④ $df(x, y) = \frac{\partial f(x, y)}{\partial x} dx + \frac{\partial f(x, y)}{\partial y} dy$

⑤ $y' = \{f(x)g(x)\}' = f'(x)g(x) + f(x)g'(x)$

$y' = \left\{ \frac{g(x)}{f(x)} \right\}' = \frac{g'(x)f(x) - g(x)f'(x)}{\{f(x)\}^2}$

$y' = \{f(x)^n\}' = n\{f(x)\}^{n-1} \cdot f'(x)$

⑦ $\int \frac{f'(x)}{f(x)} dx = \ln|f(x)| + c$

$\int f(x)g'(x)dx = f(x)g(x) - \int f'(x)g(x)dx$

$\int uv' = uv - \int u'v$

$\int f(x)dx = \int f\{g(t)\} \frac{dx}{dt} dt = \int f\{g(t)\}g'(t)dt \quad (\because x = g(t))$

$\int f\{g(x)\}g'(x)dx = \int f(t)dt$

⑧ $\frac{1}{\sin\theta} = \mathrm{cosec}\theta, \ \frac{1}{\cos\theta} = \sec\theta, \ \frac{1}{\tan\theta} = \cot\theta$

$y = \sin x, \ x = \sin^{-1} y$

$\sin(x \pm y) = \sin x cos y \pm \cos x sin y$

$\cos(x \pm y) = \cos x cos y \mp \sin x sin y$

$\tan(x \pm y) = \frac{\tan x \pm \tan y}{1 \mp \tan x tan y}$

$\sin 2x = 2\sin x cos x$

$\cos 2x = \cos^2 x - \sin^2 x = 2\cos^2 x - 1 = 1 - 2\sin^2 x$

$\tan 2x = \frac{2\tan x}{1 - \tan^2 x}$

$A sin\theta + B cos\theta = \sqrt{A^2 + B^2} \sin(\theta + \alpha)$

$\cos\alpha = \frac{A}{\sqrt{A^2 + b^2}}, \ \sin\alpha = \frac{B}{\sqrt{A^2 + B^2}}, \ \tan\alpha = \frac{B}{A}$

$A sin\theta + B cos\theta = \sqrt{A^2 + B^2} \cos(\theta + \beta)$

$\cos\beta = \frac{B}{\sqrt{A^2 + B^2}}, \ \sin\beta = \frac{A}{\sqrt{A^2 + B^2}}, \ \tan\beta = \frac{A}{B}$

⑨ $e^{j\theta} = \cos\theta + j sin\theta, \ e^{-j\theta} = \cos\theta - j sin\theta$

$\cos\theta = \frac{e^{j\theta} + e^{-j\theta}}{2}$, $\sin\theta = \frac{e^{j\theta} - e^{-j\theta}}{2j}$

⑩ $\cosh\theta = \frac{e^{\theta} + e^{-\theta}}{2}$, $\sinh = \frac{e^{\theta} - e^{-\theta}}{2}$

$e^{\theta} = \cosh\theta + \sinh\theta$, $e^{-\theta} = \cosh\theta - \sinh\theta$

10-2. 1계 상미분방정식 공식

① 미분방정식 $F(x, y, y') = 0$ 혹은 $y' = F(x, y)$으로 표시하고,
해는 $f(x, y) = c$ 혹은 $y = f(x)$

② 변수 분리 해법 $y' = F(x, y)$, $h(y)dy = g(x)dx$

③ 완전미분방정식 $M(x, y)dx + N(x, y)dy = 0$이 $\frac{\partial M}{\partial y} = \frac{\partial N}{\partial x}$ 필요충분 조건 만족 하면, 해는 $u(x, y) = \int M dx + m(y)$ 혹은 $u(x, y) = \int N dx + n(x)$

④ 1계선형 $y' + p(x)y = r(x)$의 해는 $y(x) = e^{-\int p(x)dx}\left[\int e^{\int p(x)dx} r(x)dx + c\right]$

⑤ 1계 비선형 $y' + p(x)y = r(x)y^n$, (n은 임의의 실수)의 해법, $u(x) = \{y(x)\}^{1-n}$ 치환식 이용

10-3. 2계 상미분방정식 공식

① 재차 $y'' + p(x)y' + q(x)y = 0$의 해 $y = c_1 y_1 + c_2 y_2$, (c_1, c_2는 상수)

② 특성근이 실근 λ_1, λ_2경우, $y = c_1 e^{\lambda_1 x} + c_2 e^{\lambda_2 x}$

③ 중근인 $\lambda = -\frac{a}{2}$경우, $y = (c_1 + c_2 x)e^{-\frac{a}{2}x}$

④ 공액복소근이 $\lambda_{1,2} = \alpha \pm j\beta$경우, 해는 $y = e^{\alpha x}(A\cos\beta x + B\sin\beta x)$

⑤ 오일러코시 $x^2 y'' + axy' + by = 0$, 특성근 $m^2 + (a-1)m + b = 0$

⑥ 두 실근 m_1, m_2 경우, $y = c_1 x^{m_1} + c_2 x^{m_2}$

⑦ 중근 $m = \frac{1-a}{2}$ 경우, $y = x^{\frac{1-a}{2}}(c_1 + c_2 \ln x)$

⑧ 공액복소근 $m_{1,2} = p \pm qi$ 경우, $y = x^p\{A\cos(q\ln x) + B\sin(q\ln x)\}$

⑨ 비제차 $y'' + p(x)y' + q(x)y = r(x)$의 해, $y(x) = y_c(x) + y_p(x)$

⑩ $r(x)$ 형태에 따라서
다항함수 경우 추정 특수해 $y_p = K_n x^n + K_{n-1}x^{n-1} + \cdots + K_1 x + K_0$
지수항인 경우 추정 특수해 $y_p = Ke^{\lambda x}$

삼각함수인 경우 추정 특수해 $y_p = A cos \alpha x + B sin \beta x$

여러 함수로 구성된 경우 추정 특수해 $y_p = Kf(x) + Lg(x) + Mh(x) +$

10-4. 고계 선형미분방정식 공식

① 고계선형 미분 방정식 $y^{(n)} + p_{n-1}(x)y^{(n-1)} + \cdots + p_1(x)y' + p_0(x)y = r(x)$

② 미분연산자 $D^{(n)} + p_{n-1}(x)D^{(n-1)} + \cdots + p_1(x)D' + p_0(x)y = \begin{cases} 0 \\ r(x) \neq 0 \end{cases}$

③ 고계 미분방정식의 해 $y(x) = c_1y_1(x) + c_2y_2(x) + \cdots + c_ny_n(x)$, ($c_1$, $\cdots$, c_n은 임의의 상수)

④ 고계 미분방정식의 특성방정식 $\lambda^n + a_{n-1}\lambda^{n-1} + \cdots + a_1\lambda + a_0 = 0$

- 서로 다른 실근인 경우 해 $y = c_1e^{\lambda_1 x} + c_2e^{\lambda_2 x} + \cdots + c_ne^{\lambda_n x}$
- 다중실근인 경우 중복되는 만큼 x를 곱한다.
- 단일 복소근 경우 해 $y = e^{\alpha x}(A cos \beta x + B sin \beta x)$
- 복소 다증근인 경우 해 $y = e^{\alpha x}\left[(A_1 + A_2x)\cos\beta x + (B_1 + B_2x)\sin\beta x\right]$

⑤ 비제차 $y^{(n)} + a_{n-1}y^{(n-1)} + \cdots + a_1y' + a_0y = r(x)$

상수계수를 갖는 고계 비제차 미분방정식의 일반해

$y(x) = y_c(x) + y_p(x)$

$r(x)$ 형태에 따라서

- 다항함수 경우 추정 특수해 $y_p = K_nx^n + K_{n-1}x^{n-1} + \cdots + K_1x + K_0$
- 지수항인 경우 추정 특수해 $y_p = Ke^{\lambda x}$
- 삼각함수인 경우 추정 특수해 $y_p = A cos \alpha x + B sin \beta x$
- 여러 함수로 구성된 경우 추정 특수해 $y_p = Kf(x) + Lg(x) + Mh(x) +$

10-5. 연립미분방정식 공식

① 연립미분방정식과 행렬의 관계

$$\begin{bmatrix} y_1'(t) \\ y_2'(t) \end{bmatrix} = \begin{bmatrix} a_{11} & a_{12} \\ a_{21} & a_{22} \end{bmatrix} \begin{bmatrix} y_1(t) \\ y_2(t) \end{bmatrix}$$

$y_1'(t) = a_{11}y_1(t) + a_{12}y_2(t)$ ⇗

$y_2'(t) = a_{21}y_1(t) + a_{22}y_2(t)$ ⇘

↘ ↓ ↙

$$y' = Ay$$

② 고유벡터 및 고유값

$$\det(A-\lambda I)=\begin{vmatrix} a_{11}-\lambda & a_{12} \\ a_{21} & a_{22}-\lambda \end{vmatrix}=0$$

③ $y'=Ay$ 제차 연립미분방정식의 해 $y=c_1x^{(1)}e^{\lambda_1 t}+c_2x^{(2)}e^{\lambda_2 t}+\cdots+c_nx^{(n)}e^{\lambda_n t}$

④ $y'=Ay+g(g\neq 0)$ 비제차 연립미방의 해 $y=y^{(c)}+y^{(p)}$

10-6. 미분방정식의 급수해법 공식

① 거듭제곱해법 $y''+p(x)y'+q(x)y=0$

$$y=\sum_{m=0}^{\infty} a_m x^m = a_0+a_1x+a_2x^2+a_3x^3+\ldots$$

$$y'=\sum_{m=0}^{\infty} m a_m x^{m-1} = a_1+2a_2x+3a_3x^2+\ldots$$

$$y''=\sum_{m=0}^{\infty} m(m-1)a_m x^{m-2} = 2a_2+3\cdot 2a_3x+\ldots$$

② 프로베니우스 해법 $y''+\dfrac{b(x)}{x}y'+\dfrac{c(x)}{x^2}y=0$ 혹은 $x^2y''+xb(x)y'+c(x)y=0$

$$y=x^r\sum_{m=0}^{\infty} a_m x^m = \sum_{m=0}^{\infty} a_m x^{m+r}$$

$$y'=\sum_{m=0}^{\infty}(m+r)a_m x^{m+r-1}$$

$$y''=\sum_{m=0}^{\infty}(m+r)(m+r-1)a_m x^{m+r-2}$$

③ 프로베니우스 미분방정식의 특성근 형태

- 두 개의 실근인 경우

$$y_1=x^{r_1}\sum_{m=0}^{\infty} a_m x^m = x^{r_1}(a_0+a_1x+a_2x^2+a_3x^3+\ldots)$$

$$y_2=x^{r_2}\sum_{m=0}^{\infty} a_m x^m = x^{r_2}(a_0+a_1x+a_2x^2+a_3x^3+\ldots)$$

- 중근의 경우

$$y_1=x^{r_1}\sum_{m=0}^{\infty} a_m x^m = x^{r_1}(a_0+a_1x+a_2x^2+a_3x^3+\ldots)$$

$$y_2=y_1\ln x+x^r\sum_{m=1}^{\infty} a_m x^m = y_1\ln x+x^r(a_1x+a_2x^2+a_3x^3+\ldots)$$

- 서로 다른 중근의 차가 정수배인 경우

$$y_1 = x^{r_1} \sum_{m=0}^{\infty} a_m x^m = x^{r_1}(a_0 + a_1 x + a_2 x^2 + a_3 x^3 + \ldots)$$

$$y_2 = k y_1 \ln x + x^{r_2} \sum_{m=0}^{\infty} a_m x^m = k y_1 \ln x + x^{r_2}(a_0 + a_1 x + a_2 x^2 + a_3 x^3 + \ldots)$$

10-7. 라플라스변환 공식

① 라플라스변환식

$$\mathcal{L}\{f(t)\} = \int_0^{\infty} e^{-st} f(t) dt = F(s)$$

변환: $f(t) \xrightarrow{\mathcal{L}} F(s)$ 역변환: $F(s) \xrightarrow{\mathcal{L}^{-1}} f(t)$

$$f(t) = \mathcal{L}^{-1}[F(s)] = \frac{1}{2\pi j} \int_{\sigma - j\omega}^{\sigma + j\omega} F(s) e^{st} ds$$

② 단위계단함수 $\mathcal{L}[u(t)] = \dfrac{1}{s}$

③ 단위경사함수 $\mathcal{L}[tu(t)] = \dfrac{1}{s^2}$

n차 경사함수 $\mathcal{L}[t^n u(t)] = \dfrac{n!}{s^{n+1}}$

④ 델타함수 $\mathcal{L}[\delta(t)] = 1$

⑤ 지수감쇠함수 $\mathcal{L}[e^{\pm at}] = \dfrac{1}{s \mp a}$ (동호 역순)

지수감쇠경사함수 $\mathcal{L}[te^{\pm at}] = \dfrac{1}{(s \mp a)^2}$

지수감쇠 n차 경사함수 $\mathcal{L}[t^n e^{\pm at}] = \dfrac{n!}{(s \mp a)^{n+1}}$

⑥ 삼각함수 $\mathcal{L}[\cos\omega t] = \dfrac{s}{s^2 + \omega^2}$, $\mathcal{L}[\sin\omega t] = \dfrac{\omega}{s^2 + \omega^2}$

⑦ 지수감쇠삼각함수

$$\mathcal{L}[e^{\pm at}\cos\omega t] = \frac{s \mp a}{(s \mp a)^2 + \omega^2}, \quad \mathcal{L}[e^{\pm at}\sin\omega t] = \frac{\omega}{(s \mp a)^2 + \omega^2}$$

⑧ 쌍곡선함수

$\mathcal{L}\,[\cosh\omega t] = \dfrac{s}{s^2-\omega^2}$, $\mathcal{L}\,[\sinh\omega t] = \dfrac{\omega}{s^2-\omega^2}$

⑨ 선형정리 $\mathcal{L}\,\{af(t)+bg(t)\} = a\mathcal{L}\,\{f(t)\} + b\mathcal{L}\,\{g(t)\}$

⑩ 미분정리 $\mathcal{L}\,[f^n(t)] = s^nF(s) - s^{n-1}f(0) - s^{n-2}f'(0) - \dots - f^{(n-1)}(0)$

⑪ 적분정리

$$\mathcal{L}\left[\iint \cdots \int f(t)dt^n\right] = \frac{1}{s^n}F(s) + \frac{1}{s^n}f^{(-1)}(0_+) + \dots + \frac{1}{s}f^{(-1)}(0_+)$$

⑫ 복소미분정리

$$\mathcal{L}\,[t^nf(t)] = (-1)\frac{d^n}{ds^n}F(s)$$

⑬ 복소적분정리

$$\mathcal{L}\,[\frac{f(t)}{t}] = \int_s^\infty F(s)ds$$

⑭ 상사정리

$$\mathcal{L}\,[f\left(\frac{a}{t}\right)] = \int_0^\infty f\left(\frac{a}{t}\right)e^{-st}dt = aF(as)\ (a>0)$$

⑮ 시간이동추이정리

$$\mathcal{L}\,[f(t-a)] = \int_0^\infty f(t-a)e^{-st}dt = e^{-as}F(s)$$

⑯ 복소이동추이정리

$$\mathcal{L}\,[e^{\pm at}f(t)] = F(s\mp a)$$

⑰ 초기값정리

$$f(0_+) = \lim_{t\to 0}f(t) = \lim_{s\to\infty}sF(s)$$

⑱ 최종값정리

$$f(\infty) = \lim_{t\to\infty}f(t) = \lim_{s\to 0}sF(s)$$

⑲ 전달함수

$$Q(s) = \frac{1}{s^2+as+b}$$

$$Q(s) = \frac{Y(s)}{R(s)} = \frac{\mathcal{L}\,\{\text{미분방정식의 해(출력)}\}}{\mathcal{L}\,\{\text{미분방정식의 비제차 항(입력)}\}}$$

⑳ 부분분수의 전개: $Y(s) = \dfrac{F(s)}{G(s)}$

$G(s)$의 인수가 모두 1차인 경우

$$\frac{F(s)}{(s-a_1)(s-a_2)\cdots(s-a_n)} = \frac{A_1}{s-a_1} + \frac{A_2}{s-a_2} + \cdots + \frac{A_n}{s-a_n}$$

$G(s)$가 중복된 인수를 갖는 경우

$$\frac{F(s)}{(s-a)^n} = \frac{A_n}{(s-a)^n} + \frac{A_{n-1}}{(s-a)^{n-1}} + \cdots + \frac{A_1}{s-a}$$

10-8. 행렬과 행렬식 공식

① 행렬의 합과 차

$$\mathrm{A}+\mathrm{B} = \begin{bmatrix} a_{11} & a_{12} & a_{13} \\ a_{21} & a_{22} & a_{23} \end{bmatrix} + \begin{bmatrix} b_{11} & b_{12} & b_{13} \\ b_{21} & b_{22} & b_{23} \end{bmatrix} = \begin{bmatrix} a_{11}+b_{11} & a_{12}+b_{12} & a_{13}+b_{13} \\ a_{21}+b_{21} & a_{22}+b_{22} & a_{23}+b_{23} \end{bmatrix}$$

$$\mathrm{A}+\mathrm{B} = \begin{bmatrix} a_{11} & a_{12} & a_{13} \\ a_{21} & a_{22} & a_{23} \end{bmatrix} - \begin{bmatrix} b_{11} & b_{12} & b_{13} \\ b_{21} & b_{22} & b_{23} \end{bmatrix} = \begin{bmatrix} a_{11}-b_{11} & a_{12}-b_{12} & a_{13}-b_{13} \\ a_{21}-b_{21} & a_{22}-b_{22} & a_{23}-b_{23} \end{bmatrix}$$

② 행렬의 전치

$$\mathrm{A} = [a_{jk}] = \begin{bmatrix} a_{11} & a_{12} & \cdots & a_{1n} \\ a_{21} & a_{22} & \cdots & a_{2n} \\ \vdots & \vdots & \ddots & \vdots \\ a_{m1} & a_{m2} & \cdots & a_{mn} \end{bmatrix} \quad \Rightarrow \quad \mathrm{A}^T = [a_{kj}] = \begin{bmatrix} a_{11} & a_{21} & \cdots & a_{m1} \\ a_{12} & a_{22} & \cdots & a_{m2} \\ \vdots & \vdots & \ddots & \vdots \\ a_{1n} & a_{2n} & \cdots & a_{mn} \end{bmatrix}$$

③ 두 행렬의 곱

행렬 $\mathrm{A}(m\times n)\times$행렬 $\mathrm{B}(n\times q)=$행렬 $\mathrm{C}(m\times q)$

$$c_{jk} = \sum_{l=1}^{n} a_{jl}b_{lk} = a_{j1}b_{1k} + a_{j2}b_{2k} + \cdots + a_{jn}b_{nk}, (j=1,\ 2, \cdots,\ m\text{과}\ k=1,\ 2, \cdots,\ q)$$

④ 행렬의 곱의 성질

cAB=c(AB)=(cA)B=A(cB)

ABC=A(BC)=(AB)C

(A+B)C=AC+BC

C(A+B)=CA+CB

AI=IA=A

$(\mathrm{AB})^T = \mathrm{B}^T\mathrm{A}^T$

⑤ 행렬과 선형 연립방정식(Ax=r)

$$\begin{bmatrix} a_{11} & a_{12} & \cdots & a_{1n} \\ a_{21} & a_{22} & \cdots & a_{2n} \\ \vdots & \vdots & \ddots & \vdots \\ a_{m1} & a_{m2} & \cdots & a_{mn} \end{bmatrix} \begin{bmatrix} x_1 \\ x_2 \\ \vdots \\ x_n \end{bmatrix} = \begin{bmatrix} r_1 \\ r_2 \\ \vdots \\ r_m \end{bmatrix}$$

⑥ 2차 행렬식의 계산 : $D = \det A = \begin{vmatrix} a_{11} & a_{12} \\ a_{21} & a_{22} \end{vmatrix} = a_{11}a_{22} - a_{12}a_{21}$

⑦ 3차 행렬식: $D=\begin{vmatrix} a_{11} & a_{12} & a_{13} \\ a_{21} & a_{22} & a_{23} \\ a_{31} & a_{32} & a_{33} \end{vmatrix} = a_{11}\begin{vmatrix} a_{22} & a_{23} \\ a_{32} & a_{33} \end{vmatrix} - a_{21}\begin{vmatrix} a_{12} & a_{13} \\ a_{32} & a_{33} \end{vmatrix} + a_{31}\begin{vmatrix} a_{12} & a_{13} \\ a_{22} & a_{23} \end{vmatrix}$

⑧ 크라머의 법칙

2개의 미지수: $x_1 = \dfrac{\begin{vmatrix} r_1 & a_{12} \\ r_2 & a_{22} \end{vmatrix}}{D}$, $x_2 = \dfrac{\begin{vmatrix} a_{11} & r_1 \\ a_{21} & r_2 \end{vmatrix}}{D}$

3개의 미지수: $x_1 = \dfrac{\begin{vmatrix} r_1 & a_{12} & a_{13} \\ r_2 & a_{22} & a_{23} \\ r_3 & a_{32} & a_{33} \end{vmatrix}}{D}$, $x_2 = \dfrac{\begin{vmatrix} a_{11} & r_1 & a_{13} \\ a_{21} & r_2 & a_{23} \\ a_{31} & r_3 & a_{33} \end{vmatrix}}{D}$, $x_3 = \dfrac{\begin{vmatrix} a_{11} & a_{12} & r_1 \\ a_{21} & a_{22} & r_2 \\ a_{31} & a_{32} & r_3 \end{vmatrix}}{D}$

⑨ 역행렬의 정의

$AA^{-1}=A^{-1}A=I$

⑩ 역행렬의 계산

2×2행렬: $A^{-1}=\dfrac{1}{\det A}\begin{bmatrix} a_{22} & -a_{12} \\ -a_{21} & a_{11} \end{bmatrix}$

3×3행렬: $A^{-1}=\dfrac{1}{\det A}\begin{bmatrix} C_{11} & C_{21} & C_{31} \\ C_{21} & C_{22} & C_{23} \\ C_{31} & C_{32} & C_{33} \end{bmatrix}$

⑪ 역행렬의 성질

$(A^{-1})^{-1}=A$

$(A^{-1})^{T}=(A^{T})^{-1}$

$(AB)^{-1}=B^{-1}A^{-1}$

역행렬이 존재하기 위한 필요충분조건은 $\det A \neq 0$이다.

10-9. 벡터미분법 공식

① 벡터의 성분 표현 $a=[a_1, a_2, a_3]=a_1\boldsymbol{i}+a_2\boldsymbol{j}+a_3\boldsymbol{k}=a_1\boldsymbol{a}_x+a_2\boldsymbol{a}_y+a_3\boldsymbol{a}_z$

② 벡터의 크기 $|a|=\sqrt{a_1^2+a_2^2+a_3^2}$

③ 단위벡터를 이용한 벡터의 표현 $a=[a_1, a_2, a_3]=a_1\mathrm{i}+a_2\mathrm{j}+a_3\mathrm{k}$

④ 벡터의 내적 $a \cdot b=|a||b|\cos\theta=a_1b_1+a_2b_2+a_3b_3$

⑤ 벡터의 직교성 $a \cdot b=0$

⑥ 벡터의 사이각의 코사인함수 $\cos\theta=\dfrac{\boldsymbol{a}\cdot\boldsymbol{b}}{|\boldsymbol{a}||\boldsymbol{b}|}=\dfrac{\boldsymbol{a}\cdot\boldsymbol{b}}{\sqrt{\boldsymbol{a}\cdot\boldsymbol{a}}\sqrt{\boldsymbol{b}\cdot\boldsymbol{b}}}$

⑦ 벡터의 외적 $v=a\times b$

⑧ 벡터의 외적 크기 $|v|=|a||b|\sin\theta$

⑨ 벡터의 외적 계산 $\mathrm{v}= v_1\mathrm{i}+ v_2\mathrm{j}+ v_3\mathrm{k}= \begin{vmatrix} \boldsymbol{i} & \boldsymbol{j} & \boldsymbol{k} \\ a_1 & a_2 & a_3 \\ b_1 & b_2 & b_3 \end{vmatrix}$

⑩ 벡터의 외적에 관한 성질

$\mathrm{a}\times(\mathrm{b}+\mathrm{c})=(\mathrm{a}\times\mathrm{b})+(\mathrm{a}\times\mathrm{c})$

$(\mathrm{a}+\mathrm{b})\times\mathrm{c}=(\mathrm{a}\times\mathrm{c})+(\mathrm{b}\times\mathrm{c})$

$\mathrm{b}\times\mathrm{a}=-(\mathrm{a}\times\mathrm{b})$

$\mathrm{a}\times(\mathrm{b}\times\mathrm{c})\neq(\mathrm{a}\times\mathrm{b})+\mathrm{c}$

⑪ 벡터함수 표시 $\mathrm{r}=\mathrm{r}(P)= [r_1(P), r_2(P), r_3(P)]= r_1(P)\mathrm{i}+ r_2(P)\mathrm{j}+ r_3(P)\mathrm{k}$

⑫ 스칼라함수 $f = f(P)= f(x, y, z)$

⑬ 벡터의 미분 $\mathrm{r}'(t)= [r_1'(t), r_2'(t), r_3'(t)]$

⑭ 벡터함수와 곡선

직선 : $\mathrm{r}(t) =\mathrm{a}+ t\mathrm{b}= [a_1 + tb_1, a_2 + tb_2, a_3 + tb_3]$

타원, 원: $\mathrm{r}(t) =a\cos t\boldsymbol{i}+ b\sin t\boldsymbol{j}= [a\cos t, b\sin t, 0]$

원나선 : $\mathrm{r}(t) =a\cos t\boldsymbol{i}+ b\sin t\boldsymbol{j}+ ct\boldsymbol{k}= [a\cos t, b\sin t, ct]$

⑮ 벡터의 미분법

그래디언트 $\nabla f = \frac{\partial f}{\partial x}\boldsymbol{i}+ \frac{\partial f}{\partial y}\boldsymbol{j}+ \frac{\partial f}{\partial z}\boldsymbol{k}= \left[\frac{\partial f}{\partial x}, \frac{\partial f}{\partial y}, \frac{\partial f}{\partial z}\right]$

벡터장의 발산 $\mathrm{div}\ \mathrm{v}= \nabla\cdot \mathrm{v}= \frac{\partial v_1}{\partial x}+ \frac{\partial v_2}{\partial y}+ \frac{\partial v_3}{\partial z}$

벡터장의 회전 $\mathrm{curl}\ \mathrm{v}= \nabla\times \mathrm{v}= \begin{vmatrix} \boldsymbol{i} & \boldsymbol{j} & \boldsymbol{k} \\ \frac{\partial}{\partial x} & \frac{\partial}{\partial y} & \frac{\partial}{\partial z} \\ v_1 & v_2 & v_3 \end{vmatrix}$

⑯ 방향도함수

방향도함수의 단위벡터 $\mathbf{m}$: $D_m f = \frac{df}{ds}= \lim_{s\to 0}\frac{f(Q)- f(P)}{s}=\mathbf{m}\cdot\nabla f$

일반벡터의 방향도함수 단위벡터 $\mathbf{a}$: $D_a f = \frac{df}{ds}= \frac{1}{|\boldsymbol{a}|}\mathbf{a}\cdot\nabla f$

10-10. 벡터적분법 공식

① 곡선의 벡터표현

$\mathrm{r}(t)= [r_1(t), r_2(t), r_3(t)]= r_1(t)\boldsymbol{i}+ r_2(t)\boldsymbol{j}+ r_3(t)\boldsymbol{k}$

② 선적분의 정의식

$$\int_C \boldsymbol{F}(\boldsymbol{r})\cdot d\boldsymbol{r} = \int_a^b \boldsymbol{F}(\boldsymbol{r}(t))\cdot \frac{d\boldsymbol{r}}{dt}dt= \int_a^b \boldsymbol{F}(\boldsymbol{r}(t))\cdot \boldsymbol{r}'(t)dt$$

③ 선적분과 적분경로

선적분은 적분을 수행하는 경로와 상관이 있는 것이 통칙이지만, 조건에 따라 경로와 무관할 수도 있다.

④ 선적분과 적분경로의 무상관 조건

- 다음과 같이 벡터F가 임의의 함수 f의 기울기가 된다면 적분경로에 무관

$$\boldsymbol{F} = \nabla f \ \rightarrow \ F_1 = \frac{\partial f}{\partial x},\ F_2 = \frac{\partial f}{\partial y},\ F_3 = \frac{\partial f}{\partial z}$$

$$\int_A^B (F_1 dx + F_2 dy + F_3 dz) = f(B) - f(A)$$

- 폐곡면에 다라서 적분한 값이 0이라면 적분경로에 무관
- 주어진 벡터가 다음의 조건을 만족하면 적분경로에 무관

$$\text{curl}\mathbf{F} = \nabla \times \ \mathbf{F} = 0 \ \rightarrow \ \frac{\partial F_3}{\partial y} = \frac{\partial F_2}{\partial z},\ \frac{\partial F_1}{\partial z} = \frac{\partial F_3}{\partial x},\ \frac{\partial F_2}{\partial x} = \frac{\partial F_1}{\partial y}$$

⑤ 평면에서의 그린의 정리

- 폐곡면의 면적적분은 폐곡선의 선적분과 같다.

$$\iint_R \left(\frac{\partial F_2}{\partial x} - \frac{\partial F_1}{\partial y} \right) dx dy = \oint_C (F_1 dx + F_2 dy)$$

$$\iint_R (\text{curlF}) \cdot \text{k} dx dy = \oint_C \text{F} \cdot d\boldsymbol{x}$$

⑥ 한 개의 폐곡선으로 이루어진 영역의 면적

$$A = \iint_R dx dy = \frac{1}{2} \oint_C (x dy - y dx)$$

⑦ 가우스의 발산정리

- 어떤 체적에서의 발산량은 체적을 이루는 표면적의 발산량과 같다.

$$\iiint_V \text{div F} dV = \iint_S \text{F} \cdot \boldsymbol{n} d\boldsymbol{A}$$

$$\iiint_V \left(\frac{\partial F_1}{\partial x} + \frac{\partial F_2}{\partial y} + \frac{\partial F_3}{\partial z} \right) dx dy dz = \iint_S (F_1 dy dz + F_2 dz dx + F_3 dx dy)$$

⑧ 스톡스의 정리

- 밀폐된 공간에서의 회전량은 밀폐된 공간에서 열린 부분의 폐곡선을 적분한 회전량과 같다.

$$\iint_S \text{curlF} \cdot d\boldsymbol{A} = \oint_C \text{F} \cdot d\boldsymbol{r}$$

$$\iint_S \text{curlF} \cdot \boldsymbol{n} d\boldsymbol{A} = \oint_C \text{F} \cdot \text{r}'(s) ds$$

10-11. 푸리에급수 공식

① 푸리에 급수는 주기함수를 상수와 삼각함수로 표현한 도구

$f(x+T)=f(x)$ 혹은 $f(x+nT)=f(x)$

$f(x)$와 $g(x)$가 각각 주기함수라면 $h(x)=af(x)+bg(x)$도 주기함수

② 주기가 2π인 $f(x)$ 함수의 푸리에 급수

$$f(x)=a_0+\sum_{n=1}^{\infty}(a_n\cos nx+b_n\sin nx)$$

$$a_0=\frac{1}{2\pi}\int_{-\pi}^{\pi}f(x)dx$$

$$a_n=\frac{1}{\pi}\int_{-\pi}^{\pi}f(x)\cos nx dx,\ (n=1,\ 2,\ 3,\ \cdots)$$

$$b_n=\frac{1}{\pi}\int_{-\pi}^{\pi}f(x)\sin nx dx$$

③ 주기가 $2L$인 함수 $f(x)$의 푸리에 급수와 푸리에 계수

$$f(x)=a_0+\sum_{n=1}^{\infty}\left(a_n\cos\frac{n\pi x}{L}+b_n\sin\frac{n\pi x}{L}\right)$$

$$a_0=\frac{1}{2L}\int_{-L}^{L}f(x)dx$$

$$a_n=\frac{1}{L}\int_{-L}^{L}f(x)\cos\frac{n\pi x}{L}dx$$

$$b_n=\frac{1}{L}\int_{-L}^{L}f(x)\sin\frac{n\pi x}{L}dx$$

④ 우함수 $g(-x)=g(x)$, 기함수 $h(-x)=-h(x)$ 성질

우함수(기함수)의 합이나 차 역시 우함수(기함수)

우함수의 곱은 우함수이고, 기함수의 곱은 우함수

우함수와 기함수의 곱은 기함수

⑤ 우함수 $g(x)$의 적분 $\int_{-a}^{a}g(x)dx=2\int_{0}^{a}g(x)dx$

⑥ 기함수 $h(x)$의 적분 $\int_{-a}^{a}h(x)dx=0$

⑦ 우함수의 푸리에 코사인 급수와 계수

$$f(x)=a_0+\sum_{n=1}^{\infty}a_n\cos\frac{n\pi x}{L}$$

$$a_0 = \frac{1}{L}\int_0^L f(x)dx$$

$$a_n = \frac{2}{L}\int_0^L f(x)\cos\frac{n\pi x}{L}dx$$

⑧ 기함수의 푸리에 사인 급수와 계산

$$f(x) = \sum_{n=1}^{\infty} b_n \sin\frac{n\pi x}{L}$$

$$b_n = \frac{2}{L}\int_0^L f(x)\sin\frac{n\pi x}{L}dx$$

⑨ 비주기함수에 대한 반구간 전개법에 의한 푸리에 코사인 및 사인 급수

10-12. 푸리에적분과 푸리에 변환 공식

① $\int e^{ax}\cos bx dx = \frac{e^{ax}}{a^2+b^2}(a\cos bx + b\sin bx) + c$

$$\int e^{ax}\sin bx dx = \frac{e^{ax}}{a^2+b^2}(a\sin bx - b\cos bx) + c$$

② 푸리에 적분은 비주기함수를 표현하는 도구

$$f(x) = \int_0^{\infty}\{A(\omega)\cos\omega x + B(\omega)\sin\omega x\}d\omega$$

$$A(\omega) = \frac{1}{\pi}\int_{-\infty}^{\infty} f(v)\cos\omega v dv,\ B(\omega) = \frac{1}{\pi}\int_{-\infty}^{\infty} f(v)\sin\omega v dv$$

- 비주기 우함수는 푸리에 코사인 적분을 이용하여 표현

$$f(x) = \int_0^{\infty} A(\omega)\cos\omega x d\omega,\ A(\omega) = \frac{2}{\pi}\int_{-\infty}^{\infty} f(v)\cos\omega v dv$$

- 비주기 기함수는 푸리에 사인 적분을 이용하여 표현

$$f(x) = \int_0^{\infty} B(\omega)\sin\omega x d\omega,\ B(\omega) = \frac{2}{\pi}\int_{-\infty}^{\infty} f(v)\sin\omega v dv$$

③ 복소 푸리에 적분

- 푸리에 적분을 복소수 형태로 표현

$$f(x) = \int_{-\infty}^{\infty} C(\omega)e^{j\omega x}d\omega,\ C(\omega) = \frac{1}{2\pi}\int_{-\infty}^{\infty} f(v)e^{-j\omega v}dv$$

④ 푸리에 변환

- 푸리에 변환은 시간함수를 주파수함수로 변환
- 푸리에 변환 역변환

$$F(\omega)=\frac{1}{\sqrt{2}}\int_{-\infty}^{\infty}f(x)e^{-j\omega x}dx$$

- 푸리에 역변환

$$f(x)=\frac{1}{\sqrt{2\pi}}\int_{-\infty}^{\infty}F(\omega)e^{j\omega x}d\omega$$

- 푸리에 코사인 변환과 역변환

$$F_c(\omega)=\sqrt{\frac{2}{\pi}}\int_{0}^{\infty}f(x)\cos\omega x dx$$

- 푸리에 코사인 역변환

$$f(x)=\sqrt{\frac{2}{\pi}}\int_{0}^{\infty}F_c(\omega)\cos\omega x d\omega$$

- 푸리에 사인 변환

$$F_s(\omega)=\sqrt{\frac{2}{\pi}}\int_{0}^{\infty}f(x)\sin\omega x dx$$

- 푸리에 사인 역변환

$$f(x)=\sqrt{\frac{2}{\pi}}\int_{0}^{\infty}F_s(\omega)\sin\omega x d\omega$$

10-13. 편미분방정식 공식

① 편미분방정식은 두 개 이상의 독립변수를 갖는 함수와 그 변수들에 대한 편도함수를 포함하고 있는 미분방정식

② 2계 선형 편미분방정식

$$A\frac{\partial^2 u}{\partial x^2}+B\frac{\partial^2 u}{\partial x\partial y}+C\frac{\partial^2 u}{\partial y^2}+D\frac{\partial u}{\partial x}+Fu=r(x,y)$$

③ $\frac{\partial^2 u(x,y)}{\partial x^2}=u(x,y)$의 해 $u(x,y)=A(y)e^{x}+B(y)e^{-x}$

④ $\frac{\partial^2 u(x,t)}{\partial x\partial t}=0$의 해 $u(x,t)=X(x)+T(t)$

⑤ 1차원 파동방정식

$$\frac{\partial^2 u}{\partial t^2}=c^2\frac{\partial^2 u}{\partial x^2}$$

⑥ 1차원 파동방정식의 경계조건

$u(0,t)=0,\ u(L,t)=0$

⑦ 1차원 파동 방정식의 초기조건

$$u(x,0)=f(x),\ \left|\frac{\partial u}{\partial t}\right|_{t=0}=g(x)$$

⑧ 파동방정식에서 변수분리를 통해 유도된 상미분방정식

$$X''-kX=0,\ T''-c^2kT=0$$

⑨ 1차원 파동방정식의 해

$$u(x,t)=\sum_{n=1}^{\infty}(A_n\cos\lambda_n t+B_n\sin\lambda_n t)\sin\frac{n\pi x}{L}$$

$$A_n=\frac{2}{L}\int_0^L f(x)\sin\frac{n\pi x}{L}dx,\ (n=1,\ 2,\ 3,\ \cdots)$$

$$B_n=\frac{2}{cn\pi}\int_0^L g(x)\sin\frac{n\pi x}{L}dx,\ (n=1,\ 2,\ 3,\ \cdots)$$

10-14. 복소수와 복소함수 공식

① 복소수의 표현 $z=x+jy=(x,y)$

② 복소수의 극형식

$$z=x+jy=r(\cos\theta+jsin\theta)$$

$$r=|z|=\sqrt{x^2+y^2},\ \theta=\arg(z)=\arg\left(\tan\frac{y}{x}\right)$$

③ 드 므아브르의 공식 $(\cos\theta+jsin\theta)^n=\cos n\theta+jsinn\theta$

④ 복소수의 제곱근

$$\sqrt[n]{z}=\sqrt[n]{r}\left(\cos\frac{\theta+2k\pi}{n}+jsin\frac{\theta+2k\pi}{n}\right),\ (k=0,\ 1,\ 2,\ \cdots,\ n-1)$$

⑤ 복소함수의 표현 $f(z)=u(x,y)+iv(x,y)$

⑥ 점 $z=z_0$에서 복소함수의 도함수

$$f'(z_0)=\lim_{\Delta z\to 0}\frac{f(z_0+\Delta z)-f(z_0)}{\Delta z}=\lim_{z\to z_0}\frac{f(z)-f(z_0)}{z-z_0}$$

- 함수 $f(z)$가 임의의 정의역 내의 점 $z=z_0$를 포함한 부근의 모든 점에서 미분가능하면, 점 $z=z_0$에서 함수 $f(z)$는 해석적이라 하고, 정의역 내부의 모든점에서 해석적이면 해석함수가 됨

⑦ 해석적인 경우 경로에 따른 복소함수의 편도함수

$$f'(z)=\frac{\partial u(x,y)}{\partial x}+j\frac{\partial v(x,y)}{\partial x}$$

$$f'(z)=-j\frac{\partial u(x,y)}{\partial y}+\frac{\partial v(x,y)}{\partial y}$$

⑧ 코시-리만 방정식

$$\frac{\partial u(x,y)}{\partial x}=\frac{\partial v(x,y)}{\partial y},\quad \frac{\partial u(x,y)}{\partial y}=-\frac{\partial v(x,y)}{\partial x}$$

$$\frac{\partial u(r,\theta)}{\partial r}=\frac{1}{r}\frac{\partial v(r,\theta)}{\partial \theta},\quad \frac{\partial u(r,\theta)}{\partial r}=-\frac{1}{r}\frac{\partial v(r,\theta)}{\partial \theta}$$

⑨ 복소함수 $f(z)=u(x,y)+iv(x,y)$가 한 점 $z=x+iy=r(\cos\theta+isin\theta)$의 근방에서 연속이고 미분가능하면 그 점에서 $u(x,y)$와 $v(x,y)$의 1계 편도함수가 존재하고, 코시-=리만 방정식을 만족

⑩ 복소지수함수

$$\exp(z)=e^z=e^{x+jy}=e^x(\cos y+jsiny)$$

⑪ 복소삼각함수

$$\cos z=\frac{e^{jz}+e^{-jz}}{2},\quad \sin z=\frac{e^{jz}-e^{-jz}}{2j}$$

⑫ 복소쌍곡선함수

$$\cosh z=\frac{e^z+e^{-z}}{2},\quad \sinh z=\frac{e^z-e^{-z}}{2}$$

⑬ 복소삼각함수와 복소쌍곡선함수와의 관계

$$\cosh jz=\cos z,\quad \sinh jz=jsinz$$

$$\cos jz=\cosh z,\quad \sin jz=jsinhz$$

⑭ 복소로그함수

$$\ln z=\ln|z|+jarg(z)$$

$$\ln z=\text{Ln}|z|+2n\pi j,\ (n=\pm 1,\ \pm 2,\ \cdots)$$

10-15. 복소적분법 공식

① 복소함수의 선적분

$$\int_C f(z)dz=\int_a^b f(z(t))\frac{dz}{dt}dt=\int_a^b f(z(t))z'(t)dt,\quad \because z'(t)=x'(t)+jy'(t)$$

② 코시 적분정리

$$\oint_C f(z)dz=0$$

③ 코시의 적분공식

$$\oint_C^{\text{반시계방향}}\frac{f(z)}{z-z_0}dz=2\pi jf(z_0)$$

④ 코시 부등식

$$\left|f^{(n)}(z_0)\right|\le\frac{n!M}{r^n}$$

⑤ 복소함수의 테일러급수

$$f(z) = \sum_{n=0}^{\infty} \frac{f^{(n)}(z_0)}{n!}(z - z_0)^n$$

⑥ 양과 음의 멱급수에 대한 로렌트 급수

$$f(z) = \sum_{n=0}^{\infty} a_n (z - z_0)^n + \sum_{n=1}^{\infty} \frac{b_n}{(z - z_0)}$$

$$a_n = \frac{1}{2\pi j} \oint_C^{\text{반시계방향}} \frac{f(s)}{(s - z_0)^{n+1}} ds$$

$$b_n = \frac{1}{2\pi j} \oint_C^{\text{반시계방향}} (s - z_0)^{n+1} f(s) ds$$

⑦ 유수의 정의

$$f(z) = \frac{b_1}{(z - z_0)} + a_0 + a_1(z - z_0) + a_2(z - z_0)^2 + \dots$$

- 극점 z_0에서 $f(z)$의 유수

$$Res(f(z), z_0) = \lim_{z \to z_0}(z - z_0) f(z)$$

10-16. 차분방정식과 z 변환 공식

① 차분방정식의 z 변환

$$F(z) = Z\{f[k]\} = \sum_{k=0}^{\infty} f[k] z^{-k}, \ k\text{는 수열}$$

② 연속신호의 표본화

$$f^*(t) = \sum_{k=0}^{\infty} f[k] \delta(t - kT)$$

③ s평면에서 z평면으로의 사상

$$F^*(s) = \mathcal{L}\,[f^*(t)] = \sum_{k=0}^{\infty} f[k] e^{-skT} = \sum_{k=0}^{\infty} f[k] z^{-k} = F^*(s)$$

④ 선형정리

$$Z\{f[k] + g[k]\} = Z\{f[k]\} + Z\{g[k]\}$$

⑤ 제1이동정리

$$Z\{f[k+i]\} = z^i F(z) - (z^i f[0] + z^{i-1}[1] + \dots + z f[i-1]), \ (i\text{는 양의 정수})$$

⑥ 제2이동정리

$$Z\{f[k+i] u[k-i]\} = z^{-i} F(z), \ (i\text{는 양의 정수})$$

⑦ 복소평행이동정리

$$Z\{e^{-bk} f[k]\} = F(e^b z)$$

찾아보기

지은이: 장경욱

현 가천대학교 공과대학 전기공학과 교수

〈저자약력〉

광운대학교 공과대학 전기공학과 공학박사(1993.8)

일본 동경공업대학 전기전자공학과 객원교수(1999.2~2000.1)

미국 미시건대학 전기전자공학과 객원교수(2008.7~2009.8)

〈관심 연구분야〉

센서 및 센서시스템, 자동차 전장 및 전기자동차 시스템 관련

〈소지자격증〉

전기기사1급, 전기공사기사1급, 소방설비기사1급, 자동차정비기사1급,

자동차검사기사1급, 자동차정비기능장, 차량기술사

전기전자통신공학도를 위한 공업수학 제4판

발행일 | 2024년 2월 15일
저　자 | 장경욱
발행인 | 문정임
발행처 | 학산미디어
기　획 | 이덕선
표　지 | 장진희
주　소 | 서울특별시 노원구 동일로245가길 41
전　화 | 02-935-0670 / 010-3223-7340
팩　스 | 02-932-0670
이메일 | sorgento2000@hanmail.net
등록번호 | 제 25100-2011-000001호
ISBN | 979-11-85294-43-8 93410
정　가 | 27,000원